ÉLÉMENS D'ALGEBRE.

TOME SECOND.

ÉLÉMENS D'ALGEBRE

PAR

M. LÉONARD EULER,

TRADUITS DE L'ALLEMAND,

AVEC DES NOTES ET DES ADDITIONS.

TOME SECOND.

DE L'ANALYSE INDÉTERMINÉE.

A LYON,

Chez JEAN-MARIE BRUYSET, Pere & Fils.

M. DCC. LXXIV.

Avec Approbation & Privilege du Roi.

ÉLÉMENS D'ALGEBRE.

SECONDE PARTIE.

DE L'ANALYSE INDÉTERMINÉE.

CHAPITRE PREMIER.

De la résolution des Equations du premier degré, qui renferment plus d'une inconnue.

I.

ON a vu, dans la premiere Partie, comment une quantité inconnue se détermine par une seule équation, & comment on peut déterminer deux inconnues moyennant deux équations, trois inconnues moyennant trois équations, & ainsi de suite; en sorte qu'il faut toujours autant d'équations qu'il y a d'inconnues à déterminer, du moins quand la question elle-même est déterminée.

Lors donc que la question ne fournit pas autant d'équations qu'on est obligé d'admettre d'inconnues, il y en a de celles-ci qui restent indéterminées, & qui dépendent de notre volonté; & cela fait qu'on nomme ces sortes de questions des *problemes indéterminés*. Ils sont le sujet d'une branche particuliere de l'analyse, & on appelle cette partie l'*analyse indéterminée.*

2.

Comme dans ces cas on peut prendre pour une, ou pour plusieurs inconnues, tels nombres qu'on veut, ils admettent aussi plusieurs solutions.

Cependant, comme d'un autre côté on ajoute ordinairement la condition que les nombres cherchés doivent être des nombres entiers & même positifs, ou du moins des nombres rationnels, le nombre de toutes les ſolutions poſſibles de ces queſtions ſe trouve fort borné par-là ; de ſorte que ſouvent il n'y en a que très-peu de poſſibles ; que d'autres fois il y en a une inſinité, mais qui ne ſe préſentent pas à l'eſprit facilement ; que quelquefois enfin il n'y en a aucune de poſſible. Il arrive par-là que cette partie de l'analyſe demande ſouvent des artifices tout-à-fait particuliers, & qu'elle ſert beaucoup à aiguiſer l'eſprit des Commençans, & à leur donner l'adreſſe dans le calcul.

3.

Nous commencerons par une des queſtions les plus faciles, en cherchant deux nombres dont la ſomme faſſe 10. Il ſera ſuperflu d'ajouter que ces nombres doivent être entiers & poſitifs.

Indiquons-les par x & y ; en ſorte qu'il faut que $x+y=10$; on trouve $x=10-y$, où y n'eſt déterminé qu'en tant que cette lettre ſignifie un nombre entier &

poſitif. On pourroit, par conſéquent lui ſubſtituer tous les nombres entiers depuis 1 juſqu'à l'infini; mais remarquons que x doit pareillement être un nombre poſitif, & il s'enſuit que y ne peut être pris plus grand que 10, puiſqu'autrement x deviendroit négatif; & ſi on rejette auſſi la valeur de $x=0$, on ne peut même faire y plus grand que 9. Ainſi ce ne ſont que les ſolutions ſuivantes qui ont lieu.

Si $y=1, 2, 3, 4, 5, 6, 7, 8, 9,$
on a $x=9, 8, 7, 6, 5, 4, 3, 2, 1.$

Or les quatre dernieres de ces neuf ſolutions étant les mêmes que les quatre premieres, il eſt clair que la queſtion n'admet au fond que cinq ſolutions différentes.

Que ſi l'on demandoit trois nombres, dont la ſomme fût 10, on n'auroit qu'à partager en deux parties l'un des nombres que nous venons de trouver, & on obtiendroit de cette maniere un plus grand nombre de ſolutions.

4.

Comme nous n'appercevons-là aucune difficulté, nous passerons à des questions un peu moins faciles.

Question premiere. Il s'agit de partager 25 en deux parties, dont l'une soit divisible par 2, & dont l'autre soit divisible par 3.

Soit l'une des parties cherchées $=2x$, & l'autre $=3y$, il faudra que $2x+3y=25$, & par conséquent que $2x=25-3y$. Si l'on divise par 2, on a $x=\frac{25-3y}{2}$; d'où nous concluons en premier lieu que $3y$ doit être moindre que 25, & par conséquent y plus petit que 8. Qu'on tire de cette valeur de x autant d'entiers qu'il est possible, c'est-à-dire qu'on divise par le dénominateur 2, on aura $x=12-y+\frac{1-y}{2}$; d'où il suit que $1-y$, ou bien $y-1$, doit être divisible par 2. Ainsi nous ferons $y-1=2z$, & nous aurons $y=2z+1$, de sorte que $x=12-2z-1-z=11-3z$. Or puisque y ne sauroit être plus grand que 8, l'on ne peut non plus prendre pour z des nombres qui rendroient $2z+1$ plus grands que 8. Par conséquent il faut que z soit plus petit que 4, c'est-à-dire que z ne peut être pris plus grand que 3, & de-là résultent les solutions qui suivent:

Si on fait $z = 0$	$z=1$	$z=2$	$z=3$,
on a $y = 1$	$y=3$	$y=5$	$y=7$,
& $x = 11$	$x=8$	$x=5$	$x=2$.

Donc les deux parties de 25 qu'on cherchoit, sont:

I.) $22+3$, II.) $16+9$, III.) $10+15$, IV.) $4+21$.

5.

Question seconde. Partager 100 en deux parties, telles que l'une soit divisible par 7, & l'autre par 11.

Soit donc $7x$ la premiere partie & $11y$ la seconde, il faudra que $7x+11y=100$; & par conséquent que $x=\frac{100-11y}{7}=\frac{98+2-7y-4y}{7}$, ou que $x=14-y+\frac{2-4y}{7}$; donc il faut que $2-4y$, ou $4y-2$, soit divisible par 7.

Or ſi l'on peut diviſer $4y-2$ par 7, on pourra auſſi diviſer par 7 ſa moitié $2y-1$; qu'on faſſe donc $2y-1=7z$, ou $2y=7z+1$, on aura $x=14-y-2z$. Mais puiſque $2y=7z+1=6z+z+1$, on aura $y=3z+\frac{z+1}{2}$; & il faudra faire $z+1=2u$, ou $z=2u-1$; cette ſuppoſition donne $y=3z+u$, & par conſéquent on peut prendre pour u tout nombre entier qui ne rend pas x ou y négatifs. Or comme y devient $=7u-3$ & $x=19-11u$, la premiere de ces formules indique que $7u$ doit ſurpaſſer 3; & ſuivant la ſeconde, $11u$ doit être moindre que 19, ou u moindre que $\frac{19}{11}$; ainſi u ne peut pas même être $=2$; & puiſqu'il eſt impoſſible que ce nombre ſoit 0, il faut néceſſairement que $u=1$: c'eſt la ſeule valeur que cette lettre puiſſe avoir. Il réſulte de-là que $x=8$, & $y=4$, & que les deux parties de 100 qu'on cherchoit, ſont I.) 56, & II.) 44.

6.

Queſtion troiſieme. Partager 100 en deux parties, telles qu'en diviſant la premiere par 5, il reſte 2; & qu'en diviſant la ſeconde par 7, il reſte 4.

Puiſque la premiere partie, diviſée par 5, laiſſe le réſidu 2, nous ſuppoſerons qu'elle ſoit $=5x+2$, & par une raiſon ſemblable nous ferons la ſeconde partie $=7y+4$. Nous avons par conſéquent $5x+7y+6=100$, ou $5x=94-7y=90+4-5y-2y$; d'où nous tirons $x=18-y-\frac{2y+4}{5}$. Il s'enſuit de-là que $4-2y$, ou $2y-4$, ou bien la moitié $y-2$, doit être diviſible par 5. Faiſons, par cette conſidération, $y-2=5z$, ou $y=5z+2$, nous aurons $x=16-7z$; d'où nous concluons que $7z$ doit être plus petit que 16, & z plus petit que $\frac{16}{7}$, c'eſt-à-dire que z ne peut ſurpaſſer 2. La queſtion propoſée admet par conſéquent trois ſolutions.

I. $z=0$ donne $x=16$ & $y=2$, d'où réſultent les deux parties de 100 qu'on cherchoit, $82+18$.

II. $z=1$ donne $x=9$ & $y=7$, & les deux parties en question sont $47+53$.

III. $z=2$ donne $x=2$ & $y=12$, & on a les deux parties $12+88$.

7.

Question quatrieme. Deux Paysannes ont ensemble 100 œufs; l'une dit à l'autre: *Quand je compte mes œufs par huitaines, il y a un surplus de 7.* La seconde répond: *Si je compte les miens par dizaines, je trouve le même surplus de 7.* On demande combien chacune avoit d'œufs?

Comme le nombre des œufs de la premiere Paysanne, divisé par 8, laisse le résidu 7; & que le nombre des œufs de la seconde, divisé par 10, donne le même résidu 7, on exprimera le premier nombre par $8x+7$, & le second par $10y+7$; de cette façon $8x+10y+14=100$, ou $8x=86-10y$, ou $4x=43-5y=40+3-4y-y$. Par conséquent si l'on fait $y-3=4z$, de sorte que $y=4z+3$, on aura $x=10-4z-3-z=7-5z$; d'où il suit que $5z$ doit être plus petit que 7, & z plus petit que 2, c'est-à-dire qu'on n'aura que les deux ſolutions ſuivantes.

I.) $z=0$ donne $x=7$, & $y=3$; ainſi la premiere Payſanne avoit 63 œufs, & la ſeconde en avoit 37.

II.) $z=1$ donne $x=2$, & $y=7$; donc la premiere Payſanne avoit 23 œufs, & la ſeconde en avoit 77.

8.

Queſtion cinquieme. Une troupe d'hommes & de femmes a dépenſé dans une auberge 1000 ſous. Les hommes ont payé 19 ſous chacun, & les femmes 13. Combien y avoit-il d'hommes & de femmes?

Soit le nombre des hommes $=x$, & celui des femmes $=y$, on aura l'équation $19x+13y=1000$. Donc $13y=1000-19x=988+12-13x-6x$, & $y=76-x+\frac{12-6x}{13}$; d'où il ſuit que $12-6x$, ou $6x-12$, ou auſſi $x-2$, la ſixieme partie de ce nombre, doit être diviſible par 13. Qu'on faſſe donc $x-2=13z$, on aura x

$=13z+2$, & $y=76-13z-2-6z$, ou $y=74-19z$; ce qui fait voir que z doit être moindre que $\frac{74}{19}$, & par conséquent moindre que 4; de sorte que les quatre solutions suivantes peuvent avoir lieu.

I.) $z=0$ donne $x=2$ & $y=74$. Dans ce cas il y avoit deux hommes & soixante & quatorze femmes; ceux-là ont payé 38 sous, & celles-ci 962 sous.

II.) $z=1$ donne le nombre des hommes $x=15$, & celui des femmes $y=55$; ceux-là ont dépensé 285 sous, & celles-ci 715 sous.

III.) $z=2$ donne le nombre des hommes $x=28$, & celui des femmes $y=36$; donc ceux-là ont dépensé 532 sous, & celles-ci 468 sous.

IV.) $z=3$ donne $x=41$, & $y=17$; ainsi les hommes ont dépensé 779 sous, & les femmes ont dépensé 221 sous.

9.

Question sixieme. Un Fermier achete à la fois des chevaux & des bœufs pour la ſomme de 1770 écus ; il paye 31 écus pour chaque cheval, & 21 écus pour chaque bœuf. Combien a-t-il acheté de chevaux & de bœufs ?

Soit le nombre des chevaux $=x$, & celui des bœufs $=y$; il faudra que $31x + 21y = 1770$, ou que $21y = 1770 - 31x = 1764 + 6 - 21x - 10x$, c'eſt-à-dire que $y = 84 - x + \frac{6-10x}{21}$. Donc il faut qu'on puiſſe diviſer $10x - 6$, & auſſi la moitié $5x - 3$, par 21. Qu'on ſuppoſe donc $5x - 3 = 21z$, on aura $5x = 21z + 3$, & y devient $= 84 - x - 2z$. Or, puiſque $x = \frac{21z+3}{5} = 4z + \frac{z+3}{5}$, il faudra faire encore $z + 3 = 5u$; cette ſuppoſition donne $z = 5u - 3$, $x = 21u - 12$, & $y = 84 - 21u + 12 - 10u + 6 = 102 - 31u$; & il ſuit de-là que u doit être plus grand que 0, & cependant plus petit que 4, ce qui fournit les trois ſolutions qui ſuivent :

I.) $u = 1$ donne le nombre des chevaux $x = 9$, & celui des bœufs $y = 71$; donc les premiers ont coûté 279 écus, & les derniers 1491 écus ; en tout 1770 écus.

II.) $u=2$ donne $x=30$ & $y=40$; ainsi les chevaux ont coûté 930 écus, & les bœufs ont coûté 840 écus, ce qui fait ensemble 1770 écus.

III.) $u=3$ donne le nombre des chevaux $x=51$, & celui des bœufs $y=9$; ceux-là ont coûté 1581 écus, & ceux-ci 189 écus; cela fait ensemble 1770 écus.

10.

Les questions que nous avons considérées jusqu'à présent, conduisent toutes à une équation de la forme $ax+by=c$, où a, b & c signifient des nombres entiers & positifs, & où l'on demande pour x & y pareillement des nombres entiers positifs. Or si b est négatif, & que l'équation ait la forme $ax=by+c$, on a des questions d'une toute autre espece, & qui admettent une infinité de solutions: nous allons en traiter aussi, avant que de finir ce Chapitre.

Les plus simples de ces questions sont de la nature de celle-ci: on cherche deux nombres, dont la différence ſoit 6. Si l'on fait ici le plus petit nombre $=x$, & le plus grand $=y$, il faudra que $y-x=6$, & que $y=6+x$. Or rien n'empêche maintenant de ſubſtituer au lieu de x tous les nombres entiers poſſibles, & quelque nombre que l'on adopte, y ſera toujours de 6 plus grand. Qu'on faſſe, par exemple, $x=100$, on aura $y=106$; il eſt donc clair qu'une infinité de ſolutions peuvent avoir lieu.

II.

Viennent enſuite les queſtions où $c=0$, c'eſt-à-dire où ax doit ſimplement équivaloir à by. Qu'on cherche, par exemple, un nombre qui ſoit diviſible tant par 5 que par 7; ſi on écrit N pour ce nombre, on aura d'abord $N=5x$, puiſqu'il faut pouvoir diviſer N par 5; enſuite on aura auſſi $N=7y$, parce que le même nombre doit être diviſible par 7; on aura, par conſéquent $5x=7y$ & $x=\frac{7y}{5}$. Or comme 7 ne peut ſe diviſer par 5, il faut que y ſoit divisible par 5 ; qu'on fasse donc $y = 5z$, on aura $x = 7z$; de sorte que le nombre cherché $N = 35z$; & comme on peut prendre pour z un nombre entier quelconque, on voit qu'on peût assigner pour N un nombre infini de valeurs ; telles sont :

35, 70, 105, 140, 175, 910, &c.

Si on vouloit, outre la condition supposée, que le nombre N fût aussi divisible par 9, on auroit d'abord $N = 35z$, & on feroit de plus $N = 9u$. De cette maniere $35z = 9u$, & $u = \frac{35z}{9}$; & il est clair qu'il faut que z soit divisible par 9. Soit donc $z = 9s$; on aura $u = 35s$, & le nombre cherché $N = 315s$.

12.

La difficulté est plus grande, lorsque c n'est pas 0 ; par exemple, lorsqu'il faut que $5x = 7y + 3$, équation à laquelle on parvient, en cherchant un nombre N tel qu'on puisse le diviser par 5, & que si on le divise par 7, on obtienne le résidu 3 ; car il faut alors que $N = 5x$, & aussi que N

$=7y+3$, d'où résulte l'équation $5x=7y+3$, & par conséquent $x=\frac{7y+3}{5}=\frac{5y+2y+3}{5}=y+\frac{2y+3}{5}$. Qu'on fasse $2y+3=5z$, on aura $x=y+z$; or à cause de $2y+3=5z$, ou de $2y=5z-3$, on a $y=\frac{5z-3}{2}$ ou $y=2z+\frac{z-3}{2}$. Qu'on suppose donc encore $z-3=2u$, on aura $z=2u+3$, & $y=5u+6$, & $x=y+z=7u+9$. Donc le nombre cherché $N=35u+45$, où on peut substituer au lieu de u non-seulement tous les nombres entiers positifs, mais aussi des nombres négatifs; car, comme il suffit que N devienne positif, on peut faire $u=-1$, ce qui rend $N=10$. On obtient les autres valeurs, en ajoutant continuellement 35, c'est-à-dire que les nombres cherchés sont 10, 45, 80, 115, 150, 185, 220, &c.

13.

Les solutions de ces sortes de questions dépendent du rapport des deux nombres par lesquels il s'agit de diviser, c'est-à-dire qu'elles deviennent plus ou moins longues, suivant la nature de ces diviseurs.

La

La queſtion ſuivante, par exemple, admet une ſolution très-courte : On cherche un nombre qui, diviſé par 6, laiſſe le réſidu 2; & qui, diviſé par 13, donne 3 de réſidu.

Soit N ce nombre: il faut d'abord que $N=6x+2$, & après cela que $N=13y+3$; par conſéquent $6x+2=13y+3$, & $6x=13y+1$, & $x=\frac{13y+1}{6}=2y+\frac{y+1}{6}$. Qu'on faſſe $y+1=6z$, on aura $y=6z-1$, & $x=2y+z=13z-2$; d'où il ſuit que le nombre cherché $N=78z-10$. Donc la queſtion admet les valeurs ſuivantes: 68, 146, 224, 302, 380, &c. qui forment une progreſſion arithmétique, dont la différence eſt $78=6.13$. Il ſuffit, par conſéquent, de connoître une ſeule de ces valeurs pour trouver facilement toutes les autres; on n'a qu'à ajouter conſtamment 78, & ſouſtraire ce nombre auſſi long-temps que cela eſt poſſible.

14.

La queſtion ſuivante fournit un exemple d'une ſolution plus longue & plus pénible.

Question huitieme. Trouver un nombre N qui, étant divisé par 39, donne le résidu 16, & tel aussi que si on le divise par 56, on trouve le résidu 27.

Il faut en premier lieu que $N = 39p + 16$, & en second lieu que $N = 56q + 27$; ainsi $39p + 16 = 56q + 27$, ou $39p = 56q + 11$, & $p = \frac{56q+11}{39} = q + \frac{17q+11}{39} = q + r$, en exprimant par r la fraction $\frac{17q+11}{39}$. Ainsi $39r = 17q + 11$, & $q = \frac{39r-11}{17} = 2r + \frac{5r-11}{17} = 2r + s$; de façon que $s = \frac{5r-11}{17}$, ou $17s = 5r - 11$, d'où provient $r = \frac{17s+11}{5} = 3s + \frac{2s+11}{5} = 3s + t$; de maniere que $t = \frac{2s+11}{5}$, ou $5t = 2s + 11$, d'où l'on tire $s = \frac{5t-11}{2} = 2t + \frac{t-11}{2} = 2t + u$, en faisant $u = \frac{t-11}{2}$ & $t = 2u + 11$. Or n'y ayant maintenant plus de fractions, on peut prendre u à volonté, & on n'aura plus qu'à passer, en rétrogradant, par les déterminations suivantes :

$$t = 2u + 11,$$
$$s = 2t + u = 5u + 22,$$
$$r = 3s + t = 17u + 77,$$
$$q = 2r + s = 39u + 176,$$
$$p = q + r = 56u + 253,$$

& enfin $N = 39.56u + 9883$. On trouvera la plus petite valeur possible de N, en faisant $u = -4$; dans cette supposition on a $N = 1147$. Que si l'on fait $u = x - 4$, on trouve $N = 2184x - 8736 + 9883$, ou $N = 2184x + 1147$. Ces nombres forment par conséquent une progression arithmétique, dont le premier terme est 1147, & dont la différence est 2184; en voici quelques termes:

1147, 3331, 5515, 7699, 9883, &c.

15.

Ajoutons encore quelques autres questions, sur lesquelles on puisse s'exercer.

Question neuvieme. Une compagnie d'hommes & de femmes se trouvent à un pique-nique; chaque homme dépense 25 l. & chaque femme dépense 16 liv. & il se trouve que toutes les femmes ensemble ont payé 1 liv. de plus que les hommes. Combien y avoit-il d'hommes & de femmes?

Soit le nombre des femmes $= p$, celui des hommes $= q$; les femmes auront dépensé $16p$, & les hommes $25q$; ainsi $16p = 25q + 1$, & $p = \frac{25q+1}{16} = q + \frac{9q+1}{16} = q + r$. Nous venons de faire $r = \frac{9q+1}{16}$, ainsi $9q = 16r - 1$, & $q = \frac{16r-1}{9} = r + \frac{7r-1}{9} = r + s$. Puis donc que $s = \frac{7r-1}{9}$, ou $9s = 7r - 1$, nous avons $r = \frac{9s+1}{7} = s + \frac{2s+1}{7} = s + t$; c'est-à-dire que $t = \frac{2s+1}{7}$, ou $7t = 2s + 1$; ainsi $s = \frac{7t-1}{2} = 3t + \frac{t-1}{2} = 3t + u$, en faisant $u = \frac{t-1}{2}$ ou $2u = t - 1$, de sorte que $t = 2u + 1$.

Nous aurons par conséquent en rétrogradant :

$$
\begin{aligned}
t &= 2u + 1, \\
s &= 3t + u = 7u + 3, \\
r &= s + t = 9u + 4, \\
q &= r + s = 16u + 7, \\
p &= q + r = 25u + 11;
\end{aligned}
$$

ainsi le nombre des femmes étoit $25u + 11$, & celui des hommes étoit $16u + 7$; & on peut substituer dans ces formules, au lieu de u, tels nombres entiers qu'on veut. Les résultats les plus petits sont par conséquent ceux qui suivent :

Nombre des femmes : $=11, 36, 61, 86, 111$, &c.
——— des hommes : $= 7, 23, 39, 55, 71$, &c.

Suivant la premiere ſolution, ou celle qui renferme les plus petits nombres, les femmes ont dépenſé 176 liv. & les hommes 175 livres, c'eſt-à-dire une livre de moins que les femmes.

16.

Queſtion dixieme. Quelqu'un achete des chevaux & des bœufs ; il paye 31 écus par cheval, & 20 écus pour chaque bœuf, & il ſe trouve que les bœufs lui ont coûté 7 écus de plus que ne lui ont coûté les chevaux : combien cet homme a-t-il acheté de bœufs & de chevaux ?

Suppoſons que p ſoit le nombre des bœufs & q celui des chevaux, il faudra que $20p = 31q + 7$, & $p = \frac{31q+7}{20} = q + \frac{11q+7}{20} = q + r$; de cette maniere nous avons $20r = 11q + 7$, & $q = \frac{20r-7}{11} = r + \frac{9r-7}{11} = r + s$; ainſi $11s = 9r - 7$, & $r = \frac{11s+7}{9} = s + \frac{2s+7}{9} = s + t$, c'eſt-à-dire que $9t = 2s + 7$, & $s = \frac{9t-7}{2} = 4t + \frac{t-7}{2} = 4t + u$, moyennant quoi $2u = t - 7$, & $t = 2u + 7$. Par conséquent

$ſ = 4t + u = 9u + 28$,

$r = ſ + t = 11u + 35$,

$q = r + ſ = 20u + 63$, nomb. des chevaux,

$p = q + r = 31u + 98$, nombre des bœufs.

Donc les plus petites valeurs positives de p & de q se trouvent en faisant $u = -3$; celles qui sont plus grandes se suivent en progression arithmétique de la maniere qu'on va voir:

Nombre des bœufs, } $p = 5, 36, 67, 98, 129, 160, 191, 222, 253$, &c.

Nombre des chevaux, } $q = 3, 23, 43, 63, 83, 103, 123, 143, 163$, &c.

17.

Si on considere comment, dans cet exemple, les lettres p & q se déterminent par les lettres suivantes, on remarquera facilement que cette détermination dépend du rapport des nombres 31 & 20, & en particulier du rapport qu'on découvre en cherchant le plus grand commun diviseur de ces deux nombres. En effet, si on fait cette opération

20	31	1
	20	
11	20	1
	11	
9	11	1
	9	
2	9	4
	8	
1	2	2
	2	
	0,	

il eſt clair que les quotients qu'on obtient ſe retrouvent dans la détermination ſucceſſive des lettres p, q, r, $ſ$, &c. & qu'ils ſont liés avec la premiere lettre à droite, pendant que la derniere reſte toujours iſolée; on voit de plus que ce n'eſt que dans la cinquieme & derniere équation que ſe préſente le nombre 7, & qu'il eſt affecté du ſigne +, parce que le nombre de cette équation eſt impair; car ſi ce nombre avoit été pair, on auroit trouvé —7. Ce que nous diſons deviendra encore plus clair par la table ſuivante, dans laquelle on verra d'abord la décompoſition des nombres 31 & 20, & puis la détermination des lettres p, q, r, &c.

$31 = 1.20 + 11$	$p = 1.q + r$
$20 = 1.11 + 9$	$q = 1.r + s$
$11 = 1.9 + 2$	$r = 1.s + t$
$9 = 4.2 + 1$	$s = 4.t + u$
$2 = 2.1 + 0$	$t = 2.u + 7.$

18.

On peut repréſenter de la même maniere l'exemple précédent de l'article 14.

$56 = 1.39 + 17$	$p = 1.q + r$
$39 = 2.17 + 5$	$q = 2.r + s$
$17 = 3.5 + 2$	$r = 3.s + t$
$5 = 2.2 + 1$	$s = 2.t + u$
$2 = 2.1 + 0$	$t = 2.u + 11.$

19.

Nous ſommes donc en état de réſoudre de la même maniere toutes les queſtions de cette eſpece.

En effet, ſoit donnée l'équation $bp = aq + n$, où a, b & n ſignifient des nombres connus. Il ne s'agira ici que de procéder comme ſi on cherchoit le plus grand commun diviſeur des nombres a & b, on pourra auſſi-tôt déterminer p & q par les lettres ſuivantes, comme on va voir:

Soit	on aura
$a = Ab + c$	$p = Aq + r$
$b = Bc + d$	$q = Br + s$
$c = Cd + e$	$r = Cs + t$
$d = De + f$	$s = Dt + u$
$e = Ef + g$	$t = Eu + v$
$f = Fg + 0$,	$u = Fv \pm n$.

On fera ſeulement attention encore, que dans la derniere équation il faut donner à n le ſigne $+$, quand le nombre des équations eſt impair; & qu'au contraire il faut prendre $-n$, lorſque ce nombre eſt pair. Et voilà donc comment on peut réſoudre avec aſſez de promptitude les queſtions dont nous nous occupons dans ce Chapitre: nous en donnerons quelques exemples.

20.

Queſtion onzieme. On cherche un nombre qui, étant diviſé par 11, donne le réſidu 3, & qui étant diviſé par 19, donne le réſidu 5.

Soit N ce nombre cherché : il faudra d'abord que $N = 11p + 3$, & en second lieu que $N = 19q + 5$. Donc $11p = 19q + 2$, équation qui fournit la table suivante :

$$\begin{array}{r|l} 19 = 1.11 + 8 & p = q + r \\ 11 = 1 . 8 + 3 & q = r + s \\ 8 = 2 . 3 + 2 & r = 2s + t \\ 3 = 1 . 2 + 1 & s = t + u \\ 2 = 2 . 1 + 0 & t = 2u + 2, \end{array}$$

où l'on peut donner à u telle valeur qu'on veut, & déterminer par-là successivement, en rétrogradant, les lettres précédentes. On aura,

$$\begin{array}{l} t = 2u + 2 \\ s = t + u = 3u + 2 \\ r = 2s + t = 8u + 6 \\ q = r + s = 11u + 8 \\ p = q + r = 19u + 14; \end{array}$$

de-là résulte le nombre cherché $N = 209u + 157$; donc le plus petit nombre qui puisse exprimer N, ou satisfaire à la question, est 157.

21.

Question douzieme. Trouver un nombre N tel qu'en le divisant par 11, il reste 3, & qu'en le divisant par 19, il reste 5; & de plus, que si on divise ce nombre par 29, on obtienne le résidu 10.

La derniere condition exige que $N=29p+10$; & comme on a déjà fait le calcul pour les deux autres, il faut, en conséquence de ce qu'on a trouvé, que $N=209u+157$, à la place de quoi nous écrirons $N=209q+157$; ainsi $29p+10=209q+157$, ou $29p=209q+147$; d'où résulte le type qui suit:

$$\begin{array}{ll} 209=7.29+6; \text{ donc } & p=7q+r, \\ 29=4.6+5; & q=4r+s, \\ 6=1.5+1; & r=s+t, \\ 5=5.1+0; & s=5t-147. \end{array}$$

Et si nous revenons maintenant sur nos pas, nous aurons

$$\begin{array}{l} s=5t-147, \\ r=s+t=6t-147, \\ q=4r+s=29t-735, \\ p=7q+r=209t-5292. \end{array}$$

Donc $N=6061t-153458$. Le plus petit nombre ſe trouve en faiſant $t=26$, & cette ſuppoſition donne $N=4128$.

22.

Une remarque cependant qu'il faut faire néceſſairement, c'eſt que, pour qu'une telle équation $bp=aq+n$ ſoit réſoluble, il faut que les deux nombres a & b n'ayent d'autre commun diviſeur que 1; car ſans cela la queſtion ſeroit impoſſible, à moins que le nombre n n'eût le même commun diviſeur.

Si l'on demandoit, par exemple, que $9p=15q+2$; comme 9 & 15 ont le commun diviſeur 3, & que ce n'eſt pas un diviſeur de 2, il eſt impoſſible de réſoudre la queſtion, parce que $9p-15q$ pouvant toujours être diviſé par 3, ne peut en aucun cas devenir $=2$. Mais ſi dans cet exemple n étoit $=3$, ou $n=6$, &c. la queſtion ſeroit poſſible: il ſuffiroit de diviſer auparavant par 3; car on auroit $3p=5q+1$, équation qui ſeroit facilement réſoluble par la regle donnée ci-dessus. On voit donc clairement que les nombres a & b ne doivent avoir d'autre commun diviseur que l'unité, & que notre regle ne peut avoir lieu dans d'autres cas.

23.

Pour le prouver encore plus évidemment, nous traiterons l'équation $9p = 15q + 2$ suivant la voie ordinaire. Nous trouvons $p = \frac{15q+2}{9} = q + \frac{6q+2}{9} = q + r$; de sorte que $9r = 6q + 2$, ou $6q = 9r - 2$; ainsi $q = \frac{9r-2}{6} = r + \frac{3r-2}{6} = r + s$; de façon que $3r - 2 = 6s$, ou $3r = 6s + 2$. Par conséquent $r = \frac{6s+2}{3} = 2s + \frac{2}{3}$; or il est bien clair que ceci ne peut jamais devenir un nombre entier, parce que s est nécessairement un nombre entier. Cela sert à confirmer que ces sortes de questions sont impossibles.

CHAPITRE II.

De la regle qu'on nomme regula cœci, *où il s'agit de déterminer par deux équations, trois ou un plus grand nombre d'inconnues.*

24.

NOUS avons vu dans le Chapitre précédent, comment on peut déterminer par une ſeule équation deux quantités inconnues, au point de les exprimer en nombres entiers & poſitifs.

Si donc on avoit deux équations, il faudroit, pour que la queſtion fût indéterminée, que ces équations renfermaſſent plus de deux inconnues. Or il ſe préſente de ces queſtions dans les livres d'Arithmétique ordinaires; on les réſout par la regle dite *regula cœci*, nous ferons voir les fondemens de cette regle.

25.

Nous commencerons par un exemple.

Queſtion premiere. Trente perſonnes, hommes, femmes & enfans dépenſent 50 écus dans une auberge; l'écot d'un homme eſt 3 écus, celui d'une femme eſt 2 écus, & celui d'un enfant eſt un écu; combien y avoit il de perſonnes de chaque claſſe?

Soit le nombre des hommes $=p$, celui des femmes $=q$, & celui des enfans $=r$, nous aurons les deux équations ſuivantes: I.) $p+q+r=30$, II.) $3p+2q+r=50$. Et il s'agit d'en tirer les trois lettres, p, q & r en nombres entiers & poſitifs. La premiere équation donne $r=30-p-q$, d'où nous concluons d'abord que $p+q$ doit être moindre que 30; & ſubſtituant cette valeur de r dans la ſeconde équation, nous avons $2p+q+30=50$, de ſorte que $q=20-2p$ & $p+q=20-p$; ce qui eſt évidemment auſſi moindre que 30. Or comme on peut, en vertu de cette équation, prendre pour p tous les nombres qui ne paſſent pas 10, on aura les onze ſolutions ſuivantes :

Nombre des hommes,	$p = 0, 1, 2, 3, 4, 5, 6, 7, 8, 9, 10,$
Nombre des femmes,	$q = 20, 18, 16, 14, 12, 10, 8, 6, 4, 2, 0,$
Nombre des enfans,	$r = 10, 11, 12, 13, 14, 15, 16, 17, 18, 19, 20;$

& ſi on omet la premiere & la derniere, il en reſtera neuf.

26.

Queſtion ſeconde. Quelqu'un achete 100 pieces de bétail, des porcs, des chevres & des moutons, pour 100 écus ; les porcs lui coûtent $3\frac{1}{2}$ écus la piece ; les chevres, $1\frac{1}{3}$ écu, & les moutons, $\frac{1}{2}$ écu : combien y avoit-il d'animaux de chaque eſpece ?

Soit le nombre des porcs $=p$, celui des chevres $=q$, celui des moutons $=r$, on aura les deux équations ſuivantes : I.) $p+q+r=100$, II.) $3\frac{1}{2}p+1\frac{1}{3}q+\frac{1}{2}r=100$; & cette derniere étant multipliée par 6, afin de chaſſer les fractions, ſe transforme en celle-ci, $21p+8q+3r=600$. Or la premiere donne $r=100-p-q$; & ſi l'on ſubſtitue fubftitue cette valeur à r dans la feconde, on a $18p+5q=300$, ou $5q=300-18p$, & $q=60-\frac{18p}{5}$. Par conféquent il faut que $18p$ foit divifible par 5, & renferme 5 comme facteur. Qu'on faffe donc $p=5f$, on aura $q=60-18f$, & $r=13f+40$, où l'on peut prendre pour f un nombre entier quelconque, pourvu qu'il foit tel que q ne devienne pas négatif. Mais cette condition limite la valeur de f à 3, de forte que fi on exclut auffi 0, il ne peut y avoir que trois folutions du probleme; ce font les fuivantes:

Lorfque $f=$ 1, 2, 3,
on a $p=$ 5, 10, 15,
$q=$ 42, 24, 16,
$r=$ 53, 66, 79.

27.

Lorfqu'on veut foi-même fe propofer de tels exemples, il faut faire attention fur-tout qu'ils foient poffibles; & pour pouvoir en juger, voici ce qu'il faut obferver:

Soient les deux équations auxquelles nous

parvenions jusqu'à présent, représentées par I.) $x+y+z=a$, II.) $fx+gy+hz=b$, où f, g & h, ainsi que a & b, sont des nombres donnés, si nous supposons qu'entre les nombres f, g & h le premier f soit le plus grand, & h le plus petit ; comme, à cause de $x+y+z=a$, nous avons $fx+fy+fz=fa$, il est clair que $fx+fy+fz$ est plus grand que $fx+gy+hz$; par conséquent il faut que fa soit plus grand que b, ou que b soit plus petit que fa ; & puisque de plus $hx+hy+hz=ha$, & que $hx+hy+hz$ est certainement plus petit que $fx+gy+hz$, il faut aussi que ha soit plus petit que b, ou b plus grand que ha. Il s'ensuit donc de-là que si b n'est pas plus petit que fa, & en même temps plus grand que ha, la question sera impossible.

On exprime cette condition aussi, en disant que b doit être contenu entre les limites fa & ha ; & il faut de plus faire attention que ce nombre n'approche pas trop de l'une ou de l'autre limite, parce que cela feroit qu'on ne pourroit pas déterminer les autres lettres.

Dans l'exemple précédent, où $a=100$, $f=3\frac{1}{2}$ & $h=\frac{1}{2}$, les limites étoient 350 & 50; or si on vouloit supposer $b=51$ au lieu de 100, les équations deviendroient $x+y+z=100$, & $3\frac{1}{2}x+1\frac{1}{3}y+\frac{1}{2}z=51$, ou, en chassant les fractions, $21x+8y+3z=306$; qu'on multiplie la premiere par 3, de sorte que $3x+3y+3z=300$; si l'on soustrait cette équation de l'autre, il reste $18x+5y=6$, ce qu'on voit sur le champ être impossible, parce que x & y doivent être des nombres entiers & positifs.

28.

Les Orfevres & les Monnoyeurs tirent grand parti de cette regle, quand ils se proposent de faire, de trois ou de plusieurs sortes d'argent, un alliage d'un prix donné, ainsi que l'exemple suivant le fera voir.

Question troisieme. Un Monnoyeur a trois sortes d'argent; la premiere à 7 onces, la seconde à $5\frac{1}{2}$ onces, la troisieme à $4\frac{1}{2}$ onces; il a à faire un alliage de 30 marcs pesant, à 6 onces; combien de marcs doit-il prendre de chaque sorte?

Qu'il prenne x marcs de la premiere sorte, y marcs de la seconde & z marcs de la troisieme, il aura $x+y+z=30$, & c'est la premiere équation.

Ensuite, puisqu'un marc de la premiere sorte contient 7 onces d'argent fin, les x marcs de cette sorte contiendront $7x$ onces de tel argent; de même les y marcs de la seconde sorte contiendront $5\frac{1}{2}y$ onces, & les z marcs de la troisieme sorte contiendront $4\frac{1}{2}z$ onces d'argent fin; de sorte que toute la masse contiendra $7x+5\frac{1}{2}y+4\frac{1}{2}z$ onces d'argent fin. Or puisque cet alliage pese 30 marcs, & que chacun de ces marcs contient 6 onces d'argent fin, il s'ensuit que la masse entiere contiendra 180 onces d'argent fin; & de-là résulte la seconde équation $7x+5\frac{1}{2}y+4\frac{1}{2}z=180$, ou $14x+11y+9z=360$. Si l'on soustrait maintenant de cette équation la premiere prise neuf fois, ou $9x+9y+9z$

$=270$, il reste $5x+2y=90$, équation qui doit donner en nombres entiers les valeurs de x & de y. Quant à la valeur de z, on la tirera ensuite de l'équation $z=30-x-y$. Or l'équation précédente donne $2y=90-5x$ & $y=45-\frac{5x}{2}$; soit donc $x=2u$, on aura $y=45-5u$ & $z=3u-15$; c'est signe que u doit être plus grand que 4, & cependant plus petit que 10; & par conséquent la question admet les solutions suivantes:

$u=$ 5,	6,	7,	8,	9,
$x=$10,	12,	14,	16,	18,
$y=$20,	15,	10,	5,	0,
$z=$ 0,	3,	6,	9,	12.

29.

Il se présente quelquefois des questions qui renferment plus de trois inconnues, mais on les résout de la même maniere, comme l'exemple suivant le fera voir.

Question quatrieme. Quelqu'un achete 100 pieces de bétail pour 100 écus; savoir, des bœufs à 10 écus la piece, des vaches à 5 écus, des veaux à 2 écus, & des moutons à $\frac{1}{2}$ écu la piece; combien a-t-il acheté de bœufs, de vaches, de veaux & de moutons?

Soit le nombre des bœufs $=p$, celui des vaches $=q$, celui des veaux $=r$, & celui des moutons $=s$; la premiere équation est $p+q+r+s=100$, & la seconde est $10p+5q+2r+\frac{1}{2}s=100$, ou, en retranchant les fractions, $20p+10q+4r+s=200$; soustrayant la premiere équation de celle ci, il reste $19p+9q+3r=100$, d'où l'on tire $3r=100-19p-9q$, & $r=33+\frac{1}{3}-6p-\frac{1}{3}p-3q$, ou $r=33-6p-3q+\frac{1-p}{3}$; donc il faut que $1-p$ ou $p-1$ soit divisible par 3. Qu'on fasse

$p-1=3t$, on aura

$$p=3t+1,$$
$$q=q,$$
$$r=27-19t-3q,$$
$$s=72+2q+16t;$$

il s'ensuit de-là que $19t+3q$ doit être

moindre que 27, & que, pourvu que cette condition s'obſerve, on peut au reſte donner à q & à t telle valeur qu'on veut ; cela poſé, nous aurons à conſidérer les cas ſuivans :

I. Si $t = 0$	II. Si $t = 1$
on a $p = 1$	$p = 4$
$q = q$	$q = q$
$r = 27 - 3q$	$r = 8 - 3q$
$s = 72 + 2q.$	$s = 88 + 2q.$

On ne peut faire $t = 2$, parce que r deviendroit négatif.

Dans le premier cas q ne doit pas ſurpaſſer 9, & dans le ſecond cas ce nombre ne doit pas excéder 2 ; ainſi ces deux cas donnent les ſolutions qui ſuivent.

Le premier donne les dix ſolutions que voici :

	I.	II.	III.	IV.	V.	VI.	VII.	VIII.	IX.	X.
p	1	1	1	1	1	1	1	1	1	1
q	0	1	2	3	4	5	6	7	8	9
r	27	24	21	18	15	12	9	6	3	0
s	72	74	76	78	80	82	84	86	88	90

Le ſecond cas fournit les trois ſolutions ſuivantes :

	I.	II.	III.
p	4	4	4
q	0	1	2
r	8	5	2
$ſ$	88	90	92

Voilà donc en tout treize ſolutions, & elles ſe réduiſent à dix, ſi on exclut celles qui renferment un zéro.

30.

La méthode ne laiſſeroit pas d'être la même, quand même, dans la premiere équation, les lettres ſeroient multipliées par des nombres donnés, comme on le verra par l'exemple ſuivant :

Queſtion cinquieme. Trouver trois nombres entiers, tels que ſi on multiplie le premier par 3, le ſecond par 5 & le troiſieme par 7, la ſomme des produits ſoit 560 ; & que ſi on multiplie le premier par 9, le ſecond par 25 & le troiſieme par 49, la ſomme des produits ſoit 2920.

Soit le premier nombre $=x$, le second $=y$, le troisieme $=z$, on aura les deux équations, I.) $3x+5y+7z=560$, II.) $9x+25y+49z=2920$. Si on soustrait de la seconde la premiere prise trois fois, ou $9x+15y+21z=1680$, il reste $10y+28z=1240$; divisant par 2, on a $5y+14z=620$, d'où l'on tire $y=124-\frac{14z}{5}$. Ainsi z doit être divisible par 5; qu'on fasse donc $z=5u$, on aura $y=124-14u$; ces valeurs étant substituées dans la premiere équation, on a $3x-35u+620=560$, ou $3x=35u-60$, & $x=\frac{35u}{3}-20$; c'est pourquoi l'on fera $u=3t$, & on aura enfin la solution suivante, $x=35t-20$, $y=124-42t$, & $z=15t$, où on peut substituer au lieu de t un nombre entier quelconque, mais tel cependant que t surpasse 0, & soit moindre que 3; de sorte qu'on se trouve borné en effet aux deux solutions suivantes:

I.) Si $t=1$, on a $x=15$, $y=82$, $z=15$.

II.) Si $t=2$, on a $x=50$, $y=40$, $z=30$.

CHAPITRE III.

Des Equations indéterminées composées, dans lesquelles l'une des inconnues ne passe pas le premier degré.

31.

Nous passerons à présent aux équations indéterminées, dans lesquelles on cherche deux quantités inconnues, & où l'une de ces inconnues est multipliée par l'autre, ou élevée à une puissance plus haute que la premiere, tandis que l'autre inconnue ne s'y trouve cependant encore qu'au premier degré. Il est évident que les équations de cette espece peuvent se représenter par l'expression générale qui suit :

$$a+bx+cy+dxx+exy+fx^3+gxxy+hx^4+kx^3y+\text{\&c.}=0.$$

Comme dans cette équation y ne passe pas le premier degré, cette lettre se détermine facilement ; mais il faut au reste, comme auparavant, que les valeurs tant de x que de y, ſoient aſſignées en nombres entiers.

Nous allons conſidérer quelques-uns de ces cas, en commençant par les plus faciles.

32.

Queſtion premiere. Trouver deux nombres tels que, ſi on ajoute leur produit à leur ſomme, on obtienne 79.

Nommons x & y les deux nombres cherchés; il faudra que $xy+x+y=79$; ainſi $xy+y=79-x$, & $y=\frac{79-x}{x+1}=-1+\frac{80}{x+1}$, par où l'on voit que $x+1$ doit être un diviſeur de 80. Or 80 ayant beaucoup de diviſeurs, on aura auſſi pluſieurs valeurs de x, comme on va voir:

Les diviſeurs de 80 ſont	1	2	4	5	8	10	16	20	40	80
donc $x=$	0	1	3	4	7	9	15	19	39	79
& $y=$	79	39	19	15	9	7	4	3	1	0

Mais comme les dernieres ſolutions ſont les mêmes que les premieres, on n'a réellement que les cinq ſolutions ſuivantes:

I.	II.	III.	IV.	V
0	1	3	4	7
79	39	19	15	19

33.

C'est de la même maniere qu'on pourra résoudre aussi l'équation générale $xy+ax+by=c$; car on aura $xy+by=c-ax$, & $y=\frac{c-ax}{x+b}$, ou $y=-a+\frac{ab+c}{x+b}$; c'est-à-dire que $x+b$ doit être un diviseur du nombre connu $ab+c$; de sorte que chaque diviseur de ce nombre donne une valeur de x. Qu'on fasse donc $ab+c=fg$, on aura $y=-a+\frac{fg}{x+b}$; & supposant $x+b=f$ ou $x=f-b$, il est clair que $y=-a+g$ ou $y=g-a$, & par conséquent qu'on aura même deux solutions pour chaque maniere de représenter le nombre $ab+c$ par un produit tel que fg. De ces deux solutions, l'une est $x=f-b$ & $y=g-a$, & l'autre s'obtient en faisant $x+b=g$, dans lequel cas $x=g-b$ & $y=f-a$.

Si donc on se proposoit l'équation $xy+2x+3y=42$, on auroit $a=2$, $b=3$,

& $c=42$; par conséquent $y=-2+\frac{48}{x+3}$. Or le nombre 48 peut se représenter de plusieurs manieres par deux facteurs, comme fg, & dans chacun de ces cas on aura toujours, soit $x=f-3$ & $y=g-2$, soit aussi $x=g-3$ & $y=f-2$. Voici le développement de cet exemple :

	I.		II.		III.		IV.		V.	
Facteurs	1 . 48		2 . 24		3 . 16		4 . 12		6.8	
	x	y	x	y	x	y	x	y	x	y
Nombres	-2	46	-1	22	0	14	1	10	3	6
ou	45	-1	21	0	13	1	9	2	5	4

34.

L'équation peut s'exprimer encore plus généralement, en écrivant $mxy=ax+by+c$, où a, b, c & m sont des nombres donnés, & où l'on cherche pour x & y des nombres entiers inconnus.

Qu'on sépare d'abord y, on aura $y=\frac{ax+c}{mx-b}$; & chassant x du numérateur, en multipliant par m de part & d'autre, on aura $my=\frac{max+mc}{mx-b}=a+\frac{mc+ab}{mx-b}$. On a maintenant une fraction dont le numérateur eſt un nombre connu, & dont le dénominateur doit être un diviſeur de ce nombre; qu'on repréſente donc le numérateur par un produit de deux facteurs, comme fg, ce qui peut ſouvent ſe faire de pluſieurs manieres, & qu'on voye ſi un de ces facteurs peut ſe comparer avec $mx - b$, de façon que $mx - b = f$. Or il faut pour cet effet, puiſque $x = \frac{f-b}{m}$, que $f + b$ ſoit diviſible par m; & il s'enſuit de-là que parmi les facteurs de $mc + ab$, on ne peut employer que ceux qui ſont tels, qu'en y ajoutant b, les ſommes ſoient diviſibles par m. Nous allons éclaircir ceci par un exemple.

Soit l'équation $5xy = 2x + 3y + 18$, on aura $y = \frac{2x+18}{5x-3}$ & $5y = \frac{10x+90}{5x-3} = 2 + \frac{96}{5x-3}$; il s'agit par conſéquent de trouver ceux des diviſeurs de 96 qui, ajoutés à 3, donnent des ſommes diviſibles par 5. Or ſi l'on conſidere tous les diviſeurs de 96, qui ſont 1, 2, 3, 4, 6, 8, 12, 16, 24, 32, 48, 96; on voit facilement qu'il n'y en a que ces trois, 2, 12, 32, qui peuvent ſervir.

Soit donc I.) $5x-3=2$, on aura $5y=50$, & par conséquent $x=1$, & $y=10$.

II.) $5x-3=12$, on aura $5y=10$, & par conséquent $x=3$, & $y=2$.

III.) $5x-3=32$, on aura $5y=5$, & par conséquent $x=7$, & $y=1$.

35.

Comme dans cette solution générale on a $my-a=\frac{mc+ab}{mx-b}$, il sera à propos d'observer que, si un nombre compris dans la formule $mc+ab$, a un diviseur de la forme $mx-b$, le quotient dans ce cas doit être nécessairement compris dans la formule $my-a$, & qu'on peut alors représenter le nombre $mc+ab$ par un produit tel que $(mx-b)(my-a)$. Soit, par exemple, $m=12$, $a=5$, $b=7$ & $c=15$, on aura $12y-5=\frac{215}{12x-7}$; or les diviseurs de 215 sont 1, 5, 43, 215; il faut en choisir ceux qui sont compris dans la formule $12x$

-7, ou qui ſont tels qu'en y ajoutant 7, la ſomme ſoit diviſible par 12 ; mais il n'y a que 5 qui ſatisfaſſe à cette condition, ainſi $12x-7=5$ & $12y-5=43$; & de même que la premiere de ces équations donne $x=1$, on trouve auſſi par l'autre y en nombres entiers, ſavoir $y=4$. Cette propriété eſt de la plus grande importance relativement à la nature des nombres, & mérite par-là qu'on y faſſe attention particuliérement.

36.

Conſidérons maintenant auſſi une équation de cette eſpece, $xy+xx=2x+3y+29$. Elle nous donne $y=\frac{2x-xx+29}{x-3}$, ou $y=-x-1+\frac{26}{x-3}$; ainſi $x-3$ doit être un diviſeur de 26, & dans ce cas, la diviſion étant faite, le quotient ſera $=y+x+1$; or les diviſeurs de 26 étant 1, 2, 13, 26, nous aurons donc les ſolutions ſuivantes:

I.) $x-3=1$, ou $x=4$; de ſorte que $y+x+1=y+5=26$, & $y=21$;

II.)

II.) $x-3=2$, ou $x=5$; ainsi $y+x+1$
$=y+6=13$, & $y=7$;

III.) $x-3=13$, ou $x=16$; ainsi $y+x+1$
$=y+17=2$, & $y=-15$.

Cette derniere valeur étant négative doit être omise, & par la même raison on ne pourra tenir compte du dernier cas, $x-3=26$.

37.

Il ne sera pas nécessaire de développer ici un plus grand nombre de ces formules, où on ne rencontre que la premiere puissance de y & de plus hautes puissances de x; car ces cas ne se présentent que rarement, & peuvent d'ailleurs toujours se résoudre par la méthode que nous avons expliquée. Mais lorsque y aussi est élevé à la seconde puissance, ou à un degré encore plus haut, & qu'on veut en déterminer la valeur par les regles données, on parvient à des signes radicaux, qui comprennent des puissances secondes ou encore plus hautes de x, & il s'agit alors de trouver pour x des valeurs telles qu'elles fassent évanouir les signes radicaux ou l'irrationnalité. Or le plus grand art de l'analyse indéterminée, consiste précisément à rendre rationnelles ces formules sourdes ou incommensurables; nous en fournirons les moyens dans les Chapitres suivans.

CHAPITRE IV.

De la maniere de rendre rationnelles les quantités sourdes de la forme $\sqrt{a+bx+cxx}$.

38.

IL est donc question présentement de déterminer les valeurs qu'on peut adopter pour x, afin que la formule $a+bx+cxx$ devienne effectivement un quarré, & par conséquent qu'on puisse en assigner une racine rationnelle. Or les lettres a, b & c signifient des nombres donnés; c'est de la nature de ces nombres que dépend principalement la détermination de l'inconnue

x, & nous remarquerons d'avance que dans bien des cas la ſolution devient impoſſible. Mais lors même qu'elle eſt poſſible, il faut du moins ſe contenter au commencement de pouvoir aſſigner pour la lettre x des valeurs rationnelles, ſans exiger préciſément que ces valeurs ſoient même des nombres entiers ; cette condition entraîne des recherches tout-à-fait particulieres.

39.

Nous ſuppoſons ici, comme on voit, que la formule ne s'étend qu'aux ſecondes puiſſances de x ; les degrés plus élevés exigent des méthodes différentes, dont nous parlerons plus bas.

Nous remarquerons d'abord que ſi la ſeconde puiſſance même ne s'y trouvoit pas, & que c fût $=0$, la queſtion n'auroit aucune difficulté ; car ſi $\sqrt{a+bx}$ étoit la formule propoſée, & qu'il fallût déterminer x, de maniere que $a+bx$ fût un quarré, on n'auroit qu'à faire $a+bx=yy$, d'où l'on obtiendroit auſſi-tôt $x = \frac{yy-a}{b}$; or quelque nombre que l'on ſubſtituât ici au lieu de y, il en réſulteroit toujours pour x une valeur telle que $a+bx$ ſeroit un quarré, & par conſéquent $\sqrt{a+bx}$ une quantité rationnelle.

40.

Nous commencerons donc par la formule $\sqrt{1+xx}$, c'eſt-à-dire que nous chercherons pour x des valeurs telles, qu'en ajoutant à leurs quarrés l'unité, les ſommes ſoient pareillement des quarrés; & comme il eſt clair que ces valeurs de x ne pourront être des nombres entiers, il faudra ſe contenter de trouver les nombres fractionnaires qui les expriment.

41.

Si on vouloit, à cauſe que $1+xx$ doit être un quarré, ſuppoſer $1+xx=yy$, on auroit $xx=yy-1$, & $x=\sqrt{yy-1}$; ainſi il faudroit, afin de trouver x, chercher pour y des nombres tels que leurs quarrés, diminués de l'unité, donnassent aussi des quarrés ; & par conséquent on retomberoit dans une question aussi difficile que la premiere, & on n'auroit pas fait un pas en avant.

Il est cependant certain qu'il y a réellement des fractions qui, étant substituées à la place de x, font que $1+xx$ devient un quarré ; on peut s'en convaincre par les cas suivans :

I.) Si $x=\frac{3}{4}$, on a $1+xx=\frac{25}{16}$; par conséquent $\sqrt{1+xx}=\frac{5}{4}$.

II.) $1+xx$ devient pareillement un quarré ; si $x=\frac{4}{3}$, on trouve $\sqrt{1+xx}=\frac{5}{3}$.

III.) Si on fait $x=\frac{5}{12}$, on obtient $1+xx=\frac{169}{144}$, dont la racine quarrée est $\frac{13}{12}$.

Mais il s'agit de faire voir comment on doit trouver ces valeurs de x, & même tous les nombres possibles de cette espece.

42.

Il y a deux méthodes pour cela. La premiere demande qu'on fasse $\sqrt{1+xx}=x$

$+p$; on a dans cette suppoſition $1+xx=xx+2px+pp$, où le quarré xx ſe détruit; de ſorte qu'on peut exprimer x ſans ſigne radical. Car effaçant de part & d'autre xx dans l'équation ſuſdite, on trouve $2px+pp=1$, d'où l'on tire $x=\frac{1-pp}{2p}$, quantité dans laquelle on peut ſubſtituer à p un nombre quelconque, & même des fractions.

Qu'on ſuppoſe donc $p=\frac{m}{n}$, on aura $x=\frac{1-\frac{mm}{nn}}{\frac{2m}{n}}$; & ſi on multiplie les deux termes de cette fraction par nn, on trouve $x=\frac{nn-mm}{2mn}$.

43.

Ainſi, pour que $1+xx$ devienne un quarré, on peut prendre pour m & n tous les nombres entiers poſſibles, & trouver de cette maniere pour x une infinité de valeurs.

Si l'on fait auſſi en général $x=\frac{nn-mm}{2mn}$, on trouve $1+xx=1+\frac{n^4-2mmnn+m^4}{4mmnn}$, ou $1+xx=\frac{n^4+2mmnn+m^4}{4mmnn}$, fraction qui eſt effectivement un quarré, & qui donne $\sqrt{1+xx}=\frac{nn+mm}{2mn}$.

Nous indiquerons d'après cette ſolution quelques-unes des moindres valeurs de x.

Si $n=2$	3	3	4	4	5	5	5	5
& $m=1$	1	2	1	3	1	2	3	4
on a $x=\frac{3}{4}$	$\frac{4}{3}$	$\frac{5}{12}$	$\frac{15}{8}$	$\frac{7}{24}$	$\frac{12}{5}$	$\frac{21}{20}$	$\frac{8}{15}$	$\frac{9}{40}$

44.

On voit qu'on a en général $1+\frac{(nn-mm)^2}{(2mn)^2}$ $=\frac{(nn+mm)^2}{(2mn)^2}$; & ſi on multiplie cette équation par $(2mn)^2$, on trouve $(2mn)^2$ $+(nn-mm)^2=(nn+mm)^2$; ainſi nous connoiſſons d'une maniere générale deux quarrés, dont la ſomme donne un nouveau quarré. Cette remarque conduit à la réſolution de la queſtion ſuivante:

Trouver deux nombres quarrés, dont la ſomme ſoit pareillement un nombre quarré.

On veut que $pp+qq=rr$; on n'a donc qu'à faire $p=2mn$ & $q=nn-mm$, & on aura $r=nn+mm$.

De plus, comme $(nn+mm)^2-(2mn)^2 =(nn-mm)^2$, on peut aussi résoudre la quèstion qui suit:

Trouver deux quarrés, dont la différence soit de même un nombre quarré.

Car si on veut que $pp-qq=rr$, on n'a qu'à supposer $p=nn+mm$ & $q=2mn$, & on aura $r=nn-mm$. On pourroit aussi faire $p=nn+mm$ & $q=nn-mm$, & on auroit $r=2mn$.

45.

Nous avons parlé de deux manieres de donner à la formule $1+xx$ la forme d'un quarré; voici donc l'autre méthode:

Qu'on suppose $\sqrt{1+xx}=1+\frac{mx}{n}$, on aura $1+xx=1+\frac{2mx}{n}+\frac{mmxx}{nn}$; si l'on soustrait de part & d'autre 1, on a $xx=\frac{2mx}{n}+\frac{mmxx}{nn}$; cette équation se divise par x, & par conséquent on a $x=\frac{2m}{n}+\frac{mmx}{nn}$, ou $nnx =2mn+mmx$, d'où l'on tire $x=\frac{2mn}{nn-mm}$.

Ayant trouvé cette valeur de x, on a $1+xx=1+\frac{4mmnn}{n^4-2mmnn+m^4}$, ou $=\frac{n^4+2mmnn+m^4}{n^4-2mmnn+m^4}$, ce qui eſt le quarré de $\frac{nn+mm}{nn-mm}$. Or comme il réſulte de-là l'équation $1+\frac{(2mn)^2}{(nn-mm)^2}=\frac{(nn+mm)^2}{(nn-mm)^2}$, nous aurons, ainſi que ci-deſſus, $(nn-mm)^2+(2mn)^2=(nn+mm)^2$, c'eſt-à-dire les deux mêmes quarrés dont la ſomme eſt pareillement un quarré.

46.

Le cas que nous venons de développer d'une maniere détaillée, nous fournit deux méthodes pour transformer en un quarré la formule générale $a+bx+cxx$. La premiere de ces méthodes s'applique à tous les cas où c eſt un quarré ; la ſeconde ſe rapporte à ceux où a eſt un quarré ; nous nous arrêterons à l'une & à l'autre ſuppoſition.

I.) Suppoſons d'abord que c ſoit un quarré,

ou que la formule proposée soit $a+bx+ffxx$; puisqu'elle doit être un quarré, nous ferons $\sqrt{a+bx+ffxx}=fx+\frac{m}{n}$, & nous aurons $a+bx+ffxx=ffxx+\frac{2mfx}{n}+\frac{mm}{nn}$, où les termes affectés de xx se détruisent, de sorte que $a+bx=\frac{2mfx}{n}+\frac{mm}{nn}$; si nous multiplions par nn, nous avons $nna+nnbx=2mnfx+mm$; nous en concluons $x=\frac{mm-nna}{nnb-2mnf}$, & en substituant à x cette valeur, nous trouvons $\sqrt{a+bx+ffxx}=\frac{mmf-nnaf}{nnb-mnf}+\frac{m}{n}=\frac{mnb-mmf-nnaf}{nnb-2mnf}$.

47.

Comme nous avons trouvé pour x une fraction, nous ferons $x=\frac{p}{q}$, en sorte que $p=mm-nna$, & $q=nnb-2mnf$; ainsi la formule $a+\frac{bp}{q}+\frac{ffpp}{qq}$ est un quarré; & comme elle est pareillement un quarré, si on la multiplie par le quarré qq, il s'ensuit que la formule $aqq+bpq+ffpp$ est aussi un quarré, si on suppose $p=mm-nna$ & $q=nnb-2mnf$. Il est clair qu'il résulte de-là une infinité de solutions en nombres entiers, parce que les valeurs des lettres m & n ſont arbitraires.

48.

II.) Le ſecond cas que nous avons à conſidérer, eſt celui où a eſt un quarré. Soit donc propoſée la formule $ff+bx+cxx$, dont il s'agiſſe de faire un quarré. Nous ſuppoſerons pour cet effet $\sqrt{ff+bx+cxx} = f+\frac{mx}{n}$, & nous aurons $ff+bx+cxx = ff+\frac{2fmx}{n}+\frac{mmxx}{nn}$, où, les ff ſe détruiſant, on peut diviſer les termes reſtans par x, de ſorte qu'on obtient $b+cx=\frac{2mf}{n}+\frac{mmx}{nn}$, ou $nnb+nncx=2mnf+mmx$, ou $nncx-mmx=2mnf-nnb$, ou enfin $x=\frac{2mnf-nnb}{nnc-mm}$. Si nous ſubſtituons maintenant cette valeur à la place de x, nous avons $\sqrt{ff+bx+cxx}=f+\frac{2mmf-mnb}{nnc-mm}=\frac{nncf+mmf-mnb}{nnc-mm}$; & en faiſant $x=\frac{p}{q}$, nous pourrons, de la même maniere que ci-deſſus, transformer en quarré la formule $ffqq+bpq+cpp$, ſavoir en faiſant $p=2mnf-nnb$, & $q=nnc-mm$.

49.

On doit diſtinguer principalement ici le cas où $a = 0$, c'eſt-à-dire où il s'agit de faire un quarré de la formule $bx + cxx$; car on n'a qu'à ſuppoſer $\sqrt{bx + cxx} = \frac{mx}{n}$, on aura l'équation $bx + cxx = \frac{mmxx}{nn}$ qui, diviſée par x & multipliée par nn, donne $bnn + cnnx = mmx$, & par conſéquent $x = \frac{nnb}{mm - cnn}$.

Qu'on cherche, par exemple, tous les nombres trigonaux qui ſont en même temps des quarrés, il faudra que $\frac{xx + x}{2}$, & par conſéquent auſſi $2xx + 2x$, ſoit un quarré. Suppoſons que $\frac{mmxx}{nn}$ ſoit ce quarré, nous aurons $2nnx + 2nn = mmx$, & $x = \frac{2nn}{mm - 2nn}$; on peut ſubſtituer dans cette valeur, au lieu de m & de n, tous les nombres poſſibles, mais on trouvera pour x ordinairement une fraction, quelquefois cependant on parviendra auſſi à des nombres entiers; par exemple, ſi $m = 3$ & $n = 2$, on trouve $x = 8$, dont le nombre triangulaire, qui eſt 36, eſt en même temps un quarré.

On peut auſſi faire $m=7$ & $n=5$; dans ce cas $x=-50$, dont le triangle 1225 eſt en même temps celui de $+49$ & le quarré de 35. On auroit trouvé le même réſultat en faiſant $n=7$ & $m=10$; car dans ce cas on a pareillement $x=49$.

De même, ſi $m=17$ & $n=12$, on trouve $x=288$, le nombre trigonal en eſt $\frac{x(x+1)}{2}=\frac{288.289}{2}=144.289$, ce qui eſt un quarré dont la racine eſt $=12.17=204$.

50.

Nous remarquerons à l'égard de ce dernier cas, que la formule $bx+cxx$ a pu être transformée en un quarré par la raiſon qu'elle avoit un facteur, ſavoir x; cette obſervation nous conduit à de nouveaux cas, dans leſquels la formule $a+bx+cxx$ peut pareillement devenir un quarré, lors même que ni a ni c ne ſont des quarrés.

Ces cas ſont ceux où $a+bx+cxx$ peut ſe décompoſer en deux facteurs, & cela arrive lorsque $bb - 4ac$ est un quarré. Pour le prouver, nous remarquerons que les facteurs dépendent toujours des racines d'une équation, & qu'ainsi il faut supposer $a + bx + cxx = 0$; cela posé, on a $cxx = -bx - a$, & $xx = -\frac{bx}{c} - \frac{a}{c}$, d'où l'on tire $x = -\frac{b}{2c} \pm \sqrt{\frac{bb}{4cc} - \frac{a}{c}}$, ou $x = -\frac{b}{2c} \pm \frac{\sqrt{bb-4ac}}{2c}$; & il est clair que si $bb - 4ac$ est un quarré, cette quantité devient rationnelle.

Soit donc $bb - 4ac = dd$, les racines seront $-\frac{b \pm d}{2c}$, c'est-à-dire que $x = -\frac{b \pm d}{2c}$; & par conséquent les diviseurs de la formule $a + bx + cxx$ sont $x + \frac{b-d}{2c}$ & $x + \frac{b+d}{2c}$; & si on multiplie ces facteurs l'un par l'autre, on retrouve la même formule, à cela près qu'elle est divisée par c; car le produit est $xx + \frac{bx}{c} + \frac{bb}{4cc} - \frac{dd}{4cc}$; & puisque $dd = bb - 4ac$, on a $xx + \frac{bx}{c} + \frac{bb}{4cc} - \frac{bb}{4cc} + \frac{4ac}{4cc} = xx + \frac{bx}{c} + \frac{a}{c}$; ce qui étant multiplié par c, donne $cxx + bx + a$. On n'a donc qu'à multiplier l'un des facteurs par c, & on aura la formule en question exprimée par le produit

$$\left(cx+\frac{b}{2}-\frac{d}{2}\right)\left(x+\frac{b}{2c}+\frac{d}{2c}\right);$$

& on voit que cette ſolution ne peut manquer d'avoir lieu toutes les fois que $bb+4ac$ eſt un quarré.

51.

De-là réſulte le troiſieme cas, dans lequel la formule $a+bx+cxx$ peut ſe tranſformer en un quarré, & que nous allons joindre aux deux autres.

III.) Ce cas, ainſi que nous l'avons inſinué, a lieu lorſque notre formule peut ſe repréſenter par un produit, tel que $(f+gx).(h+kx)$. Pour faire de cette quantité un quarré, ſuppoſons ſa racine, ou $\sqrt{(f+gx).(h+kx)}=\frac{m.(f+gx)}{n}$; nous aurons $(f+gx)(h+kx)=\frac{mm.(f+gx)^2}{nn}$; & en diviſant cette équation par $f+gx$, on a $h+kx=\frac{mm.(f+gx)}{nn}$, c'eſt-à-dire $hnn+knnx=fmm+gmmx$, & par conſéquent $x=\frac{fmm-hnn}{knn-gmm}$.

52.

Pour éclaircir ce résultat, soit proposée la question suivante :

Premiere question. Trouver tous les nombres x, tels que si du double de leur quarré on retranche 2, le reste soit un quarré.

Puisque c'est $2xx-2$ qui doit être un quarré, il faut faire attention que cette formule s'exprime par les facteurs suivans, $2.\overline{x+1}.\overline{x-1}$. Si donc on en suppose la racine $=\frac{m.(x+1)}{n}$, on a $2(x+1)(x-1)$ $=\frac{mm(xx+1)^2}{nn}$; divisant par $x+1$ & multipliant par nn, on aura $2nnx-2nn$ $=mmx+mm$, & de-là $x=\frac{mm+2nn}{2nn-mm}$.

Si l'on fait $m=1$ & $n=1$, on trouve $x=3$, & $2xx-2=16=4^2$.

Que si $m=3$ & $n=2$, on a $x=-17$; or comme x ne se rencontre qu'élevé au second degré, il est indifférent qu'on prenne $x=-17$ ou $x=+17$; l'une & l'autre supposition donne également $2xx-2=576$ $=24^2$.

53.

53.

Seconde question. Soit proposée la formule $6+13x+6xx$, pour être transformée en un quarré, nous avons ici $a=6$, $b=13$ & $c=6$, où ni a ni c n'est un quarré. Qu'on voie donc si $bb-4ac$ devient un quarré, on trouve 25; ainsi on est sûr que la formule peut être représentée par deux facteurs; ces facteurs sont $(2+3x)(3+2x)$. Que $\frac{m(2+3x)}{n}$ soit leur racine, on aura $(2+3x)(3+2x)=\frac{mm(2+3x)^2}{nn}$, ce qui se change en $3nn+2nnx=2mm+3mmx$, d'où l'on tire $x=\frac{2mm-3nn}{2nn-3mm}=\frac{3nn-2mm}{3mm-2nn}$. Or afin qu'ici le numérateur devienne positif, il faut que $3nn$ soit plus grand que $2mm$, & par conséquent $2mm$ plus petit que $3nn$; c'est-à-dire qu'il faut que $\frac{mm}{nn}$ soit plus petit que $\frac{3}{2}$. Quant au dénominateur, s'il doit devenir positif, on voit que $3mm$ doit surpasser $2nn$, & par conséquent $\frac{mm}{nn}$ doit être plus grand que $\frac{2}{3}$. Si donc on veut trouver pour x des nombres positifs, il faut prendre pour

m & n des nombres tels que $\frac{mm}{nn}$ ſoit moindre que $\frac{3}{2}$ & cependant plus grand que $\frac{2}{3}$.

Soit, par exemple, $m=6$ & $n=5$, on aura $\frac{mm}{nn}=\frac{36}{25}$, ce qui eſt moindre que $\frac{3}{2}$ & évidemment plus grand que $\frac{2}{3}$; c'eſt pourquoi on trouve $x=+\frac{3}{58}$.

54.

IV.) Ce troiſieme cas donne lieu d'en conſidérer encore un quatrieme, qui eſt celui où la formule $a+bx+cxx$ ſe décompoſe en deux parties, telle que la premiere ſoit un quarré, & que la ſeconde ſoit le produit de deux facteurs; c'eſt-à-dire que dans ce cas la formule doit être repréſentée par une quantité de la forme $pp+qr$, où les lettres p, q & r indiquent des quantités de la forme $f+gx$. Il eſt clair que la regle pour ce cas ſera de faire $\sqrt{pp+qr}=p+\frac{mq}{n}$; car on aura $pp+qr=pp+\frac{2mpq}{n}+\frac{mmqq}{nn}$, où les pp s'en vont, après quoi l'on peut diviſer par q, de ſorte qu'on obtient $r=\frac{2mp}{n}+\frac{mmq}{nn}$, ou $nnr=2mnp+mmq$, équation par laquelle x se détermine facilement. Voilà donc le quatrieme cas dans lequel notre formule peut se transformer en un quarré ; l'application en est aisée, & nous allons l'éclaircir par quelques exemples.

55.

Troisieme question. On cherche des nombres x, tels que leurs quarrés, pris deux fois, soient de 1 plus grands que d'autres quarrés, ou bien que si on retranche l'unité d'un de ces doubles quarrés, il reste un quarré ; ainsi que le cas a lieu pour le nombre 5, dont le quarré 25, pris deux fois, donne le nombre 50, qui est de 1 plus grand que le quarré 49.

Il faut, d'après cet énoncé, que $2xx-1$ soit un quarré ; & comme nous avons, suivant notre formule, $a=-1$, $b=0$ & $c=2$, on voit que ni a ni c n'est un quarré, & que de plus la quantité proposée ne peut être décomposée en deux facteurs, puisque $bb-4ac=8$ n'est pas non plus un quarré ; de sorte qu'aucun des trois premiers cas n'a lieu. Mais, ſuivant le quatrieme, cette formule peut être repréſentée par $xx+(xx-1)=xx+(x-1)(x+1)$. Si donc on en ſuppoſe la racine $=x+\frac{m(x+1)}{n}$, on aura $xx+(x+1)(x-1)=xx+\frac{2mx(x+1)}{n}+\frac{mm(x+1)^2}{nn}$; cette équation, après avoir effacé les xx & diviſé les autres termes par $x+1$, donne $nnx-nn=2mnx+mm$, d'où l'on tire $x=\frac{mm+nn}{nn-2mn-mm}$; & puiſque dans notre formule $2xx-1$, le quarré xx ſe trouve ſeul, il eſt indifiérent qu'on trouve pour x des valeurs poſitives ou négatives. On peut d'abord même écrire $-m$ au lieu de $+m$, afin d'avoir $x=\frac{mm+nn}{nn+2mn-mm}$.

Si on fait ici $m=1$ & $n=1$, on trouve $x=1$ & $2xx-1=1$; que ſi on fait $m=1$ & $n=2$, on trouve $x=\frac{5}{7}$ & $2xx-1=\frac{1}{49}$; enfin, ſi on ſuppoſoit $m=1$ & $n=-2$, on trouveroit $x=-5$, ou $x=+5$, & $2xx-1=49$.

56.

Quatrieme question. Trouver des nombres dont les quarrés doublés & augmentés de 2, ſoient pareillement des quarrés. Un tel nombre, par exemple, eſt 7, le double de ſon quarré eſt 98, & ſi on y ajoute 2, on a le quarré 100.

Il faut donc que $2xx+2$ ſoit un quarré, & comme $a=2$, $b=0$ & $c=2$; de ſorte que ni a ni c, ni $bb-4ac$ ou -16, ne ſont des quarrés, il faudra recourir à la quatrieme regle.

Suppoſons la premiere partie $=4$, la ſeconde ſera $2xx-2=2(x+1)(x-1)$, ce qui donne à la quantité propoſée la forme $4+2(x+1)(x-1.)$

Que $2+\frac{m(x+1)}{n}$ en ſoit la racine, nous aurons l'équation $4+2(x+1)(x-1)=4+\frac{4m(x+1)}{n}+\frac{mm(x+1)^2}{nn}$, où les 4 ſe retranchent, de façon qu'après avoir diviſé les autres termes par $x+1$, on a $2nnx-2nn=4mn+mmx+mm$, & par conſéquent $x=\frac{4mn+mm+2nn}{2nn-mm}$.

Si on fait dans cette valeur $m=1$ & $n=1$, on trouve $x=7$, & $2xx+2=100$. Mais si $m=0$ & $n=1$, on a $x=1$ & $2xx+2=4$.

57.

Il arrive souvent aussi que, lorsqu'aucune des trois premieres regles n'a lieu, on ne peut trouver comment la formule peut se décomposer en deux parties telles que la quatrieme regle les demande.

Par exemple, s'il est question de la formule $7+15x+13xx$, la décomposition dont nous parlons est à la vérité possible, mais la façon de la faire ne se présente pas d'abord à l'esprit; elle exige qu'on suppose la premiere partie $=(1-x)^2$ ou $1-2x+xx$, de façon que l'autre est $=6+17x+12xx$; & on reconnoît que cette partie a des facteurs, parce que $17^2-4.6.12$ étant $=1$, est un quarré. En effet les deux facteurs sont $(2+3x)(3+4x)$; de sorte que la formule devient $(1-x)^2+(2+3x)(3+4x)$, & qu'on peut maintenant la résoudre par la quatrieme regle.

Mais, ainſi que nous l'avons inſinué, on ne doit pas prétendre que cette décompoſition ſe trouve ſur le champ; c'eſt pourquoi nous indiquerons encore une voie générale, pour reconnoître préalablement ſi la réſolution d'une telle formule eſt poſſible ou non; car il y en a une infinité qui ne peuvent ſe réſoudre du tout: telle eſt, par exemple, la formule $3xx+2$, qui ne peut en aucun cas devenir un quarré. D'un autre côté il ſuffit de connoître un ſeul cas où une formule eſt poſſible, pour en trouver enſuite facilement toutes les ſolutions; c'eſt ſur quoi nous allons entrer dans quelque détail.

58.

On remarquera, d'après ce que nous venons de dire, que tout l'avantage qu'on peut ſe promettre dans ces occaſions, c'eſt de déterminer ou de deviner, pour ainſi dire, quelque cas dans lequel une formule telle que $a+bx+cxx$, ſe transforme en un quarré; & la voie qui ſe préſente naturellement pour cela, eſt de ſuppoſer ſucceſſivement pour x de petits nombres, juſqu'à ce qu'on rencontre un cas qui donne un quarré.

Or, comme x peut être un nombre rompu, qu'on commence par ſubſtituer en général à x une fraction telle que $\frac{t}{u}$; & ſi la formule $a+\frac{bt}{u}+\frac{ctt}{uu}$ qui en réſulte, eſt un quarré, elle le ſera pareillement après avoir été multipliée par uu; de ſorte qu'il ne reſtera qu'à tâcher de trouver pour t & pour u des valeurs en nombres entiers, telles que la formule $auu+btu+ctt$ ſoit un quarré. Il eſt évident qu'après cela la ſuppoſition de $x=\frac{t}{u}$ ne peut manquer de faire trouver la formule $a+bx+cxx$ égale à un quarré.

Si enfin, quoi qu'on faſſe, on ne parvient à aucun cas ſatisfaiſant, on a tout lieu de ſoupçonner qu'il eſt tout-à-fait impoſſible de transformer la formule en un quarré, ce qui, comme nous l'avons dit, arrive très-fréquemment.

59.

Présentement nous ferons voir que, lorsqu'au contraire on a déterminé un cas satisfaisant, il est facile de trouver tous les autres cas qui donnent pareillement un quarré ; on verra en même temps que le nombre de ces solutions est toujours infiniment grand.

Considérons d'abord la formule $2+7xx$, où $a=2$, $b=0$ & $c=7$, elle devient évidemment un quarré, si l'on suppose $x=1$; qu'on fasse donc $x=1+y$, on aura $xx=1+2y+yy$, & notre formule devient $9+14y+7yy$, où le premier terme est un quarré ; ainsi nous supposerons, conformément à la seconde regle, la racine quarrée de la nouvelle formule $=3+\frac{my}{n}$, & nous aurons l'équation $9+14y+7yy=9+\frac{6my}{n}+\frac{mmy}{nn}$, où nous pouvons effacer 9 de part & d'autre, & diviser par y ; cela fait, nous aurons $14nn+7n^2y=6mn+mmy$; donc $y=\frac{6mn-14nn}{7nn-mm}$, & conséquemment $x = \frac{6mn - 7nn - m^2}{7nn - mm}$, où l'on peut adopter pour m & n telles valeurs qu'on veut.

Si on fait $m = 1$ & $n = 1$, on a $x = -\frac{1}{3}$; ou bien aussi, puisque la seconde puissance de x est seule, $x = +\frac{1}{3}$, donc $2 + 7xx = \frac{25}{9}$.

Si $m = 3$ & $n = 1$, on a $x = -1$, ou $x = +1$.

Mais si $m = 3$ & $n = -1$, on a $x = 17$; ce qui donne $2 + 7xx = 2025$, le quarré de 25.

Supposons aussi $m = 8$ & $n = 3$, nous aurons de même $x = -17$ ou $x = +17$.

Mais en faisant $m = 8$ & $n = -3$, on trouve $x = 271$; de sorte que $2 + 7xx = 514089 = 717^2$.

60.

Examinons à présent la formule $5xx + 3x + 7$, qui devient un quarré par la supposition de $x = -1$. Si nous faisons par cette raison $x = y - 1$, notre formule se change en celle-ci:

$$\begin{array}{r} 5yy-10y+5 \\ +3y-3 \\ +7 \\ \hline 5yy-7y+9, \end{array}$$

dont nous supposerons la racine quarrée $=3-\frac{my}{n}$; moyennant cela nous aurons $5yy-7y+9=9-\frac{6my}{n}+\frac{mmyy}{nn}$, ou $5nny-7nn=-6mn+mmy$; d'où nous tirons $y=\frac{7nn-6mn}{5nn-mm}$, & enfin $x=\frac{2nn-6mn+mm}{5nn-mm}$.

Soit $m=2$ & $n=1$, on a $x=-6$, & par conséquent $5xx+3x+7=169=13^2$.

Mais si $m=-2$ & $n=1$, on trouve $x=18$, & $5xx+3x+7=1681=41^2$.

61.

Considérons maintenant cette autre formule $7xx+15x+13$, où nous ne pouvons que commencer par la supposition de $x=\frac{t}{u}$; ayant substitué & multiplié par uu, nous avons la formule $7tt+15tu+13uu$, qui doit être un quarré. Essayons donc de prendre quelques petits nombres pour les valeurs de t & de u.

Soit $t=1$ & $u=1$, la formule deviendra $= 35$

$t=2$ & $u=1$, — — — — — — — — $= 71$

$t=2$ & $u=-1$, — — — — — — — $= 11$

$t=3$ & $u=1$, — — — — — — — — $=121$.

Or 121 étant un quarré, c'eſt ſigne que la valeur de $x=3$ ſatisfait ; ſuppoſons donc $x=y+3$, & nous aurons, en ſubſtituant dans la formule, $7yy+42y+63+15y+45+13$, ou $7yy+57y+121$. Soit la racine $=11+\frac{my}{n}$; nous aurons $7yy+57y+121=121+\frac{22my}{n}+\frac{mmyy}{nn}$, ou $7nny+57nn=22mn+mmy$; donc $y=\frac{57nn-22mn}{mm-7nn}$, & $x=\frac{36nn-22mn+3mm}{mm-7nn}$.

Soit, par exemple, $m=3$ & $n=1$, on trouve $x=-\frac{3}{2}$, & la formule devient $7xx+15x+13=\frac{25}{4}=(\frac{5}{2})^2$.

Soit $m=1$ & $n=1$, on trouve $x=-\frac{17}{6}$; ſi $m=3$ & $n=-1$, on a $x=\frac{129}{2}$, & la formule $7xx+15x+13=\frac{120409}{4}=(\frac{347}{2})^2$.

62.

Mais ſouvent on perd ſa peine à chercher un cas où la formule propoſée puiſſe devenir un quarré. Nous avons déjà dit que $3xx+2$ eſt une de ces formules intraitables, & on verra, en lui donnant d'après la regle la forme $3tt+2uu$, qu'en effet, quelques valeurs que l'on donne à t & à u, cette quantité ne devient jamais un nombre quarré. Et comme les formules de cette eſpece ſont en très-grand nombre, il vaudra la peine d'indiquer quelques caracteres auxquels on puiſſe reconnoître leur impoſſibilité, afin qu'on ſoit ſouvent diſpenſé par-là d'un tâtonnement inutile: c'eſt à quoi nous deſtinons le Chapitre ſuivant.

CHAPITRE V.

Des cas où la formule $a+bx+cxx$ *ne peut jamais devenir un quarré.*

63.

COMME notre formule générale eſt de trois termes, nous obſerverons d'abord qu'elle peut toujours être transformée en une autre, dans laquelle le terme moyen manque. Cela ſe fait en ſuppoſant $x = \frac{y-b}{2c}$; cette ſubſtitution change notre formule en celle-ci, $a + \frac{by-bb}{2c} + \frac{yy-2by+bb}{4c}$, ou $\frac{4ac-bb+yy}{4c}$; & puiſqu'elle doit être un quarré, qu'on la faſſe $= \frac{zz}{4}$, on aura $4ac - bb + yy = czz$, & par conſéquent $yy = czz + bb - 4ac$. Lors donc que notre formule ſera un quarré, cette derniere $czz + bb - 4ac$ le ſera pareillement; & réciproquement, ſi celle ci eſt un quarré, la propoſée le ſera de même. Par conſéquent, ſi on écrit t à la place de $bb - 4ac$, tout reviendra à déterminer ſi une quantité de la forme $czz + t$ peut devenir un quarré ou non. Et comme cette formule ne conſiſte qu'en deux termes, il eſt certainement beaucoup plus facile par-là de juger ſi elle eſt poſſible ou ſi elle ne l'eſt pas; c'eſt au reſte la nature des nombres donnés c & t, qui doit nous guider dans cette recherche.

64.

Il est clair que si $t=0$, la formule czz ne peut devenir un quarré que dans le cas où c est un quarré; car le quotient de la division d'un quarré par un autre quarré étant pareillement un quarré, la quantité czz ne peut être un quarré, à moins que $\frac{czz}{zz}$, c'est-à-dire c, n'en soit un. Ainsi quand c n'est pas un quarré, la formule czz ne peut en aucune maniere devenir un quarré; & au contraire, si c est par soi-même un quarré, czz sera de même un quarré, quelque nombre que l'on adopte pour z.

65.

Si nous voulons porter un jugement sur d'autres cas, il nous faudra recourir à ce que nous avons dit plus haut au sujet des différentes especes de nombres considérés relativement à leur division par d'autres nombres.

Nous avons vu, par exemple, que le diviseur 3 donne lieu à trois especes différentes de nombres : la premiere comprend les nombres qui ſont diviſibles par 3, & qu'on peut exprimer par la formule $3n$.

La ſeconde eſpece comprend les nombres qui, diviſés par 3, laiſſent 1 de reſte, & qui ſont contenus dans la formule $3n+1$.

A la troiſieme eſpece appartiennent les nombres, où le réſidu de la diviſion par 3 eſt 2, & qui ſe repréſentent par l'expreſſion générale $3n+2$.

Or, puiſque tous les nombres ſont contenus dans ces trois formules, conſidérons-en les quarrés. D'abord, s'il s'agit d'un nombre qui ſoit compris dans la formule $3n$, nous voyons que le quarré de cette quantité étant $9nn$, il eſt diviſible non-ſeulement par 3, mais auſſi par 9.

Que ſi le nombre donné eſt compris dans la formule $3n+1$, on a le quarré $9nn+6n+1$, qui, diviſé par 3, donne $3nn+2n$ avec le réſidu 1, & qui par conſéquent appartient de même à la ſeconde eſpece $3n+1$.

Enfin, ſi le nombre en queſtion eſt compris

compris dans la formule $3n+2$, on a à considérer le quarré $9nn+12n+4$; si on le divise par 3, on trouve $3nn+4n+1$ & 1 de reste; de sorte que ce quarré appartient, ainsi que le précédent, à l'espece $3n+1$.

Il est clair par-là que les nombres quarrés en général ne sont que de deux especes relativement au diviseur 3; car, ou ils sont divisibles par 3, & dans ce cas ils sont nécessairement aussi divisibles par 9; ou bien ils ne sont point divisibles par 3, & dans ce cas il y aura toujours 1 de résidu & jamais 2. Par cette raison aucun nombre contenu dans la formule $3n+2$, ne peut être un quarré.

66.

Il nous est facile, au moyen de ce que nous venons de dire, de faire voir que la formule $3xx+2$ ne peut jamais devenir un quarré, quelque nombre entier ou fractionnaire qu'on veuille substituer à x. Car si x est un nombre entier, & qu'on divise la formule $3xx+2$ par 3, il reſte 2; donc elle ne peut être un quarré. Enſuite ſi x eſt une fraction, nous l'exprimerons par $\frac{t}{u}$, & nous ſuppoſerons qu'elle eſt déjà réduite à ſes moindres termes, & que t & u n'ont d'autre commun diviſeur que 1. Afin donc que $\frac{3tt}{uu}+2$ fût un quarré, il faudroit, en multipliant par uu, que $3tt+2uu$ fût de même un quarré; or c'eſt ce qui ne ſe peut: car remarquons que le nombre u eſt diviſible par 3, ou qu'il ne l'eſt pas; s'il l'eſt, t ne le ſera pas, parce que t & u n'ont pas de commun diviſeur; c'eſt pourquoi, ſi on fait $u=3f$, comme la formule devient $=3tt+18ff$, on voit bien qu'on ne peut la diviſer par 3 qu'une fois & pas davantage, comme il faudroit pouvoir le faire ſi elle étoit un quarré; en effet, en diviſant d'abord par 3, on a $tt+6ff$. Or ſi d'un côté $6ff$ eſt diviſible par 3, de l'autre tt étant diviſé par 3, laiſſe 1 de reſte. Suppoſons à préſent que u ne ſoit pas diviſible par 3, & voyons ce qui reſte. Puiſque le premier terme eſt diviſible par 3, il s'agira uniquement de ſavoir quel réſidu donne le ſecond terme $2uu$. Or uu étant diviſé par 3, donne le reſte 1, c'eſt-à-dire que c'eſt un nombre de l'eſpece $3n+1$; ainſi $2uu$ eſt un nombre de l'eſpece $6n+2$, & en le diviſant par 3 il laiſſe 2 de reſte; par conſéquent notre formule $3tt+2uu$, ſi on la diviſe par 3, donne le réſidu 2, & n'eſt certainement pas un nombre quarré.

67.

On peut démontrer de la même maniere, que pareillement la formule $3tt+5uu$ ne peut jamais être un quarré, ni même aucune des formules ſuivantes: $3tt+8uu$, $3tt+11uu$, $3tt+14uu$, où les nombres 5, 8, 11, 14 &c. diviſés par 3, donnent 2 pour réſidu. Car ſi l'on ſuppoſe que u ſoit diviſible par 3, & que par conſéquent t ne le ſoit pas, & qu'on faſſe $u=3s$, on parviendra toujours à des formules diviſibles par 3, mais non pas diviſibles par 9. Et ſi u n'eſt pas diviſible par 3, & par conſéquent que uu ſoit un nombre de l'eſpece

$3n+1$, on auroit le premier terme, $3tt$, divisible par 3, tandis que les seconds, $5uu$, $8uu$, $11uu$ &c. auroient les formes $15n+5$, $24n+8$, $33n+11$ &c. & laisseroient constamment 2 de reste, quand on les diviseroit par 3.

68.

Il est évident que cette remarque s'étend même jusqu'à la formule générale $3tt+(3n+2).uu$, laquelle en effet ne peut jamais devenir un quarré, & pas même en prenant pour n des nombres négatifs. Si on vouloit, par exemple, faire $n=-1$, je dis qu'il est impossible que la formule $3tt-uu$ puisse devenir un quarré; la chose est claire, si u est divisible par 3; & si cela n'est pas, comme dans ce cas uu est un nombre de l'espece $3n+1$, notre formule devient $3tt-3n-1$, ce qui, étant divisé par 3, donne le résidu -1 ou $+2$, en augmentant de 3. En général que n soit $=-m$, on aura la formule $3tt-(3m\mp 2)uu$, qui ne peut jamais devenir un quarré.

69.

Voilà jusqu'où nous conduit la considération du diviseur 3 ; si nous regardons maintenant aussi 4 comme un diviseur, nous voyons qu'un nombre quelconque est toujours compris dans une des quatre formules suivantes :
I.) $4n$, II.) $4n+1$, III.) $4n+2$, IV.) $4n+3$.

Le quarré de la premiere espece de ces nombres est $16nn$, & il est par conséquent divisible par 16.

Celui de la seconde espece $4n+1$ est $16nn+8n+1$; ainsi en le divisant par 8, il donne 1 de reste ; de sorte qu'il appartient à la formule $8n+1$.

Le quarré de la troisieme espece, $4n+2$, est $16nn+16n+4$; si on divise par 16, il reste 4 ; donc ce quarré est compris dans la formule $16n+4$. Enfin le quarré de la quatrieme espece $4n+3$, étant $16nn+24n+9$, on voit qu'en divisant par 8 il reste 1.

70.

Nous apprenons par-là, en premier lieu, que tous les nombres quarrés pairs sont ou de la forme $16n$, ou de celle-ci $16n+4$; & conséquemment que toutes les autres formules paires, savoir $16n+2$, $16n+6$, $16n+8$, $16n+10$, $16n+12$, $16n+14$, ne peuvent jamais devenir des nombres quarrés.

Ensuite, que tous les quarrés impairs sont contenus dans la seule formule $8n+1$; c'est-à-dire que si on les divise par 8, ils laissent 1 de résidu. Et il suit de-là que tous les autres nombres impairs, qui auront la forme ou de $8n+3$, ou de $8n+5$, ou de $8n+7$, ne pourront jamais être des quarrés.

71.

Ces principes fournissent une nouvelle preuve que la formule $3tt+2uu$ ne peut être un quarré. Car, ou les deux nombres t & u sont impairs, ou l'un est pair & l'autre eſt impair. Ils ne peuvent être pairs l'un & l'autre, parce que ſi cela étoit, ils auroient au moins le commun diviſeur 2. Dans le premier cas donc, où tant tt que uu ſont compris dans la formule $8n+1$, le premier terme $3tt$ étant diviſé par 8, laiſſeroit le réſidu 3, & l'autre terme, $2uu$, laiſſeroit 2; ainſi le réſidu total ſeroit 5; ainſi la formule en queſtion ne peut être un quarré. Mais ſi le ſecond cas a lieu, & que t ſoit pair & u impair, le premier terme $3tt$ ſera diviſible par 4, & le ſecond terme $2uu$, ſi on le diviſe par 4, laiſſera 2 de reſte; ainſi les deux termes enſemble, diviſés par 4, laiſſent 2 de reſte, & ne peuvent par conſéquent former un quarré. Enfin, ſi on vouloit ſuppoſer u un nombre pair $=2s$, & t impair, de ſorte que $tt =8n+1$, notre formule ſe changeroit en celle-ci, $24n+3+8ss$, qui, diviſée par 8, laiſſe 3, & ne peut donc être un quarré.

Cette démonſtration s'étend auſſi à la formule $3tt+(8n+2)uu$, pareillement à celle-ci, $(8m+3)tt+2uu$, & même auſſi à celle-ci, $(8m+3)tt+(8n+2)uu$, où l'on peut substituer à m & à n tous les nombres entiers tant positifs que négatifs.

72.

Mais allons plus loin & considérons le diviseur 5, à l'égard duquel tous les nombres se rangent en cinq classes:

I.) $5n$, II.) $5n+1$, III.) $5n+2$, IV.) $5n+3$, V.) $5n+4$.

Nous remarquerons d'abord que si un nombre est de la premiere espece, son quarré aura la forme $25nn$, & sera par conséquent divisible non-seulement par 5, mais aussi par 25.

Tout nombre de la seconde classe aura un quarré de la forme $25nn+10n+1$; & comme la division par 5 donne le résidu 1, ce quarré sera compris dans la formule $5n+1$.

Les nombres de la troisieme espece auront le quarré $25nn+20n+4$, qui, divisé par 5, donne 4 de reste.

Le quarré d'un nombre de la quatrieme

espece est $25nn+30n+9$; si on le divise par 5, il reste 4.

Enfin le quarré d'un nombre de la cinquieme classe est $25nn+40n+16$; qu'on divise ce quarré par 5, il restera 1.

Lors donc qu'un nombre quarré ne peut être divisé par 5, le résidu de la division sera toujours 1 ou 4, & jamais 2 ou 3; & il s'ensuit qu'aucun quarré ne peut être contenu dans les formules $5n+2$ & $5n+3$.

73.

Nous partirons de-là pour prouver que ni la formule $5tt+2uu$, ni celle-ci, $5tt+3uu$, ne peuvent être des quarrés. Car, ou bien u est divisible par 5, ou il ne l'est pas; dans le premier cas ces formules seront divisibles par 5, mais elles ne le seront pas par 25; donc elles ne pourront être des quarrés. Si, au contraire, u n'est pas divisible par 5, uu sera ou $5n+1$, ou $5n+4$; & dans le premier de ces cas la premiere formule se change en celle-ci, $5tt+10n+2$, qui, divisée par 5, laisse 2 de reste, & la seconde formule devient $5tt + 15n + 3$, ce qui étant divisé par 5, donne 3 de reste, de sorte que ni l'une ni l'autre ne peuvent être un quarré; quant au cas de $uu = 5n + 4$, la premiere formule devient $5tt + 10n + 8$, ce qui, divisé par 5, laisse 3; & l'autre devient $5tt + 15n + 12$, ce qui, divisé par 5, laisse 2; ainsi dans ce cas les deux formules ne peuvent pas non plus être des quarrés.

On observera par un raisonnement semblable que ni la formule $3tt + (5n + 2)uu$, ni cette autre, $5tt + (5n + 3)uu$, ne peuvent devenir des quarrés, puisqu'on parvient aux mêmes résidus que nous venons de trouver. On pourroit même écrire dans le premier terme $5mtt$ au lieu de $5tt$, pourvu que m ne soit pas divisible par 5.

74.

De ce que tous les quarrés pairs sont compris dans la formule $4n$, & tous les quarrés impairs dans la formule $4n + 1$, & que par conséquent ni $4n + 2$, ni $4n + 3$, ne peuvent devenir des quarrés, il s'ensuit que la formule générale $(4m+3)tt+(4n+3)uu$ ne peut jamais être un quarré. Car supposons que t soit pair, tt pourra être divisé par 4, & l'autre terme étant divisé par 4, donnera 3 de reste; & si nous supposons les deux nombres t & u impairs, les restes de tt & de uu seront 1, & par conséquent le résidu de la formule entiere sera 2; or il n'est aucun nombre quarré qui, divisé par 4, laisse 2 de reste.

Nous remarquerons aussi que tant m que n peuvent même être pris négativement, ou $=0$, & qu'il s'ensuit que les formules $3tt+3uu$ & $3tt-uu$ ne peuvent pas non plus se transformer en des quarrés.

75.

De même que nous avons trouvé pour un petit nombre de diviseurs, que quelques especes de nombres ne peuvent jamais devenir des quarrés, on pourroit déterminer de pareilles especes de nombres pour tous les autres diviseurs.

Qu'il s'agiſſe du diviſeur 7, on aura à diſtinguer ſept différentes eſpeces de nombres, dont nous examinerons auſſi les quarrés.

Eſpeces des Nombres,		Leurs Quarrés ſont de l'eſpece,	
I.	$7n$	$49nn$	$7n$
II.	$7n+1$	$49nn+14n+1$	$7n+1$
III.	$7n+2$	$49nn+28n+4$	$7n+4$
IV.	$7n+3$	$49nn+42n+9$	$7n+2$
V.	$7n+4$	$49nn+56n+16$	$7n+2$
VI.	$7n+5$	$49nn+70n+25$	$7n+4$
VII.	$7n+6$	$49nn+84n+36$	$7n+1$.

Puis donc que les quarrés qui ne ſont pas diviſibles par 7, ſont tous contenus dans les trois formules $7n+1$, $7n+2$, $7n+4$, il eſt clair que les trois autres formules, $7n+3$, $7n+5$ & $7n+6$, ne s'accordent pas avec la nature des nombres quarrés.

76.

Pour entrer encore mieux dans le ſens de cette concluſion, on remarquera que la derniere eſpece, $7n+6$, peut auſſi s'exprimer par $7n-1$; que pareillement la formule $7n+5$ eſt la même que $7n-2$, & $7n+4$, la même que $7n-3$. Car, cela poſé, il eſt évident que les quarrés des deux eſpeces, $7n+1$ & $7n-1$, ſi on les diviſe par 7, donneront le même réſidu 1; & que les quarrés des deux eſpeces, $7n+2$ & $7n-2$, doivent ſe reſſembler de la même maniere.

77.

En général donc, quel que ſoit le diviſeur, que nous indiquerons par la lettre d, les différentes eſpeces de nombres qui en réſultent, ſont

dn;

$dn+1$, $dn+2$, $dn+3$, &c.

$dn-1$, $dn-2$, $dn-3$, &c.

où les quarrés de $dn+1$ & $dn-1$ ont cela de commun, qu'étant diviſés par d, ils laiſſent le reſte 1, de ſorte qu'ils appartiennent à la même formule $dn+1$; de même les quarrés des deux eſpeces $dn+2$

& $dn-2$, appartiennent à la même formule $dn+4$. De façon qu'on peut conclure en général que les quarrés des deux especes, $dn+a$ & $dn-a$, étant divisés par d, donnent un même résidu aa, ou celui qui reste, en divisant aa par d.

78.

Ces remarques suffisent pour indiquer une infinité de formules, telles que $att+buu$, qui ne peuvent en aucune maniere devenir des quarrés. C'est ainsi que le diviseur 7 donne facilement à connoître qu'aucune de ces trois formules, $7tt+3uu$, $7tt+5uu$, $7tt+6uu$, ne peut devenir un quarré; parce que la division de u par 7 ne donne pour résidu que 1, ou 2 ou 4; & que dans la premiere de ces formules il reste ou 3, ou 6 ou 5, dans la seconde, 5, 3 & 6, & dans la troisieme, 6, ou 5 ou 3, ce qui ne peut avoir lieu dans des quarrés. Lors donc qu'on rencontre de pareilles formules, on est sûr qu'on feroit des efforts inutiles en cherchant à deviner quelque cas où elles deviendroient des quarrés, & c'eſt pourquoi les conſidérations dans leſquelles nous venons d'entrer, ne laiſſent pas d'être importantes.

Si, au contraire, une formule propoſée n'eſt pas de cette nature, nous avons vu dans le Chapitre précédent qu'il ſuffit de trouver un ſeul cas où elle devient un quarré, pour être en état de déduire de ce cas une infinité d'autres cas pareils.

La formule propoſée étoit proprement $axx+b$, & comme on trouve ordinairement pour x des fractions, nous avions ſuppoſé $x=\frac{t}{u}$, en ſorte qu'il s'agiſſoit de tranſformer en un quarré la formule $att+buu$.

Mais il ne laiſſe pas d'y avoir ſouvent une infinité de cas où x peut même être aſſigné en nombres entiers, & c'eſt de la détermination de ces cas que nous nous occuperons dans le Chapitre ſuivant.

CHAPITRE VI.

Des Cas en nombres entiers, où la formule $axx+b$ *devient un quarré.*

79.

Nous avons déjà fait voir plus haut comment on doit transformer des formules telles que $a+bx+cxx$, ſi on veut en retrancher le ſecond terme ; ainſi nous n'étendrons qu'à la formule $axx+b$ les recherches préſentes, où il s'agira de trouver pour x uniquement des nombres entiers, qui puiſſent transformer cette formule en un quarré. Or il faut, avant toutes choſes, qu'une telle formule ſoit poſſible ; car ſi elle ne l'eſt pas, on ne trouvera pas même pour x des veleurs fractionnaires, bien loin de pouvoir trouver des nombres entiers.

80.

Qu'on ſuppoſe donc $axx+b=yy$, où a & b ſont des nombres entiers, & où x

&

& y doivent être de même des nombres entiers.

Or il est absolument nécessaire ici qu'on sache, ou qu'on ait déjà trouvé un cas en nombres entiers, sans quoi ce seroit une peine perdue de chercher d'autres cas semblables, puisqu'il se pourroit que la formule fût impossible.

Ainsi nous supposerons que cette formule devienne un quarré, si l'on fait $x=f$, & nous indiquerons ce quarré par gg, en sorte que $aff+b=gg$, où f & g sont des nombres connus. Tout se réduit donc à déduire de ce cas d'autres cas semblables; & cette recherche est d'autant plus importante, qu'elle est sujette à des difficultés considérables que nous viendrons cependant à bout de surmonter par les artifices qu'on verra.

81.

Puisqu'on a déjà trouvé $aff+b=gg$, & que d'ailleurs il faut aussi que $axx+b=yy$, soustrayons la premiere équation de la seconde, & nous en aurons une nouvelle; $axx - aff = yy - gg$, qui peut se représenter par des facteurs de la maniere suivante, $a(x+f)(x-f) = (y+g)(y-g)$, & qui en multipliant de plus les deux membres par pq, devient $apq(x+f)(x-f) = pq(y+g)(y-g)$. Si nous décomposons maintenant cette équation, en faisant $ap(x+f) = q(y+g)$, & $q(x-f) = p(y-g)$, nous pourrons tirer de ces deux équations des valeurs des deux lettres x & y. La premiere, divisée par q, donne $y+g = \frac{apx+apf}{q}$; la seconde, divisée par p, donne $y-g = \frac{qx-qf}{p}$; soustrayant cette derniere égalité de l'autre, on a $2g = \frac{(app-qq)x+(app+qq)f}{pq}$, ou $2pqg = (app-qq)x + (app+qq)f$; donc $x = \frac{2gpq}{app-qq} - \frac{(app+qq)f}{app-qq}$, & par-là on obtient $y = g + \frac{2gqq}{app-qq} - \frac{(app+qq)fq}{(app-qq)p} - \frac{qf}{p}$. Et comme dans cette derniere valeur les deux premiers termes, contenant tous deux la lettre g, peuvent être mis sous la forme $\frac{g(app+qq)}{app-qq}$, & que les deux autres termes, contenant la lettre f, peuvent s'exprimer par $-\frac{2afpq}{app-qq}$, tous les termes seront réduits à la même dénomination, & on aura $y=\frac{g(app+qq)-2afpq}{app-qq}$.

82.

Ce procédé semble d'abord ne point convenir à notre but, puisque devant trouver pour x & pour y des nombres entiers, nous sommes parvenus à des résultats fractionnaires, & qu'il s'agiroit de traiter cette nouvelle question, quels nombres on peut substituer à p & à q pour que les fractions disparoissent? question qui paroît plus difficile encore que notre question principale. Mais on peut employer ici un artifice particulier, qui nous fera parvenir facilement au but; nous allons l'expliquer:

Comme tout doit être exprimé en nombres entiers, faisons $\frac{app+qq}{app-qq}=m$, & $\frac{2pq}{app-qq}=n$, pour avoir $x=ng-mf$, & $y=mg-naf$.

Or nous ne pouvons pas prendre ici m & n à volonté, puisque ces lettres doivent se déterminer de façon à répondre aux déterminations précédentes ; ainsi nous considérerons pour cet effet leurs quarrés, & nous verrons que $mm = \frac{aap^4 + 2appqq + q^4}{aap^4 - 2appqq + q^4}$

& $nn = \frac{4ppqq}{aap^4 - 2appqq + q^4}$, & que par conséquent $mm - ann$

$$= \frac{aap^4 + 2appqq + q^4 - 4appqq}{aap^4 - 2appqq + q^4}$$

$$= \frac{aap^4 - 2appqq + q^4}{aap^4 - 2appqq + q^4} = 1.$$

83.

On voit par-là que les deux nombres m & n doivent être tels que $mm = ann + 1$. Ainsi, comme a est un nombre connu, il faudra commencer par songer aux moyens de déterminer pour n un nombre entier, tel que $ann + 1$ devienne un quarré ; car après cela m sera la racine de ce quarré ; & quand on aura déterminé pareillement le nombre f, de maniere que $aff + b$ devienne un quarré, savoir gg, on aura pour x & pour y les valeurs suivantes en nombres entiers, $x=ng-mf$ & $y=mg-naf$, & enfin par-là $axx+b=yy$.

84.

Il eſt évident qu'ayant une fois trouvé m & n, on peut écrire à leur place $-m$ & $-n$, parce que le quarré nn ne laiſſe pas de reſter le même.

Mais nous avons fait entendre que pour trouver x & y en nombres entiers, de maniere que $axx+b=yy$, il falloit d'abord connoître un cas, tel que $aff+b=gg$; lors donc qu'on aura trouvé un ſemblable cas, il faudra tâcher encore de connoître, outre le nombre a, des valeurs de m & de n, telles que $ann+1=mm$, & nous en donnerons la méthode dans la ſuite. Quand enfin tout cela ſera fait, on aura un nouveau cas, ſavoir $x=ng+mf$, & $y=mg+naf$, & après cela $axx+b=yy$.

Mettant enſuite ce nouveau cas à la place du précédent, qu'on avoit regardé comme connu; c'eſt-à-dire, écrivant $ng+mf$ au lieu de f, & $mg+naf$ au lieu de g, on aura pour x & y de nouvelles valeurs; par lesquelles, si on les substitue à x & à y, on en trouve ensuite d'autres nouvelles, & ainsi de suite aussi loin qu'on voudra; de sorte qu'au moyen d'un seul cas qu'on connoissoit d'abord, on en détermine après cela une infinité d'autres.

85.

La maniere dont nous sommes parvenus à cette solution étoit assez embarrassée, & paroissoit d'abord nous éloigner de notre but, puisqu'elle nous avoit conduits à des fractions compliquées qu'un hasard favorable a seul pu réduire; il sera donc à propos d'indiquer une voie plus courte, qui conduit à la même solution.

86.

Puisqu'il faut que $axx+b=yy$, & que l'on a déjà trouvé $aff+b=gg$, la premiere équation nous donne $b=yy-axx$, & la seconde donne $b=gg-aff$; par conséquent il faut aussi que $yy-axx=gg-aff$, & tout se réduit maintenant à déterminer les inconnues x & y par le moyen des quantités connues f & g. On voit que pour cet effet on pourroit faire ſimplement $x=f$ & $y=g$; mais on voit auſſi que cette ſuppoſition ne fourniroit pas un nouveau cas outre celui qu'on connoiſſoit d'avance.

Ainſi nous ſuppoſerons qu'on ait déjà trouvé pour n un nombre tel que $ann+1$ ſoit un quarré, ou bien que $ann+1=mm$; cela poſé, nous avons $mm-ann=1$; & en multipliant par cette équation la derniere que nous avions ci-deſſus, nous trouvons auſſi que $yy-axx=(gg-aff)(mm-ann)=ggmm-affmm-ag^2nn+aaffnn$. Suppoſons à préſent $y=gm+afn$, nous aurons $ggmm+2afgmn+aaffnn-axx=ggmm-affmm-aggnn+aaffnn$, où les termes $ggmm$ & $aaffnn$ ſe détruiſent; de ſorte qu'il reſte $axx=affmm+aggnn+2afgmn$, ou $xx=ffmm+ggnn+2fgmn$; or cette formule eſt évidemment un quarré, & donne $x=fm+gn$; ainſi nous avons trouvé pour x & y les mêmes formules que ci-deſſus.

87.

Il ſera néceſſaire maintenant de rendre cette ſolution plus claire, en l'appliquant à quelques exemples.

Premiere queſtion. Trouver pour x toutes les valeurs en nombres entiers, telles que $2xx-1$ devienne un quarré, ou qu'on ait $2xx-1=yy$.

Nous avons ici $a=2$ & $b=-1$, & il ſe préſente auſſi-tôt un cas ſatisfaiſant, qui eſt celui où $x=1$ & $y=1$. Ce cas connu nous donne $f=1$ & $g=1$; or il s'agit de plus de déterminer une valeur de n, telle que $2nn+1$ devienne un quarré mm; & on voit d'abord auſſi que ce cas a lieu quand $n=2$, & par conſéquent $m=3$; ainſi chaque cas connu pour f & g nous donnant ces nouveaux cas $x=3f+2g$ & $y=3g+4f$, nous tirons de la premiere ſolution, $f=1$ & $g=1$, les nouvelles ſolutions ſuivantes:

$x=f=1$	5	29	169
$y=g=1$	7	41	239 &c.

88.

Seconde question. Trouver tous les nombres triangulaires, qui ſont en même temps des quarrés.

Soit z la racine triangulaire, ce ſera le triangle $\frac{zz+z}{2}$ qui devra être en même temps un quarré; & ſi nous nommons x la racine de ce quarré, il faudra que $\frac{zz+z}{2} = xx$. Multiplions par 8, nous aurons $4zz+4z = 8xx$; & ajoutons encore 1 de chaque côté, pour avoir $4zz+4z+1=(2z+1)^2 = 8xx+1$. Ainſi la queſtion eſt de faire en ſorte que $8xx+1$ devienne un quarré; car ſi l'on trouve $8xx+1=yy$, on aura $y=2z+1$; & conſéquemment la racine triangulaire cherchée, $z=\frac{y-1}{2}$.

Or nous avons $a=8$ & $b=1$, & un cas ſatisfaiſant ſaute aux yeux, ſavoir $f=0$ & $g=1$. On voit de plus que $8nn+1 = mm$, en faiſant $n=1$ & $m=3$; donc $x=3f+g$ & $y=3g+8f$; & puiſque $z=\frac{y-1}{2}$, nous aurons les ſolutions ſuivantes:

$x = f = 0$	1	6	35	204	1189
$y = g = 1$	3	17	99	577	3363
$z = \frac{y-1}{2} = 0$	1	8	49	288	1681 &c.

89.

Troisieme question. Trouver tous les nombres pentagones, qui sont en même temps des quarrés.

Que la racine soit z, le pentagone sera $= \frac{3zz-z}{2}$, que nous égalerons au quarré xx; ainsi $3zz - z = 2xx$; multipliant par 12 & ajoutant l'unité, nous avons $36zz - 12z + 1 = 24xx + 1 = (6z - 1)^2$; & faisant $24xx + 1 = yy$, il faudra que $y = 6z - 1$, & $z = \frac{y+1}{6}$.

Puisqu'ici $a = 24$ & $b = 1$, on connoît le cas $f = 0$ & $g = 1$; & comme il faut que $24nn + 1 = mm$, on fera $n = 1$, ce qui donne $m = 5$; ainsi on aura $x = 5f + g$ & $y = 5g + 24f$; & non-seulement $z = \frac{y+1}{6}$, mais aussi $z = \frac{1-y}{6}$, parce que l'on peut écrire $y = 1 - 6z$; de-là résultent enfin les solutions suivantes:

$x = f = 0$	1	10	99	980	
$y = g = 1$	5	49	485	4801	
$z = \frac{y+1}{6} = \frac{1}{3}$	1	$\frac{25}{3}$	81	$\frac{2401}{3}$	
ou $z = \frac{1-y}{6} = 0$	$-\frac{2}{3}$	-8	$-\frac{242}{8}$	-800	&c.

90.

Quatrieme queſtion. Trouver tous les quarrés en nombres entiers, qui, pris ſept fois & augmentés de 2, redeviennent des quarrés.

On demande par conſéquent que $7xx + 2 = yy$, où $a = 7$ & $b = 2$; & le cas connu tombe auſſi-tôt ſous les ſens, c'eſt-à-dire $x = 1$; de ſorte que $x = f = 1$, & $y = g = 3$. Si l'on conſidere enſuite l'équation $7nn + 1 = mm$, on trouve facilement auſſi que $n = 3$ & $m = 8$; donc $x = 8f + 3g$ & $y = 8g + 21f$, & on aura les ſolutions qui ſuivent:

$x = f = 1$	17	271	
$y = g = 3$	45	717	&c.

91.

Cinquieme question. Trouver tous les nombres triangulaires, qui sont en même temps pentagones.

Que la racine du triangle soit $=p$ & celle du pentagone $=q$, il faudra que $\frac{pp+p}{2} = \frac{3qq-q}{2}$, ou $3qq-q=pp+p$; qu'on cherche q, on aura d'abord $qq=\frac{1}{3}q+\frac{pp+p}{3}$, & de-là $q=\frac{1}{6}\pm\sqrt{\frac{1}{36}+\frac{pp+p}{3}}$, ou $q=\frac{1\pm\sqrt{12pp+12p+1}}{6}$. Par conséquent il s'agit de faire en sorte que $12pp+12p+1$ devienne un quarré, & même en nombres entiers. Or comme il y a ici un terme moyen $12p$, on commencera par faire $p=\frac{x-1}{2}$, au moyen de quoi on aura $12pp=3xx-6x+3$ & $12p=6x-6$, par conséquent $12pp+12p+1=3xx-2$; c'est cette derniere quantité présentement qu'il est question de transformer en un quarré.

Si donc on fait $3xx-2=yy$, on aura $p=\frac{x-1}{2}$, & $q=\frac{1+y}{6}$; ainsi tout dépend de la formule $3xx-2=yy$, & on a ici $a=3$

& $b=-2$; de plus un cas connu $x=f=1$ & $y=g=1$; enfin dans l'équation $mm=3nn+1$, on a $n=1$ & $m=2$; donc on trouve tant pour x & y que pour p & q les valeurs suivantes:

D'abord $x=2f+g$, & $y=2g+3f$, ensuite:

$x=f=1$	3	11	41
$y=g=1$	5	19	71
$p=0$	1	5	20
$q=\frac{1}{3}$	1	$\frac{10}{3}$	12
ou $q=0$	$-\frac{2}{3}$	-3	$-\frac{35}{3}$

parce qu'on a aussi $q=\frac{1-y}{6}$.

92.

Jusqu'à présent, quand la formule proposée contenoit un second terme, nous étions obligés de le retrancher; mais on ne laisse pas de pouvoir appliquer la méthode que nous venons de donner, sans faire disparoître ce second terme; nous allons encore en expliquer la maniere.

Soit $axx+bx+c$ la formule proposée

qui doit être un quarré, ou $=yy$, & qu'on connoisse déjà le cas $aff+bf+c=gg$.

Si on soustrait cette équation de la premiere, on aura $a(xx-ff)+b(x-f)=yy-gg$, ce qu'on peut exprimer par des facteurs de cette façon: $(x-f)(ax+af+b)=(y-g)(y+g)$. Qu'on multiplie de part & d'autre par pq, on aura $pq(x-f)(ax+af+b)=pq(y-g)(y+g)$, & on décomposera cette équation en ces deux, I.) $p(x-f)=q(y-g)$, II.) $q(ax+af+b)=p(y+g)$. Multipliant maintenant la premiere par p & la seconde par q, & soustrayant le premier produit du second, on obtient $(aqq-pp)x+(aqq+pp)f+bqq=2gpq$, ce qui donne $x=\frac{2gpq}{aqq-pp}-\frac{(aqq+pp)f}{aqq-pp}-\frac{bqq}{aqq-pp}$.

Mais la premiere équation est $q(y-g)=p(x-f)=p\left(\frac{2gpq}{aqq-pp}-\frac{2afqq}{aqq-pp}-\frac{bqq}{aqq-pp}\right)$; ainsi $y-g=\frac{2gpp}{aqq-pp}-\frac{2afpq}{aqq-pp}-\frac{bpq}{aqq-pp}$, & par conséquent $y=g\left(\frac{aqq+pp}{aqq-pp}\right)-\frac{2afpq}{aqq-pp}-\frac{bpq}{aqq-pp}$.

Il s'agit ici de chasser les fractions;

faiſons pour cet effet, comme ci-devant, $\frac{aqq+pp}{aqq-pp}=m$, & $\frac{2pq}{aqq-pp}=n$, & nous aurons $m+1=\frac{2aqq}{aqq-pp}$, & $\frac{qq}{aqq-pp}=\frac{m+1}{2a}$; donc $x=ng-mf-\frac{b(m+1)}{2a}$, & $y=mg-naf-\frac{1}{2}bn$, où les lettres m & n doivent être telles, ainſi qu'auparavant, que $mm=ann+1$.

93.

Les formules que nous venons de trouver pour x & pour y, ſont encore mêlées avec des fractions, puiſqu'il y en a dans les termes qui renferment la lettre b; & cela fait qu'elles ne répondent pas à notre but. Mais il faut remarquer que, ſi de ces valeurs on paſſe aux ſuivantes, on trouve conſtamment des nombres entiers, qu'à la vérité on eût trouvés beaucoup plus facilement par le moyen des nombres p & q que nous avions introduits dès le commencement. En effet, qu'on prenne p & q, de façon que $pp=aqq+1$, on aura $aqq-pp=-1$, & les fractions diſparoîtront. Car alors $x=-2gpq+f(aqq+pp)+bqq$, & $y=-g(aqq+pp)+2afpq+bpq$; mais comme dans le cas connu $aff+bf+c=gg$, on ne rencontre que la seconde puissance de g, il est indifférent quel signe l'on donne à cette lettre; qu'on écrive donc $-g$ au lieu de $+g$, on aura les formules $x=2gpq+f(aqq+pp)+bqq$, & $y=g(aqq+pp)+2afpq+bpq$, & on sera assuré maintenant que $axx+bx+c=yy$.

Qu'on cherche, par exemple, les nombres hexagones, qui sont aussi des quarrés.

Il faudra que $2xx-x=yy$, où $a=2$, $b=-1$ & $c=0$, & le cas connu sera évidemment $x=f=1$ & $y=g=1$.

De plus, pour que $pp=2qq+1$, il faut que $q=2$ & $p=3$; ainsi l'on aura $x=12g+17f-4$, & $y=17g+24f-6$, d'où résultent les valeurs qui suivent:

$x=f=1$	25	841
$y=g=1$	35	1189 &c.

94.

Arrêtons-nous encore à notre premiere formule, où le second terme manquoit, & examinons les cas qui font de la formule

mule $axx+b$ un quarré en nombres entiers.

Soit donc $axx+b=yy$, & il s'agira de remplir deux conditions:

1°. Qu'on connoisse un cas où cette équation ait lieu, & nous supposerons ce cas exprimé par l'équation $aff+b=gg$.

2°. Qu'on connoisse des valeurs de m & de n, telles que $mm=ann+1$, ce que nous enseignerons à trouver dans le Chapitre suivant.

De-là résulte un nouveau cas, savoir $x=ng+mf$, & $y=mg+anf$, qui conduit ensuite à d'autres cas pareils, que nous représenterons de la maniere suivante:

$$\begin{array}{l|l|l|l|l|l} x=f & A & B & C & D & E \\ y=g & P & Q & R & S & T \text{ \&c.} \end{array}$$

où $A=ng+mf$ | $B=nP+mA$ | $C=nQ+mB$ | $D=nR+mC$
& $P=mg+anf$ | $Q=mP+anA$ | $R=mQ+anB$ $S=mR+anC$ &c.

& ces deux suites de nombres se continuent très-aisément aussi loin qu'on veut.

95.

On remarquera cependant qu'il n'est pas possible ici de continuer la suite supérieure pour x, ſans avoir l'inférieure ſous les yeux; mais il eſt facile de lever cet inconvénient & de donner une regle, non-ſeulement pour trouver la ſuite ſupérieure ſans connoître l'inférieure, mais auſſi pour déterminer celle-ci ſans le ſecours de l'autre.

Il faut obſerver que les nombres qu'on peut ſubſtituer à x ſe ſuivent dans une certaine progreſſion, telle que chaque terme, comme, par ex. E, peut ſe déterminer par les deux termes précédens C & D, ſans que l'on ſoit obligé de recourir aux termes inférieurs R & S. En effet, puiſque $E = nS + mD = n(mR + anC) + m(nR + mC) = 2mnR + annC + mmC$, & que $nR = D - mC$, on trouve $E = 2mD - mmC + annC$, ou $E = 2mD - (mm - ann)C$, ou enfin $E = 2mD - C$, à cauſe de $mm = ann + 1$ & de $mm - ann = 1$; moyennant quoi on voit clairement comment chaque terme ſe détermine par les deux qui le précedent.

Il en eſt de même à l'égard de la ſuite inférieure; car puiſque $T = mS + anD$, & $D = nR + mC$, on a $T = mS + annR$

$+amnC$. De plus $S=mR+anC$, ainsi $anC=S-mR$; & si l'on substitue cette valeur de anC, il vient $T=2mS-R$, ce qui prouve que la progression inférieure suit la même loi ou la même regle que la supérieure.

Qu'on cherche, par exemple, tous les nombres entiers x, tels que $2xx-1=yy$. On aura d'abord $f=1$ & $g=1$; ensuite $mm=2nn+1$, si $n=2$ & $m=3$. Donc, puisque $A=ng+mf=5$, les deux premiers termes seront 1 & 5, & on trouvera tous les suivans par la formule $E=6D-C$; c'est-à-dire que chaque terme pris six fois & diminué du terme précédent, donne le terme suivant. Il suit de-là que les nombres x que nous cherchons, formeront la suite que voici :

1, 5, 29, 169, 985, 5741, &c.

On peut continuer cette progression aussi loin qu'on veut; & si l'on vouloit y introduire aussi des termes fractionnaires, on en trouveroit une infinité par la méthode que nous avons donnée plus haut.

CHAPITRE VII.

D'une Méthode particuliere, par laquelle la formule $ann+1$ *devient un quarré en nombres entiers.*

96.

CE que nous avons enſeigné dans le Chapitre précédent, ne peut s'exécuter d'une maniere complette, à moins qu'on ne ſoit en état d'aſſigner pour un nombre quelconque a un nombre n, tel que $ann+1$ devienne un quarré, ou qu'on ait $mm=ann+1$.

Si on vouloit ſe contenter de nombres rompus, cette équation ſeroit facile à réſoudre, vu qu'on n'auroit qu'à faire $m=1+\frac{np}{q}$; car dans cette ſuppoſition on a $mm=1+\frac{2np}{q}+\frac{nnpp}{qq}=ann+1$, où l'on peut retrancher 1 de part & d'autre, & diviſer enſuite les autres termes par n, de ſorte que multipliant de plus par qq, on obtient $2pq+npp=anqq$, & cette équation donnant

$n = \frac{2pq}{aqq - pp}$, fourniroit une infinité de valeurs de n. Mais comme n doit être un nombre entier, cette méthode ne nous serviroit de rien, & il faudra en employer une toute autre pour arriver à notre but.

97.

Nous devons commencer par remarquer que si on vouloit que $ann+1$ fût un quarré en nombres entiers pour une valeur quelconque de a, on exigeroit une chose qui n'est pas toujours possible.

Car d'abord il faut exclure tous les cas où a seroit un nombre négatif; ensuite il faut exclure aussi ceux où a seroit lui-même un quarré; parce qu'alors ann seroit un quarré, & qu'aucun quarré augmenté de l'unité, ne peut redevenir un quarré en nombres entiers. Nous sommes obligés par conséquent de restreindre notre formule, de maniere que a ne soit ni négatif ni un quarré; mais au reste toutes les fois que a est un nombre positif sans être un quarré, il sera possible de trouver pour n un nombre entier, tel que $ann+1$ devienne un quarré. Quand on aura trouvé une telle valeur, il sera aisé, d'après le Chapitre précédent, d'en déduire un nombre infini de semblables; mais il suffit pour notre dessein d'en connoître une seule, & même la plus petite, & c'est ce qu'un savant Anglois, nommé *Pell*, nous a appris à trouver par une méthode ingénieuse que nous allons expliquer.

98.

Cette méthode n'est pas de nature à pouvoir être employée généralement pour un nombre a quelconque, elle n'est applicable que dans chaque cas particulier.

Ainsi nous commencerons par les cas les plus faciles, & nous chercherons d'abord pour n un nombre tel que $2nn+1$ soit un quarré, ou que $\sqrt{2nn+1}$ devienne rationnel.

On voit aussi-tôt que cette racine quarrée devient plus grande que n, & cependant plus petite que $2n$. Si donc nous exprimons cette racine par $n+p$, il eſt sûr que p eſt moindre que n; & nous aurons $\sqrt{2nn+1}=n+p$, enſuite $2nn+1=nn+2np+pp$; donc $nn=2np+pp+1$, & $n=p+\sqrt{2pp-1}$. Tout ſe réduit par conſéquent à ce que $2pp-1$ ſoit un quarré; or ce cas a lieu ſi $p=1$, & il donne $n=2$ & $\sqrt{2nn+1}=3$.

Si on n'avoit pas auſſi-tôt pu s'appercevoir de ce cas, on ſeroit allé plus loin; & puiſque $\sqrt{2pp-1}>p$, & par conſéquent $n>2p$, il auroit fallu ſuppoſer $n=2p+q$; on auroit donc eu $2p+q=p+\sqrt{2pp-1}$, ou $p+q=\sqrt{2pp-1}$, & en quarrant, $pp+2pq+qq=2pp-1$; ainſi $pp=2pq+qq+1$, ce qui auroit donné $p=q+\sqrt{2qq+1}$; de ſorte qu'il eût fallu que $2qq+1$ fût un quarré; & comme ce cas a lieu, ſi on fait $q=0$, on auroit eu $p=1$ & $n=2$, comme auparavant. Cet exemple ſuffit pour donner une idée de la méthode, mais cette idée deviendra encore plus nette par ce qui ſuivra.

99.

Soit à présent $a=3$, c'est-à-dire qu'il s'agisse de transformer en un quarré la formule $3nn+1$. On fera $\sqrt{3nn+1}=n+p$, ce qui donne $3nn+1=nn+2np+pp$, & $2nn=2np+pp-1$, d'où l'on tire $n=\frac{p+\sqrt{3pp-2}}{2}$. Maintenant, puisque $\sqrt{3pp-2}$ surpasse p, & que par conséquent n est plus grand que $\frac{2p}{2}$ ou que p, qu'on suppose $n=p+q$, & on aura $2p+2q=p+\sqrt{3pp-2}$, ou $p+2q=\sqrt{3pp-2}$; ensuite, en quarrant, $pp+4pq+4qq=3pp-2$; de sorte que $2pp=4pq+4qq+2$, ou $pp=2pq+2qq+1$, & $p=q+\sqrt{3qq+1}$. Or cette formule est semblable à la proposée, ainsi on peut faire $q=0$, & on obtient $p=1$ & $n=1$; de sorte que $\sqrt{3nn+1}=2$.

100.

Soit $a=5$, afin qu'on ait à faire un quarré de la formule $5nn+1$, dont la racine est plus grande que $2n$; on supposera $\sqrt{5nn+1}$

$= 2n + p$, ou $5nn + 1 = 4nn + 4np + pp$, ainsi on aura $nn = 4np + pp - 1$, & $n = 2p + \sqrt{5pp - 1}$. Or $\sqrt{5pp - 1} > 2p$, il s'ensuit que $n > 4p$; c'est pourquoi on fera $n = 4p + q$, ce qui rend $2p + q = \sqrt{5pp - 1}$, ou $4pp + 4pq + qq = 5pp - 1$, & $pp = 4pq + qq + 1$, de maniere que $p = 2q + \sqrt{5qq + 1}$; & comme $q = 0$ satisfait à cette équation, on aura $p = 1$ & $n = 4$; donc $\sqrt{5nn + 1} = 9$.

101.

Supposons à présent $a = 6$, pour avoir à traiter la formule $6nn + 1$, dont la racine est pareillement comprise entre $2n$ & $3n$. Nous ferons donc $\sqrt{6nn + 1} = 2n + p$, & nous aurons $6nn + 1 = 4nn + 4np + pp$, ou $2nn = 4np + pp - 1$, & de-là $n = p + \frac{\sqrt{6pp - 2}}{2}$, ou $n = \frac{2p + \sqrt{6pp - 2}}{2}$; ainsi $n > 2p$.

Si, en conséquence de cela, nous faisons $n = 2p + q$, nous avons $4p + 2q = 2p + \sqrt{6pp - 2}$, ou $2p + 2q = \sqrt{6pp - 2}$; les quarrés sont $4pp + 8pq + 4qq = 6pp - 2$;

ainsi $2pp = 8pq + 4qq + 2$, & $pp = 4pq + 2qq + 1$, enfin $p = 2q + \sqrt{6qq + 1}$; cette formule ressemblant à la premiere, on a $q = 0$; donc $p = 1$, $n = 2$ & $\sqrt{6nn + 1} = 5$.

102.

Allons plus loin, & soit $a = 7$ & $7nn + 1 = mm$, on voit que $m > 2n$; qu'on fasse donc $m = 2n + p$, & on aura $7nn + 1 = 4nn + 4np + pp$, ou $3nn = 4np + pp - 1$, ce qui donne $n = \frac{2p + \sqrt{7pp - 3}}{3}$. Présentement, puisque $n > \frac{4}{3}p$, & par conséquent plus grand que p, qu'on fasse $n = p + q$, on aura $p + 3q = \sqrt{7pp - 3}$, & passant aux quarrés, $pp + 6pq + 9qq = 7pp - 3$, ainsi $6pp = 6pq + 9qq + 3$, ou $2pp = 2pq + 3qq + 1$, d'où l'on tire $p = \frac{q + \sqrt{7qq + 2}}{2}$. Or on a ici $p > \frac{3q}{2}$, & par conséquent $p > q$, ainsi on fera $p = q + r$, & l'on aura $q + 2r = \sqrt{7qq + 2}$; de-là les quarrés $qq + 4qr + 4rr = 7qq + 2$; ensuite $6qq = 4qr + 4rr - 2$, ou $3qq = 2qr + 2rr - 1$, & enfin $q = \frac{r + \sqrt{7rr - 3}}{3}$. On continuera, à cause de q

$> r$, en ſuppoſant $q = r + s$, & on aura $2r + 3s = \sqrt{7rr - 3}$, enſuite $4rr + 12rs + 9ss = 7rr - 3$, ou $3rr = 12rs + 9ss + 3$, ou $rr = 4rs + 3ss + 1$, & $r = 2s + \sqrt{7ss + 1}$. Or cette formule eſt pareille à la premiere ; ainſi faiſant $s = 0$, on obtiendra $r = 1$, $q = 1$, $p = 2$ & $n = 3$ ou $m = 8$.

Mais ce calcul peut s'abréger conſidérablement de la maniere qui ſuit, & qu'on peut employer auſſi dans d'autres cas.

Puiſque $7nn + 1 = mm$, il s'enſuit que $m < 3n$.

Qu'on ſuppoſe donc $m = 3n - p$, on aura $7nn + 1 = 9nn - 6np + pp$, ou $2nn = 6np - pp + 1$, d'où l'on tire $n = \frac{3p + \sqrt{7pp + 2}}{2}$; ainſi $n < 3p$; par cette raiſon on écrira $n = 3p - 2q$, &, prenant les quarrés, on aura $9pp - 12pq + 4qq = 7pp + 2$, ou $2pp = 12pq - 4qq + 2$, & $pp = 6pq - 2qq + 1$, d'où réſulte $p = 3q + \sqrt{7qq + 1}$. Or on peut d'abord faire ici $q = 0$, & on trouvera $p = 1$, $n = 3$ & $m = 8$, comme auparavant.

103.

Que $a=8$, en ſorte que $8nn+1=mm$ & $m<3n$, il faudra faire $m=3n-p$, & on aura $8nn+1=9nn-6np+pp$, ou $nn=6np-pp+1$, d'où réſulte $n=3p+\sqrt{8pp+1}$, & cette formule étant déjà ſemblable à la propoſée, on peut faire $p=0$, ce qui donne $n=1$ & $m=3$.

104.

On procédera toujours de la même maniere pour tout autre nombre a, pourvu qu'il ſoit poſitif & non un quarré, & on arrivera toujours à la fin à une quantité radicale, comme $\sqrt{att+1}$, qui ſera ſemblable à la premiere ou la propoſée, & on n'aura alors qu'à ſuppoſer $t=0$; car l'irrationnalité diſparoîtra, & en retournant ſur ſes pas on trouvera pour n néceſſairement une valeur telle que $ann+1$ ſoit un quarré.

On arrive quelquefois aſſez vîte au but, mais ſouvent auſſi on eſt obligé de paſſer par un aſſez grand nombre d'opérations;

cela dépend de la nature du nombre a, mais ſans qu'on ait des caracteres qui donnent quelques lumieres ſur la quantité des opérations qu'il y aura à faire. Le procédé n'eſt jamais bien long juſqu'à 13, mais lorſque $a=13$, le calcul devient beaucoup plus prolixe, & par cette raiſon il ſera bon de développer ici ce cas.

105.

Soit donc $a=13$, & qu'on doive trouver $13nn+1=mm$. Comme $mm>9nn$, & par conſéquent $m>3n$, on ſuppoſera $m=3n+p$, & on aura $13nn+1=9nn+6np+pp$, ou $4nn=6np+pp-1$, & $n=\frac{3p+\sqrt{13pp-4}}{4}$, ce qui indique que $n>\frac{6}{4}p$, & à plus forte raiſon plus grand que p. Qu'on faſſe donc $n=p+q$, on aura $p+4q=\sqrt{13pp-4}$; en quarrant, $13pp-4=pp+8pq+16qq$; ainſi $12pp=8pq+16qq+4$, ou $3pp=2pq+4qq+1$, & $p=\frac{q+\sqrt{13qq+3}}{3}$. Ici $p>\frac{q+3q}{3}$, ou $p>q$; on continuera donc par $p=q+r$, & on aura $2q+3r=\sqrt{13qq+3}$, ensuite $13qq+3=4qq+12qr+9rr$, ou $9qq=12qr+9rr-3$, ou $3qq=4qr+3rr-1$, ce qui donne $q=\frac{2r+\sqrt{13rr-3}}{3}$.

Présentement, puisque $q>\frac{2r+3r}{3}$, ou $q>r$, on fera $q=r+s$, & on aura $r+3s=\sqrt{13rr-3}$; & ensuite $13rr-3=rr+6rs+9ss$, ou $12rr=6rs+9ss+3$, ou $4rr=2rs+3ss+1$, d'où l'on tire $r=\frac{s+\sqrt{13ss+4}}{4}$. Mais $r>\frac{s+3s}{4}$ & plus grand que s, soit donc $r=s+t$, & nous aurons $3s+4t=\sqrt{13ss+4}$, & $13ss+4=9ss+24st+16tt$; ainsi $4ss=24st+16tt-4$, & $ss=6ts+4tt-1$; donc $s=3t+\sqrt{13tt-1}$. Ici nous avons $s>3t+3t$, ou que $6t$; il faudra donc faire $s=6t+u$; ainsi $3t+u=\sqrt{13tt-1}$, & $13tt-1=9tt+6tu+uu$; après cela $4tt=6tu+uu+1$; enfin $t=\frac{3u+\sqrt{13uu+4}}{4}$, où $t>\frac{6u}{4}$ & $>u$. Si donc on fait $t=u+v$, on aura $u+4v=\sqrt{13uu+4}$, & $13uu+4=uu+8uv+16vv$; donc $12uu=8uv+16vv-4$, ou $3uu=2uv+4vv-1$, enfin $u=\frac{v+\sqrt{13vv-3}}{3}$, ou $u>\frac{4v}{3}$, ou $u>v$.

Faisons en conséquence $u=v+x$, & nous aurons $2v+3x=\sqrt{13vv-3}$, & $13vv-3=4vv+12vx+9xx$; ou $9vv=12vx+9xx+3$, ou $3vv=4vx+3xx+1$, & $v=\frac{2x+\sqrt{13xx+3}}{3}$; de sorte que $v>\frac{5}{3}x$ & $>x$.

Supposons donc $v=x+y$, & nous aurons $x+3y=\sqrt{13xx+3}$, & $13xx+3=xx+6xy+9yy$, ou $12xx=6xy+9yy-3$, & $4xx=2xy+3yy-1$; on tire de-là $x=\frac{y+\sqrt{13yy-4}}{4}$, & par conséquent $x>y$. Ainsi nous ferons $x=y+z$, ce qui nous donne $3y+4z=\sqrt{13yy-4}$, & $13yy-4=9yy+24zy+16zz$, ou $4yy=24yz+16zz+4$; donc $yy=6yz+4zz+1$, & $y=3z+\sqrt{13zz+1}$; & cette formule étant à la fin semblable à la premiere, on peut prendre $z=0$, & remonter de la maniere qui suit:

$$z = 0$$
$$y = 1$$
$$x = y + z = 1$$
$$v = x + y = 2$$
$$u = v + x = 3$$
$$t = u + v = 5$$
$$s = 6t + u = 33$$
$$r = s + t = 38$$
$$q = r + s = 71$$
$$p = q + r = 109$$
$$n = p + q = 180$$
$$m = 3n + p = 649.$$

Il suit de-là que 180 est après 0 le plus petit nombre qu'on puisse substituer à n, si $13nn+1$ doit devenir un quarré.

106.

On voit suffisamment par cet exemple, combien ces calculs peuvent devenir prolixes. Lorsqu'il s'agit de nombres plus grands, on est souvent obligé de passer par dix fois plus d'opérations que nous n'en avons eu à faire pour le nombre 13.

Comme on ne peut guere prévoir non plus

plus pour quels nombres on doit s'attendre à tant de longueurs, il sera bon de profiter de la peine que d'autres ont prise, & nous joindrons, pour cet effet, à ce Chapitre une table, où se trouvent les valeurs de m & de n pour tous les nombres a depuis 2 jusqu'à 100; afin que dans les cas qui peuvent se présenter, on puisse en tirer les valeurs de m & de n, qui répondent à un nombre a donné.

107.

Nous remarquerons cependant que pour de certains nombres on peut déterminer en général les lettres m & n; ces cas sont ceux où a n'est que de 1 ou 2 plus grand ou plus petit qu'un quarré; il vaudra la peine de les développer.

108.

Soit donc $a = ee - 2$; & puisque nous devons avoir $(ee-2)nn+1=mm$, il est clair que $m < en$; c'est pourquoi nous ferons $m = en - p$, & nous aurons $(ee-2)nn$

$+1=eenn-2enp+pp$, ou $2nn=2enp-pp+1$; donc $n=\frac{ep+\sqrt{eepp-2pp+2}}{2}$; & il eſt évident que ſi on fait $p=1$, cette quantité devient rationnelle, & que nous aurons $n=e$ & $m=ee-1$.

Soit, par exemple, $a=23$, de ſorte que $e=5$, nous aurons $23nn+1=mm$, ſi $n=5$ & $m=24$. La raiſon en eſt évidente d'ailleurs ; car ſi, dans le cas de $a=ee-2$, on fait $n=e$, on a $ann+1=e^4-2ee+1$, ce qui eſt le quarré de $ee-1$.

109.

Que $a=ee-1$, ou d'une unité moindre qu'un quarré, il faudra que $(ee-1)nn+1=mm$. On aura, comme ci-deſſus, $m<en$, & on fera $m=en-p$; cela poſé, on a $(ee-1)nn+1=eenn-2enp+pp$, ou $nn=2enp-pp+1$; donc $n=ep+\sqrt{eepp-pp+1}$. Or l'irrationnalité diſparoît dans la ſuppoſition de $p=1$, ainſi $n=2e$ & $m=2ee-1$. Auſſi cela eſt-il facile à voir ; car puiſque $a=ee-1$ & $n=2e$, on trouve $ann+1=4e^4-4ee+1$, ou égal au quarré de

$2ee-1$. Soit, par exemple, $a=24$, ou $e=5$, on aura $n=10$, & $24nn+1=2401$ $=(49)^2$ (*).

110.

Supposons à présent $a=ee+1$, ou que a soit de 1 plus grand qu'un quarré, il faudra que $(ee+1)nn+1=mm$, & m sera évidemment plus grand que en; écrivons donc $m=en+p$, & nous aurons $(ee+1)$ $nn+1=eenn+2enp+pp$, ou $nn=2enp$ $+pp-1$, d'où résulte $n=ep+\sqrt{eepp+pp-1}$. On peut ici faire $p=1$, & cela étant, on a $n=2e$; donc $m=2ee+1$. C'est aussi ce qui devoit arriver, par la raison que a étant $=ee+1$ & $n=2e$, on a $ann+1=4e^4$ $+4ee+1$, quarré de $2ee+1$. Soit, par exemple, $a=17$, en sorte que $e=4$, on aura $17nn+1=mm$, en faisant $n=8$ & $m=33$.

(*) Le signe radical s'évanouit aussi dans ce cas, si l'on fait $p=0$, & cette supposition donne incontestablement pour m & n les plus petits nombres possibles, savoir $n=1$ & $m=e$; c'est-à-dire que si $e=5$, la formule $24nn+1$ devient un quarré en faisant $n=1$, & que la racine de ce quarré sera $m=e=5$.

III.

Soit enfin $a = ee + 2$, ou de 2 plus grand qu'un nombre quarré, on aura $(ee + 2)nn + 1 = mm$, &, comme auparavant, $m > en$; c'est pourquoi on supposera $m = en + p$, & on aura $eenn + 2nn + 1 = eenn + 2enp + pp$, ou $2nn = 2enp + pp - 1$, ce qui donne $n = \frac{ep + \sqrt{eepp + 2pp - 2}}{2}$. Qu'on fasse $p = 1$, on trouvera $n = e$ & $m = ee + 1$; & en effet, puisque $a = ee + 2$ & $n = e$, on a $ann + 1 = e^4 + 2ee + 1$, ce qui est le quarré de $ee + 1$.

Soit, par exemple, $a = 11$, de sorte que $e = 3$, on trouvera $11nn + 1 = mm$, en faisant $n = 3$ & $m = 10$. Voulût-on supposer $a = 83$, on auroit $e = 9$ & $83nn + 1 = mm$ dans le cas de $n = 9$ & de $m = 82$.

TABLE

Qui indique pour chaque valeur de a *les plus petits nombres* m & n, *tels que* mm = ann + 1.

a	n	m	a	n	m
2	2	3	26	10	51
3	1	2	27	5	26
5	4	9	28	24	127
6	2	5	29	1820	9801
7	3	8	30	2	11
8	1	3	31	273	1520
10	6	19	32	3	17
11	3	10	33	4	23
12	2	7	34	6	35
13	180	649	35	1	6
14	4	15	37	12	73
15	1	4	38	6	37
17	8	33	39	4	25
18	4	17	40	3	19
19	39	170	41	320	2049
20	2	9	42	2	13
21	12	55	43	531	3482
22	42	197	44	30	199
23	5	24	45	24	161
24	1	5	46	3588	24335

a	*n*	*m*	*a*	*n*	*m*
47	7	48	74	430	3699
48	1	7	75	3	26
50	14	99	76	6630	57799
51	7	50	77	40	351
52	90	649	78	6	53
53	9100	66249	79	9	80
54	66	485	80	1	9
55	12	89	82	18	163
56	2	15	83	9	82
57	20	151	84	6	55
58	2574	19603	85	30996	285769
59	69	530	86	1122	10405
60	4	31	87	3	28
61	226153980	1766319049	88	21	197
62	8	63	89	53000	500001
63	1	8	90	2	19
65	16	129	91	165	1574
66	8	65	92	120	1151
67	5967	48842	93	1260	12151
68	4	33	94	221064	2143295
69	936	7775	95	4	39
70	30	251	96	5	49
71	413	3480	97	6377352	62809633
72	2	17	98	10	99
73	267000	2281249	99	1	10

CHAPITRE VIII.

De la Maniere de rendre rationnelle la formule irrationnelle $\sqrt{a+bx+cxx+dx^3}$.

112.

Nous passerons à présent à une formule où x s'éleve à la troisieme puissance, après quoi nous irons aussi jusqu'à la quatrieme puissance de x, quoique ces deux cas se traitent de la même maniere.

Qu'il s'agisse donc de transformer en un quarré la formule $a+bx+cx+dx^3$, & de trouver pour x des valeurs propres pour ce dessein, & exprimées en nombres rationnels. Comme cette recherche est sujette déjà à de bien plus grandes difficultés que les précédentes, il faut aussi plus d'art pour trouver seulement même des valeurs fractionnaires de x, & on est obligé de se contenter de telles valeurs sans prétendre en trouver en nombres entiers.

Nous devons remarquer aussi d'avance qu'on ne peut ici donner une solution générale comme dans les cas précédens, & qu'au lieu que la méthode employée ci-dessus conduisoit à un nombre infini de solutions à la fois, chaque opération maintenant ne nous fera connoître qu'une seule valeur de x.

113.

Comme, en traitant de la formule $a+bx+cxx$, nous avons remarqué un nombre infini de cas où la solution est tout-à-fait impossible, on s'imagine bien que cela a lieu bien plus souvent encore pour la formule présente, qui d'ailleurs exige constamment qu'on sache déjà, ou qu'on ait trouvé une solution. Aussi n'est-on en état ici de donner des regles que pour les cas où l'on part d'une solution connue pour en trouver une nouvelle; par le moyen de celle-ci alors on peut en trouver une autre, & continuer ensuite de la même maniere.

Mais il n'arrive pas même toujours que

une ſolution connue faſſe parvenir à une autre ; au contraire il y a bien des cas où il n'y a qu'une ſeule ſolution qui puiſſe avoir lieu, & cette circonſtance eſt d'autant plus remarquable, que dans les cas que nous avons développés précédemment, une ſeule ſolution conduiſoit à une infinité d'autres ſolutions nouvelles.

114.

Nous venons de dire que pour que la formule $a+bx+cxx+dx^3$ puiſſe être transformée en un quarré, il faut néceſſairement préſuppoſer un cas où cette tranſformation eſt poſſible. Or un tel cas s'apperçoit le plus clairement, quand le premier terme eſt lui-même déjà un quarré, & que la formule eſt exprimée ainſi, $ff+bx+cxx+dx^3$; car elle devient évidemment un quarré, ſi $x=0$.

Ce ſera donc par la conſidération de cette formule que nous entrerons en matiere ; nous tâcherons de voir comment, en partant du cas connu $x=0$, nous pourrons parvenir à quelqu'autre valeur de x, & nous emploierons pour cet effet deux méthodes différentes, que nous expliquerons l'une & l'autre; il sera bon de commencer par des cas particuliers.

115.

Soit donc proposée la formule $1+2x-xx+x^3$, qui doive devenir un quarré. Comme ici le premier terme est un quarré, on adoptera pour la racine cherchée une quantité telle que les deux premiers termes s'évanouissent. Soit pour cet effet $1+x$ la racine dont le quarré doit équivaloir à notre formule, on aura $1+2x-xx+x^3=1+2x+xx$, où les deux premiers termes se détruisent, de sorte qu'on a l'équation $xx=-xx+x^3$ ou $x^3=2xx$, qui, étant divisée par xx, donne $x=2$; ainsi la formule devient $1+4-4+8=9$.

De même, pour faire un quarré de la formule $4+6x-5xx+3x^3$, on supposera d'abord sa racine $=2+nx$, & on cherchera n de maniere que les deux premiers termes disparoissent ; or on aura $4+6x-5xx+3x^3=4+4nx+nnxx$; donc il faut que $4n=6$, & $n=\frac{3}{2}$; de-là résulte l'équation $-5xx+3x^3=\frac{9}{4}xx$, ou $3x^3=\frac{29}{4}xx$, qui donne $x=\frac{29}{12}$; & c'est cette valeur qui fera de la formule proposée un quarré, dont la racine sera $2+\frac{3}{2}x=\frac{45}{8}$.

116.

La seconde méthode consiste à donner à la racine trois termes, comme $f+gx+hxx$, tels que dans l'équation les trois premiers termes s'évanouissent.

Soit proposée, par exemple, la formule $1-4x+6xx-5x^3$, on en supposera la racine $=1-2x+hxx$, & on aura

$$1-4x+6xx-5x^3=1-4x+4xx-4hx^3+hhx^4$$
$$+2hxx;$$

les deux premiers termes, comme on voit, se détruisent aussi-tôt des deux côtés ; & pour chasser aussi le troisieme, il faudra faire $6=2h+4$, & par conséquent $h=1$;

par ce moyen on obtient $-5x^3=-4x^3+x^4$, ou $-5=-4+x$; de ſorte que $x=-1$.

117.

C'eſt donc de ces deux méthodes qu'on peut faire uſage, lorſque le premier terme a eſt un quarré. La premiere ſe fonde ſur ce qu'on exprime la racine par deux termes, comme $f+px$, où f eſt la racine quarrée du premier terme, & où p eſt pris de maniere que le ſecond terme doit pareillement diſparoître; en ſorte qu'il ne reſte qu'à comparer $ppxx$ avec le troiſieme & le quatrieme terme de la formule, ſavoir $cxx+dx^3$; car cette équation alors, pouvant ſe diviſer par xx, donne une nouvelle valeur de x, qui eſt $x=\frac{pp-c}{d}$.

Dans la ſeconde méthode on donne trois termes à la racine, c'eſt-à-dire que ſi le premier terme a eſt $=ff$, on exprime la racine par $f+px+qxx$; après quoi on détermine p & q, de façon que les trois premiers termes de la formule s'évanouiſſent, ce qui ſe fait de la maniere ſuivante:

Puisque $ff+bx+cxx+dx^3=ff+2pfx+2fqxx+ppxx+2pqx^3+qqx^4$, il faut que $b=2fp$, & par conséquent $p=\frac{b}{2f}$; de plus $c=2fq+pp$, & partant $q=\frac{c-pp}{2f}$; après cela reste l'équation $dx^3=2pqx^3+qqx^4$; & comme elle est divisible par x^3, on en tire $x=\frac{d-2pq}{qq}$.

118.

Il peut cependant arriver souvent que lors même que $a=ff$, aucune de ces deux méthodes ne donne une nouvelle valeur de x. C'est ce qu'on peut voir, en considérant la formule $ff+dx^3$, où le second & le troisieme terme manquent.

Car si, d'après la premiere méthode, on supposoit la racine $=f+px$, ou bien que $ff+dx^3=ff+2fpx+ppxx$, on auroit $0=2fp$ & $p=0$; ainsi on trouveroit $dx^3=0$, & par-là $x=0$, ce qui n'est point une nouvelle valeur de x.

Que si, d'après la seconde méthode, on vouloit faire la racine $=f+px+qqx$, ou

$$ff+dx^3=ff+2fpx+2fqxx+2pqx^3+qqx^4,$$
$$+ppxx$$

on trouveroit $o=2fp$ & $p=o$; de plus $o=2fq+pp$ & $q=o$; & il en résulteroit $dx^3=o$, & pareillement $x=o$.

119.

Il ne reste d'autre parti à prendre dans ces cas-là, que de tâcher de trouver quelque valeur de x, telle que la formule devienne un quarré; si on y réussit, cette valeur fera trouver ensuite, par le secours de nos deux méthodes, de nouvelles valeurs; & cette voie est bonne même pour les cas où le premier terme ne seroit pas un quarré.

Que, par exemple, la formule $3+x^3$ doive devenir un quarré; comme cela arrive quand $x=1$, on fera $x=1+y$, & on aura $4+3y+3yy+y^3$, où le premier terme est un quarré. Qu'on en suppose donc, suivant la premiere méthode, la racine $=2+py$, on aura $4+3y+3yy+y^3=4+4py+ppyy$; & pour que le second terme disparoisse, il faudra que $3=4p$, & par conséquent $p=\frac{3}{4}$; ainsi 3

$+y=pp$ & $y=pp-3=\frac{9}{16}-\frac{48}{16}=\frac{-39}{16}$; donc $x=\frac{-23}{16}$, ce qui eſt une nouvelle valeur de x.

Si on fait de plus, conformément à la ſeconde méthode, la racine $=2+py+qyy$, on a $4+3y+3yy+y^3=4+4py+4qyy$ $+ppyy+2pqy^3+qqy^4$, d'où on chaſſera le ſecond terme, en faiſant $3=4p$ ou $p=\frac{3}{4}$, & le quatrieme, en faiſant $3=4q$ $+pp$, ou $q=\frac{3-pp}{4}=\frac{39}{64}$; ainſi $1=2pq+qqy$, d'où l'on tire $y=\frac{1-2pq}{qq}$, ou $y=\frac{352}{1521}$, & par conſéquent $x=\frac{1873}{1521}$.

120.

En général, ſi on a la formule $a+bx$ $+cxx+dx^3$, & qu'on ſache d'ailleurs qu'elle devient un quarré quand $x=f$, de ſorte que $a+bf+cff+df^3=gg$, on fera $x=f+y$, & on aura la nouvelle formule qui ſuit:

$$\begin{array}{l} a \\ + bf + by \\ + cff + 2cfy + cyy \\ + df^3 + 3dffy + 3dfyy + dy^3 \\ \hline gg + (b + 2cf + 3dff)y + (c + 3df)yy + dy^3. \end{array}$$

Dans cette formule le premier terme eſt un quarré; ainſi on peut y appliquer les deux méthodes précédentes, & elles fourniront de nouvelles valeurs de y, & par conſéquent auſſi de x, puiſque $x = f + y$.

121.

Mais ſouvent auſſi il ne ſert même de rien d'avoir trouvé une valeur de x; ce cas a lieu dans la formule $1 + x^3$, qui devient un quarré quand $x = 2$. Car ſi, en conſéquence de cela, on fait $x = 2 + y$, on trouvera la formule $9 + 12y + 6yy + y^3$, qui devroit de même pouvoir devenir un quarré.

Or ſoit par la premiere regle la racine $= 3 + py$, on aura $9 + 12y + 6yy + y^3 = 9 + 6py + ppyy$, où il faut que $12 = 6p$ & $p = 2$; donc $6 + y = pp = 4$, & $y = -2$, ce ce qui donne $x=0$, c'eſt-à-dire une valeur qui ne conduit à rien de plus.

Eſſayons auſſi la ſeconde méthode, & faiſons la racine $=3+py+qyy$, nous aurons $9+12y+6yy+y^3=9+6py+6qyy$
$+ppyy$
$+2pqy^3+qqy^4$, où il faudra d'abord que $12=6p$ & $p=2$; enſuite que $6=6q+pp=6q+4$, & $q=\frac{1}{3}$; on aura d'abord $1=2pq+qqy=\frac{4}{3}+\frac{1}{9}y$; de-là $y=-3$, & par conſéquent $x=-1$, & $1+x^3=0$; d'où l'on ne peut rien conclure de plus, parce que, ſi on vouloit faire $x=-1+z$, on trouveroit la formule $3z-3zz+z^3$, où le premier terme s'en va; de ſorte qu'on ne pourroit faire uſage ni de l'une ni de l'autre méthode.

On eſt aſſez fondé à ſoupçonner, après ce que nous venons de dire, que la formule $1+x^3$ ne peut devenir un quarré que dans les trois cas que voici:

I.) $x=2$, II.) $x=0$, III.) $x=-1$.

Mais c'eſt de quoi on peut ſe convaincre auſſi par d'autres raiſons.

122.

Considérons encore, pour nous exercer, la formule $1+3x^3$, qui devient un quarré dans les cas suivans: I.) $x=0$, II.) $x=1$, III.) $x=2$, & voyons si nous parviendrons à trouver d'autres valeurs semblables.

Puis donc que $x=1$ est une des valeurs qui satisfont, supposons $x=1+y$, & nous aurons $1+3x^3=4+9y+9yy+3y^3$. Que la racine de cette nouvelle formule soit $2+py$, en sorte que $4+9y+9yy+3y^3=4+4py+ppyy$, il faudra que $9=4p$ & $p=\frac{9}{4}$, & les autres termes donneront $9+3y=pp=\frac{81}{16}$ & $y=-\frac{21}{16}$; par conséquent $x=-\frac{5}{16}$, & $1+3x^3$ devient un quarré, dont la racine est $-\frac{61}{64}$, ou bien aussi $+\frac{61}{64}$. Si nous voulions à présent continuer, en faisant $x=-\frac{5}{16}+z$, nous ne manquerions pas de trouver de nouvelles valeurs.

Appliquons aussi à la même formule la seconde méthode, & supposons la racine $=2+py+qyy$; cette supposition donne

$4+9y+9yy+3y^3=4+4py+4qyy$
$+ppyy$
$+2pqy^3+qqy^4$; donc il faudra que $9=4p$ ou $p=\frac{9}{4}$, & $9=4q+pp=4q+\frac{81}{16}$, ou $q=\frac{63}{64}$; & les autres termes donneront $3=2pq+qqy=\frac{567}{128}+qqy$, ou $567+128qqy=384$, ou $128qqy=-183$; c'eſt-à-dire $126.\frac{63}{64}y=-183$, ou $42.\frac{63}{64}y=-61$. Ainſi $y=-\frac{1952}{1323}$, & $x=-\frac{629}{1323}$; & ces valeurs en fourniront de nouvelles, en ſuivant les voies que nous avons indiquées.

123.

Il faut remarquer cependant que, ſi on vouloit ſe donner la peine de tirer de nouvelles valeurs des deux qu'a fourni le cas connu $x=1$, on parviendroit à des fractions extrêmement prolixes; & on a lieu de s'étonner que ce cas, $x=1$, n'ait pas conduit plutôt à cet autre, $x=2$, qui ne tombe pas moins évidemment ſous les yeux. Et c'eſt-là une imperfection de la méthode dont il eſt queſtion, & qui eſt juſqu'à préſent la ſeule qu'on connoiſſe.

On peut partir de la même maniere du cas $x=2$, afin de trouver d'autres valeurs. Qu'on fasse, pour cet effet $x=2+y$, & il s'agira de faire un quarré de la formule $25+36y+18yy+3y^3$; supposons-en la racine, d'après la premiere méthode, $=5+py$, nous aurons $25+36y+18yy+3y^3 = 25+10py+ppyy$, & par conséquent $36=10p$, ou $p=\frac{18}{5}$; effaçant à présent les termes qui se détruisent, & divisant les autres par yy, il en résulte $18+3y=pp - \frac{324}{25}$, & par conséquent $y=-\frac{42}{25}$, & $x=\frac{8}{25}$; d'où il suit que $1+3x^3$ est un quarré dont la racine est $5+py=-\frac{131}{125}$ ou $+\frac{131}{125}$.

Dans la seconde méthode il faudroit supposer la racine $=5+py+qyy$, & on auroit $25+36y+18yy+3y^3=25+10py+10qyy+2pqy^3+qqy^4$; les seconds & $+ppyy$ troisiemes termes disparoîtroient en faisant $36=10p$, ou $p=\frac{18}{5}$, & $18=10q+pp$, ou $10q=18-\frac{324}{25}=\frac{126}{25}$, ou $q=\frac{63}{125}$; & alors les autres termes, divisés par y^3, donneroient $3=2pq+qqy$, ou $qqy=3-2pq=-\frac{393}{625}$, c'eſt-à-dire $y=-\frac{3275}{1323}$ & $x=-\frac{629}{1323}$.

124.

Ce calcul ne devient pas moins long & difficile, même dans des cas où, en partant d'un autre principe, il eſt facile de donner une ſolution générale; comme, par exemple, quand la formule propoſée eſt $1-x-xx+x^3$, où l'on peut faire généralement $x=nn-1$, en donnant à n telle valeur qu'on veut. En effet, ſoit $n=2$, on aura $x=3$, & la formule devient $=1-3-9+27=16$. Soit $n=3$, on aura $x=8$, & la formule devient $=1-8-64+512=441$, & ainſi de ſuite.

Mais remarquons que c'eſt à une circonſtance tout-à-fait particuliere que nous devons une ſolution ſi facile, & cette circonſtance s'apperçoit aiſément, ſi on décompoſe notre formule en facteurs; car on voit auſſi-tôt qu'elle eſt diviſible par $1-x$, que le quotient ſera $1-xx$, qu'il eſt composé des facteurs $(1+x)(1-x)$, & qu'enfin notre formule $1-x-xx+x^3 = (1-x)(1+x)(1-x) = (1-x)^2(1+x)$; or, puiſqu'elle doit être un □ (*quarré*), & qu'un □, diviſé par un □, donne un □ pour quotient, il faut auſſi que $1+x = □$; & réciproquement, ſi $1+x$ eſt un □, il faut que $(1-x)^2(1+x)$ ſoit un □; on n'a donc qu'à faire $1+x=nn$, & on aura ſur le champ $x=nn-1$.

Si cette circonſtance nous eût échappé, il auroit été difficile de déterminer même ſeulement cinq ou ſix valeurs de x par les méthodes précédentes.

125.

Il s'enſuit donc de-là qu'il eſt bon pour chaque formule propoſée de la réſoudre en facteurs, quand cela eſt poſſible. Or nous avons fait voir plus haut comment on s'y prend pour cet effet, ſavoir qu'il faut égaler la formule donnée à zéro, & chercher enſuite la racine de cette équation, chaque racine alors, comme $x=f$, donnant un facteur $f-x$; & cette recherche eſt d'autant plus aiſée, qu'on ne cherche ici que des racines rationnelles, leſquelles ſont toujours des diviſeurs du terme connu ou du terme qui ne renferme point de x.

126.

Cette circonſtance a lieu auſſi dans notre formule générale $a+bx+cx^2+dx^3$; quand les deux premiers termes diſparoiſſent, & que par conſéquent c'eſt la quantité $cxx+dx^3$ qui doit être un quarré; car il eſt clair, dans ce cas, qu'en diviſant par le quarré xx, il faudra pareillement que $c+dx$ ſoit un quarré, & on n'a donc qu'à ſuppoſer $c+dx=nn$, pour avoir $x=\frac{nn-c}{d}$, valeur qui renferme un nombre infini de ſolutions, & même toutes les ſolutions poſſibles.

127.

Si dans l'application de la premiere des deux méthodes précédentes on ne vouloit pas déterminer la lettre p afin de retrancher le ſecond terme, on parviendroit à une autre formule irrationnelle, qu'il s'agiroit de rendre rationnelle.

Soit, par exemple, $ff+bx+cxx+dx^3$ la formule proposée, & qu'on en fasse la racine $=f+px$, on aura $ff+bx+cxx+dx^3=ff+2fpx+ppxx$, où les premiers termes se détruisent; divisant donc les autres par x, on obtient $b+cx+dxx=2fp+ppxx$, ce qui est une équation du second degré, qui donne

$$x=\frac{pp-c+\sqrt{p^4-2cpp+8dfp+cc-4bd}}{2d}.$$

Ainsi l'affaire se réduit maintenant à trouver pour p des valeurs telles, que la formule $p^4-2cpp+8dfp+cc-4bd$ devienne un quarré. Or comme c'est la quatrieme puissance du nombre cherché p qui se présente ici, ce cas appartient au Chapitre suivant.

CHAPITRE IX.

De la maniere de rendre rationnelle la formule incommensurable $\sqrt{a+bx+cxx+dx^3+ex^4}$.

128.

Nous voici parvenus à des formules où le nombre indéterminé x monte à la quatrieme puissance, & c'est par là que nous terminerons nos recherches sur les quantités affectées du signe de la racine quarrée, vu qu'on n'a pas été assez loin encore pour pouvoir transformer en quarrés des formules où des puissances plus hautes de x se présentent.

Notre nouvelle formule fournit trois cas à considérer : le premier, quand le premier terme, a, est un quarré ; le second, quand le dernier terme, ex^4, est un quarré ; & le troisieme, quand le premier terme & le dernier sont l'un & l'autre des quarrés.

Nous traiterons de chacun de ces cas séparément.

129.

I.) Résolution de la formule

$$\sqrt{ff+bx+cxx+dx^3+ex^4}.$$

Comme le premier terme ici est un quarré, on pourroit, par la premiere méthode, supposer la racine $=f+px$, & déterminer p, de maniere que les deux premiers termes disparussent, & que les autres fussent divisibles par xx; mais on ne laisseroit pas alors de rencontrer encore un xx dans l'équation, & la détermination de x dépendroit d'un nouveau signe radical. Ce sera donc à la seconde méthode que nous aurons recours; nous ferons la racine $=f+px+qxx$; nous déterminerons p & q de façon à pouvoir retrancher les trois premiers termes, & divisant ensuite les autres par x^3, nous parviendrons à une simple équation du premier degré, qui donnera x dégagé de signes radicaux.

130.

Si donc la racine $=f+px+qxx$, & qu'ainsi $ff+bx+cxx+dx^3+ex^4=ff+2fpx+2fqxx+2pqx^3+qqx^4$, $+ppxx$ les premiers termes disparoissent d'eux-mêmes; quant aux seconds, on les chassera en faisant $b=2fp$, ou $p=\frac{b}{2f}$, & il faudra, pour les troisiemes, que $c=2fq+pp$, ou $q=\frac{c-pp}{2f}$; cela posé, les autres termes seront divisibles par x^3, & donneront l'équation $d+ex=2pq+qqx$, de laquelle on tire $x=\frac{d-2pq}{qq-e}$, ou $x=\frac{2pq-d}{e-qq}$.

131.

Or il est facile de voir que cette méthode ne mene à rien, quand le second & le troisieme terme manquent dans notre formule, c'est-à-dire que tant b que $c=0$; car alors $p=0$ & $q=0$; par conséquent $x=\frac{d}{-e}$, d'où l'on ne peut ordinairement rien conclure, parce que ce cas donne évidemment $dx^3+ex^4=0$, & qu'ainsi notre formule devient égale au quarré ff. Mais c'est sur-tout pour les formules telles que $ff+ex^4$, que cette méthode n'est d'aucun usage, puisque dans ce cas d étant aussi $=0$, on trouve pareillement $x=0$, valeur qui ne conduit à rien de plus. Il en est de même, lorsque $b=0$ & $d=0$, c'est-à-dire que le second & le quatrieme terme manquent, & que la formule est $ff+cxx+ex^4$; car dans ce cas $p=0$ & $q=\frac{c}{2f}$, d'où résulte $x=0$, comme on le voit aussitôt, & ce qui n'est d'aucun usage ultérieur.

132.

II.) Résolution de la formule

$$\sqrt{a+bx+cxx+dx^3+ggx^4}.$$

On pourroit réduire cette formule au cas précédent, en supposant $x=\frac{1}{y}$; car, comme il faudroit alors que la formule $a+\frac{b}{y}+\frac{c}{yy}+\frac{d}{y^3}+\frac{gg}{y^4}$ fût un quarré, & que dans ce cas celle-ci reste un quarré, ſi on la multiplie par le quarré y^4, on n'auroit qu'à faire cette multiplication, & on obtiendroit la formule $ay^4+by^3+cyy+dy+gg$, qui eſt tout-à-fait ſemblable à la précédente écrite à rebours.

Mais on n'a pas beſoin de paſſer par ce procédé ; on n'a qu'à ſuppoſer la racine $=gxx+px+q$, ou dans l'ordre inverſe, $q+px+gxx$, & on aura $a+bx+cxx+dx^3+ggx^4=qq+2pqx+2gqxx$
$+ppxx$
$+2gpx^3+ggx^4$; or les cinquiemes termes ſe détruiſant ici d'eux-mêmes, on déterminera d'abord p, de maniere que les quatriemes termes ſe détruiſent pareillement, ce qui arrive quand $d=2gp$, ou $p=\frac{d}{2g}$; enſuite on déterminera auſſi q, afin de chaſſer les troiſiemes termes, & on fera pour cet effet $c=2gq+pp$, ou $q=\frac{c-pp}{2g}$; cela fait, les deux premiers termes fourniront l'équation $a+bx=qq+2pqx$, d'où l'on tire $x=\frac{a-qq}{2pq-b}$, ou $x=\frac{qq-a}{b-2pq}$.

133.

Nous retrouvons ici le défaut que nous avions remarqué ci-dessus dans le cas où le second & le quatrieme terme manquent, c'est-à-d. que $b=0$ & $d=0$; en effet on trouve alors $p=0$ & $q=\frac{c}{2g}$, donc $x=\frac{a-qq}{0}$; or cette valeur étant infinie, ne mene pas plus loin que la valeur $x=0$, dans le premier cas ; d'où il suit que cette méthode ne peut du tout être employée pour les expressions de la forme $a+cx^2+ggx^4$.

134.

III.) Résolution de la formule

$$\sqrt{ff+bx+cxx+dx^3+ggx^4}.$$

Il est clair qu'on peut employer pour cette formule l'une & l'autre des deux méthodes ; dont on vient de faire usage ; car d'abord, à cause que le premier terme est un quarré, on peut prendre pour la racine $f+px+qxx$, & faire évanouir les trois premiers termes ; ensuite, comme le dernier terme est pareillement un quarré, on peut auſſi faire la racine $=q+px+gxx$, & chaſſer les trois derniers termes, au moyen de quoi on trouvera même deux valeurs de x.

Mais on peut traiter auſſi cette formule par deux autres méthodes qui leur appartiennent particuliérement.

Dans la premiere on ſuppoſe la racine $=f+px+gxx$, & on détermine p de façon que les ſeconds termes ſe détruiſent; c'eſt-à-dire que, comme il faut que $ff+bx+cxx+dx^3+ggx^4=ff+2fpx+2fgxx+ppxx+2gpx^3+ggx^4$, on fait $b=2fp$ ou $p=\frac{b}{2f}$; & puiſque de cette maniere tant les ſeconds termes que les premiers & les derniers termes ſe détruiſent, on pourra diviſer les autres par xx, & on aura l'équation $c+dx=2fg+pp+2gpx$, de laquelle on tirera $x=\frac{c-2fg-pp}{2gp-d}$ ou $x=\frac{pp+2fg-c}{d-2gp}$. Et on doit ſur-tout remarquer ici que comme dans la formule on ne trouve g qu'à la ſeconde puiſſance, la racine de ce quarré, ou g, peut ſe prendre tant négative que poſitive, & qu'il réſulte de-là qu'on obtient encore une autre valeur de x, ſavoir $x = \frac{c+2fg-pp}{-2gp-d}$, ou $x = \frac{pp-2fg-c}{2gp+d}$.

135.

Il eſt, ainſi que nous l'avons dit, encore une autre maniere de réſoudre cette formule : elle conſiſte à ſuppoſer d'abord, comme auparavant, la racine $= f + px + gxx$, & à déterminer enſuite p de maniere que ce ſoient les quatriemes termes qui ſe détruiſent ; cela ſe fait en ſuppoſant dans l'équation fondamentale $d = 2gp$, ou $p = \frac{d}{2g}$; car puiſque les premiers & les derniers termes diſparoiſſent pareillement, on pourra diviſer les autres par x, & il en réſultera l'équation $b + cx = 2fp + 2fgx + ppx$, qui donne $x = \frac{b-2fp}{2fg+pp-c}$. De plus nous avons à remarquer que comme dans la formule le quarré ff ſe trouve ſeul, on peut ſuppoſer également que ſa racine ſoit $-f$, & qu'ainſi on aura auſſi $x = \frac{b+2fp}{pp-2fg-c}$. De ſorte que cette méthode auſſi fournit deux nouvelles valeurs de x,

&

& que par conſéquent les méthodes que nous avons employées, donnent en tout ſix nouvelles valeurs.

136.

Mais ici ſe préſente de nouveau cette circonſtance fâcheuſe, qui fait que le ſecond & le quatrieme terme manquant, ou b & d étant $=0$, on ne peut trouver pour x aucune valeur qui réponde à notre but; de ſorte qu'on ne peut parvenir à réſoudre la formule $ff+cxx+ggx^4$. En effet, ſi $b=0$ & $d=0$, on a par l'une & l'autre voie $p=0$; & la premiere donnant $x=\frac{c-2fg}{0}$, & l'autre donnant $x=0$, elles ne ſont pas plus propres l'une que l'autre à fournir des concluſions ultérieures.

137.

Voilà donc les trois formules auxquelles on peut appliquer les méthodes que nous avons détaillées juſqu'ici; & ſi dans la formule propoſée ni l'un ni l'autre terme n'eſt un quarré, il n'y aura aucun ſuccès à eſpérer avant qu'on ait trouvé une valeur de x, telle que la formule devienne un quarré.

Suppoſons donc que nous ayons trouvé que notre formule devient un quarré dans le cas de $x=h$, ou que $a+bh+chh+dh^3+eh^4=kk$; ſi nous faiſons $x=h+y$, nous aurons une nouvelle formule dans laquelle le premier terme ſera kk, c'eſt-à-dire un quarré, & qui par conſéquent retombera dans le premier cas. On peut auſſi faire uſage de cette transformation, après avoir déterminé par les méthodes précédentes une des valeurs de x, par exemple $x=h$; on n'a qu'à faire alors $x=h+y$, & on parvient à une nouvelle équation ſur laquelle on peut opérer de la même maniere. Les valeurs de x qu'on aura trouvées de cette façon, en fourniront de nouvelles; celles-ci encore d'autres, & ainſi de ſuite.

138.

Mais il eſt ſur-tout à remarquer qu'on ne peut en aucune maniere eſpérer de réſoudre les formules où le ſecond & le quatrieme terme manquent, avant que d'avoir, pour ainsi dire, trouvé une solution ; & quant au procédé qu'il faut suivre après cela, nous allons le mettre sous les yeux en l'appliquant à la formule $a + ex^4$, qui est une de celles qui se présentent le plus souvent.

Supposons donc qu'on ait trouvé une valeur $x = h$, & qu'on ait $a + eh^4 = kk$; si l'on veut trouver par-là d'autres valeurs de x, on fera $x = h + y$, & il faudra que la formule suivante, $a + eh^4 + 4eh^3y + 6ehhyy + 4ehy^3 + ey^4$, soit un quarré; or cette formule revenant à celle-ci, $kk + 4eh^3y + 6ehhyy + 4ehy^3 + ey^4$, appartient à la premiere de nos trois especes; ainsi nous ferons sa racine quarrée $= k + py + qyy$, & la formule elle-même par conséquent égale au quarré $kk + 2kpy + 2kqyy + ppyy + 2pqy^3 + qqy^4$, d'où il faudra d'abord chasser le second terme en déterminant p & q en conséquence, c'est-à-dire en faisant $4eh^3 = 2kp$, ou $p = \frac{2eh^3}{k}$, & $6ehh = 2kq$

$+pp$, ou $q = \frac{6ehh - pp}{2k} = \frac{3ehhkk - 2eeh^{6}}{k^{3}}$
$= \frac{ehh(3kk - 2eh^{4})}{k^{3}}$, ou enfin $q = \frac{ehh(kk + 2a)}{k^{3}}$, à cause de $eh^{4} = kk - a$; après cela les termes restans, divisés par y^{3}, donneront $4eh + ey = 2pq + qqy$, d'où l'on tire $y = \frac{4eh - 2pq}{qq - e}$; le numérateur de cette fraction peut se mettre sous la forme
$\frac{4ehk^{4} - 4eeh^{5}(kk + 2a)}{k^{4}}$, ou, à cause de $eh^{4} = kk - a$, sous celle-ci,

$$\frac{4ehk^{4} - 4eh(kk - a)(kk + 2a)}{k^{4}}$$

$$= \frac{4eh(-akk + 2a^{2})}{k^{4}} = \frac{4aeh(2a - kk)}{k^{4}}.$$

Quant au dénominateur $qq - e$, il devient

$$= \frac{e(kk - a)(kk + 2a)^{2} - ek^{6}}{k^{6}}$$

$= \frac{e(3ak^{4} - 4a^{3})}{k^{6}} = \frac{ea(3k^{4} - 4aa)}{k^{6}}$; ainsi la valeur cherchée sera $y = \frac{2aeh(2a - kk)}{k^{4}}$

$= \frac{k^6}{ae(3k^4 - 4aa)}$, ou $y = \frac{2hkk(2a - kk)}{3k^4 - 3aa}$, & par conſéquent $x = \frac{h(8akk - k^4 - 4aa)}{3k^4 - 4aa}$, ou $x = \frac{h(k^4 - 8akk + 4aa)}{4aa - 3k^4}$.

Si donc on ſubſtitue cette valeur de x dans la formule $a + ex^4$, elle devient un quarré ; & ſa racine, que nous avions ſuppoſée $k + py + qyy$, aura cette forme, $k + \frac{8k(kk - a)(2a - kk)}{3k^4 - 4aa}$ $+ \frac{16k(kk - a)(kk + 2a)(2a - kk)^2}{(3k^4 - 4aa)^2}$, parce que, comme nous avons vu, $p = \frac{2eh^3}{k}$, $q = \frac{ehh(kk + 2a)}{k^3}$, & $y = \frac{4hkk(2a - kk)}{3k^4 - 4aa}$.

139.

Continuons de conſidérer la formule $a + ex^4$, & puiſque le cas $a + eh^4 = kk$ eſt connu, regardons-le comme fourniſſant deux cas differens à cauſe de $x = + h$ & de $x = - h$; nous pourrons par cette raiſon transformer notre formule en une autre de la troisieme espece, dans laquelle le premier & le dernier terme sont des quarrés. Cette transformation se fait par un artifice qui est souvent d'une grande utilité, & qui consiste à faire $x = \frac{h(1+y)}{1-y}$; la formule devient par-là $= \frac{a(1-y)^4 + eh^4(1+y)^4}{(1-y)^4}$, ou bien

$$= \frac{kk + 4(kk-2a)y + 6kkyy + 4(kk-2a)y^3 + kky^4}{(1-y)^4}.$$

Qu'on suppose la racine de cette formule, conformément au troisieme cas, $= \frac{k+py-kyy}{(1-y)^2}$, en sorte que le numérateur de notre formule devra être égal au quarré $kk + 2kpy - 2kkyy - 2kpy^3 + kky^4$; que
$+ppyy$
l'on chasse les seconds termes, en faisant $4kk - 8a = 2kp$, ou $p = \frac{2kk-4a}{k}$; qu'on divise les autres termes par yy, & on aura $6kk + 4(kk-2a)y = -2kk + pp - 2kpy$, ou $y(4kk - 8a + 2kp) = pp - 8kk$; or $p = \frac{2kk-4a}{k}$, & $pk = 2kk - 4a$, ainsi $y(8kk - 16a) = -\frac{4k^4 - 16akk + 16aa}{kk}$, & y

$=\frac{-k^4-4akk+4aa}{kk(2kk-4a)}$. Si nous voulons trouver maintenant x, nous avons d'abord $1+y=\frac{k^4-8akk+4aa}{kk(2kk-4a)}$, & en second lieu $1-y=\frac{3k^4-4aa}{kk(2kk-4a)}$; ainsi $\frac{1+y}{1-y}$ $=\frac{k^4-8akk+4aa}{3k^4-4aa}$; & par conséquent $x=\frac{k^4-8akk+4aa}{3k^4-4aa}.h$; mais c'est au reste la même valeur que nous avons déjà trouvée ci-dessus.

140.

Soit, pour appliquer ce résultat à un exemple, la formule $2x^4-1$ qui doive devenir un quarré. Nous avons ici $a=-1$ & $e=2$; & le cas connu où la formule est un quarré, est celui où $x=1$; ainsi $h=1$ & $kk=1$, c'est-à-dire $k=1$. Donc nous aurons la nouvelle valeur $x=\frac{1+8+4}{3-4}$ $=-13$; & puisque la quatrieme puissance de x se trouve seule, on peut écrire aussi $x = +13$, & de-là résulte $2x^4 - 1 = 57121 = (239)^2$.

Si nous regardons à présent ceci comme le cas connu, nous avons $h = 13$ & $k = 239$, & nous obtenons une nouvelle valeur de x, qui est $x = \frac{815730721 + 278488 + 4}{2447192163 - 4} \cdot 13 = \frac{815959213}{2447192159} \cdot 13 = \frac{10607469769}{2447192159}$.

141.

Nous allons considérer de la même maniere la formule un peu plus générale, $a + cxx + ex^4$, & nous prendrons pour le cas connu, où elle devient un quarré, $x = h$; de sorte que $a + chh + eh^4 = kk$.

Supposons donc, afin de trouver par-là d'autres valeurs, que $x = h + y$, & notre formule prendra la forme suivante:

$$
\begin{array}{l}
a \\
chh + 2chy + cyy \\
eh^4 + 4eh^3y + 6ehhyy + 4ehy^3 + ey^4 \\
\hline
kk + (2ch + 4eh^3)y + (c + 6ehh)yy + 4ehy^3 + ey^4.
\end{array}
$$

Le premier terme étant un quarré, nous supposerons que la racine quarrée de cette

formule eſt $k+py+qyy$; & la formule elle-même devra être égale au quarré $kk+2kpy+2kqyy+2pqy^3+qqy^4$; déter-
$+ppyy$
minons à préſent p & q, afin de retrancher les ſeconds & les troiſiemes termes, nous aurons pour cet effet $2ch+4eh^3=2kp$, ou $p=\frac{ch+2eh^3}{k}$, & $c+6chh=2kq+pp$, ou $q=\frac{c+6ehh-pp}{2k}$; maintenant les termes ſuivans étant diviſés par y^3, ſe réduiſent à l'équation $4eh+ey=2pq+qqy$, qui donne enfin $y=\frac{4eh-2pq}{qq-e}$, & par conſéquent auſſi la valeur $x=h+y$, qui fait que la racine quarrée de notre formule eſt $k+py+qyy$. Si après cela nous regardons ce nouveau cas comme le cas donné, nous pourrons trouver un autre nouveau cas, & continuer de la même maniere autant que nous voudrons.

142.

Rendons l'article précédent plus clair, en l'appliquant à la formule $1-xx+x^4$, dans laquelle $a=1$, $c=-1$ & $e=1$. On voit aussi-tôt que le cas connu est $x=1$, & qu'ainsi $h=1$ & $k=1$. Si nous faisons donc $x=1+y$, & la racine quarrée de notre formule $=1+py+qyy$, il faudra d'abord que $p=1$ & ensuite $q=2$; & ces valeurs donnent $y=0$ & $x=1$; or voilà le cas connu, & on n'en a pas trouvé un nouveau; mais c'est qu'on peut prouver d'autre part que la formule proposée ne peut devenir un quarré que dans les cas de $x=0$ & de $x=\pm 1$.

143.

Soit donnée aussi pour exemple la formule $2-3xx+2x^4$, où $a=2$, $c=-3$ & $e=2$. Le cas connu se trouve aisément; il est $x=1$; ainsi $h=1$ & $k=1$. Si donc on fait $x=1+y$, & la racine $=1+py+qyy$, on a $p=1$ & $q=4$, & de-là résulte $y=0$ & $x=1$; ce qui n'est, comme ci-dessus, rien de nouveau.

144.

Autre exemple. Soit la formule $1+8xx+x^4$, où $a=1$, $c=8$ & $e=1$. Une légere considération suffit pour remarquer le cas satisfaisant $x=2$; car, en supposant $h=2$, on trouve $k=7$; ainsi faisant $x=2+y$, & la racine $=7+py+qyy$, on aura $p=\frac{32}{7}$ & $q=\frac{272}{343}$, d'où résulte $y=-\frac{5880}{2911}$ & $x=-\frac{58}{2911}$, & on peut omettre dans ces valeurs le signe *moins*. Mais observons de plus dans cet exemple, que, puisque le dernier terme est en soi déjà un quarré, & qu'il doit donc demeurer aussi un quarré dans la nouvelle formule, on peut également appliquer ici le procédé indiqué pour les cas de la troisieme espece. Soit donc comme auparavant $x=2+y$, & nous aurons

$$\begin{array}{l} 1 \\ 32+32y+8yy \\ \underline{16+32y+24yy+8y^3+y^4} \\ 49+64y+32yy+8y^3+y^4, \end{array}$$

expression qu'on peut maintenant transfformer en un quarré de plusieurs manieres. Car d'abord on peut supposer la racine $=7+py+yy$, & par conséquent la formule égale au quarré $49+14py+14yy+2py^3+ppyy+y^4$; faire évanouir les pénultiemes termes par la supposition de $2p=8$, ou de $p=4$; diviser les autres termes par y, & tirer de l'équation $64+32y=14p+14y+ppy=56+30y$; la valeur $y=-4$ & $x=-2$, ou $x=+2$, ce qui n'est à la vérité que le cas déjà connu.

Mais si l'on cherche à déterminer p de façon que les seconds termes disparoissent, on aura $14p=64$, & $p=\frac{32}{7}$; & les autres termes, divisés par yy, formeront l'équation $14+pp+2py=32+8y$, ou $\frac{1710}{49}+\frac{64}{7}y=32+8y$, d'où l'on tire $y=-\frac{71}{28}$, & par conséquent $x=-\frac{15}{28}$, ou $x=+\frac{15}{28}$; & cette valeur transforme notre formule en un quarré, dont la racine est $\frac{1441}{784}$. De plus, comme $-yy$ n'est pas moins la racine du dernier terme que ne l'est $+yy$,

on peut aussi supposer la racine de la formule $=7+py-yy$, ou la formule même $=49+14py-14yy-2py^3+y^4$; on fera
$+ppyy$
évanouir les termes pénultiemes, en supposant $8=-2p$, ou $p=-4$; & divisant les autres par y, on trouvera $64+32y=14p-14y+ppy=-56+2y$, ce qui donne $y=-4$, c'est-à-dire de nouveau le cas connu. Que si l'on vouloit chasser les seconds termes, on auroit $64=14p$, & $p=\frac{32}{7}$; par conséquent en divisant les autres termes par yy, on obtiendroit $32+8y=-14+pp-2py$, ou $32+8y=\frac{338}{49}-\frac{64}{7}y$, d'où l'on tireroit $y=-\frac{71}{28}$ & $x=\mp\frac{15}{28}$, c'est-à-dire les mêmes valeurs que nous avons trouvées ci-dessus.

145.

On peut procéder de la même maniere à l'égard de la formule générale $a+bx+cxx+dx^3+ex^4$, quand on connoît un cas comme $x=h$, dans lequel elle devient un quarré kk; la méthode eſt toujours de ſuppoſer enſuite $x=h+y$; on obtient par-là une formule d'autant de termes que l'autre, & le premier deſquels eſt kk; ſi après cela on exprime la racine par $k+py+qyy$, & qu'on détermine p & q de maniere que les ſeconds & les troiſiemes termes diſparoiſſent auſſi, les deux derniers, pouvant être diviſés par y^3, ſe réduiſent à une ſimple équation du premier degré, de laquelle on tire facilement y, & par conſéquent auſſi la valeur de x.

Mais on ſera cependant, comme auparavant, obligé d'exclure un grand nombre de cas que donne cette méthode; ſavoir ceux où la valeur qu'on trouve pour x, n'eſt autre que celle de $x=h$, qui étoit donnée, & dans leſquels par conſéquent on n'a pas fait un pas en avant; ces ſortes de cas indiquent ou que la formule eſt impoſſible en elle-même, ou qu'il faudroit trouver encore quelqu'autre cas où elle devînt un quarré.

146.

Et voilà jusqu'où on est parvenu jusqu'à présent dans la résolution des formules qui sont affectées du signe de la racine quarrée. On n'a fait encore aucune découverte pour celles où les quantités qui sont sous le signe passent le quatrieme degré, & lorsqu'il se présente des formules qui renferment la cinquieme puissance ou une puissance plus haute de x, les artifices que nous avons développés ne suffisent pas pour les résoudre, quand même on auroit un cas donné.

Pour qu'on puisse mieux se convaincre de la vérité de ce que nous disons, nous considérerons la formule $kk+bx+cxx+dx^3+ex^4+fx^5$, dont le premier terme est déjà un quarré. Si on vouloit, ainsi qu'auparavant, supposer la racine de cette formule, $=k+px+qxx$, & déterminer p & q de maniere à faire disparoître les seconds & les troisiemes termes, il resteroit cependant toujours encore trois termes qui, divisés par x^3, formeroient une équation du second degré, & on ne pourroit évidemment exprimer x que par une nouvelle quantité irrationnelle. Mais voulût-on supposer la racine $=k+px+qxx+rx^3$, son quarré monteroit à la sixieme puissance, & quand même, par conséquent, on détermineroit p, q & r de façon à retrancher les seconds, troisiemes & quatriemes termes, il n'en resteroit pas moins la quatrieme, la cinquieme & la sixieme puissance; & en divisant par x^4, on ne laisseroit pas d'avoir une équation du second degré, qu'on ne pourroit résoudre sans le secours d'un signe radical. On voit par-là qu'en effet nous avons épuisé ce qu'il y avoit à dire sur les formules qui doivent être transformées en des quarrés, & il ne nous reste qu'à passer aux quantités affectées du signe de la racine cubique.

CHAPITRE

CHAPITRE X.

De la Méthode de rendre rationnelle la formule irrationnelle $\sqrt[3]{a+bx+cxx+dx^3}$.

147.

On cherche donc à présent des valeurs de x, telles que la formule $a+bx+cxx+dx^3$ devienne un cube, & qu'on en puisse extraire la racine cubique. Nous préviendrons aussi-tôt qu'on ne pourroit espérer aucune solution de cette espece, si la formule passoit le troisieme degré ; & nous ajouterons que si elle n'étoit que du second degré, c'est-à-dire que le terme dx^3 disparût, la solution n'en deviendroit cependant pas plus facile. Quant au cas où les deux derniers termes disparoîtroient, & dans lequel ce seroit la formule $a+bx$ qu'il s'agiroit de réduire en cube, on voit assez qu'il ne souffre aucune difficulté, & qu'on n'a qu'à faire $a+bx=p^3$, pour trouver sur le champ $x=\frac{p^3-a}{b}$.

148.

Nous devons remarquer de nouveau, avant que d'aller plus loin, que lorſque ni le premier ni le dernier terme ne ſont des cubes, on ne doit pas penſer à réſoudre la formule, à moins qu'on ne connoiſſe déjà un cas où elle devient un cube, ſoit que ce cas ſe préſente naturellement, ſoit qu'on ait été obligé de le chercher par le tâtonnement.

Ainſi nous avons d'abord trois eſpeces de formules à conſidérer : l'une a lieu quand le premier terme eſt un cube ; & comme alors la formule s'exprime par $f^3 + bx + cxx + dx^3$, on s'apperçoit immédiatement que le cas connu eſt celui de $x = 0$. La ſeconde eſpece comprend la formule $a + bx + cxx + g^3x^3$, c'eſt-à-dire le cas où le dernier terme eſt un cube. La troiſieme eſpece enfin eſt compoſée des deux premieres, & comprend les cas dans leſquels tant le premier terme que le dernier terme eſt un cube.

149.

Premier cas. Soit $f^3+bx+cxx+dx^3$ la formule proposée qu'il s'agit de transformer en un cube.

Supposons que sa racine soit $=f+px$, & par conséquent que la formule soit égale au cube $f^3+3ffpx+3fppxx+p^3x^3$; comme les premiers termes disparoissent d'eux-mêmes, nous déterminerons p de façon à faire disparoître aussi les seconds termes, savoir en faisant $b=3ffp$, ou $p=\frac{b}{3ff}$; présentement les termes restans, étant divisibles par xx, donnent $c+dx=3fpp+p^3x$, ainsi $x=\frac{c-3fpp}{p^3-d}$.

Si le dernier terme dx^3 ne s'étoit pas trouvé dans la formule, on auroit pu supposer simplement la racine cubique $=f$, & on auroit eu $f^3=f^3+bx+cxx$, ou $b+cx=0$ & $x=-\frac{b}{c}$; mais cette valeur n'auroit pu servir à en trouver d'autres.

150.

Deuxieme cas. Si en ſecond lieu l'expreſſion propoſée a cette forme, $a+bx+cxx+g^3x^3$, on indiquera ſa racine cubique par $p+gx$, dont le cube eſt $p^3+3gppx+3ggpx+g^3x^3$, de ſorte que les derniers termes ſe détruiſent; maintenant qu'on détermine p de façon qu'auſſi les pénultiemes diſparoiſſent: cela ſe fera en ſuppoſant $c=3ggp$ ou $p=\frac{c}{3gg}$, & les autres termes donneront enſuite $a+bx=p^3+3gp^2x$, d'où l'on tire $x=\frac{a-p^3}{3gpp-b}$.

Si le premier terme a avoit manqué, on auroit pu ſe contenter d'exprimer la racine cubique par gx, & on auroit eu $g^3x^3=bx+cxx+g^3x^3$, ou $0=b+cx$, donc $x=-\frac{b}{c}$; mais cette valeur ordinairement ne ſert de rien pour en trouver d'autres.

151.

Troiſieme cas. Soit enfin troiſiémement la formule $f^3+bx+cxx+g^3x^3$, dans laquelle le premier & le dernier terme ſont des cubes ; il eſt clair qu'on pourra la traiter comme l'une & comme l'autre des deux eſpeces précédentes, & par conſéquent qu'on pourra obtenir deux valeurs de x.

Mais outre cela on peut auſſi faire la racine $=f+gx$, puis égaler la formule au cube $f^3+3ffgx+3fggxx+g^3x^3$, & à cauſe que les premiers & les derniers termes ſe détruiſent, & que les autres ſont diviſibles par x, parvenir à l'équation $b+cx=3ffg+3fggx$, qui donne $x=\frac{b-3ffg}{3ffg-c}$.

152.

Lorſqu'au contraire la formule propoſée n'appartient à aucune des trois eſpeces ci-deſſus, on n'a d'autre reſſource que de chercher à trouver une valeur qui change cette formule en un cube ; enſuite ayant trouvé une telle valeur, par exemple, $x=h$, de ſorte que $a+bh+chh+dh^3=k^3$, on ſuppoſe $x=h+y$, & ſubſtituant on trouve

$$\begin{array}{l} a \\ bh+by \\ chh+2chy+cyy \\ dh^3+3dhhy+3dhyy+dy^3 \\ \hline k^3+(b+2ch+3dhh)y+(c+3dh)yy+dy^3. \end{array}$$

Cette nouvelle formule appartenant à la premiere espece, on sait comment on doit déterminer y, & on trouvera par-là une nouvelle valeur de x, qu'on pourra faire servir ensuite à en trouver d'autres.

153.

Eclaircissons cette méthode par quelques exemples, & supposons d'abord qu'on demande que la formule $1+x+xx$, qui appartient à la premiere espece, devienne un cube. Nous pourrions faire aussi-tôt la racine cubique $=1$, & nous trouverions $x+xx=0$, c'est-à-dire $x(1+x)=0$, & par conséquent, ou $x=0$ ou $x=-1$; mais nous ne pourrions rien conclure de-là. Ecrivons donc pour la racine cubique $1+px$, & comme le cube en est $1+3px$

$+3ppx^2+p^3x^3$, nous aurons $1=3p$ ou $p=\frac{1}{3}$; moyennant quoi les autres termes étant divisés par xx, donnent $1=3pp+p^3x$, ou $x=\frac{1-3pp}{p^3}$; or $p=\frac{1}{3}$; ainsi $x=\frac{\frac{2}{3}}{\frac{1}{27}}=18$, & notre formule est $1+18+324=343$, & la racine cubique, $1+px=7$. Si nous continuons à présent, en faisant $x=18+y$, notre formule prendra la forme $343+37y+yy$, & il faudra par la premiere regle en supposer la racine cubique $=7+py$; en la comparant après cela avec le cube $343+147py+21ppyy+p^3y^3$, nous voyons qu'il faut faire $37=147p$, ou $p=\frac{37}{147}$; les autres termes donnent en ce cas l'équation $1=21pp+p^3y$, d'où nous tirons la valeur de $y=\frac{1-21pp}{p^3}=-\frac{340.121.147}{37^3}=-\frac{1049580}{50653}$, qui peut conduire de la même maniere à de nouvelles valeurs.

154.

Soit proposé d'égaler à un cube cette autre formule $2+xx$. Comme on trouve assez aisément le cas $x=5$, nous ferons aussi-tôt $x=5+y$, & nous aurons $27+10y+yy$; nous en supposerons la racine cubique $=3+py$, ainsi la formule même $=27+27py+9ppyy+p^3y^3$, & nous aurons à faire $10=27p$, ou $p=\frac{10}{27}$; donc $1=9pp+p^3y$, & $y=\frac{1-9pp}{p^3}=-\frac{19.9.27}{1000}=-\frac{4617}{1000}$, & $x=\frac{383}{1000}$; par-là notre formule devient $2+xx=\frac{2146689}{1000000}$, dont la racine cubique ne peut manquer d'être $3+py=\frac{129}{100}$.

155.

Voyons aussi si cette formule-ci, $1+x^3$, peut devenir un cube hors des cas évidens de $x=0$, & de $x=-1$. Nous remarquons d'abord que, quoique cette formule appartienne à la troisieme espece, la racine $1+x$ ne nous est cependant d'aucun usage, parce que son cube $1+3x+3xx+x^3$, étant égal à la formule, donne $3x+3xx=0$, ou $x(1+x)=0$, c'est-à-dire de nouveau $x=0$, ou $x=-1$.

Que si nous voulions faire $x=-1+y$, nous aurions à transformer en cube la formule $3y-3yy+y^3$, qui appartient à la seconde espece; ainsi supposant sa racine cubique $=p+y$, ou la formule même égale au cube $p^3+3ppy+3pyy+y^3$, nous aurions $-3=3p$ ou $p=-1$, & de-là l'équation $3y=p^3+3ppy=-1+3y$, qui donne $y=\frac{1}{0}$, ou infini; de sorte qu'on ne tire aucun parti non plus de cette seconde supposition. Il ne faut pas s'en étonner, & c'est en vain qu'on chercheroit d'autres valeurs pour x; car il est démontré que la somme de deux cubes, comme t^3+x^3, ne peut jamais devenir un cube; ainsi, en faisant $t=1$, il est clair que la formule, $1+x^3$, ne peut devenir un cube que dans les cas que nous avons dit.

156.

On trouvera pareillement que la formule, $2+x^3$, ne peut devenir un cube que dans le cas $x=-1$. Cette formule appartient à la seconde espece ; mais on ne peut y appliquer la regle donnée pour ce cas, parce que les termes moyens manquent. C'est en supposant $x=-1+y$, ce qui donne $1+3y-3yy+y^3$, qu'on peut traiter la formule suivant tous les trois cas, & qu'on peut se convaincre de la vérité de ce que nous avançons. En effet, si dans le premier cas on fait la racine $=1+y$, dont le cube est $1+3y+3yy+y^3$, on a $-3yy=3yy$, ce qui ne peut être vrai que lorsque $y=0$. Qu'on suppose, d'après le second cas, la racine $=-1+y$, ou la formule $=-1+3y-3yy+y^3$, on aura $1+3y=-1+3y$, & $y=\frac{2}{0}$ ou une valeur infinie. Le troisieme cas enfin exigeroit qu'on supposât la racine $1+y$, ce qu'on a déjà fait pour le premier.

157.

Soit proposée aussi la formule $3+3x^3$, qui doive devenir un cube : ce cas a lieu premiérement si $y=-1$, mais on n'en peut rien conclure, ensuite aussi quand $x=2$. Qu'on suppose, à cause de ce second cas, $x=2+y$, on aura la formule $27+36y+18yy+3y^3$; & comme elle est de la premiere espece, on fera sa racine $=3+py$, dont le cube est $27+27py+9ppyy+p^3y^3$; comparant maintenant, on trouve $36=27p$ ou $p=\frac{4}{3}$, & de-là résulte l'équation $18+3y=9pp+p^3y=16+\frac{64}{27}y$, qui donne $y=\frac{-54}{17}$, & par conséquent $x=\frac{-20}{17}$. Donc notre formule $3+3x^3=-\frac{9261}{4913}$, & sa racine cubique $3+py=\frac{21}{17}$; & cette solution fournira de nouvelles valeurs, si l'on en souhaite.

158.

Considérons encore la formule $4+xx$, qui devient un cube dans deux cas qu'on peut regarder comme connus, savoir $x=2$ & $x=11$. Si nous faisons d'abord $x=2+y$, ce sera la formule $8+4y+yy$ qui devra être un cube dont la racine soit $2+\frac{1}{3}y$, & ce cube étant $8+4y+\frac{2}{3}yy+\frac{1}{27}y^3$, nous trouvons $1=\frac{2}{3}+\frac{1}{27}y$; donc $y=9$ & $x=11$, c'est-à-dire le second cas donné.

Si nous supposons à présent $x=11+y$, nous avons $125+22y+yy$, ce qui étant égalé au cube de $5+py$, ou à $125+75py+15ppyy+p^3y^3$, donne $p=\frac{22}{75}$, & par-là $1=15pp+p^3y$, ou $p^3y=1-15pp=-\frac{109}{375}$; & par conséquent $y=-\frac{122625}{10648}$, & $x=-\frac{5497}{10648}$.

Puisque x peut également être négatif & positif, supposons $x=\frac{2+2y}{1-y}$, & notre formule deviendra $\frac{8+8yy}{(1-y)^2}$, ce qui doit être un cube; multiplions donc les deux termes par $1-y$, afin que le dénominateur devienne un cube, & nous aurons $\frac{8-8y+8yy-8y^3}{(1-y)^3}$, & ce ne sera plus que le numérateur $8-8y+8yy-8y^3$, ou, en divisant par 8, que la formule $1-y+yy-y^3$ qu'il s'agira de transformer en un cube. Cette formule se rapportant à toutes les trois especes, conformons-nous d'abord à la premiere, en prenant pour racine $1-\frac{1}{3}y$; le cube en est $1-y+\frac{1}{3}yy-\frac{1}{27}y^3$; ainsi nous avons $1-y=\frac{1}{3}-\frac{1}{27}y$, ou $27-27y=9-y$; donc $y=\frac{9}{13}$; donc $1+y=\frac{22}{13}$ & $1-y=\frac{4}{13}$; donc $x=11$, comme auparavant.

On trouveroit le même résultat, en regardant la formule comme de la seconde espece.

Enfin, si on vouloit s'en tenir à la troisieme & prendre pour racine $1-y$, dont le cube est $1-3y+3yy-y^3$, on auroit $-1+y=-3+3y$, & $y=1$; ainsi $x=\frac{1}{0}$, ou infini, & par conséquent un résultat qui n'est de nul usage.

159.

Mais puisque nous connoissons déjà les deux cas, $x=2$ & $x=11$, nous pouvons auſſi faire $x = \frac{2+11y}{1+y}$; car, moyennant cela, ſi $y = 0$, on a $x = 2$; & ſi $y = \infty$, on a $x = +11$.

Soit donc $x = \frac{2+11y}{1+y}$, & notre formule devient $4 + \frac{4+44y+121yy}{1+2y+yy}$, ou $\frac{8+52y+125yy}{(1+y)^2}$; multiplions les deux termes par $1+y$, afin que le dénominateur devienne un cube, & ce ſera le numérateur $8+60y+177yy+125y^3$ qu'il s'agira de transformer en un cube. Si pour cet effet nous ſuppoſions la racine $= 2+5y$, nous verrions diſparoître non-ſeulement les deux premiers termes, mais auſſi les derniers. Ce ſera donc à la ſeconde eſpece que nous rapporterons notre formule, en prenant pour racine $p+5y$; le cube en eſt $p^3+15ppy+75pyy+125y^3$; ainſi nous ferons $177 = 75p$, ou $p = \frac{59}{25}$, & il en réſulte $8+60y = p^3+15ppy$, ou $-\frac{2943}{125}y = \frac{80379}{15625}$, & $y = \frac{80379}{367875}$, d'où l'on pourroit tirer une valeur de x.

Mais on peut ſuppoſer auſſi $x = \frac{2+11y}{1-y}$, & dans ce cas notre formule devient

$$4+\frac{4+44y+121yy}{1-2y+yy}=\frac{8+36y+125yy}{(1-y)^2};$$

de ſorte qu'en multipliant les deux termes par $1-y$, on a $8+28y+89yy-125y^3$ à transformer en un cube. Si donc nous ſuppoſons, conformément au premier cas, la racine $=2+\frac{7}{3}y$, dont le cube eſt $8+28y+\frac{98}{3}yy+\frac{343}{27}y^3$, nous avons $89-125y=\frac{98}{3}+\frac{343}{27}y$, ou $\frac{3718}{27}y=\frac{169}{3}$, & par conſéquent $y=\frac{1521}{3718}=\frac{9}{22}$; d'où l'on tire $x=11$, c'eſt-à-dire une des valeurs déjà connues.

Mais conſidérons plutôt notre formule relativement au troiſieme cas, & ſuppoſons-en la racine $=2-5y$; le cube de ce binome étant $8-60y+150yy-125y^3$, nous aurons $28+89y=-60+150y$; donc $y=\frac{88}{61}$, d'où l'on tire $x=-\frac{1090}{27}$; de ſorte que notre formule devient $=\frac{1191016}{729}$, ou égale au cube de $\frac{106}{9}$.

160.

Voilà donc les méthodes dont on eſt en poſſeſſion quant à préſent, pour réduire des formules telles que celles que nous avons considérées, soit à un quarré, soit à un cube, pourvu que la plus haute puissance de l'inconnue ne passe pas le quatrieme degré dans le premier cas, ni le troisieme dans le second cas.

On pourroit ajouter encore la question de transformer une formule proposée en un quarré-quarré, dans le cas où l'inconnue ne passeroit pas le second degré. Mais on observera que si une formule, telle que $a+bx+cxx$, doit être un quarré-quarré, il faut premiérement qu'elle soit un quarré, après quoi il ne restera qu'à faire de la racine de ce quarré un nouveau quarré, par les regles que nous avons données pour cela. Que $xx+7$, par exemple, doive être un bi-quarré, on fera d'abord un quarré, en prenant $x=\frac{7pp-qq}{2pq}$, ou bien aussi $x=\frac{qq-7pp}{2pq}$; la formule alors devient égale au quarré $\frac{q^4-14qqpp+49p^4}{4ppqq}+7$ $=\frac{q^4+14qqpp+49p^4}{4ppqq}$, dont il faut transformer

former la racine $\frac{7pp+qq}{2pq}$ pareillement en un quarré ; qu'on multiplie dans ce dessein les deux termes par $2pq$, afin que le dénominateur devenant un quarré, on n'ait à traiter que le numérateur $2pq(7pp+qq)$. On ne peut faire un quarré de cette formule, qu'après avoir déjà trouvé un cas satisfaisant ; ainsi supposant $q=pz$, il faudra que la formule $2ppz(7pp+ppzz)=2p^4z(7+zz)$, & par conséquent aussi, en divisant par p^4, que la formule $2z(7+zz)$ devienne un quarré. Le cas connu est ici $z=1$, c'est pourquoi on fera $z=1+y$, & on aura $(2+2y)(8+2y+yy)=16+20y+6yy+2y^3$, dont on supposera la racine $=4+\frac{5}{2}y$; le quarré $16+20y+\frac{25}{4}yy$ étant égalé à la formule, donne $6+2y=\frac{25}{4}$; donc $y=\frac{1}{8}$ & $z=\frac{9}{8}$. Or $z=\frac{q}{p}$; ainsi $q=9$ & $p=8$, ce qui rend $x=\frac{167}{144}$, & la formule $7+xx=\frac{279841}{20735}$. Si enfin on extrait la racine quarrée de cette fraction, on trouve $\frac{529}{144}$, & tirant encore de celle-ci la racine quarrée, on trouve $\frac{23}{12}$; donc c'est de $\frac{23}{12}$ que la formule proposée est le quarré-quarré.

161.

Enfin nous avons à remarquer encore dans ce Chapitre, qu'il est des formules dont on peut faire des cubes d'une maniere tout-à-fait générale; car si, par exemple, cxx doit être un cube, on n'a qu'à faire sa racine $=px$, & on trouve $cxx=p^3x^3$, ou $c=p^3x$, c'est-à-dire $x=\frac{c}{p^3}$, ou $x=cq^3$, en écrivant $\frac{1}{q}$ au lieu de p.

La raison en est évidemment que la formule contient un quarré; c'est pourquoi toutes les formules, comme $a(b+cx)^2$, ou $abb+2abcx+ac^2xx$, peuvent très-facilement se transformer en cubes. En effet, qu'on en suppose la racine cubique $=\frac{b+cx}{q}$, on aura l'équation $a(b+cx)^2=\frac{(b+cx)^3}{q^3}$, qui, divisée par $(b+cx)^2$, donne $a=\frac{b+cx}{q^3}$; d'où l'on tire $x=\frac{aq^3-b}{c}$, valeur dans laquelle q est arbitraire.

Il eſt bien clair par-là combien il eſt utile de réſoudre les formules propoſées en leurs facteurs toutes les fois que cela eſt poſſible; & c'eſt donc une matiere de laquelle nous croyons, avec raiſon, devoir traiter au long dans le Chapitre ſuivant.

CHAPITRE XI.

De la Réſolution de la formule $axx+bxy+cyy$ *en ſes facteurs.*

162.

Les lettres x & y ne ſignifieront ici que des nombres entiers; & nous avons vu ſuffiſamment dans ce qui a précédé, & même lorſqu'il falloit ſe contenter de réſultats fractionnaires, que la queſtion peut toujours être ramenée à des nombres entiers. En effet ſi, par exemple, le nombre cherché x eſt une fraction, on n'a qu'à faire $x=\frac{t}{u}$, & on pourra toujours aſſigner t & u en nombres entiers; & comme cette fraction peut se réduire à ses moindres termes, on regardera les nombres t & u comme n'ayant aucun commun diviseur.

Supposons donc que dans la formule présente x & y ne soient que des nombres entiers, & tâchons de déterminer quelles valeurs on doit donner à ces lettres, pour que la formule obtienne deux ou plusieurs facteurs; c'est une recherche préliminaire très-nécessaire, avant que nous puissions faire voir comment cette formule se transforme en un quarré, un cube ou une puissance plus haute.

163.

Trois cas se présentent à considérer ici. Le premier, quand la formule se décompose réellement en deux facteurs rationnels, ce qui arrive, comme nous avons déjà vu plus haut, lorsque $bb-4ac$ devient un quarré.

Le second cas est celui où ces deux facteurs sont égaux, & où par conséquent la formule est un quarré.

Le troiſieme cas a lieu, quand la formule n'a que des facteurs irrationnels, ſoit qu'ils ſoient ſimplement irrationnels, ſoit qu'ils ſoient même imaginaires. Ils ſeront ſimplement irrationnels, lorſque $bb - 4ac$ ſera un nombre poſitif ſans être un quarré; ils ſeront imaginaires, ſi $bb - 4ac$ eſt négatif.

164.

Si, pour commencer par le premier cas, nous ſuppoſons que la formule ſoit réſoluble en deux facteurs rationnels, on pourra lui donner cette forme $(fx + gy)(hx + ky)$, qui renferme donc naturellement déjà deux facteurs. Voudra-t-on enſuite qu'elle contienne d'une maniere générale un plus grand nombre de facteurs, on n'aura qu'à faire $fx + gy = pq$, & $hx + ky = rs$; notre formule deviendra dans ce cas égale au produit $pqrs$, elle contiendra par conſéquent quatre facteurs, & on pourra augmenter ce nombre à volonté. Or nous obtenons par ces deux équations-là pour x une double valeur, ſavoir $x = \frac{pa - gy}{f}$ & $x = \frac{rs\ ky}{h}$, ce qui donne $hpq-hgy=frs-fky$, & par conséquent $y=\frac{frs-hpq}{fk-hg}$, & $x=\frac{kpq-grs}{fk-hg}$; or ſi l'on veut que x & y ſoient exprimés en nombres entiers, il faudra donner aux lettres p, q, r & s des valeurs telles que le numérateur ſoit réellement diviſible par le dénominateur ; ce qui arrive lorſque ſoit p & r, ſoit q & s ſont diviſibles par ce dénominateur.

165.

Pour rendre tout cela plus clair, ſoit donnée la formule $xx-yy$, qui eſt compoſée des facteurs $(x+y)(x-y)$. Si cette formule doit être réſolue en un plus grand nombre de facteurs, on fera $x+y=pq$, & $x-y=rs$, & on aura $x=\frac{pq+rs}{2}$, & $y=\frac{pq-rs}{2}$; or il faudra donc pour que ces valeurs deviennent des nombres entiers, que les deux nombres pq & rs ſoient ou tous deux pairs ou tous deux impairs.

Soit, par exemple, $p=7$, $q=5$, $r=3$ & $s=1$; on aura $pq=35$ & $rs=3$; donc $x=19$ & $y=16$; & de-là réſulte $xx-yy$

$=105$, lequel nombre eſt compoſé en effet des facteurs 7.5.3.1, de ſorte que ce cas ne ſouffre aucune difficulté.

166.

Le ſecond en ſouffre encore moins, ſavoir celui où la formule renfermant deux facteurs égaux, peut ſe repréſenter de cette maniere, $(fx+gy)^2$, c'eſt-à-dire par un quarré, qui ne peut avoir d'autres facteurs que ceux qui proviennent de la racine $fx+gy$; car ſi l'on fait $fx+gy=pqr$, la formule devient $=ppqqrr$, & peut avoir par conſéquent autant de facteurs que l'on veut. Il faut remarquer de plus que l'un ſeulement des deux nombres x & y eſt déterminé, & que l'autre peut ſe prendre à volonté; car $x=\frac{pqr-gy}{f}$, & il eſt facile de donner à y une valeur telle que la fraction diſparoiſſe.

La formule de cette eſpece la plus aiſée à traiter, eſt xx; ſi l'on fait $x=pqr$, le quarré xx renfermera trois facteurs quarrés, ſavoir pp, qq & rr.

167.

On rencontre bien plus de difficultés en traitant le troisieme cas, qui est celui dans lequel notre formule ne peut se décomposer en deux facteurs rationnels; & il faut ici des artifices particuliers, afin de trouver pour x & y des valeurs telles que la formule renferme deux ou plusieurs facteurs.

Nous rendrons cependant cette recherche moins difficile, en observant que notre formule se transforme facilement en une autre, dans laquelle le terme moyen manque; car en effet on n'a qu'à supposer $x = \frac{z-by}{2a}$, pour avoir la formule suivante: $\frac{zz-2byz+bbyy}{4a} + \frac{byz-bbyy}{2a} + cyy = zz + \frac{(4ac-bb)yy}{4a}$. Ainsi nous omettrons aussi-tôt le terme moyen, nous considérerons la formule $axx + cyy$, & nous chercherons quelles valeurs on doit donner à x & à y, pour que cette formule se décompose en facteurs. On jugera facilement que cela dépend de la nature des nombres a & c; aussi commencerons-nous par quelques formules déterminées de cette eſpece.

168.

Soit donc propoſée d'abord la formule $xx+yy$, qui comprend tous les nombres qui ſont la ſomme de deux quarrés, & dont nous allons mettre les plus petits ſous les yeux; ſavoir ceux qui ſont compris entre 1 & 50:

1, 2, 4, 5, 8, 9, 10, 13, 16, 17, 18, 20, 25, 26, 29, 32, 34, 36, 37, 40, 41, 45, 49, 50.

On voit qu'il ſe trouve parmi ces nombres quelques nombres premiers qui n'ont point de diviſeurs; ce ſont ceux-ci: 2, 5, 13, 17, 29, 37, 41. Les autres ont des diviſeurs, & ils rendent plus claire la queſtion: Quelles valeurs on doit adopter pour x & y, afin que la formule $xx+yy$ ait des diviſeurs ou des facteurs, & qu'elle ait même autant de ces facteurs que l'on voudra? Nous remarquerons de plus qu'on peut faire abſtraction des cas où x & y ont un commun divifeur, parce qu'alors $xx+yy$ feroit divifible par le même divifeur, & même par fon quarré: par exemple, fi $x=7p$ & $y=7q$, la fomme des quarrés, ou $49pp+49qq=49(pp+qq)$, fera divifible non-feulement par 7, mais auffi par 49. C'eft pourquoi nous n'étendrons la queftion qu'à des formules où x & y n'ont aucun commun divifeur.

On voit facilement à préfent en quoi gît la difficulté; car fi d'un côté il eft clair que, lorfque les deux nombres x & y font impairs, la formule $xx+yy$ devient un nombre pair, & par conféquent divifible par 2, il eft fouvent d'autant moins aifé de favoir fi la formule a des divifeurs ou fi elle n'en a pas, lorfque de l'autre côté un des nombres x & y étant pair & l'autre impair, la formule elle-même devient impaire. Nous ne parlons pas du cas où x & y feroient pairs, parce que nous avons déjà fait fentir que ces nombres ne doivent point avoir de commun divifeur.

169.

Que les deux nombres x & y ſoient donc premiers entr'eux, & que cependant la formule $xx+yy$ doive contenir deux ou plusieurs facteurs. La méthode précédente ne peut s'appliquer ici, parce que la formule n'eſt pas réſoluble en deux facteurs rationnels; mais les facteurs irrationnels qui compoſent la formule, & qu'on peut repréſenter par le produit $(x+y\sqrt{-1})(x-y\sqrt{-1})$, nous rendront le même ſervice. En effet, on ſent bien que ſi la formule $xx+yy$ a des facteurs réels, il faut que ces facteurs irrationnels ſoient compoſés d'autres facteurs; parce que s'ils n'avoient pas auſſi des diviſeurs, leur produit ne pourroit pas non plus en avoir. Or comme ces facteurs ſont irrationnels, & même imaginaires, & que de plus les nombres x & y ne doivent point avoir de commun diviſeur, ils ne peuvent renfermer des facteurs rationnels, & il faut qu'ils ſoient pareillement irrationnels, & même imaginaires.

170.

Si l'on veut donc que la formule $xx+yy$ ait deux facteurs rationnels, il faudra décomposer chacun des deux facteurs irrationnels en deux autres facteurs; c'est pourquoi, supposons d'abord $x+y\sqrt{-1} = (p+q\sqrt{-1})(r+s\sqrt{-1})$; & puisque $\sqrt{-1}$ peut se prendre aussi bien en *moins* qu'en *plus*, nous aurons en même temps $x-y\sqrt{-1} = (p-q\sqrt{-1})(r-s\sqrt{-1})$; prenons maintenant le produit de ces deux quantités, & nous verrons que notre formule $xx+yy = (pp+qq)(rr+ss)$, c'est-à-dire qu'elle contient les deux facteurs rationnels $pp+qq$ & $rr+ss$.

Il nous reste à présent à déterminer les valeurs de x & de y, qui doivent de même être rationnelles; or la supposition que nous avons faite, donne $x+y\sqrt{-1} = pr-qs + ps\sqrt{-1} + qr\sqrt{-1}$, & $x-y\sqrt{-1} = pr - qs - qr\sqrt{-1} - ps\sqrt{-1}$; si nous ajoutons ces formules, nous avons $x = pr-qs$; si nous les soustrayons l'une de l'autre, nous trouvons $2y\sqrt{-1} = 2ps\sqrt{-1} + 2qr\sqrt{-1}$, ou $y = ps + qr$.

Il s'ensuit par conséquent de-là, qu'en faisant $x = pr - qs$ & $y = ps + qr$, notre formule $xx + yy$ ne peut manquer d'obtenir deux facteurs, puisqu'on trouve $xx + yy = (pp + qq)(rr + ss)$. Que si l'on demandoit après cela un plus grand nombre de facteurs, on n'auroit qu'à donner de la même maniere à p & à q des valeurs telles que $pp + qq$ eût deux facteurs; on auroit alors trois facteurs en tout, & ce nombre pourroit être augmenté par la méthode autant qu'on voudroit.

171.

Comme nous n'avons rencontré dans cette solution que les secondes puissances de p, q, r & s, on peut prendre aussi ces lettres en *moins*; que q, par exemple, soit négatif, on aura $x = pr + qs$ & $y = ps - qr$; mais la somme des quarrés sera la même qu'auparavant, ce qui nous fait voir que quand un nombre est égal à un produit tel que $(pp+qq)(rr+ss)$, on peut de deux façons le décompofer en deux quarrés ; car nous avons trouvé d'abord $x=pr-qs$ & $y=ps+qr$, & après cela auffi $x=pr+qs$ & $y=ps-qr$.

Soit, par exemple, $p=3$, $q=2$, $r=2$ & $s=1$, on aura le produit $13.5=65=xx+yy$, où $x=4$ & $y=7$, comme $x=8$ & $y=1$; puifque dans l'un & l'autre cas $xx+yy=65$. Si l'on multiplie plufieurs nombres de cette efpece, on aura auffi un produit qui pourra être d'un plus grand nombre de façons la fomme de deux quarrés. Qu'on multiplie, par exemple, $2^2+1^2=5$, $3^2+2^2=13$, & $4^2+1^2=17$, on trouvera 1105, lequel nombre peut fe décompofer en deux quarrés de quatre manieres, comme on va voir :

I.) 33^2+4^2, II.) 32^2+9^2, III.) 31^2+12^2, IV.) 24^2+23^2.

172.

Parmi les nombres qui font contenus dans la formule $xx+yy$, fe trouvent donc premiérement ceux qui ſont, par la multiplication, le produit de deux ou de plusieurs nombres ; en ſecond lieu ceux qui ſont formés différemment. Nous nommerons ces derniers *facteurs ſimples* de la formule $xx+yy$, & les premiers *facteurs composés*. D'après cela les facteurs ſimples seront des nombres tels que les ſuivans:

1, 2, 5, 9, 13, 17, 29, 37, 41, 49, &c. & on diſtinguera dans cette ſuite deux eſpeces de nombres ; les uns ſont les nombres premiers, 2, 5, 13, 17, 29, 37, 41, qui n'ont aucun diviſeur, & qui tous, excepté le nombre 2, ſont tels que ſi l'on en ôte 1, le reſte ſe trouve diviſible par 4 ; de ſorte que tous ces nombres ſont contenus dans l'expreſſion $4n+1$. La ſeconde eſpece comprend les nombres quarrés 9, 49, &c. & on remarquera que les racines de ces quarrés, ſavoir 3, 7, &c. ne ſe trouvent pas dans la ſuite, & que ces racines ſont contenues dans la formule $4n-1$. Il eſt clair d'ailleurs qu'aucun nombre de la forme $4n-1$ ne peut être la ſomme de deux quarrés; car puiſque ces nombres ſont impairs, il faudroit que l'un des deux quarrés fût pair & que l'autre fût impair; or nous avons vu plus haut que tous les quarrés pairs ſont diviſibles par 4, & que les quarrés impairs ſont contenus dans l'expreſſion $4n+1$; ſi donc on ajoute un quarré pair & un quarré impair, la ſomme aura toujours la forme de $4n+1$, & jamais de $4n-1$. Que tout nombre premier au reſte qui appartient à la formule $4n+1$, eſt la ſomme de deux quarrés; c'eſt une vérité indubitable, mais qui n'eſt pas tant aiſée à démontrer.

173.

Allons plus loin, & conſidérons la formule $xx+2yy$, dans le deſſein de voir quelles valeurs il faut donner à x & à y, afin qu'elle ait des facteurs. Comme cette formule s'exprime par les facteurs imaginaires $(x+y\sqrt{-2})(x-y\sqrt{-2})$, on voit, ainſi qu'auparavant, que ſi elle a des diviſeurs, ces facteurs imaginaires doivent

pareillement

pareillement en avoir. Qu'on ſuppoſe donc $x+y\sqrt{-2}=(p+q\sqrt{-2})(r+s\sqrt{-2})$, d'où s'enſuit de ſoi-même $x-y\sqrt{-2}=(p-q\sqrt{-2})(r-s\sqrt{-2})$, & on aura $xx+2yy=(pp+2qq)(rr+2ss)$; ainſi cette formule a deux facteurs, deſquels l'un & l'autre ont la même forme. Mais il reſte à déterminer les valeurs de x & de y, qui produiſent cette transformation; on conſidérera, pour y parvenir, que, puiſque $x+y\sqrt{-2}=pr-2qs+qr\sqrt{-2}+ps\sqrt{-2}$, & que $x-y\sqrt{-2}=pr-2qs-qr\sqrt{-2}-ps\sqrt{-2}$, on a la ſomme $2x=2pr-4qs$, & par conſéquent $x=pr-2qs$, & qu'on a de plus la différence $2y\sqrt{-2}=2qr\sqrt{-2}+2ps\sqrt{-2}$; de ſorte que $y=qr+ps$. Lors donc que notre formule $xx+2yy$ doit avoir des facteurs, ils ſeront toujours des nombres de la même eſpece que la formule, c'eſt-à-dire que l'un aura la forme $pp+2qq$, & l'autre la forme $rr+2ss$; & afin que ce cas ait lieu, x & y pourront encore ſe déterminer de deux manieres différentes, à cauſe que q

peut être également négatif & positif; car on aura d'abord $x=pr-2qs$, & $y=ps+qr$, & en second lieu $x=pr+2qs$ & $y=ps-qr$.

174.

Cette formule $xx+2yy$ renferme donc tous les nombres qui résultent de l'addition d'un quarré & du double d'un autre quarré; & voici l'énumération de ces nombres poussée jusqu'au nombre 50:

1, 2, 3, 4, 6, 8, 9, 11, 12, 16, 17, 18, 19, 22, 24, 25, 27, 32, 33, 34, 36, 38, 41, 43, 44, 49, 50.

Nous diviserons, comme auparavant, ces nombres en simples & composés; les simples, ou ceux qui ne sont pas composés des nombres précédens, sont ceux-ci: 1, 2, 3, 11, 17, 19, 25, 41, 43, 49, qui tous, excepté les quarrés 25 & 49, sont des nombres premiers; & il faut remarquer qu'en général, si un nombre est premier & ne se trouve pas dans cette suite, on est sûr d'y rencontrer son quarré. On peut obſerver auſſi que tous les nombres premiers qui ſont contenus dans notre formule, appartiennent tous ſoit à l'expreſſion $8n+1$, ſoit à $8n+3$, tandis que tous les autres nombres premiers, ſavoir ceux qui ſont compris dans les formules $8n+5$ & $8n+7$, ne peuvent jamais former la ſomme d'un quarré & d'un double quarré ; il eſt de plus très-certain que tous les nombres premiers qui ſont contenus dans une des autres formules, $8n+1$ & $8n+3$, ſont toujours réſolubles en un quarré joint au double d'un quarré.

175.

Paſſons à l'examen de la formule générale $xx+cyy$, & voyons moyennant quelles valeurs de x & de y on peut la transformer en un produit de facteurs.

Nous procéderons comme ci-deſſus ; nous repréſenterons la formule par le produit $(x+y\sqrt{-c})(x-y\sqrt{-c})$, & nous exprimerons pareillement chacun de ces facteurs par deux facteurs de la même eſpece; c'eſt-à-dire que nous ferons $x+y\sqrt{-c}=(p+q\sqrt{-c})(r+s\sqrt{-c})$ & $x-y\sqrt{-c}=(p-q\sqrt{-c})(r-s\sqrt{-c})$; de-là réſulte $xx+cyy=(pp+cqq)(rr+css)$, & l'on voit donc que de nouveau les facteurs ſont de la même eſpece que la formule. Quant aux valeurs de x & de y, on trouvera de même facilement $x=pr+cqs$ & $y=qr+ps$, ou bien auſſi $x=pr-cqs$, & $y=ps-qr$, & il eſt aiſé d'imaginer comment la formule peut ſe réſoudre en un plus grand nombre de facteurs.

176.

Il ſera facile maintenant de procurer auſſi des facteurs à la formule $xx-cyy$; car d'abord on n'a qu'à écrire $-c$ au lieu de $+c$; mais de plus on peut les trouver immédiatement de la maniere ſuivante: comme notre formule équivaut au produit $(x+y\sqrt{c})(x-y\sqrt{c})$, qu'on faſſe $x+y\sqrt{c}=(p+q\sqrt{c})(r+s\sqrt{c})$, & $x-y\sqrt{c}=(p-q\sqrt{c})(r-s\sqrt{c})$, & on aura ſur le champ $xx-cyy=(pp-cqq)(rr-css)$;

en ſorte que cette formule eſt, de même que les précédentes, égale à un produit dont les facteurs lui reſſemblent par la forme. Pour ce qui regarde les valeurs de x & de y, elles ſe trouveront pareillement être doubles; cela veut dire qu'on aura $x=pr+cqs$ & $y=qr+ps$, & qu'on aura auſſi $x=pr-cqs$ & $y=ps-qr$. Que ſi on vouloit faire la preuve & voir ſi on obtiendroit par-là le produit qu'on a trouvé, on auroit, en eſſayant les premieres valeurs, $xx=pprr+2cpqrs+ccqqss$, & $yy=ppss+2pqrs+qqrr$, ou $cyy=cppss+2cpqrs+cqqrr$; de ſorte que $xx-cyy=pprr-cppss+ccqqss-cqqrr$, ce qui n'eſt autre choſe que le produit trouvé, $(pp-cqq)(rr-css)$.

177.

Juſqu'à préſent nous avons conſidéré le premier terme ſans coefficient; mais nous allons ſuppoſer à préſent que ce terme ſoit pareillement multiplié par une autre lettre, & nous chercherons quels facteurs la formule $axx+cyy$ peut obtenir.

Il eſt évident ici que notre formule eſt égale au produit $(x\sqrt{a}+y\sqrt{-c})(x\sqrt{a}-y\sqrt{-c})$, & il s'agit par conſéquent de donner de même des facteurs à ces deux facteurs. Or il ſe préſente en ce point une difficulté ; car ſi l'on vouloit, d'après la méthode précédente, faire $x\sqrt{a}+y\sqrt{-c}=(p\sqrt{a}+q\sqrt{-c})(r\sqrt{a}+s\sqrt{-c})=apr-cqs+ps\sqrt{-ac}+qr\sqrt{-ac}$, & $x\sqrt{a}-y\sqrt{-c}=(p\sqrt{a}-q\sqrt{-c})(r\sqrt{a}-s\sqrt{-c})=apr-cqs-ps\sqrt{-ac}-qr\sqrt{-ac}$, on auroit $2x\sqrt{a}=2apr-2cqs$, & $2y\sqrt{-c}=2ps\sqrt{-ac}+2qr\sqrt{-ac}$; c'eſt-à-dire qu'on trouveroit tant pour x que pour y des valeurs irrationnelles, leſquelles ne peuvent être admiſes ici.

178.

Mais cette difficulté peut ſe lever, & voici comment : Qu'on faſſe $x\sqrt{a}+y\sqrt{-c}=(p\sqrt{a}+q\sqrt{-c})(r+s\sqrt{-ac})=pr\sqrt{a}-cqs\sqrt{a}+qr\sqrt{-c}+aps\sqrt{-c}$, & $x\sqrt{a}-y\sqrt{-c}=(p\sqrt{a}-q\sqrt{-c})(r-s\sqrt{-ac})=pr\sqrt{a}-cqs\sqrt{a}-qr\sqrt{-c}-aps\sqrt{-c}$;

cette ſuppoſition donnera pour x & y les valeurs rationnelles ſuivantes : $x=pr-cqs$ & $y=qr+aps$; & notre formule, $axx+cyy$, aura les facteurs $(app+cqq)(rr+acss)$, dont l'un ſeulement eſt de la même eſpece que la formule, l'autre ayant une forme différente.

179.

Il ne laiſſe pas cependant d'y avoir une grande affinité entre ces deux formules, vu que tous les nombres qui ſont contenus dans la premiere formule, ſi on les multiplie par un nombre compris dans la ſeconde, retombent dans la premiere. Nous avons auſſi déjà vu que deux nombres de la ſeconde forme $xx+acyy$, laquelle revient à la formule $xx+cyy$ que nous avons conſidérée, étant multipliés l'un par l'autre, redonnent un nombre de la même forme.

Il ne nous reſte donc qu'à examiner à quelle formule appartient le produit de deux nombres de la premiere eſpece, ou de la forme $axx+cyy$.

Multiplions, dans cette vue, les deux formules $(app+cqq)(arr+css)$, qui sont de la premiere espece; il est aisé à voir que ce produit pourra être représenté de cette maniere: $(apr+cqs)^2+ac(ps-qr)^2$. Si donc nous supposons ici $apr+cqs=x$, & $ps-qr=y$, nous aurons la formule $xx+acyy$, qui est de la derniere espece. Il s'ensuit de-là que deux nombres de la premiere espece $axx+cyy$, étant multipliés l'un par l'autre, le produit est un nombre de la seconde espece. Si nous indiquons les nombres de la premiere espece par I, & ceux de la seconde par II, nous pouvons indiquer de la maniere abrégée qui suit les conclusions auxquelles nous venons d'arriver:

I.I donne II; I.II donne I; II.II donne II.

Et on voit par-là d'autant mieux ce qui doit en résulter, si on multiplie plus de deux de ces nombres; savoir que

I.I.I fait I; que I.I.II fait II; que I.II.II fait I.
Enfin que II.II.II fait II.

180.

Soit, pour éclaircir l'article précédent, $a=2$ & $c=3$, il en résultera deux especes de nombres, l'une contenue dans la formule $2xx+3yy$, l'autre comprise dans la formule $xx+6yy$. Or les nombres de la premiere poussés jusqu'à 50, sont

I.) 2, 3, 5, 8, 11, 12, 14, 18, 20, 21, 27, 29, 30, 32, 35, 44, 45, 48, 50.

Et les nombres de la seconde espece, poussés de même jusqu'au nombre 50, sont

II.) 1, 4, 6, 7, 9, 10, 15, 16, 22, 24, 25, 28, 31, 33, 36, 40, 42, 49.

Si donc nous multiplions maintenant un nombre de la premiere espece, par exemple 35, par un nombre de la seconde, supposons par 31, le produit 1085 sera surement compris dans la formule $2xx+3yy$; ou bien on peut trouver pour y un nombre tel que $1085-3yy$ soit le double d'un quarré, ou $=2xx$; or cela arrive d'abord quand $y=3$, dans lequel cas $x=23$; en ſecond lieu, quand $y=11$, en ſorte que $x=19$; en troiſieme lieu, lorſque $y=13$, ce qui donne $x=17$; & enfin, en quatrieme lieu, quand $y=19$, d'où réſulte $x=1$.

On peut partager ces deux eſpeces de nombres, comme les autres, en nombres ſimples & en nombres compoſés; on donnera ce dernier nom à ceux qui ſont compoſés de deux ou de pluſieurs des nombres plus petits de l'une ou de l'autre eſpece; ainſi les nombres ſimples de la premiere eſpece ſeront ceux-ci: 2, 3, 5, 11, 29, & les nombres compoſés de la même eſpece, ſeront 8, 12, 14, 18, 20, 27, 30, 32, 35, 40, 45, 48, 50, &c.

Les nombres ſimples de la ſeconde eſpece ſeront 1, 7, 31, & tous les autres de cette eſpece ſeront des nombres compoſés, ſavoir 4, 6, 9, 10, 15, 16, 22, 24, 25, 28, 33, 36, 40, 42, 49.

CHAPITRE XII.

De la Transformation de la formule axx $+$cyy *en des quarrés & en des puissances plus élevées.*

181.

Nous avons déjà vu plus haut qu'il est souvent impossible de réduire à des quarrés des nombres de la forme $axx+cyy$; mais toutes les fois que cela est possible, on peut transformer cette formule en une autre, dans laquelle $a=1$.

Par exemple, la formule $2pp-qq$ peut devenir un quarré, & comme elle peut aussi se représenter par $(2p+q)^2-2(p+q)^2$, on n'a qu'à faire $2p+q=x$ & $p+q=y$, & on parvient à la formule $xx-2yy$, dans laquelle $a=1$ & $c=2$. C'est une semblable transformation qui a lieu toutes les fois que de telles formules peuvent devenir des quarrés. Ainsi quand il s'agit de transformer la formule $axx+cyy$ en un quarré, ou en une puissance plus haute; mais paire, on peut, sans balancer, supposer $a=1$, & regarder les autres cas comme impossibles.

182.

Soit donc proposée la formule $xx+cyy$, & qu'il s'agisse d'en faire un quarré. Comme elle est composée des facteurs $(x+y\sqrt{-c})$ $(x-y\sqrt{-c})$, il faut que ces facteurs soient ou des quarrés ou des quarrés multipliés par un même nombre. Car si le produit de deux nombres, par exemple, pq, doit être un quarré, il faut que $p=rr$ & $q=ss$; c'est-à-dire que chaque facteur soit de soi-même un quarré, ou bien que $p=mrr$ & $q=nss$, & qu'ainsi ces facteurs soient des quarrés multipliés l'un & l'autre par un même nombre. C'est pourquoi nous ferons $x+y\sqrt{-c}=m(p+q\sqrt{-2})^2$; il s'ensuivra $x-y\sqrt{-c}=m(p-q\sqrt{-c})^2$, & nous aurons $xx+cyy=mm(pp+cqq)^2$, ce qui est un quarré. Nous avons de plus, pour déterminer x & y, les équations $x+y\sqrt{-c}$

$= mpp + 2mpq\sqrt{-c} - mcqq$, & $x - y\sqrt{-c} = mpp - 2mpq\sqrt{-c} - mcqq$, dans lesquelles naturellement x équivaut à la partie rationnelle, & $y\sqrt{-c}$ à la partie irrationnelle; ainsi $x = mpp - mcqq$, & $y\sqrt{-c} = 2mpq\sqrt{-c}$, ou $y = 2mpq$, & ce sont ces valeurs de x & de y qui transforment l'expression $xx + cyy$ en un quarré $mm(pp + cqq)^2$, dont la racine est $mpp + mcqq$.

183.

Si les nombres x & y ne doivent point avoir de diviseur commun, il faut supposer $m = 1$. Alors, pour faire que $xx + cyy$ devienne un quarré, on se contente de prendre $x = pp - cqq$ & $y = 2pq$, ce qui rend la formule égale au quarré $pp + cqq$.

On peut aussi, au lieu de faire $x = pp - cqq$, supposer $x = cqq - pp$, vu que le quarré xx ne laisse pas d'être le même.

Les mêmes formules, au reste, ayant été trouvées plus haut par des voies tout-à-fait différentes, il ne peut y avoir de doute ſur la juſteſſe de la méthode que nous venons d'employer. En effet, ſi on veut que $xx+cyy$ devienne un quarré, par la méthode précédente on ſuppoſe la racine $=x+\frac{py}{q}$, & on trouve $xx+cyy=xx+\frac{2pxy}{q}+\frac{ppyy}{qq}$; on efface les xx, on diviſe les autres termes par y, on multiplie par qq, & on a $cqqy=2pqx+ppy$, ou $cqqy-ppy=2pqx$; diviſant enfin par $2pq$ & par y, il en réſulte $\frac{x}{y}=\frac{cqq-pp}{2pq}$. Or x & y devant, ainſi que p & q, n'avoir point de diviſeur commun, il faut égaler x au numérateur & y au dénominateur, & on obtient par-là les mêmes réſultats que nous venons de trouver, ſavoir $x=cqq-pp$, & $y=2pq$.

184.

Cette ſolution eſt bonne, que le nombre c ſoit poſitif ou qu'il ſoit négatif; mais ſi de plus ce nombre a lui-même des facteurs, comme ſi c'étoit, par exemple, la formule $xx+acyy$ qui dût devenir un quarré, on auroit non-ſeulement la ſolution précédente, qui donne $x = acqq - pp$ & $y = 2pq$, mais encore cette autre, $x = cqq - app$ & $y = 2pq$; car dans ce dernier cas on a, de même que dans l'autre, $xx + acyy = ccq^4 + 2acppqq + aap^4 = (cqq + app)^2$; ce qui a lieu aussi, quand on prend $x = app - cqq$, parce que le quarré xx reste le même.

Cette nouvelle solution se trouve aussi par la derniere méthode, de la façon suivante.

Qu'on fasse $x + y\sqrt{-ac} = (p\sqrt{a} + q\sqrt{-c})^2$, & $x - y\sqrt{-ac} = (p\sqrt{a} - q\sqrt{-c})^2$, on aura $xx + acyy = (app + cqq)^2$, & par conséquent $= \square$; de plus, à cause de $x + y\sqrt{-ac} = app + 2pq\sqrt{-ac} - cqq$, & de $x - y\sqrt{-ac} = app - 2pq\sqrt{-ac} - cqq$, on trouve $x = app - cqq$ & $y = 2pq$.

Il est clair aussi que si le nombre ac est résoluble en deux facteurs d'un plus grand nombre de manieres, on pourra trouver aussi un plus grand nombre de solutions.

185.

Eclairciſſons tout cela au moyen de quelques formules déterminées ; & d'abord, ſi c'eſt la formule $xx+yy$ qui doit devenir un quarré, nous avons $ac=1$; ainſi $x=pp-qq$, & $y=2pq$, d'où s'enſuit $xx+yy=(pp+qq)^2$.

Si on veut que $xx-yy=\square$; on a $ac=-1$; ainſi on prendra $x=pp+qq$ & $y=2pq$, & il en réſultera $xx-yy=(pp-qq)^2$.

Veut-on que la formule $xx+2yy=\square$, on a $ac=2$; qu'on prenne donc $x=pp-2qq$, ou $x=2pp-qq$ & $y=2pq$, & on aura $xx+2yy=(pp+2qq)^2$, ou $xx+2yy=(2pp+qq)^2$.

Si, en quatrieme lieu, on veut que $xx-2yy=\square$, où $ac=-2$, on aura $x=pp+2qq$ & $y=2pq$; donc $xx-2yy=(pp-2qq)^2$.

Qu'on veuille enfin que $x+6yy=\square$, on aura $ac=6$, & par conſéquent ou $a=1$ & $c=6$, ou $a=2$ & $c=3$; dans le premier

cas

cas $x = pp - 6qq$, & $y = 2pq$; de forte que $xx + 6yy = (pp + 6qq)^2$; dans le second cas $x = 2pp - 3qq$, & $y = 2pq$; d'où résulte $xx + 6yy = (2pp + 3qq)^2$.

186.

Mais fi c'eft maintenant la formule $axx + cyy$ qu'on doit transformer en un quarré; comme nous avons prévenu que cela ne peut fe faire que quand on connoît déjà un cas dans lequel cette formule devient réellement un quarré, nous fuppoferons que ce cas donné ait lieu, quand $x = f$ & $y = g$; de forte qu'alors $aff + cgg = hh$; & nous remarquerons que cette formule peut fe transformer en une autre de la forme $tt + acuu$, fi l'on fait $t = \frac{afx - cgy}{h}$ & $u = \frac{gx - fy}{h}$; car en effet, fi $tt = \frac{aaffxx + 2acfgxy + ccggyy}{hh}$, & que $uu = \frac{ggxx - 2fgxy + ffyy}{hh}$, on a $tt + acuu$ $= \frac{aaffxx + ccggyy + acggxx + acffyy}{hh} = \frac{axx(aff + cgg) + cyy(aff + cgg)}{hh}$; ainfi, puifque $aff + cgg = hh$, on a $tt + acuu = axx + cyy$; or nous avons donné des regles faciles pour transformer en un quarré l'expreſſion $tt+acuu$, à laquelle nous venons de réduire la formule propoſée $axx+cyy$.

187.

Allons à préſent plus loin, & voyons comment la formule $axx+cyy$, dans laquelle x & y ſont ſuppoſés n'avoir aucun diviſeur commun, peut ſe réduire à un cube. Les regles données plus haut ne ſuffiſent aucunement pour cela, au lieu que la méthode que nous avons indiquée en dernier lieu s'applique ici avec le plus grand ſuccès; & ce qui eſt ſur-tout digne de remarque, c'eſt que la formule peut toujours être transformée en un cube, quelques nombres que ſoient a & c; ce qui n'avoit point lieu pour les quarrés, à moins qu'on n'eût déjà un cas connu, & ce qui n'a de même point lieu pour aucune des autres puiſſances paires; la ſolution au contraire eſt toujours poſſible pour les puiſſances impaires, telles que la troiſieme, la cinquieme, la ſeptieme, &c.

188.

Lors donc qu'il s'agira de réduire en cube la formule $axx+cyy$, on ſuppoſera d'une maniere analogue à celle qu'on a employée $x\sqrt{a}+y\sqrt{-c}=(p\sqrt{a}+q\sqrt{-c})^3$, & $x\sqrt{a}-y\sqrt{-c}=(p\sqrt{a}-q\sqrt{-c})^3$; le produit $(app+cqq)^3$, qui eſt un cube, ſera égal à la formule $axx+cyy$. Mais on cherche auſſi à déterminer pour x & y des valeurs rationnelles, & heureuſement on y réuſſit. En effet, ſi l'on prend réellement les deux cubes indiqués, on a les deux équations $x\sqrt{a}+y\sqrt{-c}=ap^3\sqrt{a}+3appq\sqrt{-c}-3cpqq\sqrt{a}-cq^3\sqrt{-c}$, & $x\sqrt{a}-y\sqrt{-c}=ap^3\sqrt{a}-3appq\sqrt{-c}-3cpqq\sqrt{a}+cq^3\sqrt{-c}$, deſquelles il ſuit évidemment que $x=ap^3-3cpqq$, & $y=3appq-cq^3$.

Qu'on cherche, par exemple, deux quarrés xx & yy, dont la ſomme $xx+yy$ faſſe un cube. Puiſqu'ici $a=1$ & $c=1$, on aura $x=p^3-3pqq$, & $y=3ppq-q^3$, ce qui donne $xx+yy=(pp+qq)^3$. Maintenant si $p=2$ & $q=1$, on trouve $x=2$ & $y=11$; donc $xx+yy=125=5^3$.

189.

Considérons aussi la formule $xx+3yy$ dans le dessein de la faire égale à un cube: comme nous avons pour cet effet $a=1$ & $c=3$, nous trouvons $x=p^3-9pqq$, & $y=3ppq-3q^3$, d'où résulte $xx+3yy=(pp+3qq)^3$. Cette formule se présente assez souvent: c'est une raison pour en donner ici du moins les cas les plus faciles.

p	q	x	y	$xx+3yy$
1	1	8	0	$64=4^3$
2	1	10	9	$343=7^3$
1	2	35	18	$2197=13^3$
3	1	0	24	$1728=12^3$
1	3	80	72	$21952=28^3$
3	2	81	30	$9261=21^3$
2	3	154	45	$29791=31^3$

190.

Sans la condition que les deux nombres x & y ne doivent point avoir de commun diviſeur, la queſtion ne feroit ſujette à aucune difficulté; car ſi $axx + cyy$ devoit être un cube, on n'auroit qu'à faire $x = tz$ & $y = uz$, & la formule deviendroit $attz + cuuzz$; on l'égaleroit au cube $\frac{z^3}{v^3}$, & on trouveroit auſſi-tôt $z = v^3(att + cuu)$; par conſéquent les valeurs cherchées de x & de y feroient $x = tv^3(att + cuu)$, & $y = uv^3(att + cuu)$, leſquelles ont, outre le cube v^3, auſſi la quantité $att + cuu$ pour commun diviſeur; de ſorte donc que cette ſolution donne ſur le champ $axx + cyy = v^6(att + cuu)^2(att + cuu) = v^6(att + cuu)^3$, ce qui eſt évidemment le cube de $v^2(att + cuu)$.

191.

La méthode dont nous avons fait uſage en dernier lieu, eſt d'autant plus remarquable, que c'eſt par le moyen de quantités irrationnelles & même imaginaires, que nous ſommes parvenus à des ſolutions qui demandoient abſolument des nombres rationnels & même entiers. Mais ce qui eſt encore plus digne d'attention, c'eſt que dans les cas où l'irrationnalité s'évanouit, notre méthode ne peut plus avoir lieu. En effet lorſque, par exemple, la formule $xx + cyy$ doit être un cube, on ne peut qu'en inférer que ſes deux facteurs irrationnels, $x+y\sqrt{-c}$ & $x-y\sqrt{-c}$, doivent pareillement être des cubes, vu que x & y n'ayant point de diviſeur commun, ces facteurs ne peuvent pas non plus en avoir. Mais ſi les radicaux diſparoiſſoient, comme, par exemple, dans le cas de $c=-1$, ce principe n'auroit plus lieu; parce qu'il ſe pourroit très-bien que les deux facteurs, qui ſeroient alors $x+y$ & $x-y$, euſſent des diviſeurs communs, quand même x & y n'en auroient pas; ce qui arriveroit, par exemple, ſi ces deux lettres exprimoient des nombres impairs.

Ainſi, lorſque $xx-yy$ doit devenir un cube, il n'eſt pas néceſſaire que tant $x+y$ que $x-y$ ſoient d'eux-mêmes des cubes; mais on pourra ſuppoſer $x+y=2p^3$, & $x-y=4q^3$; & la formule $xx-yy$ ne laissera pas de devenir un cube incontestablement, puisqu'on la trouvera $=8p^3q^3$, dont la racine cubique est $2pq$. On aura de plus $x=p^3+2q^3$, & $y=p^3-2q^3$. Lorsqu'au contraire la formule $axx+cyy$ n'est pas résoluble en deux facteurs rationnels, on ne pourra trouver d'autres solutions que celles qui ont été données.

192.

Nous éclaircirons les recherches qui précedent par quelques questions curieuses.

Question premiere. On demande un quarré xx en nombres entiers, & tel qu'en y ajoutant 4, la somme soit un cube; le cas a lieu pour $xx=121$, mais on veut savoir s'il y a d'autres cas semblables?

Comme 4 est un quarré, on cherchera d'abord les cas où $xx+yy$ devient un cube; or nous en avons trouvé un qui a lieu, si $x=p^3-3pqq$, & $y=3ppq-q^3$. Puis donc que $yy=4$, on a $y=\pm 2$, & par conséquent ou $3ppq-q^3=+2$, ou $3ppq-q^3=-2$: dans le premier cas on a donc

$q(3pp-qq)=2$; ainſi q eſt un diviſeur de 2.

Cela poſé, ſuppoſons premiérement $q=1$, nous aurons $3pp-1=2$; donc $p=1$, d'où ſe dérivent $x=2$ & $xx=4$.

Si nous ſuppoſons en ſecond lieu $q=2$, nous avons $6pp-8=\pm 2$; que ſi nous admettons le ſigne $+$, nous trouvons $6pp=10$ & $pp=\frac{5}{3}$, d'où réſulteroit une valeur de p irrationnelle, & qui ne peut avoir lieu ici ; mais ſi nous conſidérons le ſigne $-$, nous avons $6pp=6$ & $p=1$; donc $x=11$. Voilà les ſeuls cas poſſibles, & ce ne ſont donc que les deux quarrés 4 & 121 qui, ajoutés à 4, donnent des cubes.

193.

Queſtion deuxieme. On cherche en nombres entiers d'autres quarrés que 25, qui, ajoutés à 2, donnent des cubes.

Puis donc que $xx+2$ doit devenir un cube, & puiſque 2 eſt le double d'un quarré, déterminons d'abord les cas où la formule $xx+2yy$ devient un cube ; nous avons pour cet effet, par l'article 188, où $a=1$ & $c=2$; nous avons, dis-je, $x=p^3-6pqq$ & $y=3ppq-2q^3$; il faut donc, à cause de $y=\pm 1$, que $3ppq-2q^3$, ou $q(3pp-2qq)=\pm 1$, & par conséquent que q soit un diviseur de 1.

Soit donc $q=1$, & nous aurons $3pp-2=\pm 1$; si nous prenons le signe supérieur, nous trouvons $3pp=3$ & $p=1$, d'où résulte $x=5$; & si nous adoptons l'autre signe, nous parvenons à une valeur de p, qui étant irrationnelle, ne nous est d'aucun usage; il s'ensuit donc qu'il n'y a pas de quarré, hors 25, qui ait la propriété désirée.

194.

Question troisieme. On cherche des quarrés qui, multipliés par 5 & ajoutés à 7, produisent des cubes; ou bien on demande que $5xx+7$ soit un cube.

Qu'on cherche premiérement les cas où $5xx+7yy$ devient un cube; on trouvera par l'article 188, où $a=5$ & $c=7$, qu'il faut pour cela que $x=5p^3-21pqq$, &

que $y=15ppq-7q^3$; ainſi comme dans notre exemple $y=\pm 1$, on a $15ppq-7q^3$ $=q(15pp-7qq)=\pm 1$, il faut donc que q ſoit un diviſeur de 1, c'eſt-à-dire que $q=1$; on aura par conſéquent $15pp-7=\pm 1$, d'où réſultent, dans l'un & l'autre cas, des valeurs de p qui ſont irrationnelles; mais d'où il ne faut pas conclure cependant que la queſtion eſt impoſſible, vu que p & q pourroient être des fractions telles que y $=1$ & que x devînt un nombre entier; & c'eſt ce qui arrive réellement; car ſi p $=\frac{1}{2}$ & $q=\frac{1}{2}$, on trouve $y=1$ & $x=2$; mais il eſt vrai qu'il n'y a pas d'autres fractions qui rendent la ſolution poſſible.

195.

Queſtion quatrieme. On demande en nombres entiers des quarrés dont le double, diminué de 5, ſoit un cube; ou bien on veut que $2xx-5$ ſoit un cube.

Si nous commençons par chercher les cas qui ſatisfont pour la formule $2xx-5yy$, nous avons dans le 188e. article $a=2$, &

$c = -5$; ainsi $x = 2p^3 + 15pqq$, & $y = 6ppq + 5q^3$. Présentement il faut ici que $y = \pm 1$, & par conséquent $6ppq + 5q^3 = q(6pp + 5qq) = \pm 1$; & comme cela ne se peut ni en nombres entiers ni même en fractions, ce cas devient très-remarquable, parce qu'il y a néanmoins une valeur de x qui satisfait, savoir $x = 4$; en effet dans ce cas $2xx - 5 = 27$, ou égal au cube de 3. Il est important de rechercher la raison de cette singularité.

196.

Non-seulement il est possible, comme nous voyons, que la formule $2xx - 5yy$ soit un cube ; mais ce qui plus est, la racine de ce cube a la forme $2pp - 5qq$, comme on peut s'en convaincre en faisant $x = 4$, $y = 1$, & $p = 2$, $q = 1$; ainsi nous connoissons un cas où $2xx - 5yy = (2pp - 5qq)^3$, quoique les deux facteurs de $2xx - 5yy$, savoir $x\sqrt{2} + y\sqrt{5}$, & $x\sqrt{2} - y\sqrt{5}$, qui, suivant notre méthode, devroient être les cubes de $p\sqrt{2} + q\sqrt{5}$, & de $p\sqrt{2} - q\sqrt{5}$, ne ſoient pas des cubes ; car dans notre cas $x\sqrt{2}+y\sqrt{5}=4\sqrt{2}+\sqrt{5}$, au lieu que $(p\sqrt{2}+q\sqrt{5})^3=(2\sqrt{2}+\sqrt{5})^3=46\sqrt{2}+29\sqrt{5}$, ce qui n'eſt nullement identique avec $4\sqrt{2}+\sqrt{5}$.

Mais il faut remarquer que la formule $rr-10ss$ peut devenir 1 ou -1 en un nombre infini de cas ; par exemple, ſi $r=3$ & $s=1$, ſi $r=19$ & $s=6$; & cette formule multipliée par $2pp-5qq$ reproduit un nombre de cette derniere forme.

Soit donc $ff-10gg=1$, & au lieu de ſuppoſer, comme nous avons fait ci-devant, $2xx-5yy=(2pp-5qq)^3$, nous pourrons ſuppoſer d'une façon plus générale $2xx-5yy=(ff-10gg)(2pp-5qq)^3$; de ſorte que prenant les facteurs, nous aurons $x\sqrt{2}\pm y\sqrt{5}=(f\pm g\sqrt{10})(p\sqrt{2}\pm q\sqrt{5})^3$. Or $(p\sqrt{2}\pm q\sqrt{5})^3=(2p^3+15pqq)\sqrt{2}\pm(6ppq+5q^3)\sqrt{5}$; & ſi, pour abréger, nous écrivons $A\sqrt{2}+B\sqrt{5}$ à la place de cette quantité, & que nous multipliions par $f+g\sqrt{10}$, nous aurons $Af\sqrt{2}+Bf\sqrt{5}+2Ag\sqrt{5}+fBg\sqrt{2}$ à égaler à $x\sqrt{2}$

$+y\sqrt{5}$, d'où résulte $x = Af + 5Bg$, & $y = Bf + 2Ag$; or, puisqu'il faut que $y = \pm 1$, il n'est pas absolument nécessaire que $6ppq + 5q^3 = 1$; au contraire il suffit que la formule $Bf + 2Ag$, c'est-à-dire que $f(6ppq + 5q^3) + 2g(2p^3 + 15pqq)$ devienne $= \pm 1$; de sorte que f & g peuvent avoir plusieurs valeurs. Soit, par exemple, $f = 3$ & $g = 1$, il faudra que la formule $18ppq + 15q^3 + 4p^3 + 30pqq$ devienne $= \pm 1$, ou bien que $4p^3 + 18ppq + 30pqq + 15q^3 = \pm 1$.

197.

Cette difficulté de déterminer tous les cas possibles de cette espece, n'a lieu cependant que lorsque dans la formule $axx + cyy$ le nombre c est négatif; & la cause en est qu'alors cette formule, ou bien cette autre $xx - acyy$, qui en dépend, peut devenir $= 1$; ce qui n'arrive jamais quand c est un nombre positif, parce que $axx + cyy$, ou $xx + acyy$, donne toujours de plus grands nombres, plus on donne de grandes valeurs à x & à y. C'est pourquoi la méthode que nous venons d'expliquer, ne peut s'employer avec avantage que dans les cas où les deux nombres a & c ont des valeurs positives.

198.

Passons maintenant au quatrieme degré, & commençons par observer que, si la formule $axx+cyy$ doit devenir un bi-quarré, il faut que $a=1$; car si ce nombre n'étoit pas un quarré, il ne seroit pas même possible de transformer la formule en un quarré; & si cela étoit possible, on pourroit aussi lui donner la forme $tt+acuu$; c'est pourquoi nous n'étendrons la question qu'à cette derniere formule, qui revient à la précédente $xx+cyy$, dans la supposition de $a=1$. Cela posé, il s'agit de voir quelle doit être la nature des valeurs de x & de y, pour que la formule $xx+cyy$ devienne un quarré-quarré. Or comme elle est composée des deux facteurs $(x+y\sqrt{-c})$ $(x-y\sqrt{-c})$, il faut que chacun de ces facteurs soit aussi un quarré-quarré de la même espece ; & on doit faire $x+y\sqrt{-c} = (p+q\sqrt{-c})^4$, & $x-y\sqrt{-c}=(p-q\sqrt{-c})^4$, d'où il résulte que la formule proposée devient égale au bi-quarré $(pp+cqq)^4$. Quant aux valeurs de x & de y, elles se déterminent facilement par le développement qui suit :

$$x+y\sqrt{-c}=p^4+4p^3q\sqrt{-c}-6cppqq+ccq^4 -4cpq^3\sqrt{-c},$$

$$x-y\sqrt{-c}=p^4-4p^3q\sqrt{-c}-6cppqq+ccq^4 +4cpq^3\sqrt{-c};$$

donc $x=p^4-6cppqq+ccq^4$, & $y=4p^3q -4cpq^3$.

199.

Ainsi, lorsque $xx+yy$ doit être un bi-quarré, comme actuellement $c=1$, nous avons $x=p^4-6ppqq+q^4$, & $y=4p^3q -4pq^3$; en sorte que $xx+yy=(pp+qq)^4$.

Supposons, par exempl. $p=2$ & $q=1$, & nous trouverons $x=7$ & $y=24$, d'où résulte $xx+yy=625=5^4$.

Si $p=3$ & $q=2$, nous obtenons $x=119$ & $y=120$, ce qui donne $xx+yy=13^4$.

200.

Quelle que ſoit la puiſſance paire dans laquelle il s'agiſſe de transformer la formule $axx+cyy$, il eſt toujours abſolument néceſſaire que cette formule puiſſe être réduite à un quarré ; mais il ſuffit pour cet effet qu'on connoiſſe un ſeul cas où cela arrive ; car on pourra transformer la formule enſuite, comme nous avons vu, en une quantité de la forme $tt+acuu$, dans laquelle le premier terme tt n'eſt multiplié que par 1 ; de ſorte qu'on peut la regarder comme étant contenue dans l'expreſſion $xx+cyy$; & c'eſt d'une maniere toujours ſemblable qu'on peut donner à cette derniere expreſſion la forme d'une ſixieme puiſſance ou d'une puiſſance paire plus haute quelconque.

201.

Cette condition n'eſt pas requiſe pour les puiſſances impaires ; & quels que ſoient les nombres

nombres a & c, on pourra toujours transformer la formule $axx + cyy$ en une puissance impaire quelconque. Qu'on demande, par exemple, la cinquieme; on n'aura qu'à faire $x\sqrt{a} + y\sqrt{-c} = (p\sqrt{a} + q\sqrt{-c})^5$, & $x\sqrt{a} - y\sqrt{-c} = (p\sqrt{a} - q\sqrt{-c})^5$, & on obtiendra évidemment $axx + cyy = (app + cqq)^5$; de plus, comme la cinquieme puissance de $p\sqrt{a} + q\sqrt{-c}$ est $aap^5\sqrt{a} + 5aap^4q\sqrt{-c} - 10acp^3qq\sqrt{a} - 10acppq^3\sqrt{-c} + 5ccpq^4\sqrt{a} + ccq^5\sqrt{-c}$, on trouvera avec la même facilité $x = aap^5 - 10acp^3qq + 5ccpq^4$, & $y = 5aap^4q - 10acppq^3 + ccq^5$.

Si donc on demande que la somme de deux quarrés, ou $xx + yy$, soit en même temps une cinquieme puissance, on aura $a = 1$ & $c = 1$; donc $x = p^5 - 10p^3qq + 5pq^4$, & $y = 5p^4q - 10ppq^3 + q^5$; & en faisant de plus $p = 2$ & $q = 1$, on trouvera $x = 38$ & $q = 41$; par conséquent $xx + yy = 3125 = 5^5$.

CHAPITRE XIII.

De quelques Expressions de la forme ax^4+by^4, *qui ne sont pas réductibles à des quarrés.*

202.

On s'est donné beaucoup de peine pour trouver deux bi-quarrés, dont la somme ou la différence fût un quarré; mais inutilement, & même on est parvenu à la fin à démontrer que ni la formule x^4+y^4, ni la formule x^4-y^4, ne peuvent devenir des quarrés, si ce n'est dans les cas évidens où, dans la premiere, x ou $y=0$, & où, dans la seconde, $y=0$ ou $y=x$. La chose est d'autant plus remarquable, qu'on peut trouver, comme on l'a vu, une infinité de solutions, lorsqu'il ne s'agit que de simples quarrés.

203.

Nous allons donner la démonstration dont nous venons de parler, & afin de procéder par ordre, nous remarquerons avant toutes choſes que les deux nombres x & y peuvent être regardés comme premiers entr'eux. En effet, ſi ces nombres avoient un commun diviſeur, de façon qu'on pût faire $x=dp$ & $y=dq$, nos formules deviendroient $d^4p^4+d^4q^4$ & $d^4p^4-d^4q^4$; ces formules, ſi elles étoient des quarrés, reſteroient des quarrés étant diviſées par d^4; donc auſſi les formules p^4+q^4 & p^4-q^4, dans leſquelles p & q n'ont plus de commun diviſeur, ſeroient des quarrés; par conſéquent il ſuffira de prouver que nos formules, dans le cas où x & y ſont des nombres premiers entr'eux, ne peuvent devenir des quarrés, & notre démonſtration s'étendra d'elle-même à tous les cas où x & y auroient des diviſeurs communs.

204.

Nous commencerons donc par la ſomme de deux bi-quarrés, ſavoir par la formule x^4+y^4, & en conſidérant x & y comme des nombres qui ſont premiers entr'eux. Il s'agit de prouver que cette formule ne peut devenir un quarré que dans les cas mentionnés ci-deſſus ; on va voir les raiſonnemens que cette demonſtration exige.

Si quelqu'un nioit la propoſition, ce ſeroit ſoutenir qu'il peut y avoir des valeurs de x & de y telles que x^4+y^4 fût un quarré, quelque grandes qu'elles fuſſent, puiſqu'il n'y en a pas de petites.

Or on peut faire voir clairement que ſi x & y avoient des valeurs ſatisfaiſantes, on pourroit, quelque grandes que fuſſent ces valeurs, en déduire de moindres pareillement ſatisfaiſantes, tirer de celles-ci des valeurs encore plus petites, & ainſi de ſuite. Puis donc qu'on ne connoît aucune valeur en petits nombres, excepté les deux cas ci-deſſus qui ne menent pas plus loin, on peut auſſi conclure avec aſſurance qu'il n'exiſte point de valeurs de x & de y de la nature de celles qu'on cherche, & pas même dans les plus grands nombres. La propoſition avancée à l'égard de la différence de deux bi-quarrés, x^4-y^4, ſe démontrera par le même principe, comme on le verra plus bas.

205.

Ce sont les points suivans qu'il faut considérer maintenant, si on veut se convaincre que x^4+y^4 ne peut devenir un quarré que dans les cas évidens dont nous avons parlé.

I.) Puisque nous supposons que x & y sont des nombres premiers entr'eux, c'est-à-dire, qui n'ont point de commun diviseur, il faut qu'ils soient ou impairs tous les deux, ou que l'un soit pair & que l'autre soit impair.

II.) Mais ils ne pourroient être impairs tous deux, à cause que la somme de deux quarrés impairs ne peut jamais être un quarré; car un quarré impair est toujours contenu dans la formule $4n+1$, & par conséquent la somme de deux quarrés impairs aura la forme $4n+2$, ce qui étant divisible par 2, mais non par 4, ne peut être un quarré. Or ce que nous venons de dire doit s'entendre auſſi de deux bi-quarrés impairs.

III.) Si donc x^4+y^4 doit être un quarré, il faut qu'un des termes ſoit pair, & que l'autre ſoit impair. Or nous avons vu plus haut que, pour que la ſomme de deux quarrés ſoit un quarré, il faut que la racine de l'un puiſſe être exprimée par $pp-qq$, & celle de l'autre par $2pq$; donc il faudroit que $xx=pp-qq$ & $yy=2pq$, & on auroit $x^4+y^4=(pp+qq)^2$.

IV.) Ici par conſéquent y ſeroit pair & x ſeroit impair; mais puiſque $xx=pp-qq$, il faut auſſi que des nombres p & q l'un ſoit pair & l'autre impair. Or le premier p ne peut être pair, parce que s'il l'étoit, $pp-qq$ ſeroit un nombre de la forme $4n-1$ ou $4n+3$, & ne pourroit devenir un quarré. Donc il faudroit que p fût impair & que q fût pair, & en ce cas il eſt clair que ces nombres ſeront premiers entr'eux.

V.) Pour que $pp-qq$ devienne un quarré ou $=xx$, il faut, comme nous avons vu plus haut, que $p=rr+ſſ$ & $q=2rſ$; car en ce cas $xx=(rr-ſſ)^2$ & $x=rr-ſſ$.

VI.) Or il faut que yy ſoit pareillement un quarré ; & puiſque nous avions $yy=2pq$, nous aurons à préſent $yy=4rs(rr+ss)$; de ſorte que cette formule doit être un quarré ; donc il faut auſſi que $rs(rr+ss)$ ſoit un quarré : & remarquons que r & s ſont des nombres premiers entr'eux, de façon que les trois facteurs de cette formule, ſavoir r, s & $rr+ss$, n'ont point de commun diviſeur.

VII.) Or, quand un produit de pluſieurs facteurs qui n'ont point de diviſeur commun, doit être un quarré, il faut que chaque facteur ſoit de lui-même un quarré ; ainſi on fera $r=tt$ & $s=uu$, & il faudra que $t^4+u^4=\square$.

Si donc x^4+u^4 étoit un $\square$, notre formule, t^4+u^4, qui eſt pareillement la ſomme de deux bi-quarrés, ſeroit de même un $\square$. Et il eſt bon d'obſerver ici que puiſque $xx=t^4-u^4$ & $yy=4ttuu(t^4+u^4)$, les nombres t & u ſeront évidemment bien plus petits que x & y, vu que x & y ſe déterminent même par les quatriemes puiſſances de t & de u, & ne peuvent par conséquent que devenir bien plus grands que ces nombres.

VIII.) Il s'ensuit de-là que si on pouvoit assigner, quand même ce seroit en nombres très-grands, deux bi-quarrés, comme x^4 & y^4, dont la somme fût un quarré, on pourroit en déduire une somme de deux bi-quarrés beaucoup plus petits, qui seroit pareillement un quarré ; cette nouvelle somme en feroit trouver ensuite une autre de la même nature & encore plus petite, & ainsi de suite jusqu'à ce qu'on parvînt à des nombres très-petits. Or une telle somme, en nombres très-petits, n'étant pas possible, il s'ensuit évidemment qu'il n'y en a aucune qu'on puisse exprimer par des nombres très-grands.

IX.) On pourroit objecter, à la vérité, qu'il existe une somme de l'espece dont nous parlons, en nombres très-petits, savoir dans le cas dont nous avons fait mention, où l'un des deux bi-quarrés devient zéro ; mais nous répondons qu'on n'arrivera certainement pas à ce cas, en revenant des nombres très-grands aux plus petits, suivant la méthode indiquée; car si dans la petite somme ou dans la somme réduite $-t^4+u^4$, on avoit $t=0$ ou $u=0$, on auroit nécessairement $yy=0$ dans la grande somme; or c'est un cas qui n'entre point ici en considération.

206.

Passons à la seconde proposition, & prouvons aussi que la différence de deux biquarrés, ou x^4-y^4, ne peut jamais devenir un quarré que dans les cas où $y=0$ & $y=x$.

I.) On peut regarder les nombres x & y comme premiers entr'eux, & par conséquent comme étant ou impairs tous les deux, ou l'un pair & l'autre impair. Or comme dans l'un & l'autre cas la différence de deux quarrés peut redevenir un quarré, il faudra considérer ces deux cas séparément.

II.) Supposons d'abord les deux nombres x & y impairs, & que $x=p+q$ & $y=p-q$, il faudra nécessairement que l'un des deux nombres p & q ſoit impair, & que l'autre ſoit pair. Or nous avons $xx - yy = 4pq$, & $xx + yy = 2pp + 2qq$; donc notre formule $x^4 - y^4 = 4pq(2pp + 2qq)$; & ceci devant être un quarré, il faut auſſi que ſa quatrieme partie, $pq(2pp + 2qq) = 2pq(pp + qq)$, ſoit un quarré; & puiſque les facteurs de cette formule n'ont point de commun diviſeur, à cauſe que ſi p eſt pair q eſt impair, chacun de ces facteurs, $2p$, q & $pp + qq$, doit être de ſoi un quarré. Afin donc de faire en ſorte que les deux premiers deviennent des quarrés, qu'on ſuppoſe $2p = 4rr$ ou $p = 2rr$, & $q = ss$, où s doit être impair, & il faudra que le troiſieme facteur, $4r^4 + s^4$, ſoit pareillement un quarré.

III.) Or, puiſque $s^4 + 4r^4$ eſt la ſomme de deux quarrés, dont le premier, s^4, eſt impair, & dont l'autre, $4r^4$, eſt pair, qu'on faſſe la racine du premier $ss = tt - uu$, où t ſoit impair & u pair; & la racine du ſecond, $2rr = 2tu$, ou $rr = tu$, où t & u ſont premiers entr'eux.

IV.) Puis donc que $tu = rr$ doit être un quarré, il faut que tant t que u ſoient des quarrés. Qu'on ſuppoſe donc $t = mm$ & $u = nn$, en entendant par m un nombre impair, & par n un nombre pair, on aura $ſſ = m^4 - n^4$; de ſorte qu'il faudroit de nouveau qu'une différence de deux bi-quarrés, ſavoir $m^4 - n^4$, fût un quarré. Or il eſt clair que ces nombres ſeroient bien plus petits que x & y, puiſqu'ils ſont moindres que r & $ſ$, qui ſont eux-mêmes évidemment plus petits que x & y. Si donc une ſolution étoit poſſible dans de grands nombres, & que $x^4 - y^4$ fût un quarré, il faudroit qu'il y en eût une auſſi qui fût poſſible pour des nombres beaucoup plus petits; celle-ci devroit faire parvenir à une autre pour des nombres encore plus petits, & ainſi de ſuite.

V.) Or les nombres les plus petits, pour leſquels un tel quarré peut ſe trouver, ont lieu dans le cas où un des bi-quarrés eſt $= 0$, ou qu'il eſt égal à l'autre bi-quarré. Dans le premier cas il faudroit que $n = 0$; donc $u = 0$, & de même $r = 0$, $p = 0$,

& enfin $x^4 - y^4 = 0$, ou $x^4 = y^4$; ce qui eſt un cas, duquel il n'eſt pas queſtion ici; que ſi $n = m$, on trouveroit $t = u$, enſuite $ſ = 0$, $q = 0$, & enfin auſſi $x = y$, ce qui n'entre point ici en conſidération.

207.

On pourroit faire ici l'objection que, puiſque m eſt impair & que n eſt pair, la derniere différence n'eſt plus ſemblable à la premiere, & qu'ainſi on ne peut en tirer des concluſions analogues pour des nombres plus petits. Mais il ſuffit que la premiere différence nous ait fait arriver à la ſeconde, & nous allons faire voir que $x^4 - y^4$ ne peut non plus devenir un quarré, quand l'un des bi-quarrés eſt pair & que l'autre eſt impair.

I.) D'abord ſi le premier x^4 étoit pair, & que y^4 fût impair, la choſe ſeroit claire d'elle-même, puiſqu'on auroit un nombre de la forme $4n + 3$, qui ne peut être un quarré. Soit donc x impair & y pair, il faudra que $xx = pp + qq$, & $y = 2pq$, d'où réſulte $x^4 - y^4 = p^4 - 2ppqq + q^4$

$=(pp-qq)^2$, où des deux nombres p & q l'un doit être pair & l'autre impair.

II.) Or $pp+qq=xx$ devant être un quarré, on a $p=rr-ss$ & $q=2rs$; donc $x=rr+ss$. Mais de-là résulte $yy=2(rr-ss):2rs$, ou $yy=4rs(rr-ss)$, ce qui devant être un quarré, le quart $rs(rr-ss)$, dont les facteurs sont premiers entr'eux, doit pareillement être un quarré.

III.) Qu'on fasse donc $r=tt$ & $s=uu$, on aura le troisieme facteur $rr-ss=t^4-u^4$, qui devra de même être un quarré; or comme ce facteur équivaut à la différence de deux bi-quarrés, qui sont beaucoup moindres que les premiers, la démonstration précédente est pleinement confirmée; & il est évident que si la différence de deux bi-quarrés pouvoit devenir égale au quarré d'un nombre, quelque grand qu'on veuille le supposer, on pourroit, moyennant ce cas connu, parvenir à des différences de plus en plus petites, qui seroient de même réductibles à des quarrés, sans cependant retomber dans les deux cas évidens, dont nous avons parlé au commencement; donc il eſt impoſſible que la choſe puiſſe avoir lieu même pour les plus grands nombres.

208.

La premiere partie de la démonſtration précédente, ſavoir où x & y ſont ſuppoſés impairs, peut s'abréger de la maniere ſuivante: ſi x^4-y^4 étoit un quarré, il faudroit qu'on eût $xx=pp+qq$ & $yy=pp-qq$, en entendant par p & q des nombres dont l'un ſoit pair & l'autre impair; moyennant cela on auroit $xxyy=p^4-q^4$, & il faudroit par conſéquent que p^4-q^4 fût un quarré; or c'eſt-là une différence de deux bi-quarrés dont l'un eſt pair & dont l'autre eſt impair; & il a été prouvé dans la ſeconde partie de la démonſtration, qu'une différence de cette nature ne peut devenir un quarré.

209.

Nous avons donc prouvé ces deux propoſitions capitales, que ni la ſomme ni la différence de deux bi-quarrés ne peut devenir un nombre quarré, ſi ce n'eſt dans un petit nombre de cas tout-à-fait évidens.

Quelques formules donc qu'on veuille transformer en des quarrés, ſi ces ſormules demandent qu'on réduiſe à un quarré la ſomme ou la différence de deux bi-quarrés, on peut prononcer que ces formules propoſées ſont pareillement impoſſibles. C'eſt ce qui arrive à l'égard de celles que nous allons indiquer.

I.) Il n'eſt pas poſſible que la formule x^4+4y^4 devienne un quarré; car puiſque cette formule eſt la ſomme de deux quarrés, il faudroit que $xx=pp-qq$, & $2yy=2pq$ ou $yy=pq$; or p & q étant des nombres premiers entr'eux, il faudroit que l'un & l'autre fût un □. Si donc on fait $p=rr$ & $q=ss$, on aura $xx=r^4-s^4$; c'eſt-à-dire qu'il faudroit que la différence de deux bi-quarrés fût un quarré, ce qui eſt impoſſible.

II.) Il n'eſt pas poſſible non plus que la formule x^4-4y^4 devienne un quarré; car il faudroit dans ce cas que $xx=pp+qq$, & $2yy=2pq$, afin qu'on eût x^4-4y^4

$=(pp-qq)^2$; or pour que $yy=pq$, il faut que tant p que q soit un quarré ; & si on fait en conséquence $p=rr$ & $q=ss$, on a $xx=r^4+s^4$; c'est-à-dire qu'il faudroit que la somme de deux bi-quarrés pût devenir un quarré, ce qui est impossible.

III.) Il est impossible aussi que la formule $4x^4-y^4$ devienne un quarré, parce qu'il faudroit en ce cas nécessairement que y fût un nombre pair ; or si l'on fait $y=2z$, on trouve que $4x^4-16z^4$, & par conséquent aussi la quatrieme partie x^4-4z^4, devroit pouvoir se réduire à un quarré ; ce que nous venons de voir n'être pas possible.

IV.) La formule $2x^4+2y^4$ ne peut pas non plus se transformer en un quarré ; car, puisqu'il faudroit que ce quarré fût pair, & par conséquent $2x^4+2y^4=4zz$, on auroit $x^4+y^4=2zz$, ou $2zz+2xxyy=x^4+2xxyy+y^4=\square$, ou pareillement $2zz-2xxyy=x^4-2xxyy+y^4=\square$. Ainsi, comme tant $2zz+2xxyy$ que $2zz-2xxyy$ deviendroient des quarrés, il faudroit que leur

leur produit $4z^4 - 4x^4y^4$, aussi bien que le quart de ce produit, ou $z^4 - x^4y^4$, fût un quarré. Mais ce quart est la différence de deux bi-quarrés ; donc, &c.

V.) Enfin je dis aussi que la formule $2x^4 - 2y^4$ ne peut être un quarré ; car les deux nombres x & y ne peuvent être pairs tous deux, puisque s'ils l'étoient, ils auroient un diviseur commun ; ils ne peuvent être non plus pair l'un & impair l'autre, puisqu'autrement une partie de la formule seroit divisible par 4, & l'autre seulement par 2, & qu'ainsi la formule entiere ne seroit divisible que par 2 ; donc il faut que ces nombres x & y soient impairs tous les deux. Or si l'on fait à présent $x = p + q$, & $y = p - q$, un des nombres p & q sera pair, & l'autre sera impair ; & puisque $2x^4 - 2y^4 = 2(xx + yy)(xx - yy)$, & que $xx + yy = 2pp + 2qq = 2(pp + qq)$, & que $xx - yy = 4pq$, notre formule se trouvera exprimée par $16pq(pp + qq)$, dont la seizieme partie, ou $pq(pp + qq)$, devra être pareillement un quarré. Mais ces facteurs sont premiers entre eux ; ainſi chacun doit de ſon côté être un quarré. Qu'on faſſe donc les deux premiers $p=rr$ & $q=ſſ$, & le troiſieme devenant $=r^4+ſ^4$, ce qui ne peut être un quarré, prouvera que la formule propoſée ne peut pas non plus devenir un quarré.

210.

On peut démontrer de même que la formule x^4+2y^4 ne devient jamais un quarré ; voici l'ordre de cette démonſtration :

I.) Le nombre x ne peut être pair, parce qu'il faudroit en ce cas que y fût impair ; & la formule ne ſeroit diviſible que par 2 & non par 4 ; donc x doit être impair.

II.) Qu'on ſuppoſe donc la racine quarrée de notre formule $=xx+\frac{2pyy}{q}$, afin qu'elle devienne impaire, on aura $x^4+2y^4=x^4$ $+\frac{4pxxyy}{q}+\frac{4ppy^4}{qq}$, où les x^4 ſe détruiſent ; en ſorte qu'en diviſant les autres termes par yy & multipliant par qq, on trouve $4pqxx+4ppyy=2qqyy$, ou $4pqxx=2qqyy$

$-4ppyy$, d'où l'on tire $\frac{xx}{yy}=\frac{qq-2pp}{2pq}$; c'est-à-dire $xx=qq-2pp$ & $yy=2pq$, qui sont les mêmes formules que nous avons déjà données plus haut.

III.) Ainsi $qq-2pp$ devroit être un quarré, & c'est ce qui ne peut arriver, à moins qu'on ne fasse $q=rr+2ss$ & $p=2rs$, afin d'avoir $xx=(rr-2ss)^2$; or on auroit alors $4rs(rr+2ss)=yy$; & il faudroit qu'aussi le quart $rs(rr+2ss)$ fût un quarré, & par conséquent que r & s fussent chacun en particulier des quarrés. Si donc on suppose $r=tt$ & $s=uu$, on trouvera le troisieme facteur $rr+2ss=t^4+2u^4$, qui devroit être un quarré.

IV.) Par conséquent si x^4+2y^4 étoit un quarré, il faudroit aussi que t^4+2u^4 fût un quarré; & comme les nombres t & u seroient beaucoup moindres que x & y, on pourroit parvenir de la même maniere à des nombres toujours plus petits. Or il est facile de se convaincre, par quelques essais, que la formule proposée n'est pas un quarré de quelque petit nombre; donc elle ne l'est pas non plus d'un nombre même très-grand.

211.

Pour ce qui regarde au contraire la formule $x^4 - 2y^4$, il n'est pas possible de prouver qu'elle ne peut devenir un quarré ; & on trouve même par un raisonnement semblable au précédent, qu'il y a une infinité de cas où cette formule devient réellement un quarré.

En effet, que $x^4 - 2y^4$ doive être un quarré, nous venons de voir qu'en faisant $xx = pp + 2qq$ & $yy = 2pq$, on trouve $x^4 - 2y^4 = (pp - 2qq)^2$. Or $pp + 2qq$ doit donc devenir pareillement un quarré, & c'est ce qui arrive, lorsque $p = rr - 2ss$ & $q = 2rs$; vu qu'on a dans ce cas $xx = (rr + 2ss)^2$. De plus il est à remarquer qu'on pourroit prendre pour le même effet $p = 2ss - rr$ & $q = 2rs$: nous ferons attention à l'un & à l'autre cas.

I.) Soit d'abord $p = rr - 2ss$ & $q = 2rs$, on aura $x = rr + 2ss$; & à cause de $yy = 2pq$, on aura maintenant $yy = 4rs(rr$

$-2ss$) ; de sorte que r & s doivent être des quarrés. Qu'on fasse donc $r=tt$ & $s=uu$, on trouvera $yy=4ttuu(t^4-2u^4)$. Ainsi $y=2tu\sqrt{t^4-2u^4}$ & $x=t^4+2u^4$; donc, lorsque t^4-2u^4 est un quarré, on trouvera aussi $x^4-2y^4=\square$; mais quoique t & u soient des nombres plus petits que x & y, on ne peut conclure cependant, comme auparavant, que x^4-2y^4 ne peut être un quarré, de ce qu'on parvient à une formule semblable en de moindres nombres; car x^4-2y^4 peut devenir un quarré, sans qu'on parvienne à la formule t^4-2u^4, comme on le verra en considérant le second cas.

II.) Soit donc $p=2ss-rr$ & $q=2rs$, on aura à la vérité, comme ci-devant, $xx=rr+2ss$; mais on trouvera $yy=2pq=4rs(2ss-rr)$. Si l'on suppose maintenant $r=tt$ & $s=uu$, on obtient $yy=4ttuu(2u^4-t^4)$, par conséquent $y=2tu\sqrt{2u^4-t^4}$ & $x=t^4+2u^4$, moyennant quoi il est clair que notre formule x^4-2y^4 peut devenir aussi un quarré, quand la formule $2u^4 - t^4$ devient un quarré. Or ce cas a lieu évidemment, quand $t = 1$ & $u = 1$; & nous obtenons par-là $x = 3$ & $y = 2$, & enfin $x^4 - 2y^4 = 81 - 2.16 = 49$.

III.) Nous avons aussi vu plus haut que $2u^4 - t^4$ devient un quarré, lorsque $u = 13$ & $t = 1$, puisqu'alors $\sqrt{2u^4 - t^4} = 239$. Si nous substituons donc ces valeurs au lieu de t & de u, nous trouvons un nouveau cas pour notre formule, savoir $x = 1 + 2 .13^4 = 57123$, & $y = 2.13.239 = 6214$.

IV.) De plus, dès qu'on a trouvé des valeurs de x & de y, on peut les substituer à t & à u dans les formules du n°. 1, & on obtiendra par ce moyen de nouvelles valeurs de x & de y.

Or nous venons de trouver $x = 3$ & $y = 2$; faisons donc, dans les formules n°. 1, $t = 3$ & $u = 2$, de sorte que $\sqrt{t^4 - 2u^4} = 7$, & nous aurons les nouvelles valeurs suivantes, $x = 81 + 2.16 = 113$ & $y = 2 .3.2.7 = 84$; ainsi $xx = 12769$, & x^4

$=163047361$; de plus $yy=7056$, & $y^4=49787136$; donc $x^4-2y^4=63473089$: la racine quarrée de ce nombre eſt 7967, & elle s'accorde parfaitement avec la formule adoptée au commencement, $pp-2qq$; car puiſque $t=3$ & $u=2$, on a $r=9$ & $s=4$; donc $p=81-32=49$ & $q=72$, d'où réſulte $pp-2qq=2401-10368=-7967$.

CHAPITRE XIV.

Solutions de quelques Queſtions qui appartiennent à cette partie de l'Analyſe.

212.

Nous avons expliqué juſqu'ici les artifices qui ſe préſentent dans cette partie de l'analyſe, & qui peuvent être néceſſaires pour réſoudre quelque queſtion que ce ſoit qui appartienne à cette partie ; il nous reſte à les mettre dans un plus grand jour, en joignant ici quelques-unes de ces queſtions avec leurs ſolutions.

213.

Premiere question. Trouver un nombre tel que, si on y ajoute ou qu'on en retranche l'unité, on obtienne dans l'un & l'autre cas un nombre quarré.

Soit le nombre cherché $=x$, il faut que tant $x+1$ que $x-1$ soit un quarré. Supposons pour le premier cas $x+1=pp$, nous aurons $x=pp-1$ & $x-1=pp-2$, ce qui devra pareillement être un □. Que la racine en soit donc $p-q$, nous aurons $pp-2=pp-2pq+qq$, & par conséquent $p=\frac{qq+2}{2q}$, au moyen de quoi on obtient $x=\frac{q^4+4}{4qq}$, où l'on peut donner à q une valeur quelconque même fractionnaire.

Si nous faisons donc $q=\frac{r}{s}$, en sorte que $x=\frac{r^4+4s^4}{4rrss}$, nous aurons pour quelques petits nombres les valeurs qui suivent:

Si $r =$	1	2	1	3
& $s =$	1	1	2	1
on a $x =$	$\frac{5}{4}$	$\frac{5}{4}$	$\frac{65}{16}$	$\frac{85}{36}$.

214.

Seconde question. Trouver un nombre x tel que, si on y ajoute deux nombres quelconques, par exemple 4 & 7, on obtienne dans l'un & l'autre cas un quarré.

Il faut d'après cet énoncé que les deux formules, $x+4$ & $x+7$, deviennent des quarrés. Qu'on suppose donc la premiere $x+4=pp$, on aura $x=pp-4$, & la seconde deviendra $x+7=pp+3$; or cette formule devant aussi être un quarré, soit sa racine $=p+q$, & on aura $pp+3=pp+2pq+qq$, d'où l'on tirera $p=\frac{3-qq}{2q}$, & par conséquent $x=\frac{9-22qq+q^4}{4qq}$. Si de plus on prend pour q une fraction $\frac{r}{s}$, on trouve pour x la valeur $\frac{9s^4-22rrss+r^4}{4rrss}$, dans laquelle on peut substituer à r & à s tous les nombres entiers qu'on veut.

Si l'on fait $r=1$ & $s=1$, on trouve $x=-3$; donc $x+4=1$ & $x+7=4$.

Que si l'on demandoit que x fût un

nombre positif, on pourroit faire $ſ=2$ & $3=1$, & on auroit $x=\frac{57}{16}$, moyennant quoi $x+4=\frac{121}{16}$, & $x+7=\frac{169}{16}$.

Si l'on fait $ſ=3$ & $r=1$, on a $x=\frac{133}{9}$, d'où résultent $x+4=\frac{169}{9}$ & $x+7=\frac{196}{9}$.

Veut-on que le dernier terme de la formule qui exprime x, surpasse le moyen, qu'on fasse $r=5$ & $ſ=1$, on aura $x=\frac{21}{25}$, & par conséquent $x+4=\frac{121}{25}$ & $x+7=\frac{196}{25}$.

215.

Troisieme question. On cherche une valeur fractionnaire de x, telle qu'ajoutée à 1 ou soustraite de 1, elle donne dans l'un & l'autre cas un quarré.

Puisque ce sont les deux formules $1+x$ & $1-x$ qui doivent devenir des quarrés, qu'on suppose la premiere $1+x=pp$, on aura $x=pp-1$, & la seconde formule $1-x=2-pp$. Or comme cette formule-ci doit devenir un quarré, & que ni le premier terme ni le dernier n'est un quarré, il faudra tâcher de trouver un cas où la formule devienne un $\square$; on ne tarde pas à en appercevoir un, c'eſt celui de $p=1$. Qu'on faſſe donc $p=1-q$, de ſorte que $x=qq-2q$, notre formule $2-pp$ ſera $=1+2q-qq$; & en ſuppoſant la racine $=1-qr$, on aura $1+2q-qq=1-2qr+qqrr$; ainſi $2-q=-2r+qrr$, & $q=\frac{2r+2}{rr+1}$; de-là réſulte $x=\frac{4r-4r^3}{(rr+1)^2}$; & puiſque r eſt une fraction, qu'on faſſe $r=\frac{t}{u}$, on aura $x=\frac{4tu^3-4t^3u}{(tt+uu)^2}=\frac{4tu(uu-tt)}{(tt+uu)^2}$, & il eſt clair que u doit être plus grand que t.

Soit donc, par exemple, $u=2$ & $t=1$, on trouvera $x=\frac{24}{25}$.

Soit $u=3$ & $t=2$, on aura $x=\frac{120}{169}$, & les formules $1+x=\frac{289}{169}$ & $1-x=\frac{49}{169}$, ſeront toutes deux des quarrés.

216.

Quatrieme queſtion. Trouver des nombres x tels que, ſoit qu'on les ajoute à 10, ſoit qu'on les ſouſtraie de 10, il en réſulte des quarrés.

Il s'agit donc de transformer en quarrés les formules $10+x$ & $10-x$, & on pourroit le faire par la méthode qu'on vient d'employer ; mais indiquons une autre voie pour y parvenir. On remarquera d'abord que le produit de ces deux formules, ou $100-xx$, doit pareillement devenir un quarré ; or son premier terme étant déjà un quarré, il faut en supposer la racine $=10-px$, moyennant quoi on aura $100-xx=100-20px+ppxx$; donc $x=\frac{20p}{pp+1}$; or par-là ce n'est encore que le produit des deux formules qui devient un quarré, & non pas chacune en particulier. Mais pourvu que l'une devienne un quarré, l'autre sera nécessairement aussi un quarré ; or $10+x=\frac{10pp+20p+10}{pp+1}=\frac{10(pp+2p+1)}{pp+1}$, & puisque $pp+2p+1$ est déjà un quarré, tout se réduit à ce qu'aussi la fraction $\frac{10}{pp+1}$, ou bien celle-ci $\frac{10pp+10}{(pp+1)^2}$, soit un quarré. Il faut pour cela seulement que $10pp+10$ soit un quarré, & on a de nouveau besoin ici de trouver un cas où cela ait lieu. On remarquera qu'un tel cas est $p=3$; c'est pourquoi on fera $p=3+q$, & on aura $100+60q+10qq$. Que la racine de ceci soit $10+qt$, on aura l'équation finale $100+60q+10qq=100+20qt+qqtt$, qui donne $q=\frac{60-20t}{tt-10}$, au moyen de quoi on déterminera $p=3+q$, & $x=\frac{20p}{pp+1}$.

Soit $t=3$, on trouvera $q=0$ & $p=3$; donc $x=6$, & nos formules $10+x=16$ & $10-x=4$.

Mais si $t=1$, on a $q=-\frac{40}{9}$ & $p=-\frac{13}{9}$, ainsi $x=-\frac{234}{25}$; or il est indifférent de faire aussi $x=+\frac{234}{25}$, donc $10+x=\frac{484}{25}$ & $10-x=\frac{16}{25}$, quantités qui sont toutes deux des quarrés.

217.

Remarque. Si on vouloit généraliser cette question en demandant pour un nombre quelconque a des nombres x, tels que tant $a+x$ que $a-x$ fussent des quarrés, la solution deviendroit souvent impossible, savoir dans tous les cas où a ne seroit pas la somme de deux quarrés. Or nous avons déjà vu plus haut que depuis 1 jusqu'à 50 ce ne sont que les nombres suivans qui sont les sommes de deux quarrés, ou qui sont contenus dans la formule $xx+yy$:

1, 2, 4, 5, 8, 9, 10, 13, 16, 17, 18, 20, 25, 26, 29, 32, 34, 36, 37, 40, 41, 45, 49, 50.

Ainsi les autres nombres compris entre 1 & 50, & qui sont :

3, 6, 7, 11, 12, 14, 15, 19, 21, 22, 23, 24, 27, 28, 30, 31, 33, 35, 38, 39, 42, 43, 44, 46, 47, 48,

ne peuvent se décomposer en deux quarrés ; par conséquent toutes les fois que a seroit un de ces derniers nombres, la question seroit impossible. La démonstration en est facile. Soit $a+x=pp$ & $a-x=qq$, l'addition des deux formules donnera $2a=pp+qq$; donc il faut que $2a$ soit la somme de deux quarrés ; or si $2a$ est une somme de cette espece, a en sera une semblable ; par conséquent, lorsque a n'est pas la somme de deux quarrés, il sera toujours impossible que $a+x$ & $a-x$ soient en même temps des quarrés.

218.

Comme 3 n'eſt pas la ſomme de deux quarrés, il ſuit de ce que nous avons dit, que, ſi $a=3$, la queſtion eſt impoſſible. Mais on pourroit objecter qu'il y a peut-être deux quarrés fractionnaires, dont la ſomme eſt $=3$; nous répondons que cela n'eſt pas poſſible non plus; car ſi 3 étoit $=\frac{pp}{qq}+\frac{rr}{ss}$, & qu'on multipliât par $qqss$, on auroit $3qqss=ppss+qqrr$, où le ſecond membre, qui eſt la ſomme de deux quarrés, ſeroit diviſible par 3; or nous avons vu plus haut qu'une ſomme de deux quarrés ne peut avoir pour diviſeurs que des nombres qui ſoient eux-mêmes des ſommes de cette eſpece.

Il eſt vrai que les nombres 9 & 45 ſont diviſibles par 3, mais ils ſont diviſibles auſſi par 9, & même chacun des deux quarrés qui compoſent tant l'un que l'autre, eſt diviſible par 9, vu que $9=3^2+0^2$, & $45=6^2+3^2$; c'eſt donc un cas différent & duquel il n'eſt pas queſtion ici; & nous pouvons donc nous en tenir à la conclusion, que si un nombre *a* n'est pas en nombres entiers la somme de deux quarrés, il ne le sera pas non plus en fractions. Lorsqu'au contraire le nombre *a* est en nombres entiers la somme de deux quarrés, il peut être d'une infinité de manieres la somme de deux quarrés en nombres fractionnaires; c'est ce que nous allons faire voir.

219.

Cinquieme question. Décomposer en autant de manieres qu'on voudra un nombre, qui est la somme de deux quarrés, en une autre somme de deux quarrés.

Soit $ff+gg$ le nombre proposé, & qu'on cherche deux autres quarrés, par exemple xx & yy, dont la somme $xx+yy$ soit égale au nombre $ff+gg$. Il est clair d'abord que si x est ou plus grand ou plus petit que f, il faut qu'au contraire y soit ou plus petit ou plus grand que g. Qu'on fasse donc $x=f+pz$ & $y=g-qz$, on aura $ff+2fpz+ppzz+gg-2gqz+qqzz$ $=ff$

$=ff+gg$, où les deux termes ff & gg se détruisent; après quoi il ne reste que des termes qui sont divisibles par z. Ainsi on aura $2fp+ppz-2gq+qqz=0$, ou $ppz+qqz=2gq-2fp$; donc $z=\frac{2gq-2fp}{pp+qq}$, d'où l'on tire pour x & y les valeurs suivantes, $x=\frac{2gpq+f(qq-pp)}{pp+qq}$ & $y=\frac{2fpq+g(pp-qq)}{pp+qq}$, dans lesquelles on peut adopter pour p & q tous les nombres possibles à volonté.

Que, par exemple, 2 soit le nombre proposé, en sorte que $f=1$ & $g=1$, on aura $xx+yy=2$; & à cause de $x=\frac{2pq+qq-pp}{pp+qq}$ & de $y=\frac{2pq+pp-qq}{pp+qq}$, si on fait $p=2$ & $q=1$, on trouve $x=\frac{1}{5}$ & $y=\frac{7}{5}$.

220.

Sixieme question. Si a est la somme de deux quarrés, trouver des nombres x, tels que $a+x$ & $a-x$ deviennent des quarrés.

Soit $a=13=9+4$, & qu'on fasse $13+x=pp$ & $13-x=qq$, on aura d'abord par l'addition $26=pp+qq$, ensuite par la soustraction, $2x=pp-qq$; il faut par conséquent que p & q soient tels que pp

$+qq$ devienne égal au nombre 26, qui est aussi la somme de deux quarrés, savoir de $25+1$. Or puisqu'il s'agit en effet de décomposer 26 en deux quarrés, dont le plus grand puisse exprimer pp, & le plus petit qq, on aura sur le champ $p=5$ & $q=1$, de sorte que $x=12$; mais l'on peut résoudre le nombre 26 encore d'une infinité de manieres en deux quarrés. Car puisque $f=5$ & $q=1$, si nous écrivons dans les formules de ci-dessus t & u au lieu de p & q, & p & q au lieu de x & y, nous trouvons $p=\frac{2tu+5(uu-tt)}{tt+uu}$ & $q=\frac{10tu+tt-uu}{tt+uu}$. Maintenant nous pouvons substituer à t & u des nombres quelconques, & déterminer par-là p & q, & par conséquent aussi la valeur de $x=\frac{pp-qq}{2}$.

Soit, par exemple, $t=2$ & $u=1$, on aura $p=\frac{11}{5}$ & $q=\frac{23}{5}$; donc $pp-qq=\frac{408}{25}$ & $x=\frac{204}{25}$.

221.

Mais afin de résoudre cette question d'une maniere générale, soit $a=cc+dd$, &

l'inconnue $=z$; c'est-à-dire que ce soient les formules $a+z$ & $a-z$ qui doivent devenir des quarrés.

Faisons $a+z=xx$ & $a-z=yy$, nous aurons d'abord $2a=2(cc+dd)=xx+yy$, ensuite $2z=xx-yy$. Donc il faut que les quarrés xx & yy soient tels que $xx+yy=2(cc+dd)$, où en effet $2(cc+dd)$ est la somme de deux quarrés, savoir $=(c+d)^2+(c-d)^2$. Supposons, pour abréger, $c+d=f$, & $c-d=g$, il faudra que $xx+yy=ff+gg$, & cela arrivera, d'après ce qui a été dit ci-dessus, quand $x=\frac{2gpq+f(qq-pp)}{pp+qq}$ & $y=\frac{2fpq+g(pp-qq)}{pp+qq}$. On obtient par-là une solution très-facile, en faisant $p=1$ & $q=1$; car on trouve $x=\frac{2g}{2}=g=c-d$, & $y=f=c+d$; par conséquent $z=2cd$; & il est clair que $a+z=cc+dd+2cd=(c+d)^2$, & $a-z=cc+dd-2cd=(c-d)^2$.

Cherchons une autre solution, en faisant $p=2$ & $q=1$; nous aurons $x=\frac{c-7d}{5}$ & $y=\frac{7c+d}{5}$, où tant c & d que x & y peuvent se prendre en moins, parce qu'il n'est question que de leurs quarrés. Or puisque x doit être plus grand que y, qu'on fasse d négatif, on aura $x = \frac{c+7d}{5}$ & $y = \frac{7c-d}{5}$. Delà résulte $z = \frac{24dd + 14cd - 24cc}{25}$, & cette valeur étant ajoutée à $a = cc + dd$, donne $\frac{cc + 14cd + 49dd}{25}$, dont la racine quarrée est $\frac{c+7d}{5}$; si l'on soustrait ensuite z de a, il reste $\frac{49cc - 14cd + dd}{25}$, le quarré de $\frac{7c-d}{5}$; & on voit qu'en effet de ces deux racines quarrées la premiere est $= x$ & la seconde $= y$.

222.

Septieme question. On cherche un nombre x tel que, soit qu'on ajoute 1 à ce nombre même, soit qu'on ajoute 1 à son quarré xx, on obtienne un quarré.

Il s'agit de transformer en quarrés les deux formules $x + 1$ & $xx + 1$. Qu'on suppose donc la premiere $x + 1 = pp$, & à cause de $x = pp - 1$, la seconde $xx + 1 = p^4 - 2pp + 2$, devra être un quarré. Cette derniere formule est de nature à ne point admettre de solution, à moins qu'on ne connoiſſe d'avance un cas ſatisfaiſant ; mais un tel cas ſe préſente auſſi-tôt, c'eſt celui de $p=1$. Soit donc $p=1+q$, on aura $xx+1=1+4qq+4q^3+q^4$, ce qui peut devenir un quarré en bien des manieres.

I.) Qu'on en ſuppoſe d'abord la racine $=1+qq$, on aura $1+4qq+4q^3+q^4=1+2qq+q^4$; ainſi $4q+4qq=2q$, ou $4+4q=2$ & $q=-\frac{1}{2}$; donc $p=\frac{1}{2}$ & $x=-\frac{3}{4}$.

II.) Soit la racine $=1-qq$, on trouvera $1+4qq+4q^3+q^4=1-2qq+q^4$; par conſéquent $q=-\frac{3}{2}$ & $p=-\frac{1}{2}$, ce qui donne $x=-\frac{3}{4}$, comme auparavant.

III.) Si l'on fait la racine $=1+2q+qq$, afin de retrancher le premier & les deux derniers termes, on a $1+4qq+4q^3+q^4=1+4q+6qq+4q^3+q^4$, d'où l'on tire $q=-2$ & $p=-1$; donc $x=0$.

IV.) On peut adopter auſſi $1-2q-qq$ pour la racine, & on a dans ce cas $1+4qq+4q^3+q^4=1-4q+2qq+4q^3+q^4$; mais on trouve comme auparavant $q=-2$.

V.) On peut, ſi l'on veut, retrancher les

deux premiers termes, en faisant la racine $=1+2qq$; car on aura $1+4qq+4q^3+q^4$ $=1+4qq+4q^4$; alors $q=\frac{4}{3}$ & $p=\frac{7}{3}$; par conséquent $x=\frac{40}{9}$; enfin $x+1=\frac{49}{9}=\left(\frac{7}{3}\right)^2$, & $xx+1=\frac{1681}{81}=\left(\frac{41}{9}\right)^2$.

On trouvera un plus grand nombre de valeurs pour q, en faisant usage pour cela d'une de celles qu'on vient de déterminer, par exemple de celle-ci, $q=-\frac{1}{2}$; car soit à présent $q=-\frac{1}{2}+r$, on a $p=\frac{1}{2}+r$; $pp=\frac{1}{4}+r+rr$, & $p^4=\frac{1}{16}+\frac{1}{2}r+\frac{3}{2}rr+2r^3$ $+r^4$; donc l'expression $\frac{25}{16}-\frac{3}{2}r-\frac{1}{2}rr+2r^3$ $+r^4$, à laquelle notre formule se réduit, devra être un quarré, & elle devra l'être aussi étant multipliée par 16, dans lequel cas on a $25-24r-8rr+32r^3+16r^4$. C'est pourquoi faisons à présent:

I.) La racine $=5+fr\pm4rr$; en sorte que $25-24r-8rr+32r^3+16r^4=25$ $+10fr\pm40rr+ffrr\pm8fr^3+16r^4$. Les premiers & les derniers termes se détruisent, & nous ôterons aussi les seconds, en faisant $-24=10f$, & par conséquent

$f = -\frac{12}{5}$; divisant ensuite les termes restans par rr, nous avons $-8 + 32r = \pm 40 + ff \pm 8fr$; & en admettant le signe supérieur, nous trouvons $r = \frac{48 - ff}{32 - 8f}$. Or, à cause de $f = -\frac{12}{5}$, nous avons $r = \frac{21}{20}$; donc $p = \frac{31}{20}$, & $x = \frac{561}{400}$; ainsi $x + 1 = \left(\frac{31}{20}\right)^2$, & $xx + 1 = \left(\frac{689}{400}\right)^2$.

II.) Que si nous adoptons le signe inférieur, nous avons $-8 + 32r = -40 + ff - 8fr$, d'où se conclut $r = \frac{ff - 32}{32 + 8f}$; & puisque $f = -\frac{12}{5}$, on a $r = -\frac{41}{20}$; donc $p = \frac{31}{20}$, ce qui conduit à l'équation précédente.

III.) Soit $4rr + 4r \pm 5$ la racine de la formule; de sorte que $16r^4 + 32r^3 - 8rr - 24r + 25 = 16r^4 + 32r^3 \pm 40rr \pm 40r + 25$. Comme
$$\begin{array}{l} \\ +16rr \end{array}$$
de part & d'autre les deux premiers termes & le dernier se détruisent, nous aurons $-8r - 24 = \pm 40r + 16r \pm 40$, ou $-24r - 24 = \pm 40r \pm 40$. Si nous admettons le signe supérieur, nous avons par conséquent $-24r - 24 = 40r + 40$, ou $0 = 64r + 64$, ou $0 = r + 1$, c'est-à-dire $r = -1$ & $p = -\frac{1}{2}$;

mais c'est un cas qui nous est déjà connu, & on n'en auroit pas trouvé un différent en faisant usage de l'autre signe.

IV.) Que la racine soit $5+fr+grr$, & qu'on détermine f & g, de façon à faire évanouir les trois premiers termes. Puisque actuellement $25-24r-8rr+32r^3+16r^4$
$$=25+10fr+10grr+2fgr^3+ggr^4,$$
$$+ffrr$$
on aura d'abord $-24=10f$, ainsi $f=-\frac{12}{5}$; ensuite $-8=10g+ff$, ou $g=-\frac{8-ff}{10}$ $=\frac{-344}{250}=\frac{-172}{125}$. Quand on aura donc substitué & divisé les termes restans par r^3, on aura $32+16r=2fg+ggr$, & $r=\frac{2fg-32}{16-gg}$. Or le numérateur $2fg-32$ devient ici $=\frac{+24.172-32.625}{5.125}=\frac{-32.496}{625}=\frac{-16.32.31}{625}$, & le dénominateur $16-gg=(4-g)(4+g)=\frac{328}{125}$ $.\frac{672}{125}=\frac{8.32.41.21}{25.625}$; ainsi $r=-\frac{1550}{861}$; & on en conclut $p=-\frac{2239}{1722}$, moyennant quoi on obtient une nouvelle valeur de x à cause de $x=pp-1$.

223.

Huitieme question. Trouver un nombre x qui, ajouté à chacun des nombres donnés a, b & c, produise un quarré.

Puisqu'il faut que les trois formules $x+a$, $x+b$ & $x+c$ soient des quarrés, qu'on fasse la premiere $x+a=zz$, on aura $x=zz-a$, & les deux autres formules se changeront en $zz+b-a$, & $zz+c-a$. Il faudroit présentement que chacune de celles-ci fût un quarré; mais c'est ce qui n'admet point de solution générale; souvent la chose est impossible, & sa possibilité dépend uniquement de la nature des nombres $b-a$ & $c-a$. Car si, par exemple, $b-a=1$ & $c-a=-1$, c'est-à-dire $b=a+1$ & $c=a-1$, il faudroit que $zz+1$ & $zz-1$ fussent des quarrés, & que z par conséquent fût une fraction; ainsi on feroit $z=\frac{p}{q}$, & il faudroit que les deux formules $pp+qq$ & $pp-qq$ fussent des quarrés, & que par conséquent aussi leur produit p^4-q^4 fût un quarré; or nous avons fait voir plus haut que cela est impossible.

Voulût-on faire $b-a=2$, & $c-a=-2$, c'est-à-dire $b=a+2$ & $c=a-2$, on auroit, en faisant encore $z=\frac{p}{q}$, les deux formules $pp+2qq$ & $pp-2qq$ a transformer en quarrés ; par conséquent il faudroit aussi que leur produit p^4-4q^4 devînt un quarré ; or c'est ce que nous avons de même fait voir être impossible.

Soit en général $b-a=m$ & $c-a=n$; de plus $z=\frac{p}{q}$, il faudra que les formules $pp+mqq$ & $pp+nqq$ deviennent des quarrés ; & nous venons de voir que cela est impossible, tant lorsque $m=+1$ & $n=-1$, que lorsque $m=+2$ & $n=-2$.

Cela est impossible aussi, lorsque $m=ff$ & $n=-ff$; car on auroit dans ce cas deux formules, dont le produit seroit $=p^4-f^4q^4$, c'est-à-dire la différence de deux bi-quarrés, & nous savons qu'une telle différence ne peut jamais devenir un quarré.

De même, quand $m=2ff$ & $n=-2ff$, on a les deux formules $pp+2ffqq$ & $pp-2ffqq$ qui ne peuvent devenir toutes les deux des quarrés, parce qu'il faudroit que leur produit $p^4-4f^4q^4$ pût devenir un quarré ; or si l'on fait $fq=r$, ce produit se change en p^4-4r^4, qui est une formule dont l'impossibilité a été démontrée plus haut.

Que si l'on suppose $m=1$ & $n=2$, en sorte qu'il s'agisse de réduire en quarrés les formules $pp+qq$ & $pp+2qq$, on fera $pp+qq=rr$ & $pp+2qq=ss$; la premiere équation donnera $pp=rr-qq$, & la seconde donnera $rr+qq=ss$; donc il faudroit que tant $rr-qq$ que $rr+qq$ pût être un quarré ; or l'impossibilité en est prouvée, puisque le produit de ces formules, ou r^4-q^4, ne peut devenir un quarré.

Les exemples que nous venons de donner suffisent pour faire voir qu'il n'est pas facile de choisir pour m & n les nombres qui rendent la solution possible. L'unique moyen de trouver de telles valeurs de m & de n, c'est de les imaginer, ou bien de les déterminer par la méthode qui suit.

On fait $ff+mgg=hh$ & $ff+ngg=kk$; on a par la premiere équation $m=\frac{hh-ff}{gg}$,

& par la seconde $n = \frac{kk-ff}{bg}$; cela posé, on n'a qu'à prendre pour f, g, h & k des nombres quelconques à volonté, & on aura des valeurs de m & de n qui rendront la solution possible.

Soit, par exemp. $h=3$, $k=5$, $f=1$ & $g=2$, on aura $m=2$ & $n=6$; & on peut être certain maintenant qu'il est possible de réduire en quarrés les formules $pp+2qq$ & $pp+6qq$, puisque cela arrive quand $p=1$ & $q=2$. Mais la premiere formule devient en général un quarré, si $p=rr-2ss$ & $q=2rs$; car il en résulte $pp+2qq=(rr+2ss)^2$. La seconde formule devient alors $pp+6qq=r^4+20rrss+4s^4$, & nous connoissons un cas où elle devient un quarré, savoir le cas de $p=1$ & $q=2$, qui donne $r=1$ & $s=1$, ou en général $r=s$; de sorte que la formule est $=25s^4$. Connoissant donc ce cas, nous ferons $r=s+t$; nous aurons $rr=ss+2st+tt$, & $r^4=s^4+4s^3t+6sstt+4st^3+t^4$, notre formule deviendra $25s^4+44s^3t+26sstt+4st^3+t^4$; & supposant que sa racine soit $5ss$

$+fft+tt$, nous l'égalerons au quarré $25f^4$
$+10ff^3t+10ffft+2fft^3+t^4$, au moyen
$+fffftt$

de quoi les premiers & les derniers termes ſe détruiront. Faiſons de plus $4=2f$, ou $f=2$, afin de chaſſer les termes pénultiemes, & nous parviendrons à l'équation $44f+26t=10ff+10t+fft=20f+14t$, ou $2f=-t$, & $\frac{f}{t}=-\frac{1}{2}$; donc $f=-1$ & $t=2$, ou $t=-2f$, & par conſéquent $r=-f$ & $rr=ff$, ce qui n'eſt autre choſe que le cas déjà connu.

Mais déterminons donc plutôt f, de façon que les ſeconds termes s'évanouiſſent: il faudra faire $44=10f$, ou $f=\frac{22}{5}$; & en diviſant enſuite les autres termes par ftt, nous aurons $26f+4t=10f+fff+2ft$, c'eſt-à-dire $-\frac{84}{25}f=\frac{24}{5}t$; ce qui donne $t=-\frac{7}{10}f$ & $r=f+t=\frac{3}{10}f$, ou $\frac{r}{f}=\frac{3}{10}$; ainſi $r=3$ & $f=10$; moyennant cela nous trouvons $p=2ff-rr=191$ & $q=2rf=60$, & nos formules ſeront $pp+2qq=43681=(209)^2$ & $pp+6qq=58081=241^2$.

224.

Remarque. On peut trouver de la même maniere encore d'autres nombres pour m & n, qui fassent que nos formules deviennent des quarrés; & il est bon de remarquer que le rapport de m à n est arbitraire.

Soit ce rapport, comme a à b, & qu'on ait $m = az$ & $n = bz$, il sera question de savoir comment on doit déterminer z, afin que les deux formules $pp + azqq$ & $pp + bzqq$ puissent être transformées en quarrés. Nous en indiquerons les moyens dans la solution du probleme suivant.

225.

Neuvieme question. Si a & b sont des nombres donnés, trouver le nombre z, tel que les deux formules $pp + azqq$ & $pp + bzqq$ deviennent des quarrés, & déterminer en même temps les plus petites valeurs possibles de p & de q.

Qu'on fasse $pp + azqq = rr$ & $pp + bzqq = ss$, & qu'on multiplie la premiere équation par b & la seconde par a, la différence des deux produits fournira l'équation $(b-a)pp=brr-aſſ$, & par conſéquent $pp=\frac{brr-aſſ}{b-a}$, & il faudra que cette formule ſoit un quarré; or c'eſt ce qui arrive, quand $r=ſ$. Qu'on ſuppoſe donc, afin de faire ſortir les fractions, $r=ſ+(b-a)t$, on aura $pp=\frac{brr-aſſ}{b-a}$

$$=\frac{bſſ+2b(b-a)ſt+b(b-a)^2tt-aſſ}{b-a}$$

$$=\frac{(b-a)ſſ+2b(b-a)ſt+b(b-a)^2tt}{b-a}$$

$$=ſſ+2bſt+b(b-a)tt.$$

Qu'on faſſe maintenant $p=ſ+\frac{x}{y}t$, on aura $pp=ſſ+\frac{2x}{y}ſt+\frac{xx}{yy}tt=ſſ+2bſt+b(b-a)tt$, où les $ſſ$ ſe détruiſent; de ſorte que les autres termes étant diviſés par t, & multipliés par yy, donnent $2bſyy+b(b-a)tyy=2ſxy+txx$, d'où réſulte $t=\frac{2ſxy-2bſyy}{b(b-a)yy-xx}$ & $\frac{t}{ſ}=\frac{2xy-2byy}{b(b-a)yy-xx}$. Ainſi $t=2xy-2byy$, & $ſ=b(b-a)yy-xx$; de plus $r=2(b-a)xy-b(b-a)yy-xx$, & par conſéquent $p=ſ+\frac{x}{y}t=b(b-a)yy+xx-2bxy=(x-by)^2-abyy$.

Ayant donc trouvé p, r & $ſ$, il nous

reste à déterminer z. Soustrayons pour cet effet la premiere équation $pp+azqq=rr$ de la seconde $pp+bzqq=ss$, le reste sera $zqq(b-a)=ss-rr=(s+r)(s-r)$. Or $s+r=2(b-a)xy-2xx$, & $s-r=2b(b-a)yy-2(b-a)xy$, ou $s+r=2x((b-a)y-x)$, & $s-r=2(b-a)y(by-x)$; ainsi $(b-a)zqq=2x((b-a)y-x).2(b-a)y(by-x)$, ou $zqq=2x((b-a)y-x)2y(by-x)$, ou $zqq=4xy((b-a)y-x)(by-x)$; par conséquent $z=\frac{4xy((b-a)y-x)(by-x)}{qq}$.

Il s'agit donc de prendre pour qq le plus grand quarré, par lequel le numérateur soit divisible; mais remarquons premiérement que nous avons déjà trouvé $p=b(b-a)yy+xx-2bxy=(x-by)^2-abyy$, & qu'ainsi on peut simplifier en faisant $x=v+by$, ou $x-by=v$, vu qu'alors $p=vv-abyy$, & $z=\frac{4(v+by)y.v(v+ay)}{qq}$, ou $z=\frac{4vy(v+ay)(v+by)}{qq}$. Moyennant cela on pourra prendre pour v & y des nombres quelconques, & adoptant pour qq le plus grand quarré contenu dans le numérateur, on déterminera facilement

lement la valeur de z; après quoi on reviendra aux équations $m=az$, $n=bz$, & $p=vv-abyy$, & on obtiendra les formules qu'on cherchoit.

I.) $pp+azqq=(vv-abyy)^2+4avy(v+ay)(v+by)$, qui eſt un quarré dont la racine eſt $r=-vv-2avy-abyy$.

II.) La ſeconde formule devient $pp+bzqq=(vv-abyy)^2+4bvy(v+ay)(v+by)$, ce qui eſt auſſi un quarré dont la racine $s=-vv-2bvy-abyy$; & on peut prendre les valeurs tant de r que de s poſitives. Développons ces réſultats dans quelques exemples.

226.

Exemple premier. Soit $a=-1$ & $b=+1$, & qu'on cherche des nombres z, tels que les deux formules $pp-zqq$ & $pp+zqq$ deviennent des quarrés; ſavoir la premiere $=rr$, & la ſeconde $=ss$.

Nous avons donc $p=vv+yy$, & nous n'aurons, afin de trouver z, qu'à conſidérer la formule $z=\frac{4vy(v-y)(v+y)}{qq}$; nous donnerons à v & à y différentes valeurs, & nous verrons celles qui en résultent pour z.

	I.	II.	III.	IV.	V.	VI.
v	2	3	4	5	16	8
y	1	2	1	4	9	1
$v-y$	1	1	3	1	7	7
$v+y$	3	5	5	9	25	9
zqq	4.6	4.30	16.15	9.16.5	36.25.16 7	16.9.14
qq	4	4	16	9.16	36.25.16	16.9
z	6	30	15	5	7	14
p	5	13	17	41	337	65

Nous sommes en état, moyennant ces valeurs, de résoudre les formules suivantes, & d'en faire des quarrés.

I.) On peut transformer en quarrés les formules $pp-6qq$ & $pp+6qq$: cela se fait en supposant $p=5$ & $q=2$; car la premiere devient $=25-24=1$, & la seconde $=25+24=49$.

II.) Aussi les deux formules $pp-30qq$ & $pp+30qq$: savoir en faisant $p=13$ & $q=2$; car la premiere devient $=169-120=49$, & la seconde $=169+120=289$.

III.) De même les deux formules $pp-15qq$ & $pp+15qq$: car si l'on fait $p=17$ &

$q=4$, on a la premiere $=289-240=49$, & la ſeconde $=289+240=529$.

IV.) Les deux formules $pp-5qq$ & $pp+5qq$ deviennent pareillement des quarrés: ſavoir quand $p=41$ & $q=12$; car alors $pp-5qq=1681-720=961=31^2$, & $pp+5qq=1681+720=2401=49^2$.

V.) Les deux formules $pp-7qq$ & $pp+7qq$ ſont des quarrés, ſi $p=337$ & $q=120$; car la premiere alors eſt $=113569-100800=12769=113^2$, & la ſeconde eſt $=113569+100800=214369=463^2$.

VI.) Les formules $pp-14qq$ & $pp+14qq$ deviennent des quarrés dans le cas de $p=65$ & de $q=12$; car alors $pp-14qq=4225-2016=2209=47^2$, & $pp+14qq=4225+2016=6241=79^2$.

227.

Exemple ſecond. Lorſque les deux nombres m & n ſont dans le rapport de $1:2$, c'eſt-à-dire que $a=1$ & $b=2$, & qu'ainſi $m=z$ & $n=2z$, trouver pour z des valeurs telles, que les formules $pp+zqq$ & $pp+2zqq$ puiſſent être transformées en quarrés.

Il ſeroit ſuperflu ici de faire uſage des formules générales que nous avons données plus haut, cet exemple pouvant ſe réduire immédiatement au précédent. En effet, ſi $pp+zqq=rr$ & $pp+2zqq=ss$, on a par la premiere équation $pp=rr-zqq$, ce qui étant ſubſtitué dans la ſeconde, donne $rr+zqq=ss$; ainſi la queſtion eſt uniquement que les deux formules $rr-zqq$ & $rr+zqq$ puiſſent devenir des quarrés, & c'eſt, comme on voit, le cas de l'exemple précédent. On aura par conſéquent pour z les valeurs ſuivantes, 6, 30, 15, 5, 7, 14, &c.

On peut faire auſſi en général une tranſformation ſemblable. Car ſuppoſons que les deux formules $pp+mqq$ & $pp+nqq$ puiſſent devenir des quarrés, & faiſons $pp+mqq=rr$ & $pp+nqq=ss$; la premiere équation donnant $pp=rr-mqq$, la ſeconde deviendra $ss=rr-mqq+nqq$, ou $rr+(n-m)qq=ss$; ſi donc les premieres formules ſont poſſibles, ces dernieres $rr-mqq$ & $rr+(n-m)qq$ le ſeront de même, & comme m & n peuvent être mis l'un à la place de l'autre, les formules $rr-nqq$ & $rr+(m-n)qq$ ſeront poſſibles pareillement; & au contraire, ſi les premieres ſont impoſſibles, les autres ne le ſeront pas moins.

228.

Exemple troiſieme. Que m ſoit à n comme 1:3, ou bien que $a=1$ & $b=3$, de ſorte que $m=z$ & $n=3z$, & qu'il s'agiſſe de transformer en quarrés les formules $pp+zqq$ & $pp+3zqq$.

Puiſque $a=1$ & $b=3$, la queſtion ſera poſſible dans tous les cas où $zqq=4vy(v+y)(v+3y)$, & $p=vv-3yy$. Ainſi adoptons pour v & y les valeurs ſuivantes:

	I.	II.	III.	IV.	V.
v	1	3	4	1	16
y	1	2	1	8	9
$v+y$	2	5	5	9	25
$v+3y$	4	9	7	25	43
zqq	16.2	4.9.30	4.4.35	4.9.25.4.2	4.9.16.25.43
qq	16	4.9	4.4	4.4.9.25	4.9.16.25
z	2	30	35	2	43
p	2	3	13	191	13

Or nous avons ici deux cas pour $z=2$, ce qui fait que nous pouvons transformer de deux manieres les formules $pp+2qq$ & $pp+6qq$.

La premiere eſt de faire $p=2$ & $q=4$, & par conſéquent auſſi $p=1$ & $q=2$; car nous avons alors $pp+2qq=9$ & $pp+6qq=25$.

La ſeconde maniere eſt de ſuppoſer $p=191$ & $q=60$, moyennant quoi nous aurons $pp+2qq=(209)^2$ & $pp+6qq=241^2$. Il eſt difficile de décider ſi on ne pourroit pas faire auſſi $z=1$; ce qui auroit lieu, quand zqq ſeroit un quarré. Mais quant à la queſtion, ſi les deux formules $pp+qq$ & $pp+3qq$ peuvent devenir des quarrés, voici le procédé qu'elle exige.

229.

Il s'agit de rechercher si on peut transformer en quarrés, ou non, les formules $pp+qq$ & $pp+3qq$: qu'on suppose $pp+qq=rr$ & $pp+3qq=ss$, & qu'on considere les points suivans:

I.) Les nombres p & q peuvent être regardés comme premiers entr'eux; car s'ils avoient un commun diviseur, les deux formules ne laisseroient pas de rester des quarrés, après qu'on auroit divisé p & q par ce diviseur.

II.) p ne peut être un nombre pair; car en ce cas q seroit impair, & par conséquent la seconde formule seroit un nombre de l'espece $4n+3$, qui ne peut devenir un quarré; donc p est nécessairement impair, & pp est un nombre de l'espece $8n+1$.

III.) Puis donc que p est impair, il faut que, dans la premiere formule, q soit non-seulement pair, mais qu'il soit même divisible par 4, afin que qq devienne un nombre de l'espece $16n$, & que $pp+qq$ soit de l'espece $8n+1$.

IV.) De plus p ne peut être divisible par 3 ; car si cela étoit, pp seroit divisible par 9, & qq ne le seroit pas ; ainsi $3qq$ ne seroit divisible que par 3 & non par 9 ; par conséquent aussi $pp+3qq$ ne pourroit être divisé que par 3 & non par 9, & ne pourroit donc être un quarré ; ainsi p ne peut être divisé par 3, & pp sera un nombre de l'espece $3n+1$.

V.) Puisque p n'est pas divisible par 3, il faut que q le soit ; car autrement qq seroit un nombre de l'espece $3n+1$, & par conséquent $pp+qq$ un nombre de l'espece $3n+2$, qui ne peut être un quarré ; donc q doit pouvoir se diviser par 3.

VI.) p n'est pas divisible non plus par 5 ; car si cela étoit, q ne le seroit pas, & qq seroit un nombre de l'espece $5n+1$ ou $5n+4$; par conséquent $3qq$ seroit de l'espece $5n+3$ ou $5n+2$, & comme $pp+3qq$ appartiendroit aux mêmes especes, cette formule ne pourroit devenir un quarré ; donc il faut nécessairement que p ne soit pas divisible par 5, & que pp soit un nombre de l'eſpece $5n+1$, ou de l'eſpece $5n+4$.

VII.) Mais puiſque p n'eſt pas diviſible par 5, voyons ſi q eſt diviſible par 5 ou non; que ſi q n'étoit pas diviſible par 5, qq ſeroit de l'eſpece $5n+2$ ou $5n+3$, comme nous avons vu; & puiſque pp eſt $5n+1$ ou $5n+4$, il faudroit que $pp+3qq$ fût de même, ou $5n+1$ ou $5n+4$.

Qu'on s'imagine $pp=5n+1$, on aura $qq=5n+4$, parce qu'autrement $pp+qq$ ne pourroit être un quarré; mais on auroit alors $3qq=5n+2$ & $pp+3qq=5n+3$, ce qui ne peut être un quarré.

Soit en ſecond lieu $pp=5n+4$, on a dans ce cas $qq=5n+1$ & $3qq=5n+3$; donc $pp+3qq=5n+2$, ce qui ne peut être non plus un quarré. Il s'enſuit de-là que qq doit être diviſible par 5.

VIII.) Or q étant diviſible d'abord par 4, enſuite par 3 & en troiſieme lieu auſſi par 5, il faut que ce ſoit un nombre tel que $4.3.5m$, ou que $q=60m$; ainſi nos formules deviendroient $pp+3600mm=rr$,

& $pp+10800mm=ss$; cela posé, la premiere, étant soustraite de la seconde, donnera $7200mm=ss-rr=(s+r)(s-r)$; de sorte qu'il faudra que $s+r$ & $s-r$ soient des facteurs de $7200mm$; & on doit faire attention en même temps qu'il faut que s & r soient des nombres impairs, & de plus premiers entr'eux.

IX.) Soit de plus $7200mm=4fg$, ou que les facteurs en soient $2f$ & $2g$, & qu'on suppose $s+r=2f$ & $s-r=2g$, on aura $s=f+g$ & $r=f-g$; & il faudra que f & g soient premiers entr'eux, & que l'un soit pair & l'autre impair. Or comme $fg=1800mm$, il faudra donc décomposer $1800mm$ en deux facteurs, dont l'un soit pair & l'autre impair, & qui n'aient aucun commun diviseur.

X.) Il est à remarquer en outre, que puisque $rr=pp+qq$, & qu'ainsi r est un diviseur de $pp+qq$, il faut que $r=f-g$ soit pareillement la somme de deux quarrés, & comme ce nombre est impair, il faut qu'il soit contenu dans la formule $4n+1$.

XI.) Si nous commençons maintenant par ſuppoſer $m=1$, nous aurons $fg=1800$ $=8.9.25$, & de-là réſulteront les décompoſitions ſuivantes : $f=1800$ & $g=1$, ou $f=200$ & $g=9$, ou $f=72$ & $g=25$, ou $f=225$ & $g=8$. La premiere donne $r=f-g=1799=4n+3$; la ſeconde donne $r=f-g=191=4n+3$; la troiſieme donne $r=f-g=47=4n+3$; mais la quatrieme donne $r=f-g=217=4n+1$. Ainſi les trois premieres décompoſitions devront être exclues, & il ne nous reſtera que la quatrieme ; nous pouvons en conclure en général, que le plus grand facteur doit être impair, & que le plus petit doit être pair ; mais au reſte la valeur $r=217$ ne peut même avoir lieu ici, parce que ce nombre eſt diviſible par 7, ce qui n'eſt pas la ſomme de deux quarrés.

XII.) Soit $m=2$, on aura $fg=7200$ $=32.225$; c'eſt pourquoi l'on fera $f=225$ & $g=32$, en ſorte que $r=f-g=193$; & ce nombre étant la ſomme de deux quarrés, il vaudra la peine de l'eſſayer.

Or comme $q=120$ & $r=193$, & que $pp=rr-qq=(r+q)(r-q)$, on aura $r+q=313$, & $r-q=73$; mais puiſque ces facteurs ne ſont pas des quarrés, on voit bien que pp ne devient pas un quarré. On perdroit de même ſa peine à ſubſtituer au lieu de m d'autres nombres, c'eſt ce que nous allons encore faire voir.

230.

Théoreme. Il eſt impoſſible que les deux formules $pp+qq$ & $pp+3qq$ ſoient l'une & l'autre un quarré en même temps; de ſorte que dans les cas où l'une eſt un quarré, il eſt ſûr que l'autre n'en eſt pas un.

Démonſtration. Puiſque p eſt impair & que q eſt pair, ainſi que nous l'avons vu, $pp+qq$ ne peut être un quarré que lorſque $q=2rs$ & $p=rr-ss$; & $pp+3qq$ ne peut être $=\square$, que lorſque $q=2tu$ & $p=tt-3uu$, ou $p=3uu-tt$. Or comme dans les deux cas q doit être un double produit, qu'on ſuppoſe pour l'un & l'autre $q=2abcd$, & qu'on faſſe pour la premiere formule

$r=ab$ & $s=cd$, & pour la seconde $t=ac$ & $u=bd$, on aura pour celle-là $p=aabb-ccdd$, & pour celle-ci $p=aacc-3bbdd$, ou $p=3bbdd-aacc$, & ces deux valeurs doivent être égales ; ainsi l'on a ou $aabb-ccdd=aacc-3bbdd$, ou bien $aabb-ccdd=3bbdd-aacc$, & on observera que les nombres a, b, c & d sont généralement plus petits que p & q. Il faudra maintenant considérer chaque cas séparément : le premier donne $aabb+3bbdd=ccdd+aacc$, ou $bb(aa+3dd)=cc(aa+dd)$, d'où résulte $\frac{bb}{cc}=\frac{aa+dd}{aa+3dd}$, fraction qui doit être un quarré. Or le numérateur & le dénominateur ne peuvent avoir ici d'autre commun diviseur que 2, parce qu'ils ont pour différence $2dd$. Si donc 2 étoit un commun diviseur, il faudroit que tant $\frac{aa+dd}{2}$ que $\frac{aa+3dd}{2}$ fût un quarré ; mais les nombres a & d sont dans ce cas impairs l'un & l'autre, ainsi leurs quarrés sont de la forme $8n+1$, & la formule $\frac{aa+3dd}{2}$ est comprise dans l'expression $4n+2$, & ne peut être un quarré ; donc 2 ne peut être un diviseur commun ;

le numérateur $aa+dd$ & le dénominateur $aa+3dd$ ſont premiers entr'eux, & il faut que chacun ſoit de ſoi-même un quarré. Or ces formules ſont ſemblables aux premieres, & ſi celles-ci étoient des quarrés, il faudroit que des formules ſemblables, mais compoſées des plus petits nombres, fuſſent auſſi des quarrés; ainſi on peut conclure réciproquement de ce qu'on n'a pas trouvé des quarrés dans les petits nombres, qu'il n'y en a point dans les grands.

Cette concluſion cependant n'eſt admiſſible qu'autant que le ſecond cas $aabb-ccdd=3bbdd-aacc$, nous en fournira une pareille. Or cette équation donne $aabb+aacc=3bbdd+ccdd$, ou $aa(bb+cc)=dd(3bb+cc)$, & par conſéquent $\frac{aa}{dd}=\frac{bb+cc}{3bb+cc}=\frac{cc+bb}{cc+3bb}$; ainſi cette fraction devant être un quarré, la concluſion précédente ſe trouve pleinement confirmée; car ſi dans de grands nombres il y avoit des cas où $pp+qq$ & $pp+3qq$ fuſſent des quarrés, il faudroit que de tels cas exiſtaſſent auſſi pour des nombres plus petits, & c'eſt ce qui n'a pas lieu.

231.

Douzieme question. Déterminer trois nombres, x, y & z, tels qu'en les multipliant ensemble deux à deux, & ajoutant 1 au produit, on obtienne chaque fois un quarré ; c'est-à-dire qu'il s'agit de transformer en quarrés les trois formules suivantes :

I.) $xy+1$, II.) $xz+1$, & III.) $yz+1$.

Qu'on suppose des deux dernieres l'une $xz+1=pp$, & l'autre $yz+1=qq$, & on aura $x=\frac{pp-1}{z}$ & $y=\frac{qq-1}{z}$. La premiere formule se trouve transformée par-là en celle-ci, $\frac{(pp-1)(qq-1)}{zz}+1$, qui doit par conséquent être un quarré, & qui ne le sera pas moins si on la multiplie par zz ; de sorte que la formule $(pp-1)(qq-1)+zz$, doit être un quarré, ce qu'il est facile d'obtenir. En effet, que la racine en soit $=z+r$, on aura $(pp-1)(qq-1)=2rz+rr$, & $z=\frac{(pp-1)(qq-1)-rr}{2r}$, où l'on peut substituer à p, q & r des nombres quelconques.

Soit, par exemple, $r=-pq-1$, on

aura $rr = ppqq + 2pq + 1$, & $z = \frac{-2pq - pp - qq}{-2pq - 2} = \frac{pp + 2pq + qq}{2pq + 2}$; donc $x = \frac{(pp-1)(2pq+2)}{pp+2pq+qq} = \frac{2(pq+1)(pp-1)}{(p+q)^2}$, & $y = \frac{2(pq+1)(qq-1)}{(p+q)^2}$.

Mais si l'on demande des nombres entiers, il faudra faire la premiere formule $xy + 1 = pp$, & supposer $z = x + y + q$; alors la seconde formule devient $xx + xy + xq + 1 = xx + qx + pp$, & la troisieme sera $xy + yy + qy + 1 = yy + qy + pp$, & elles deviennent évidemment des quarrés, si l'on fait $q = \pm 2p$, vu que dans ce cas la seconde est $= xx \pm 2px + pp$, dont la racine est $x \pm p$, & la troisieme est $= yy \pm 2py + pp$, dont la racine est $y \pm p$. Nous avons par conséquent cette solution très-élégante : $xy + 1 = pp$ ou $xy = pp - 1$, qui a lieu facilement pour une valeur quelconque de p; & de plus le troisieme nombre se trouve moyennant cela de deux manieres, puisqu'on a ou $z = x + y + 2p$, ou $z = x + y - 2p$. Eclaircissons ces résultats par quelques exemples.

I.) Soit

I.) Soit $p=3$, on aura $pp-1=8$; & si l'on fait $x=2$ & $y=4$, on aura ou $z=12$, ou $z=0$; ainsi les trois nombres cherchés sont 2, 4 & 12.

II.) Soit $p=4$, on a $pp-1=15$; maintenant si $x=5$ & $y=3$, on trouve $z=16$ ou $z=0$; donc les trois nombres cherchés sont 3, 5 & 16.

III.) Soit $p=5$, on aura $pp-1=24$; & si de plus on fait $x=3$ & $y=8$, on trouve $z=21$, ou bien aussi $=1$; d'où résultent les nombres suivans: 1, 3 & 8, ou 3, 8 & 21.

232.

Treizieme question. On cherche trois nombres entiers, x, y, & z, tels que si on ajoute à chaque produit de ces nombres multipliés deux à deux, un nombre donné a, on obtienne chaque fois un quarré.

Puisque les trois formules suivantes doivent être des quarrés, I.) $xy+a$, II.) $xz+a$, III.) $yz+a$, qu'on suppose la premiere $xy+a=pp$, & qu'on fasse $z=x+y+q$, on aura pour la seconde formule $xx+xy+xq+a=xx+xq+pp$, & pour la troisieme $xy+yy+yq+a=yy+qy+pp$, & elles deviennent toutes deux des quarrés, si $=\pm 2p$; ainsi $z=x+y\pm 2p$, c'est-à-dire qu'on peut trouver pour z deux valeurs différentes.

233.

Quatorzieme question. On demande quatre nombres entiers, x, y, z & v, tels que si on ajoute aux produits de ces nombres pris deux à deux, un nombre donné a, il en résulte des quarrés.

Il faut donc que les six formules suivantes deviennent des quarrés:

I.) $xy+a$, II.) $xz+a$, III.) $yz+a$, IV.) $xv+a$, V.) $yv+a$, VI.) $zv+a$.

Qu'on commence par supposer la premiere $xy+a=pp$, & qu'on prenne $z=x+y+2p$, la seconde & la troisieme formule deviendront des quarrés. Si de plus on suppose $v=x+y-2p$, la quatrieme & la cinquieme formules deviendront pareillement des quarrés; il ne reste donc que la sixieme formule qui sera $xx+2xy+yy-4pp+a$, & qui devra de même devenir un quarré. Or comme $pp=xy+a$, cette derniere formule devient $xx-2xy+yy-3a$, & par conséquent il s'agit de transformer en quarrés les deux formules suivantes:

I.) $xy+a=pp$, & II.) $(x-y)^2-3a$.

Que la racine de la derniere soit $(x-y)-q$, on aura $(x-y)^2-3a=(x-y)^2-2q(x-y)+qq$; ainsi $-3a=-2q(x-y)+qq$, & $x-y=\frac{qq+3a}{2q}$, ou $x=y+\frac{qq+3a}{2q}$; par conséquent $pp=yy+\frac{qq+3a}{2q}y+a$.

Soit à présent $p=y+r$, il en résultera $2ry+rr=\frac{qq-3a}{2q}y+a$, ou $4qry+2qrr=(qq+3a)y+2aq$, ou $2qrr-2aq=(qq+3a)y-4qry$, & $y=\frac{2qrr-2aq}{qq+3a-4qr}$, où q & r sont arbitraires, pourvu que x & y deviennent des nombres entiers; car puisque $p=y+r$, les nombres z & v seront entiers pareillement. Le tout dépend principalement de la nature du nombre a, & il est vrai que la condition par laquelle on exige des nombres entiers, pourroit causer quelques difficultés ; mais il faut remarquer que la solution est déjà fort restreinte d'un autre côté, parce qu'on a donné aux lettres z & v les valeurs $x+y\pm 2p$, tandis qu'elles pourroient en avoir évidemment un grand nombre d'autres. Voici donc quelques considérations sur cette question, qui peuvent avoir leur utilité aussi dans d'autres cas.

I.) Lorsque $xy+a$ doit être un quarré, ou $xy=pp-a$, il faut toujours que les nombres x & y aient la forme $rr-aff$; si donc nous supposons $x=bb-acc$ & $y=dd-aee$, nous trouvons $xy=(bd-ace)^2-a(be-cd)^2$.

Soit maintenant $be-cd=\pm 1$, nous aurons $xy=(bd-ace)^2-a$, & par conséquent $xy+a=(bd-ace)^2$.

II.) Si de plus nous supposons $z=ff-agg$, & que nous donnions à f & à g des valeurs telles que $bg-cf=\pm 1$, & que aussi $dg-ef=\pm 1$, les formules $xz+a$ & $yz+a$ deviendront pareillement des quarrés. Ainsi tout se réduit à donner tant à b,

c, d & e qu'à f & à g, des valeurs telles que la propriété que nous avons ſuppoſée ait lieu.

III.) Repréſentons ces trois couples de lettres par les fractions $\frac{b}{c}$, $\frac{d}{e}$ & $\frac{f}{g}$; elles devront être telles que chaque différence de deux d'entr'elles ſoit exprimée par une fraction, dont le numérateur $=1$. Car puiſque $\frac{b}{c}-\frac{d}{e}=\frac{be-dc}{ce}$, il faut, ainſi que nous l'avons vu, que ce numérateur ſoit $=\pm 1$. Une de ces fractions au reſte eſt arbitraire, & il eſt facile d'en trouver une autre, de façon que la condition preſcrite ait lieu. Soit, par exemple, la premiere $\frac{b}{c}=\frac{3}{2}$, il faudra que la ſeconde $\frac{d}{e}$ lui ſoit à peu près égale; qu'on faſſe donc $\frac{d}{e}=\frac{4}{3}$, on aura la différence $z=\frac{1}{6}$. On peut auſſi déterminer cette ſeconde fraction par le moyen de la premiere, d'une maniere générale; car puiſque $\frac{3}{2}-\frac{d}{e}=\frac{3e-2d}{2e}$, il faut que $3e-2d=1$, & par conſéquent $2d=3e-1$, & $d=e+\frac{e-1}{2}$. Ainſi faiſant $\frac{e-1}{2}=m$, ou $e=2m+1$, nous aurons $d=3m+1$, & notre ſeconde fraction ſera

$\frac{d}{e} = \frac{3m+1}{2m+1}$. C'eſt de la même maniere qu'on pourra déterminer la ſeconde fraction pour telle premiere que l'on voudra, comme on le voit par les exemples ſuivans :

$\frac{b}{c} =$	$\frac{3}{2}$	$\frac{5}{3}$	$\frac{7}{3}$	$\frac{8}{5}$	$\frac{11}{4}$	$\frac{13}{8}$	$\frac{17}{7}$
$\frac{d}{e} =$	$\frac{3m+1}{2m+1}$	$\frac{5m+1}{3m+1}$	$\frac{7m+2}{3m+1}$	$\frac{8m+3}{5m+2}$	$\frac{11m+3}{4m+1}$	$\frac{13m+5}{8m+3}$	$\frac{17m+5}{7m+2}$

IV.) Quand on a déterminé de la façon requiſe les deux fractions $\frac{b}{c}$ & $\frac{d}{e}$, il eſt facile d'en trouver auſſi une troiſieme analogue à celles-là. On n'a qu'à ſuppoſer $f = b + d$ & $g = c + e$, de ſorte que $\frac{f}{g} = \frac{b+d}{c+e}$; car les deux premieres donnant $be - cd = \pm 1$, on a $\frac{f}{g} - \frac{b}{c} = \frac{\mp 1}{cc+ce}$; & en ſouſtrayant de même la ſeconde de la troiſieme, on aura $\frac{f}{g} - \frac{d}{e} = \frac{be-cd}{ee+ce}$ $= \frac{\pm 1}{ce+ee}$.

V.) Après avoir déterminé de cette maniere les trois fractions $\frac{b}{c}$, $\frac{d}{e}$ & $\frac{f}{g}$, il eſt facile de réſoudre notre queſtion pour trois nombres x, y & z, en faiſant que les trois formules $xy + a$, $xz + a$ & $yz + a$, deviennent des quarrés : on n'a qu'à faire

$x=bb-acc$, $y=dd-aee$ & $z=ff-agg$. Qu'on prenne, par exemple, dans la table du n°. III, $\frac{b}{c}=\frac{5}{3}$ & $\frac{d}{e}=\frac{7}{4}$, on aura $\frac{f}{g}=\frac{12}{7}$; d'où résulte $x=25-9a$, $y=49-16a$ & $z=144-49a$; & au moyen de quoi on a d'abord $xy+a=1225-840a+144a^2=(35-12a)^2$; ensuite $xz+a=3600-2520a+441a^2=(60-21a)^2$; enfin $yz+a=7056-4704a+784aa=(64-28a)^2$.

234.

Qu'il s'agisse maintenant de déterminer, conformément à notre question, quatre lettres, x, y, z & v, il faudra joindre une quatrieme fraction aux trois précédentes. Soient donc les trois premieres $\frac{b}{c}$, $\frac{d}{e}$, $\frac{f}{g}=\frac{b+d}{c+e}$, & qu'on suppose la quatrieme fraction $\frac{h}{k}=\frac{d+f}{e+g}=\frac{2d+b}{2e+c}$, de façon qu'elle ait avec la troisieme & la seconde le rapport prescrit; si l'on fait après cela $x=bb-aacc$, $y=dd-aee$, $z=ff-agg$ & $v=hh-akk$, on aura rempli déjà les conditions suivantes: I.) $xy+a=\square$, II.) $xz+a=\square$, III.) yz

$+a=\Box$, IV.) $yv+a=\Box$, V.) $zv+a=\Box$; & il ne reste donc qu'à faire en sorte qu'aussi $xv+a$ devienne un quarré, ce qui ne résulte pas des suppositions précédentes, parce que la premiere fraction n'a pas avec la quatrieme le rapport prescrit. Cela nous oblige à conserver dans les trois premieres fractions le nombre indéterminé m; c'est par ce moyen, & en déterminant m, que nous parviendrons à transformer aussi en quarré la formule $xv+a$.

VI.) Qu'on tire donc de notre petite table le premier cas, & qu'on fasse $\frac{b}{c}=\frac{3}{2}$ & $\frac{d}{e}=\frac{3m+1}{2m+1}$; on aura $\frac{f}{g}=\frac{3m+4}{2m+3}$ & $\frac{h}{k}=\frac{6m+5}{4m+4}$, d'où résulte $x=9-4a$ & $v=(6m+5)^2-a(4m+4)^2$; ainsi $xv+a=9(6m+5)^2-4a(6m+5)^2-9a(4m+4)^2+4aa(4m+4)^2$, ou $xv+a=9(6m+5)^2-a(288m^2+538m+243)+4aa(4m+4)^2$, de quoi on peut facilement faire un quarré, vu que mm se trouve multiplié par un quarré; mais c'est à quoi nous ne nous arrêterons pas.

VII.) On peut aussi indiquer d'une maniere plus générale les fractions dont nous avons fait voir qu'on avoit besoin; car soit $\frac{b}{c} = \frac{l}{1}$, $\frac{d}{e} = \frac{nl-1}{n}$, on aura $\frac{f}{g} = \frac{nl+l-1}{n+1}$, & $\frac{g}{h} = \frac{2nl+l-2}{2n+1}$; qu'on suppose dans cette derniere fraction $2n+1=m$, elle deviendra $=\frac{lm-2}{m}$; par conséquent la premiere donne $x=ll-a$, & la derniere fournit $v=(lm-2)^2-amm$. La question est donc seulement que $xv+a$ devienne un quarré. Or à cause de $v=(ll-a).mm-4lm+4$, on a $xv+a=(ll-a)^2mm-4(ll-a)lm+4ll-3a$; & puis donc que ceci doit être un quarré, qu'on en suppose la racine $=(ll-a)m-p$; le quarré de cette quantité étant $(ll-a)^2mm-2(ll-a)mp+pp$, on aura $-4(ll-a)lm+4ll-3a=-2(ll-a)mp+pp$; donc $m=\frac{pp-4ll+3a}{(ll-a)(2p-4l)}$. Soit $p=2l+q$, on trouvera $m=\frac{4lq+qq+3a}{2q(ll-a)}$, où l'on peut adopter pour l & q tels nombres que l'on voudra.

Si, par exemple, $a=1$, qu'on fasse $l=2$, on aura $m=\frac{4q+qq+3}{6q}$; & en faisant $q=1$, on trouvera $m=\frac{4}{3}$, de plus $m=2n+1$; mais ne nous arrêtons pas à cette question plus long-temps, & passons à une autre.

Quinzieme question. On cherche trois nombres x, y & z, tels que les sommes & les différences de ces nombres pris deux à deux, soient des quarrés.

La question exigeant qu'on transforme en quarrés les six formules suivantes: I.) $x+y$, II.) $x+z$, III.) $y+z$, IV.) $x-y$, V.) $x-z$, VI.) $y-z$, on commencera par les trois dernieres, & on supposera $x-y=pp$, $x-z=qq$ & $y-z=rr$; les deux dernieres fourniront $x=qq+z$ & $y=rr+z$; de sorte qu'on aura $qq=pp+rr$, à cause de $x-y=qq-rr=pp$; ainsi $pp+rr$, ou la somme de deux quarrés, doit équivaloir à un quarré qq; or c'est ce qui arrive, quand $p=2ab$ & $r=aa-bb$, puisqu'alors $q=aa+bb$. Mais conservons encore les lettres p, q & r, & considérons aussi les trois premieres formules, nous aurons 1°. $x+y=qq+rr+2z$; 2°. $x+z=qq+2z$; 3°. $y+z=rr+2z$. Soit la premiere $qq+rr+2z=tt$, moyennant quoi $2z=tt-qq-rr$; il faudra encore que $tt-rr=\square$ & $tt-qq=\square$, c'est-à-dire $tt-(aa-bb)^2$

$=\square$ & $tt-(aa+bb)^2=\square$; ou bien nous aurons à traiter les deux formules $tt-a^4-b^4+2aabb$ & $tt-a^4-b^4-2aabb$; or comme tant $cc+dd+2cd$ que $cc+dd-2cd$ ſont des quarrés, il eſt aiſé de voir que nous atteindrons notre but, en comparant $tt-a^4-b^4$ avec $cc+dd$ & $2aabb$ avec $2cd$. Suppoſons dans ce deſſein $cd=aabb=ffgghhkk$, & prenons $c=ffgg$ & $d=hhkk$; $aa=ffhh$ & $bb=ggkk$, ou $a=fh$ & $b=gk$; la premiere équation $tt-a^4-b^4=cc+dd$, prendra la forme $tt-f^4h^4-g^4k^4=f^4g^4+h^4k^4$; donc $tt=f^4g^4+f^4h^4+h^4k^4+g^4k^4$, ou $tt=(f^4+k^4)(g^4+h^4)$; il faudra par conſéquent que ce produit ſoit un quarré ; mais comme la réſolution en ſeroit difficile, reprenons les choſes d'une autre maniere.

Si nous déterminons par les trois premieres équations $x-y=pp$, $x-z=qq$, $y-z=rr$, les lettres y & z ; nous trouvons $y=x-pp$ & $z=x-qq$, d'où s'enſuit $qq=pp+rr$. Or nos premieres formules deviennent maintenant $x+y=2x-pp$, $x+z=2x-qq$, & $y+z=2x-pp-qq$. Faiſons cette derniere $2x - pp - qq = tt$, de ſorte que $2x = tt + pp + qq$, il ne nous reſtera à transformer en quarrés que les formules $tt + qq$ & $tt + pp$. Mais puiſqu'il faut que $qq = pp + rr$, ſoit $q = aa + bb$, & $p = aa - bb$, nous aurons $r = 2ab$, & par conſéquent nos formules ſeront :

I.) $tt + (aa + bb)^2 = tt + a^4 + b^4 + 2aabb = \square$

II.) $tt + (aa - bb)^2 = tt + a^4 + b^4 - 2aabb = \square$.

Nous n'avons à préſent, pour arriver à notre but, qu'à comparer de nouveau $tt + a^4 + b^4$ avec $cc + dd$ & $2aabb$ avec $2cd$. Soit donc, comme ci-deſſus, $c = ffgg$, $d = hhkk$, & $a = fh$, $b = gk$, nous aurons $cd = aabb$, & il faudra encore que $tt + f^4 h^4 + g^4 k^4 = cc + dd = f^4 g^4 + h^4 k^4$; d'où réſulte $tt = f^4 g^4 - f^4 h^4 + h^4 k^4 - g^4 k^4 = (f^4 - k^4)(g^4 - h^4)$. Ainſi tout ſe réduit à trouver deux différences de deux bi-quarrés, ſavoir $f^4 - k^4$ & $g^4 - h^4$, qui, multipliées l'une par l'autre, produiſent un quarré.

Conſidérons pour cet effet la formule $m^4 - n^4$, voyons quels nombres elle fournit, ſi l'on ſubſtitue à m & à n des nombres donnés, & faiſons attention aux quarrés qui ſe trouveront parmi ces nombres; la propriété de $m^4 - n^4 = (mm + nn)(mm - nn)$, nous ſervira à conſtruire pour notre deſſein la table qui ſuit:

TABLE des Nombres compris dans la Formule $m^4 - n^4$.

mm	nn	$mm - nn$	$mm + nn$	$m^4 - n^4$
4	1	3	5	3.5
9	1	8	10	16.5
9	4	5	13	5.13
16	1	15	17	3.5.17
16	9	7	25	25.7
25	1	24	26	16.3.13
25	9	16	34	16.2.17
49	1	48	50	25.16.2.3
49	16	33	65	3.5.11.13
64	1	63	65	9.5.7.13
81	49	32	130	64.5.13
121	4	117	125	25.9.5.13
121	9	112	130	16.2.5.7.13
121	49	72	170	144.5.17
144	25	119	169	169.7.17
169	1	168	170	16.3.5.7.17
169	81	88	250	25.16.5.11
225	64	161	289	289.7.23

Nous pouvons déjà déduire de-là quelques ſolutions. En effet, ſoit $ff=9$ & $kk=4$, nous avons $f^4-k^4=13.5$; ſoit de plus $gg=81$ & $hh=49$, nous aurons $g^4-h^4=64.5.13$; donc alors $tt=64.25.169$, & $t=520$. Or puiſque $tt=270400$, $f=3$, $g=9$, $k=2$, $h=7$, nous aurons $a=21$, $b=18$; ainſi $p=117$, $q=765$, & $r=756$; de tout cela réſulte $2x=tt+pp+qq=869314$, & par conſéquent $x=434657$; enſuite $y=x-pp=420968$, & enfin $z=x-qq=-150568$; & ce dernier nombre peut auſſi ſe prendre poſitif; la différence alors devient la ſomme, & réciproquement la ſomme devient la différence. Puis donc que les trois nombres cherchés ſont:

$$x=434657$$
$$y=420968$$
$$z=150568$$

nous avons
$$x+y=855625=(925)^2$$
$$x+z=585225=(765)^2$$
$$y+z=571536=(756)^2$$

& de plus
$$x-y=13689=(117)^2$$
$$x-z=284089=(533)^2$$
$$y-z=270400=(520)^2.$$

La table que nous avons donnée, feroit trouver encore d'autres nombres, en supposant $ff=9$, $kk=4$, & $gg=121$, $hh=4$; car alors $tt=13.5.5.13.9.25=9.25.25.169$, & $t=3.5.5.13=975$. Or comme $f=3$, $g=11$, $k=2$ & $h=2$, on a $a=fh=6$ & $b=gk=22$; par conséquent $p=aa-bb=-448$, $q=aa+bb=520$, & $r=2ab=264$; de-là provient $2x=tt+pp+qq=950625+200704+270400=1421729$, & $x=\frac{1421729}{2}$; donc $y=x-pp=\frac{1020321}{2}$, & $z=x-qq=\frac{880929}{2}$. Or il faut observer que si ces nombres ont la propriété qu'on exige, ils la conserveront par quelque quarré qu'on les multiplie. Si donc on les prend quatre fois plus grands, il faut que les nombres suivans satisfassent également: $x=2843458$, $y=2040642$ & $z=1761858$; & comme ces nombres sont plus grands que les précédens, on peut regarder ceux-ci comme les plus petits que la question admette.

236.

Seizieme question. On demande trois quarrés, tels que la différence de chaque couple de ces quarrés soit un quarré.

La solution précédente peut servir à résoudre aussi cette nouvelle question. En effet, si x, y & z sont des nombres tels que les formules suivantes deviennent des quarrés : I.) $x+y$, II.) $x-y$, III.) $x+z$, IV.) $x-z$, V.) $y+z$, VI.) $y-z$; il est clair que pareillement le produit $xx-yy$ de la premiere & de la seconde, le produit $xx-zz$ de la troisieme & de la quatrieme, & le produit $yy-zz$ de la cinquieme & de la sixieme seront des quarrés, & par conséquent xx, yy & zz seront trois quarrés tels qu'on les demande. Mais ces nombres seroient fort grands, & il y en a sans doute de moindres qui satisfont, vu qu'il n'est pas nécessaire, pour que $xx-yy$ devienne un quarré, que $x+y$ & $x-y$ soient des quarrés; car, par exemple, $25-9$ est un quarré, quoique ni $5+3$ ni $5-3$ ne soient pas

pas des quarrés. Ainsi résolvons la question indépendamment de cette considération, & remarquons d'abord qu'on peut prendre 1 pour l'un des quarrés cherchés : la raison en est que si les formules $xx-yy$, $xx-zz$ & $yy-zz$ sont des quarrés, elles ne le seront pas moins, si on les divise par zz ; par conséquent on peut supposer qu'il s'agit de transformer $\frac{xx}{zz}-\frac{yy}{zz}$, $\frac{xx}{zz}-1$, & $\frac{yy}{zz}-1$, & la question ne roule à présent que sur les deux fractions $\frac{x}{z}$ & $\frac{y}{z}$.

Or si nous supposons $\frac{x}{z}=\frac{pp+1}{pp-1}$ & $\frac{y}{z}=\frac{qq+1}{qq-1}$, les deux dernieres conditions se trouveront remplies, puisque de cette façon $\frac{xx}{zz}-1=\frac{4pp}{(pp-1)^2}$ & $\frac{yy}{zz}-1=\frac{4qq}{(qq-1)^2}$. Par ce moyen-là il ne nous reste à traiter que la premiere formule $\frac{xx}{zz}-\frac{yy}{zz}=\frac{(pp+1)^2}{(pp-1)^2}-\frac{(qq+1)^2}{(qq-1)^2}=\left(\frac{pp+1}{pp-1}+\frac{qq+1}{qq-1}\right)\times\left(\frac{pp+1}{pp-1}-\frac{qq+1}{qq-1}\right)$; or le premier facteur est ici $=\frac{2(ppqq-1)}{(pp-1)(qq-1)}$, le second est $=\frac{2(qq-pp)}{(pp-1)(qq-1)}$, & le produit de ces deux facteurs est $=\frac{4(ppqq-1)(qq-pp)}{(pp-1)^2(qq-1)^2}$. On voit que dans ce produit le dénominateur est déjà un quarré, & que le numérateur renferme le quarré 4; donc il ne s'agit que de transformer en quarré la formule $(ppqq-1)(qq-pp)$, ou bien celle-ci, $(ppqq-1)(\frac{qq}{pp}-1)$, & on y parvient en faisant $pq=\frac{ff+gg}{2fg}$ & $\frac{q}{p}=\frac{hh+kk}{2hk}$, puisque dans ce cas chaque facteur devient séparément un quarré. Pour s'en convaincre, on remarquera que $qq=\frac{ff+gg}{2fg}\times\frac{hh+kk}{2hk}$, que par conséquent le produit de ces deux fractions doit être un quarré, qu'il doit l'être aussi étant multiplié par $4ffgg.hhkk$, moyennant quoi il devient $=fg(ff+gg)hk(hh+kk)$; ensuite, que cette formule devient tout-à-fait semblable à celle qu'on a trouvée précédemment, si l'on fait $f=a+b$, $g=a-b$, $h=c+d$ & $k=c-d$; puisqu'alors on a $2(a^4-b^4).2(c^4-d^4)=4(a^4-b^4)(c^4-d^4)$, ce qui a lieu, comme nous avons vu, quand $aa=9$, $bb=4$, $cc=81$ & $dd=49$, ou $a=3$, $b=2$, $c=9$

& $d=7$. Ainsi $f=5$, $g=1$, $h=16$ & $k=2$, d'où résulte $pq=\frac{13}{5}$ & $\frac{q}{p}=\frac{260}{64}=\frac{65}{16}$; le produit de ces deux équations donne $qq=\frac{65.13}{16.5}=\frac{13.13}{16}$; donc $q=\frac{13}{4}$, & il s'ensuit que $p=\frac{4}{5}$, moyennant cela nous avons $\frac{x}{z}=\frac{pp+1}{pp-1}=-\frac{41}{9}$, & $\frac{y}{z}=-\frac{qq+1}{qq-1}=\frac{185}{153}$; puis donc que $x=-\frac{41z}{9}$ & $y=\frac{185z}{153}$, faisons, à l'effet d'obtenir des nombres entiers, $z=153$, & nous aurons $x=-697$ & $y=185$. Donc enfin les trois nombres quarrés cherchés sont

$xx=485809$, & en effet $xx-yy=451584=(672)^2$
$yy=34225$, $yy-zz=10816=(104)^2$
$zz=23409$, $xx-zz=462400=(680)^2$.

Il est évident de plus que ces quarrés sont beaucoup plus petits que ceux que nous eussions trouvés, en quarrant les trois nombres x, y & z de la solution précédente.

237.

On nous objectera sans doute ici que cette solution n'a été trouvée que par un simple tâtonnement, puisque nous avons fait usage de la table de l'art. 235. Mais nous répondrons que nous ne nous sommes servi de ce moyen, qu'afin de parvenir aux plus petits nombres possibles; car si on vouloit ne pas avoir égard à la brièveté, il seroit facile, moyennant les regles données ci-dessus, de trouver une infinité de solutions. En effet, ayant trouvé $\frac{x}{z}=\frac{pp+1}{pp-1}$ & $\frac{y}{z}=\frac{qq+1}{qq-1}$, nous avons réduit la question à celle de transformer en quarré le produit $(ppqq-1)(\frac{qq}{pp}-1)$; si donc nous faisons $\frac{q}{p}=m$ ou $q=mp$, notre formule deviendra $(mmp^4-1)(mm-1)$, ce qui est évidemment un quarré, quand $p=1$; mais de plus nous allons voir que cette valeur nous en fera connoître d'autres, si nous écrivons $p=1+f$; nous avons, en conséquence de cette supposition, à transformer la formule $(mm-1).(mm-1+4mmf+6mmff+4mmf^3+mmf^4)$; elle ne sera pas moins un quarré, si on la divise par $(mm-1)^2$; cette division nous donne $1+\frac{4mmf}{mm-1}+\frac{6mmff}{mm-1}+\frac{4mmf^3}{mm-1}+\frac{mmf^4}{mm-1}$; & si pour abréger nous faisons $\frac{mm}{mm-1}=a$, nous aurons à réduire en quarré la formule $1 + 4as + 6ass + 4as^3 + as^4$. Que la racine en soit $1 + fs + gss$, dont le quarré est $1 + 2fs + 2gss + ffss + 2fgs^3 + ggs^4$, & qu'on détermine f & g de maniere que les trois premiers termes s'évanouissent, savoir en faisant $4a = 2f$ ou $f = 2a$, & $6a = 2g + ff$ ou $g = \frac{6a - ff}{2} = 3a - 2aa$, les deux derniers termes fourniront l'équation $4a + as = 2fg + ggs$, d'où résulte $s = \frac{4a - 2fg}{gg - a}$ $= \frac{4a - 12aa + 8a^3}{4a^4 - 12a^3 + 9aa - a} = \frac{4 - 12a + 8aa}{4a^3 - 12aa + 9a - 1}$, ou $s = \frac{4(2a-1)}{4aa - 8a + 1}$, si on divise la fraction précédente par $a - 1$. Cette valeur est déjà suffisante pour nous donner une infinité de solutions, parce que le nombre m, dans la valeur de a, $= \frac{mm}{mm-1}$, peut se prendre à volonté: c'est ce qu'il est à propos d'éclaircir par quelques exemples.

I.) Soit $m = 2$, on aura $a = \frac{4}{3}$; ainsi $s = 4 \cdot \frac{\frac{5}{3}}{\frac{-23}{9}} = -\frac{60}{23}$; donc $p = -\frac{37}{23}$, & $q = -\frac{74}{23}$; enfin $\frac{x}{z} = \frac{949}{420}$, & $\frac{y}{z} = \frac{6005}{4947}$.

II.) Soit $m=\frac{3}{2}$, on aura $a=\frac{9}{5}$ & $f=\frac{4\cdot\frac{13}{5}}{-\frac{11}{25}}=-\frac{260}{11}$; par conséquent $p=-\frac{249}{11}$, & $q=\frac{747}{22}$; au moyen de quoi l'on peut déterminer les fractions $\frac{x}{z}$ & $\frac{y}{z}$.

Il est un cas particulier qui mérite que nous y fassions attention; c'est celui où a est un quarré, & il a lieu, par exemple, quand $m=\frac{5}{3}$, puisqu'alors $a=\frac{25}{16}$. Si nous faisons encore ici, pour abréger, $a=bb$, en sorte que notre formule soit $1+4bbf+6bbff+4bbf^3+bbf^4$, nous pourrons la comparer avec le quarré de $1+2bbf+bff$, c'est-à-dire avec $1+4bbf+2bff+4b^4ff+4b^3f^3+bbf^4$; & effaçant de part & d'autre les deux premiers termes & le dernier, & divisant les autres par ff, nous aurons $6bb+4bbf=2b+4b^4+4b^3f$, d'où résulte $f=\frac{6bb-2b-4b^4}{4b^3-4bb}=\frac{3b-1-2b^3}{2bb-2b}$; ou bien cette fraction étant divisible encore par $b-1$, nous aurons enfin $f=\frac{1-2b-2bb}{2b}$ & $p=\frac{1-2bb}{2b}$.

Remarquons que nous aurions auſſi pu adopter $1+2bs+bss$ pour la racine de notre formule ; le quarré du trinome étant $1+4bs+2bss+4bbss+4bbs^3+bbs^4$, nous aurions effacé le premier & les deux derniers termes ; & diviſant les autres par s, nous ſerions parvenus à l'équation $4bb+6bbs=4b+2bs+4bbs$. Mais comme $bb=\frac{25}{16}$ & $b=\frac{5}{4}$, cette équation nous auroit donné $s=-2$ & $p=-1$; par conſéquent $pp-1=0$, & nous n'aurions pu tirer de-là aucune concluſion, puiſque z deviendroit $=0$.

Pour revenir donc à la ſolution précédente, qui a donné $p=\frac{1-2bb}{2b}$, comme $b=\frac{5}{4}$, elle nous indique que ſi $m=\frac{5}{3}$, on a $p=\frac{17}{20}$ & $q=mp=\frac{17}{12}$, par conſéquent $\frac{x}{z}=\frac{689}{111}$ & $\frac{y}{z}=\frac{433}{143}$.

238.

Dix-ſeptieme queſtion. On cherche trois nombres quarrés, tels que la ſomme de chaque couple ſoit un quarré.

Puiſque ce ſont les trois formules $xx+yy$, $xx+zz$ & $yy+zz$, qu'il s'agit de tranſformer, divisons-les par zz, afin d'avoir ces trois autres :

$$\text{I.)}\ \frac{xx}{zz}+\frac{yy}{zz}=\square,\ \text{II.)}\ \frac{xx}{zz}+1=\square,$$
$$\text{III.)}\ \frac{yy}{zz}+1=\square.$$

On satisfait aux deux dernieres, en faisant $\frac{x}{z}=\frac{pp-1}{2p}$ & $\frac{y}{z}=\frac{qq-1}{2q}$, & la premiere formule se change par-là en celle-ci, $\frac{(pp-1)^2}{4pp}+\frac{(qq-1)^2}{4qq}$, qui doit aussi être un quarré, si on la multiplie par $4ppqq$, c'est-à-dire qu'il faut que $qq(pp-1)^2+pp(qq-1)^2=\square$; or c'est ce qui ne peut guere s'obtenir, à moins qu'on ne connoisse d'ailleurs un cas où cette formule devient un quarré; & comme il est difficile aussi de trouver un semblable cas, il faudra avoir recours à d'autres artifices, dont nous allons rapporter quelques-uns.

I.) Comme la formule en question peut s'exprimer ainsi, $qq(p+1)^2(p-1)^2+pp(q+1)^2(q-1)^2=\square$, qu'on fasse en sorte qu'elle soit divisible par le quarré $(p+1)^2$; on l'obtient en faisant $q-1=p+1$, ou $q=p+2$; car alors $q+1=p+3$, & la formule devient $(p+2)^2(p+1)^2(p-1)^2 + pp(p+3)^2(p+1)^2 = \square$; de ſorte qu'en diviſant par $(p+1)^2$, on a $(p+2)^2(p-1)^2 + pp(p+3)^2$, ce qui doit être un quarré, & à quoi on peut donner la forme $2p^4+8p^3 +6pp-4p+4$. Or le dernier terme étant ici un quarré, ſuppoſons que la racine de la formule ſoit $2+fp+gpp$ ou $gpp+fp+2$, dont le quarré eſt $ggp^4+2fgp^3+4gpp +ffpp+4fp+4$, & nous chaſſerons les trois derniers termes, en faiſant $-4=4f$ ou $f=-1$, & $g=4g+1$ ou $g=\frac{5}{4}$; les premiers termes étant diviſés par p^3, donneront enſuite $2p+8=ggp+2fg=\frac{25}{16}p -\frac{5}{2}$; nous trouvons par-là $p=-24$ & $q=-22$; donc enfin $\frac{x}{z}=\frac{pp-1}{2p}=-\frac{575}{48}$, ou $x=-\frac{575}{48}z$, & $\frac{y}{z}=\frac{qq-1}{2q}=-\frac{483}{44}$, ou $y =-\frac{483}{44}z$.

Faiſons maintenant $z=16.3.11$, nous aurons $x=575.11$ & $y=483.12$, & par conſéquent les racines des trois quarrés que nous cherchons, ſeront:

$x=6325=11.23.25$; $y=5796=12.21.23$;

$z=528=3.11.16$;

car il en résulte:

$xx+yy=23(275^2+252^2)=23^2.373^2$.

$xx+zz=11^2(575^2+48^2)=11^2.577^2$.

$yy+zz=12^2(483^2+44^2)=12^2.485^2$.

II.) On peut obtenir encore d'une infinité de manieres, que notre formule soit divisible par un quarré; qu'on suppose, par exemple, $(q+1)^2=4(p+1)^2$, ou $q+1=2(p+1)$, c'est-à-dire $q=2p+1$ & $q-1=2p$, la formule deviendra $(2p+1)^2(p+1)^2(p-1)^2+pp.4.(p+1)^2(4pp)=\square$, ce qu'on peut diviser par $(p+1)^2$, moyennant quoi l'on a $(2p+1)^2(p-1)^2+16p^4=\square$, ou $20p^4-4p^3-3pp+2p+1=\square$, mais de quoi on ne peut tirer aucun parti.

III.) Faisons donc plutôt $(q-1)^2=4(p+1)^2$, ou $q-1=2(p+1)$, nous aurons $q=2p+3$ & $q+1=2p+4$, ou $q+1=2(p+2)$, & nous obtiendrons, après avoir divisé notre formule par $(p+1)^2$, cette autre formule: $(2p+3)^2(p-1)^2+16pp$

$(p+2)^2$ ou $9-6p+53pp+68p^3+20p^4$; que la racine en soit $3-p+gpp$, dont le quarré est $9-6p+6gpp+pp-2gp^3+ggp^4$; les deux premiers termes s'évanouissent, & nous chassons le troisieme en faisant $53 = 6g+1$, ou $g=\frac{26}{3}$; ainsi les autres termes se divisent par p & donnent $20p+68 = ggp-2g$, ou $\frac{256}{3}=\frac{496}{9}p$; donc $p=\frac{48}{31}$ & $q=\frac{189}{31}$, au moyen de quoi nous obtenons une nouvelle solution.

IV.) Si l'on veut faire $q-1=\frac{4}{3}(p-1)$, on a $q=\frac{4}{3}p-\frac{1}{3}$ & $q+1=\frac{4}{3}p+\frac{2}{3}=\frac{2}{3}(2p+1)$, & la formule après avoir été divisée par $(p-1)^2$, devient $\left(\frac{4p-1}{9}\right)^2(p+1)^2 + \frac{64}{81}pp(2p+1)^2$; multipliant par 81, on a $9(4p-1)^2(p+1)^2+64pp(2p+1)^2 = 400p^4+472p^3+73pp-54p+9$, où le premier & le dernier terme sont l'un & l'autre des quarrés. Qu'on suppose donc la racine $=20pp-9p+3$, dont le quarré est $400p^4-360p^3+120pp+81pp-54p+9$, on aura $472p+73=-360p+201$; donc $p=\frac{2}{13}$, & $q=\frac{8}{39}-\frac{1}{3}$.

On auroit aussi pu prendre pour racine $20pp+9p-3$, ce qui est celle de $400p^4+360p^3-120pp+81pp-54p+9$; mais en comparant ce quarré avec notre formule, on auroit trouvé $472p+73=360p-39$, & par conséquent $p=-1$, valeur qui ne peut nous servir.

V.) On peut faire aussi que notre formule soit même divisible par les deux quarrés $(p+1)^2$ & $(p-1)^2$ en même tems. Qu'on fasse pour cet effet $q=\frac{pt+1}{p+t}$, de sorte que $q+1=\frac{pt+p+t+1}{p+t}=\frac{(p+1)(t+1)}{p+t}$, & $q-1=\frac{pt-p-t+1}{p+t}=\frac{(p-1)(t-1)}{p+t}$, la formule se divisera par $(p+1)^2(p-1)^2$, & se réduira à $\frac{(pt+1)^2}{(p+t)^2}+pp\frac{(t+1)^2(t-1)^2}{(p+t)^4}$; si on multiplie par $(p+t)^4$, il faudra, comme auparavant, que la formule puisse devenir un quarré, & on aura $(pt+1)^2(p+t)^2+pp(t+1)^2(t-1)^2$, ou $ttp^4+2t(tt+1)p^3+2ttpp+(tt+1)^2pp+(tt-1)^2pp+2t(tt+1)p+tt$, où le premier & le dernier termes sont des quarrés. Qu'on prenne donc pour racine $tpp+(tt+1)p-t$, ce qui eſt celle du quarré $ttp^4 + 2t(tt+1)p^3 - 2ttpp + (tt+1)^2pp - 2t(tt+1)p + tt$, on aura, en comparant, $2ttp + (tt+1)^2p + (tt-1)^2p + 2t(tt+1) = -2ttp + (tt+1)^2p - 2t(tt+1)$, ou $4ttp + (tt-1)^2p + 4t(tt+1) = 0$, ou $(tt+1)^2p + 4t(tt+1) = 0$, c'eſt-à-dire $tt+1 = \frac{-4t}{p}$; de-là réſulte $p = \frac{-4t}{tt+1}$; par conſéquent $pt+1 = \frac{-3tt+1}{tt+1}$, & $p+t = \frac{t^3-3t}{tt+1}$; enfin auſſi $q = \frac{-3tt+1}{t^3-3t}$, & la lettre t eſt arbitraire.

Soit, par exemple, $t=2$, on aura $p = \frac{-8}{5}$ & $q = \frac{-11}{2}$; ainſi $\frac{x}{z} = \frac{pp-1}{2p} = +\frac{39}{80}$, & $\frac{y}{z} = \frac{qq-1}{2q} = -\frac{117}{44}$, ou $x = \frac{3.13}{4.4.5}z$ & $y = \frac{9.13}{4.11}z$. Si de plus $z = 4.4.5.11$, on a $x = 3.13.11$ & $y = 4.5.9.13$, & les racines des trois quarrés cherchés ſont $x = 3.11.13 = 429$, $y = 4.5.9.13 = 2340$, & $z = 4.4.5.11 = 880$. On voit qu'elles ſont encore plus petites que celles que nous avons trouvées ci-deſſus, & il en réſulte

$$xx + yy = 3^2.13^2(121+3600) = 3^2.13^2.61^2,$$
$$xx + zz = 11^2.(1521+6400) = 11^2.89^2,$$
$$yy + zz = 20^2.(13689+1936) = 20^2.125^2.$$

VI.) Une derniere remarque que nous ferons au ſujet de cette queſtion, c'eſt que chaque ſolution en fournit aiſément une nouvelle; car lorſqu'on a trouvé trois valeurs, $x=a$, $y=b$ & $z=c$, de ſorte que $aa+bb=\square$, $aa+cc=\square$, & $bb+cc=\square$, les trois valeurs ſuivantes ſatisferont pareillement, ſavoir $x=ab$, $y=bc$ & $z=ac$. Il faut que

$$xx+yy=aabb+bbcc=bb(aa+cc)=\square,$$
$$xx+zz=aabb+aacc=aa(bb+cc)=\square,$$
$$yy+zz=aacc+bbcc=cc(aa+bb)=\square.$$

Or, comme nous venons de trouver $x=a=3.11.13$, $y=b=4.5.9.13$ & $z=c=4.4.5.11$, nous avons d'après la nouvelle ſolution,

$$x=ab=3.4.5.9.11.13.13,$$
$$y=bc=4.4.4.5.5.9.11.13,$$
$$z=ac=3.4.4.5.11.11.13.$$

Et toutes ces trois valeurs étant diviſibles par $3.4.5.11.13$, ſe réduiſent aux ſuivantes, $x=9.13$, $y=3.4.4.5$ & $z=4.11$, ou $x=117$, $y=240$ & $z=44$, qui ſont encore moindres que celles qu'a données la ſolution précédente, & il en réſulte

$$xx+yy=71289=267^2,$$
$$xx+zz=15625=125^2,$$
$$yy+zz=59536=244^2.$$

239.

Dix-huitieme queſtion. On cherche deux nombres x & y, tels que l'un ajouté au quarré de l'autre, produiſe un quarré; c'eſt-à-dire que $xx+y$ & $yy+x$ ſoient des quarrés.

Si on vouloit commencer par ſuppoſer $xx+y=pp$, & en déduire $y=pp-xx$, on auroit pour l'autre formule $p^4-2ppxx+x^4+x=\Box$, & on auroit de la peine à la réſoudre.

Qu'on ſuppoſe donc en même tems l'une des deux formules $xx+y=(p-x)^2=pp-2px+xx$, & l'autre $yy+x=(q-y)^2=qq-2qy+yy$, on obtiendra par-là les deux équations ſuivantes, I.) $y+2px=pp$, & II.) $x+2qy=qq$, deſquelles on tire aiſément $x=\frac{2qpp-qq}{4pq-1}$ & $y=\frac{2pqq-qq}{4pq-1}$, où p & q ſont indéterminés. Qu'on ſuppoſe donc, par exemple, $p=2$ & $q=3$, on aura les deux nombres cherchés $x=\frac{15}{23}$ & $y=\frac{32}{23}$, moyennant quoi $xx+y=\frac{225}{529}+\frac{32}{23}=\frac{961}{529}=\left(\frac{31}{23}\right)^2$, & $yy+x=\frac{1024}{529}+\frac{15}{23}=\frac{1369}{529}=\left(\frac{37}{23}\right)^2$.

Si on faisoit $p=1$ & $q=3$, on auroit $x=-\frac{3}{11}$ & $y=\frac{17}{11}$, solution qu'on pourroit ne pas admettre, parce que l'un des nombres cherchés se trouve négatif.

Mais soit $p=1$ & $q=\frac{3}{2}$, nous aurons $x=\frac{3}{20}$ & $y=\frac{7}{10}$, d'où nous dérivons $xx+y=\frac{9}{400}+\frac{7}{10}=\frac{289}{400}=\left(\frac{17}{20}\right)^2$, & $yy+x=\frac{49}{100}+\frac{3}{20}=\frac{64}{100}=\left(\frac{8}{10}\right)^2$.

240.

Dix-neuvieme question. Trouver deux nombres dont la somme soit un quarré, & dont les quarrés ajoutés ensemble produisent un bi-quarré.

Nommons ces nombres x & y; & puisque $xx+yy$ doit devenir un bi-quarré, commençons par en faire un quarté, en supposant $x=pp-qq$ & $y=2pq$, au moyen de quoi $xx+yy=(pp+qq)^2$. Or, pour

pour que ce quarré devienne un bi-quarré, il faut que $pp+qq$ ſoit un quarré; continuons donc en faiſant $p=rr-ſſ$ & $q=2rſ$, afin que $pp+qq=(rr+ſſ)^2$; & préſentement nous avons $xx+yy=(rr+ſſ)^4$, ce qui eſt un bi-quarré. Or, ſuivant ces ſuppoſitions, nous avons $x=r^4-6rrſſ+ſ^4$ & $y=4r^3ſ-4rſ^3$; il nous reſte par conſéquent à transformer en un quarré la formule $x+y=r^4+4r^3ſ-6rrſſ-4rſ^3+ſ^4$.

Imaginons que ſa racine ſoit $rr+2rſ+ſſ$, ou la formule égale au quarré $r^4+4r^3ſ+6rrſſ+4rſ^3+ſ^4$, nous pourrons effacer de part & d'autre les deux premiers & le dernier terme, & diviſer les autres par $rſſ$, ainſi nous aurons $6r+4ſ=-6r-4ſ$, ou $12r+8ſ=0$; de ſorte que $ſ=-\frac{12r}{8}=-\frac{3}{2}r$. Nous pourrions auſſi ſuppoſer la racine $=rr-2rſ+ſſ$, en égalant la formule au quarré $r^4-4r^3ſ+6rrſſ-4rſ^3+ſ^4$; de cette maniere le premier & les deux derniers termes ſe détruiſant des deux côtés, nous aurions, en diviſant par $rrſ$, les autres termes, $4r-6s=-4r+6s$, ou $8r=12s$; par conſéquent $r=\frac{3}{2}s$; ainſi dans cette ſeconde ſuppoſition ſi $r=3$ & $s=2$, nous trouverions $x=-119$, ou une valeur négative.

Mais faiſons à préſent $r=\frac{3}{2}s+t$, nous aurons pour notre formule

$$rr=\tfrac{9}{4}ss+3st+tt;\quad r^3=\tfrac{27}{8}s^3+\tfrac{27}{4}sst+\tfrac{9}{2}stt+t^3.$$

Donc

$$\begin{aligned}
r^4 &= \tfrac{81}{16}s^4+\tfrac{27}{2}s^3t+\tfrac{27}{2}sstt+6st^3+t^4\\
+4r^3s &= \tfrac{27}{2}s^4+27s^3t+18sstt+4st^3\\
-6rrss &= -\tfrac{27}{2}s^4-18s^3t-6sstt\\
-4rs^3 &= -6s^4-4s^3t\\
+s^4 &= +s^4;
\end{aligned}$$

& par conſéquent la formule

$$\tfrac{1}{16}s^4+\tfrac{37}{2}s^3t+\tfrac{51}{2}sstt+10st^3+t^4.$$

Cette formule doit auſſi être un quarré, ſi on la multiplie par 16, moyennant quoi elle devient $s^4+296s^3t+408sstt+160st^3+16t^4$. Egalons-la au quarré de $ss+148st-4tt$, c'eſt-à-dire à $s^4+296s^3t+21896sstt-1184st^3+16t^4$; nous voyons les deux premiers termes & le dernier ſe détruire des deux côtés, & nous parvenons par-là à l'équation $21896s - 1184t = 408s + 160t$, qui fournit $\frac{s}{t} = \frac{1344}{21488} = \frac{336}{5372} = \frac{84}{1343}$. Puis donc que $s = 84$ & $t = 1343$, nous aurons $r = \frac{1}{2}s + t = 1469$, & par conséquent $x = r^4 - 6rrss + s^4 = 4565486027761$, & $y = 4r^3s - 4rs^3 = 1061652293520$.

CHAPITRE XV.

Solutions de quelques Questions où l'on demande des Cubes.

241.

Nous avons traité dans le Chapitre précédent quelques questions où il s'agissoit de faire en sorte que certaines formules devinssent des quarrés, & elles nous ont donné occasion de développer différens artifices que demande l'application des regles que nous avions données plus haut. Il nous reste à présent à considérer des questions qui roulent sur la transformation de certaines formules en cubes; les solutions qui vont suivre répandront du jour fur les regles que nous avons auffi indiquées plus haut pour les transformations de cette efpece.

242.

Queftion premiere. On demande que la fomme de deux cubes, x^3 & y^3, foit un cube.

Puifque x^3+y^3 doit être un cube, il faut qu'en divifant cette formule par le cube y^3, le quotient foit pareillement un cube, ou que $\frac{x^3}{y^3}+1=C$. Soit donc $\frac{x}{y}=z-1$, nous aurons $z^3-3zz+3z=C$. Si nous voulions maintenant, en fuivant les regles données plus haut, fuppofer ici la racine cubique $=z-u$, & en comparant la formule avec le cube $z^3-3uzz+3uuz-u^3$, déterminer u de façon que le fecond terme auffi s'évanouît, nous aurions $u=1$ & les autres termes, formant l'équation $3z=3uuz-u^3=3z-1$; nous trouverions $z=\infty$, d'où nous ne pourrions rien conclure. Laiffons donc plutôt u indéterminé, & tirons z de l'équation quarrée $-3zz+3z=-3uzz+3uuz$ $-u^3$, ou $3uzz-3zz=3uuz-3z-u^3$, ou $3(u-1)zz=3(uu-1)z-u^3$, ou $zz=(u+1)$ $z-\frac{u^3}{3(u-1)}$; nous trouverons

$$z=\tfrac{u+1}{2}\pm\sqrt{\frac{uu+2u+1}{4}-\frac{u^3}{3(u-1)}}$$

ou $z=\tfrac{u+1}{2}\pm\sqrt{\frac{-u^3+3uu-3u-3}{12(u-1)}}$; la question ſe réduit par conſéquent à tranſformer en quarré la fraction qui eſt ſous ce ſigne radical. Multiplions d'abord pour cet effet les deux termes par $3(u-1)$, afin que le dénominateur devenant un quarré, ſavoir $36(u-1)^2$, nous n'ayons à traiter que le numérateur $-3u^4+12u^3$ $-18uu+9$. Comme le dernier terme eſt un quarré, nous ſuppoſerons la formule, conformément à la regle, égale au quarré de $guu+fu+3$, c'eſt-à-dire à ggu^4+2fgu^3 $+6guu+6fu+9$, nous ferons diſparoître
$+ffuu$
les trois derniers termes, en faiſant $0=6f$ ou $f=0$, & $6g+ff=-18$, ou $g=-3$;

& l'équation qui reſte, ſavoir $-3u+12 = ggu+2fu = 9u$, donnera $u=1$. Mais cette valeur ne nous apprend encore rien; ainſi nous continuerons en écrivant $u=1+t$; or notre formule devenant dans ce cas $-12t-3t^4$, ce qui ne peut être un quarré, à moins que t ne ſoit négatif, faiſons auſſi-tôt $t=-ſ$; nous avons par ce moyen la formule $12ſ-3ſ^4$, qui devient un quarré dans le cas de $ſ=1$. Mais nous voici arrêtés de nouveau; car dans ce cas de $ſ=1$, on a $t=-1$ & $u=0$, d'où l'on ne peut conclure autre choſe, ſi ce n'eſt que de quelque maniere qu'on s'y prenne, on ne trouvera jamais une valeur qui faſſe parvenir au but qu'on ſe propoſe; & l'on peut en inférer déjà avec aſſez de confiance, qu'il eſt impoſſible de trouver deux cubes dont la ſomme ſoit un cube; on s'en convaincra entiérement par la démonſtration ſuivante.

243.

Théoreme. Il n'eſt pas poſſible de trouver deux cubes dont la ſomme ou bien la différence ſoit un cube.

Nous commencerons par faire obſerver que ſi l'impoſſibilité dont nous parlons a lieu pour la ſomme, elle a lieu auſſi pour la différence de deux cubes. En effet, s'il eſt impoſſible que $x^3+y^3=z^3$, il eſt impoſſible auſſi que $z^3-y^3=x^3$; or z^3-y^3 eſt la différence de deux cubes; donc, &c. Cela poſé, il ſuffira de démontrer l'impoſſibilité en queſtion, ſoit de la ſomme ſeulement, ſoit de la différence; or voici la ſuite des raiſonnemens que cette démonſtration exige.

I.) On peut regarder les nombres x & y comme premiers entr'eux; car s'ils avoient un commun diviſeur, les cubes ſeroient auſſi diviſibles par le cube de ce diviſeur. Par exemple, ſoit $x=2a$ & $y=2b$, on auroit $x^3+y^3=8a^3+8b^3$; or ſi cette formule eſt un cube, a^3+b^3 en eſt auſſi un.

II.) Puis donc que x & y n'ont point de facteur commun, ces deux nombres sont ou impairs tous les deux, ou bien l'un est pair & l'autre est impair. Dans le premier cas il faudroit que z fût pair, & dans l'autre ce nombre seroit impair. Par conséquent de ces trois nombres x, y & z, il y en a toujours un qui est pair & deux qui sont impairs; & il nous suffira donc pour notre démonstration de considérer le cas où x & y sont tous deux impairs, parce qu'il est indifférent de prouver l'impossibilité dont il s'agit pour la somme ou pour la différence, & qu'il arrive seulement que la somme devient la différence, lorsqu'une des racines est négative.

III.) Si donc x & y sont impairs, il est clair que tant leur somme que leur différence sera un nombre pair. Soit donc $\frac{x+y}{2}=p$ & $\frac{x-y}{2}=q$, nous aurons $x=p+q$ & $y=p-q$, d'où il suit que l'un des deux nombres p & q doit être pair & que l'autre doit être impair. Or nous avons $x^3+y^3=2p^3+6pqq=2p(pp+3qq)$; de sorte qu'il s'agit de prouver que ce produit $2p(pp + 3qq)$ ne peut devenir un cube ; & si la démonstration devoit se rapporter à la différence, on auroit $x^3 - y^3 = 6ppq + 2q^3 = 2q(qq + 3pp)$, formule tout-à-fait la même que la précédente, si on met p & q à la place l'un de l'autre. Par conséquent il suffit pour notre question de démontrer l'impossibilité de la formule $2p(pp + 3qq)$, puisqu'il s'ensuivra nécessairement que ni la somme ni la différence de deux cubes ne peut devenir un cube.

IV.) Si donc $2p(pp + 3qq)$ étoit un cube, ce cube seroit pair, & par conséquent divisible par 8 ; donc il faudroit que la huitieme partie de notre formule, ou $\frac{1}{4}p(pp + 3qq)$, fût un nombre entier & outre cela un cube. Or nous savons que l'un des nombres p & q est pair, & l'autre impair ; ainsi $pp + 3qq$ doit être un nombre impair, qui n'étant point divisible par 4, il faut que p le soit, ou que $\frac{p}{4}$ soit un nombre entier.

V.) Mais afin que le produit $\frac{p}{4}(pp + 3qq)$ soit un cube, il faut que chacun de ces facteurs, s'ils n'ont point de diviſeur commun, ſoit un cube ſéparément; car ſi un produit de deux facteurs qui ſont premiers entr'eux, doit être un cube, il faut néceſſairement que chacun ſoit de ſoi-même un cube; le cas eſt différent & demande une conſidération particuliere, ſi ces facteurs ont un diviſeur commun. Ainſi la queſtion eſt ici de ſavoir ſi les deux facteurs p & $pp+3qq$ ne pourroient pas avoir un diviſeur commun? Pour y répondre, il faut conſidérer que ſi ces facteurs ont un diviſeur commun, les nombres pp & $pp+3qq$ auront le même diviſeur; que la différence auſſi de ces nombres, qui eſt $3qq$, aura le même diviſeur commun avec pp, & que, puiſque p & q ſont premiers entre eux, ces nombres pp & $3qq$ ne peuvent avoir d'autre commun diviſeur que 3, ce qui a lieu quand p eſt diviſible par 3.

VI.) Nous avons par conſéquent deux cas à examiner: l'un eſt celui où les facteurs p & $pp+3qq$ n'ont point de commun diviſeur, ce qui arrive toujours, lorſque

p n'eſt pas diviſible par 3 ; l'autre cas eſt celui où ces facteurs ont un diviſeur commun, & il a lieu quand p peut ſe diviſer par 3 ; parce qu'alors les deux nombres ſont diviſibles par 3. Nous avons beſoin de diſtinguer ſoigneuſement ces deux cas l'un de l'autre, parce qu'ils exigent chacun une démonſtration particuliere.

VII.) *Premier cas.* Que p ne ſoit pas diviſible par 3, & que par conſéquent nos deux facteurs $\frac{p}{4}$ & $pp+3qq$ ſoient premiers entr'eux, de ſorte que chacun en particulier doive être un cube. Pour faire d'abord que $pp+3qq$ devienne un cube, il n'y a, comme nous l'avons vu plus haut, qu'à ſuppoſer $p+q\sqrt{-3}=(t+u\sqrt{-3})^3$ & $p-q\sqrt{-3}=(t-u\sqrt{-3})^3$, ce qui donne $pp+3qq=(tt+3uu)^3$ ou un cube. Or par-là $p=t^3-9tuu=t(tt-9uu)$, & $q=3ttu-3u^3=3u(tt-uu)$. Puis donc que q eſt un nombre impair, il faut que u auſſi ſoit impair, & par conſéquent que t ſoit pair, parce que ſans cela $tt-uu$ ſeroit pair.

VIII.) Maintenant que nous avons transformé $pp+3qq$ en cube, & que nous avons trouvé $p=t(tt-9uu)=t(t+3u)(t-3u)$, il s'agit aussi que $\frac{p}{4}$, & par conséquent aussi que $2p$ soit un cube; ou, ce qui revient au même, que la formule $2t(t+3u)(t-3u)$ soit un cube. Or nous avons à observer ici que t est un nombre pair & non divisible par 3; puisqu'autrement p seroit divisible par 3, ce qu'on a expressément supposé n'être pas; ainsi les trois facteurs, $2t$, $t+3u$ & $t-3u$, sont premiers entr'eux, & il faudroit que chacun d'eux fût un cube en particulier. Si donc nous faisons $t+3u=f^3$ & $t-3u=g^3$, nous aurons $2t=f^3+g^3$. Si donc $2t$ est un cube, nous aurons deux cubes f^3 & g^3, dont la somme seroit un cube, & qui seroient évidemment beaucoup plus petits que les cubes x^3 & y^3 adoptés au commencement; car comme nous avons d'abord fait $x=p+q$ & $y=p-q$, & que nous venons à présent de déterminer p & q par les lettres t & u, il faut nécessairement que les nombres x & y ſoient beaucoup plus grands que t & u.

IX.) Si donc il exiſtoit dans de grands nombres deux cubes tels que nous les demandons, on pourroit auſſi aſſigner en de moindres nombres deux cubes dont la ſomme feroit un cube, & on pourroit parvenir de la même maniere à des cubes toujours plus petits. Or comme il eſt très-certain qu'il n'y a point de ces cubes dans les petits nombres, il s'enſuit qu'il n'y en a point non plus dans les plus grands. Cette concluſion ſe confirme par celle que fournit le ſecond cas & qui eſt la même, comme on va voir.

X.) *Second cas.* Suppoſons à préſent que p ſoit diviſible par 3, & que q ne le ſoit pas, & faiſons $p = 3r$, notre formule deviendra $\frac{3r}{4}.(9rr + 3qq)$, ou $\frac{9}{4}r(3rr + qq)$; & ces deux facteurs ſont premiers entr'eux, vu que $3rr + qq$ n'eſt diviſible ni par 2 ni par 3, & que r doit être pair auſſi bien que p; c'eſt pourquoi chacun de ces deux facteurs doit être un cube en particulier.

XI.) Or en transformant le second facteur $3rr+qq$ ou $qq+3rr$, nous trouvons de la même maniere que ci-dessus $q=t(tt-9uu)$ & $r=3u(tt-uu)$; & il faut remarquer que puisque q étoit impair, t doit être ici pareillement un nombre impair, & que u doit être pair.

XII.) Mais il faut aussi que $\frac{9r}{4}$ soit un cube; ou en multipliant par le cube $\frac{8}{27}$, que $\frac{2r}{8}$ ou $2u(tt-uu)=2u(t+u)(t-u)$, soit un cube; & comme ces trois facteurs sont des nombres premiers entr'eux, il faut que chacun par lui-même soit un cube. Supposons donc $t+u=f^3$ & $t-u=g^3$, il s'ensuivra $2u=f^3-g^3$, c'est-à-dire que si $2u$ étoit un cube, f^3-g^3 seroit un cube. On auroit par conséquent deux cubes f^3 & g^3 beaucoup plus petits que les premiers, dont la différence seroit un cube, & par-là même on connoîtroit aussi deux cubes dont la somme seroit un cube, puisqu'on n'auroit qu'à faire $f^3-g^3=h^3$ pour avoir $f^3=h^3+g^3$, ou un cube égal à la somme de deux cubes. Voilà donc la conclusion précédente pleinement confirmée ; c'eſt-à-dire qu'on ne peut aſſigner même par les plus grands nombres deux cubes tels, que leur ſomme ou leur différence ſoit un cube, & cela par la raiſon qu'on ne rencontre point de cubes de cette eſpece dans les plus petits nombres.

244.

Puis donc qu'il eſt impoſſible de trouver deux cubes dont la ſomme ou la différence ſoit un cube, notre premiere queſtion tombe d'elle-même ; auſſi a-t-on coutume plutôt de commencer dans cette matiere par la queſtion de déterminer trois cubes, dont la ſomme faſſe un cube ; mais en ſuppoſant que deux de ces cubes ſoient arbitraires, de ſorte qu'il ne s'agît que de trouver le troiſieme ; ainſi nous paſſerons immédiatement à cette queſtion.

245.

Queſtion deuxieme. Deux cubes a^3 & b^3 étant donnés, on demande un troiſieme cube, tel que ces trois cubes ajoutés enſemble faſſent un cube.

Il s'agit de transformer en cube la formule $a^3+b^3+x^3$; cela ne peut ſe faire à moins qu'on ne connoiſſe d'avance un cas ſatisfaiſant; mais un cas de cette eſpece ſe préſente auſſi-tôt, c'eſt celui de $x=-a$; qu'on faſſe donc $x=y-a$, on aura $x^3=y^3-3ayy+3ayy-a^3$; c'eſt par conſéquent la formule $y^3-3ayy+3aay+b^3$ qui doit devenir un cube; or le premier & le dernier terme étant ici des cubes, on trouve auſſi-tôt deux ſolutions.

I.) La premiere demande qu'on faſſe la racine de la formule $=y+b$, dont le cube eſt $y^3+3byy+3bby+b^3$; on a de cette maniere $-3ay+3aa=3by+3bb$; & par conſéquent $y=\frac{aa-bb}{a+b}=a-b$; mais $x=-b$; de ſorte que cette ſolution ne nous eſt d'aucun uſage.

II.) Mais on peut auſſi prendre pour racine $b+fy$, dont le cube eſt $f^3y^3+3bffyy+3bbfy+b^3$, & déterminer f de façon qu'auſſi les troiſiemes termes ſe détruiſent, ſavoir en faiſant $3aa=3bbf$, ou $f=\frac{aa}{bb}$; car alors on parvient à l'équation $y-3a=f^3y$

$=f^3y+3bff=\frac{a^6y}{b^6}+\frac{3a^4}{b^3}$, qui, multipliée par b^6, devient $b^6y-3ab^6=a^6y+3a^4b^3$, & donne $y=\frac{3a^4b^3+3ab^6}{b^6-a^6}=\frac{3ab^3(a^3+b^3)}{b^6-a^6}$ $=\frac{3ab^3}{b^3-a^3}$, & par conséquent $x=y-a$ $=\frac{2ab^3+a^4}{b^3-a^3}=a.\frac{2b^3+a^3}{b^3-a^3}$. Ainsi les deux cubes a^3 & b^3 étant donnés, nous connoissons aussi la racine du troisieme cube cherché; & si nous voulons que cette racine soit positive, nous n'avons qu'à supposer le cube b^3 plus grand que l'autre a^3 : faisons-en l'application à quelques exemples.

I.) Soient 1 & 8 les deux cubes donnés, en sorte que $a=1$ & $b=2$; la formule $9+x^3$ deviendra un cube, si $x=\frac{17}{7}$; car on aura $9+x^3=\frac{8000}{343}=(\frac{20}{7})^3$.

II.) Soient les cubes donnés 8 & 27, de sorte que $a=2$ & $b=3$; la formule $35+x^3$ sera un cube dans le cas de $x=\frac{124}{19}$.

III.) Que 27 & 64 soient les cubes donnés, c'est-à-dire que $a=3$ & $b=4$;

la formule $91+x^3$ deviendra un cube, si $x=\frac{465}{37}$.

Si l'on vouloit déterminer pour deux cubes donnés d'autres troisiemes cubes, il faudroit poursuivre en substituant $\frac{2ab^3+a^4}{b^3-a^3}$ $+z$ au lieu de x, dans la formule a^3+b^3 $+x^3$; car on parviendroit par ce moyen à une formule semblable à la précédente, & qui fourniroit ensuite de nouvelles valeurs de z; mais on voit assez qu'on s'engageroit dans des calculs très-prolixes.

246.

Il se présente au reste dans cette question un cas remarquable, celui où les deux cubes donnés sont égaux, où $a=b$; car dans ce cas on a $x=\frac{3a^4}{0}=\infty$; c'est-à-dire qu'on n'a aucune solution; & voilà la raison pour laquelle on n'a pu encore résoudre le probleme de transformer en cube la formule $2a^3+x^3$. Soit, par exemple $a=1$, ou que cette formule soit $2+x^3$, on trouvera que quelques formes qu'on lui donne, ce ſera toujours inutilement, & qu'on cherchera en vain une valeur de x qui ſatisfaſſe. On conclut de-là avec aſſez de certitude, qu'il eſt impoſſible de trouver un cube égal à la ſomme d'un cube & d'un double cube, ou bien que l'équation $2a^3+x^3=y^3$ eſt impoſſible ; & comme cette équation donne $2a^3=y^3-x^3$, il ſeroit impoſſible auſſi de trouver deux cubes dont la différence fût égale au double d'un autre cube ; cette conſéquence s'étend de même à la ſomme de deux cubes ; & tout cela va être porté juſqu'à une évidence complette par la démonſtration qui ſuit.

247.

Théoreme. Ni la ſomme ni la différence de deux cubes ne peut devenir égale au double d'un autre cube ; cela veut dire que la formule $x^3\pm y^3=2z^3$ eſt toujours impoſſible, ſi ce n'eſt dans le cas évident $y=x$.

On peut encore ici regarder x & y comme premiers entr'eux ; car ſi ces nombres avoient un diviſeur commun, il faudroit que z eût le même diviſeur, & que toute l'équation, par conſéquent, fût diviſible par le cube de ce diviſeur. Cela poſé, comme $x^3 \pm y^3$ doit être un nombre pair, il faut que les nombres x & y ſoient impairs tous les deux, moyennant quoi tant leur ſomme que leur différence ſera paire. Ainſi faiſons $\frac{x+y}{2}=p$ & $\frac{x-y}{2}=q$, nous aurons $x=p+q$ & $y=p-q$, & il faudra que des deux nombres p & q l'un ſoit pair & l'autre impair. Or de-là il ſuit $x^3+y^3=2p^3+6pqq$ $=2p(pp+3qq)$, & $x^3-y^3=6ppq+2q^3$ $=2q(3pp+qq)$, c'eſt-à-dire deux formules tout-à-fait ſemblables. Par conſéquent il ſuffira de prouver que la formule $2p(pp+3qq)$ ne peut devenir le double d'un cube, ou que $p(pp+3qq)$ ne peut être un cube. On va voir comment nous nous y prendrons pour cette démonſtration.

I.) Il ſe préſente de nouveau deux cas différens à conſidérer : l'un où les deux facteurs p & $pp+3qq$ n'ont point de commun diviſeur, & doivent être un cube chacun ſéparément ; l'autre où ces facteurs ont un diviſeur commun, lequel diviſeur cependant, comme nous avons vu, ne peut être autre que 3.

II.) *Premier cas.* En ſuppoſant donc que p ne ſoit pas diviſible par 3, & qu'ainſi les deux facteurs ſoient premiers entr'eux, nous réduirons d'abord $pp+3qq$ en cube, en faiſant $p=t(tt-9uu)$ & $q=3u(tt-9uu)$; moyennant cela il faudra ſeulement encore que p devienne un cube. Or t n'étant pas diviſible par 3, puiſqu'autrement p ſeroit auſſi diviſible par 3, les deux facteurs t & $tt-9uu$ ſont premiers entr'eux, & par conſéquent il faut que chacun en particulier ſoit un cube.

III.) Mais le dernier facteur à ſon tour a deux facteurs, ſavoir $t+3u$ & $t-3u$, qui ſont des nombres premiers entr'eux, d'abord parce que t n'eſt pas diviſible par 3, & en ſecond lieu, parce que l'un des nombres t & u eſt pair, tandis que l'autre eſt impair; car ſi ces nombres étoient impairs tous les deux, il faudroit que non-ſeulement p, mais auſſi que q fût impair, ce qui ne ſe peut; donc il faut que chacun de ces deux facteurs, $t+3u$ & $t-3u$ en particulier ſoit un cube.

IV.) Soit donc $t+3u=f^3$ & $t-3u=g^3$, nous aurons $2t=f^3+g^3$. Or t doit être un cube que nous déſignerons par h^3, moyennant quoi il faudroit que $f^3+g^3=2h^3$; par conſéquent nous aurions deux cubes beaucoup moindres, ſavoir f^3 & g^3, dont la ſomme ſeroit le double d'un cube.

V.) *Second cas.* Suppoſons à préſent p diviſible par 3, & conſéquemment que q ne le ſoit pas.

Si nous faiſons $p=3r$, notre formule devient $3r(9rr+3qq)=9r(3rr+qq)$, & ces facteurs étant maintenant des nombres premiers entr'eux, il faut que l'un & l'autre ſoient un cube.

VI.) Afin donc de transformer en cube le ſecond, $qq+3rr$, nous ferons $q=t(tt-9uu)$ & $r=3u(tt-uu)$, & il faudra encore que l'un des nombres t & u ſoit impair & l'autre pair, vu qu'autrement les deux nombres q & r ſeroient pairs. Or nous obtenons par-là le premier facteur $9r=27u(tt-uu)$; & comme il doit être un cube, il faut auſſi qu'en le diviſant par 27, la formule $u(tt-uu)$, ou $u(t+u)(t-u)$, ſoit un cube.

VII.) Mais ces trois facteurs étant premiers entr'eux, il faut qu'ils ſoient tous eux-mêmes des cubes. Ainſi ſuppoſons pour les deux derniers $t+u=f^3$ & $t-u=g^3$, nous aurons $2u=f^3-g^3$; mais u devant être un cube, nous aurions de cette maniere, en de bien plus petits nombres, deux cubes dont la différence feroit égale au double d'un autre cube.

VIII.) Puis donc qu'on ne peut aſſigner en petits nombres des cubes tels que leur ſomme ou leur différence ſoit un cube doublé, il eſt clair qu'il n'y a point de cubes de cette eſpece, même parmi les plus grands nombres.

IX.) On objectera peut-être que notre concluſion pourroit induire en erreur; parce qu'il exiſte dans ces moindres nombres un cas ſatisfaiſant, ſavoir celui de $f=g$. Mais on doit conſidérer que lorſque $f=g$, on a dans le premier cas $t+3u=t-3u$, & ainſi $u=0$; que par conſéquent auſſi $q=0$, & que comme nous avions ſuppoſé $x=p+q$ & $y=p-q$, il faudroit que les deux premiers cubes x^3 & y^3 euſſent déjà été égaux l'un & l'autre, lequel cas a été expreſſément excepté. De même, dans le ſecond cas, ſi $f=g$, il faut que $t+u=t-u$, & pareillement $u=0$; donc auſſi $r=0$ & $p=0$; donc les deux premiers cubes x^3 & y^3 deviendroient encore égaux, de quoi il n'eſt pas queſtion dans le probleme.

248.

Queſtion troiſieme. On demande en général trois cubes, x^3, y^3 & z^3, dont la ſomme ſoit égale à un cube.

Nous venons de voir qu'on peut ſuppoſer deux de ces cubes connus, & qu'on peut déterminer par-là le troiſieme, pourvu qu'il n'y en ait pas deux d'égaux; mais la méthode précédente ne fournit dans chaque cas qu'une ſeule valeur pour le troiſieme cube, & il ſeroit difficile d'en déduire de nouvelles.

Nous regarderons donc à préſent les trois cubes comme inconnus; & afin de donner une ſolution générale, nous ferons $x^3+y^3+z^3=v^3$; nous tranſpoſerons un des premiers pour avoir $x^3+y^3=v^3-z^3$; & voici comment nous satisferons à cette équation.

I.) Soit $x=p+q$ & $y=p-q$, nous aurons, comme nous avons vu, $x^3+y^3=2p(pp+3qq)$. Soit de plus $v=r+s$ & $z=r-s$, nous aurons aussi $v^3-z^3=2s(ss+3rr)$; donc il faut que $2p(pp+3qq)=2s(ss+3rr)$, ou $p(pp+3qq)=s(ss+3rr)$.

II.) Nous avons vu plus haut qu'un nombre, tel que $pp+3qq$, ne peut avoir pour diviseurs que des nombres de la même forme. Puis donc que ces deux formules $pp+3qq$ & $ss+3rr$, doivent avoir nécessairement un diviseur commun, soit ce diviseur $=tt+3uu$.

III.) Faisons en conséquence $pp+3qq=(ff+3gg)(tt+3uu)$ & $ss+3rr=(hh+3kk)(tt+3uu)$, & nous aurons $p=ft+3gu$ & $q=gt-fu$; par conséquent $pp=fftt+6fgtu+9gguu$ & $qq=ggtt-2fgtu+ffuu$, d'où résulte $pp+3qq=(ff+3gg)tt+(3ff+9gg)uu$, ou bien $pp+3qq=(ff+3gg)(tt+3uu)$.

IV.) Nous tirons de la même maniere de l'autre formule, $s=ht+3ku$ & $r=kt$

$-hu$; d'où résulte l'équation $(ft+3gu)(ff+3gg)(tt+3uu)=(ht+3ku)(hh+3kk)(tt+3uu)$, qui, divisée par $tt+3uu$, donne $ft(ff+3gg)+3gu(ff+3gg)=ht(hh+3kk)+3ku(hh+3kk)$, ou $ft(ff+3gg)-ht(hh+3kk)=3ku(hh+3kk)-3gu(ff+3gg)$, moyennant quoi $t=\frac{3k(hh+3kk)-3g(ff+3gg)}{f(ff+3gg)-h(hh+3kk)}u$.

V.) Chassons encore les fractions, en faisant $u=f(ff+3gg)-h(hh+3kk)$, & nous aurons $t=3k(hh+3kk)-3g(ff+3gg)$, où l'on peut donner telles valeurs qu'on veut aux lettres f, g, h & k.

VI.) Lors donc que nous aurons déterminé par ces quatre nombres les valeurs de t & de u, nous aurons I.) $p=ft+3gu$, II.) $q=gt-fu$, III.) $s=ht+3ku$, IV.) $r=kt-hu$; de-là nous parviendrons enfin à la solution de la question, $x=p+q$, $y=p-q$, $z=r-s$ & $v=r+s$; & cette solution est générale, au point qu'elle renferme tous les cas possibles, vu que dans tout ce calcul on n'a admis aucune limitation arbitraire. Tout l'artifice consistoit à rendre notre équation divisible par $tt+3uu$, moyennant quoi nous avons pu déterminer les lettres t & u par une équation du premier degré. On peut faire des applications sans nombre de nos formules : nous en donnerons quelques-unes pour exemples.

I.) Soit $k=0$ & $h=1$, on aura $t=-3g(ff+3gg)$, & $u=f(ff+3gg)-1$; ainsi $p=-3fg(ff+3gg)+3fg(ff+3gg)-3g=-3g$, & $q=-(ff+3gg)^2+f$; de plus $s=-3g(ff+3gg)$, & $r=-f(ff+3gg)+1$; par conséquent

$$x=-3g-(ff+3gg)^2+f,$$
$$y=-3g+(ff+3gg)^2-f,$$
$$z=(3g-f)(ff+3gg)+1;$$

enfin $v=-(3g+f)(ff+3gg)+1$.

Si outre cela nous supposons $f=-1$ & $g=+1$, nous aurons $x=-20$, $y=14$, $z=17$ & $v=-7$; & de-là résulte l'équation finale $-20^3+14^3+17^3=-7^3$, ou $14^3+17^3+7^3=20^3$.

II.) Soit $f=2$, $g=1$, & par conséquent $ff+3gg=7$; de plus $h=0$ & $k=1$; ainsi $hh+3kk=3$; on aura $t=-12$ & $u=14$; de sorte que $p=2t+3u=18$, $q=t-2u=-40$, $r=t=-12$, & $s=3u=42$;

il en résultera $x=p+q=-22$, $y=p-q=58$, $z=r-s=-54$, & $v=r+s=30$; donc $-22^3+58^3-54^3=30^3$, ou $58^3=30^3+54^3+22^3$; & comme toutes les racines sont divisibles par 2, on aura aussi $29^3=15^3+27^3+11^3$.

III.) Soit $f=3$, $g=1$, $h=1$ & $k=1$; en sorte que $ff+3gg=12$, & $hh+3kk=4$; & qu'ainsi $t=-24$ & $u=32$, ces deux valeurs sont divisibles par 8; & comme il ne s'agit ici que de leurs rapports, nous pouvons faire $t=-3$ & $u=4$. Nous obtenons par-là $p=3t+3u=+3$, $q=t-3u=-15$, $r=t-u=-7$ & $s=t+3u=+9$; par conséquent $x=-12$ & $y=18$, $z=-16$ & $v=2$, d'où provient $-12^3+18^3-16^3=2^3$, ou $18^3=16^3+12^3+2^3$, ou bien aussi, en divisant par le cube de 2, $9^3=8^3+6^3+1^3$.

IV.) Supposons aussi $g=0$ & $k=h$, au moyen de quoi nous laissons f & h indéterminées. Nous aurons $ff+3gg=ff$ & $hh+3kk=4hh$; ainsi $t=12h^3$ & $u=f^3-4h^3$; de plus $p=ft=12fh^3$, $q=-f^4+4fh^3$, $r=12h^4-hf^3+4h^4=16h^4-hf^3$, & s

$=3hf^3$; donc enfin $x=p+q=16fh^3-f^4$, $y=p-q=8fh^3+f^4$, $z=r-s=16h^4-4hf^3$, & $v=r+s=16h^4+2hf^3$. Si nous faisons maintenant $f=h=1$, nous avons $x=15$, $y=9$, $z=12$, & $v=18$, ou bien, en divisant tout par 3, $x=5$, $y=3$, $z=4$ & $v=6$; de façon que $3^3+4^3+5^3=6^3$. La progression de ces trois racines 3, 4, 5, augmentant de l'unité, est digne d'attention; c'est pourquoi nous rechercherons s'il y en a encore d'autres de la même espece.

249.

Question quatrieme. On demande trois nombres qui forment une progression arithmétique, dont la différence soit 1, & qui soient tels que leurs cubes ajoutés ensemble reproduisent un cube.

Soit x le nombre ou le terme moyen, $x-1$ sera le plus petit & $x+1$ le plus grand; la somme des cubes de ces trois nombres est $3x^3+6x=3x(xx+2)$, & elle doit être un cube. Il nous faut ici d'avance un cas où cette propriété ait lieu, & nous trouvons après quelques essais que ce cas est $x=4$.

Ainsi nous pouvons, d'après les regles établies plus haut, faire $x=4+y$; en sorte que $xx=16+8y+yy$ & $x^3=64+48y+12yy+y^3$, & moyennant quoi notre formule devient $216+150y+36yy+3y^3$, où le premier terme est un cube, mais où le dernier ne l'est pas.

Supposons donc la racine $=6+fy$, ou la formule $=216+108fy+18ffyy+f^3y^3$, & faisons évanouir les deux seconds termes, en écrivant $150=108f$, ou $f=\frac{25}{18}$; les autres termes, divisés par yy, donneront $36+3y=18ff+f^3y=\frac{25^2}{18}+\frac{25^3}{18^3}y$, ou $18^3.36+18^3.3y=18^2.25^2+25^3y$, ou $18^3.36-18^2.25^2=25^3y-18^3.3y$; donc $y=\frac{18^3.36-18^2.25^2}{25^3-3.18^3}=\frac{18^2.(18.36-25^2)}{25^3-3.18^2}$, c'est-à-dire $y=\frac{-324.23}{1871}=\frac{-7452}{1871}$, & par conséquent $x=\frac{32}{1871}$.

Comme on pourroit trouver embarrassant de poursuivre cette réduction en cubes, il eſt bon d'obſerver que la queſtion peut toujours ſe réduire à des quarrés. En effet, puiſque $3x(xx+2)$ doit être un cube, qu'on ſuppoſe cette formule $=x^3y^3$, & on aura $3xx+6=xxy^3$, & par conſéquent $xx = \frac{6}{y^3-3} = \frac{36}{6y^3-18}$. Or le numérateur de cette fraction étant déjà un quarré, nous n'avons beſoin de transformer en quarré que le dénominateur $6y^3-18$, ce qui exige auſſi qu'on ait trouvé un cas. Conſidérons pour cet effet que 18 eſt diviſible par 9, mais que 6 eſt ſeulement diviſible par 3, & qu'ainſi y pourra ſe diviſer par 3; ſi nous faiſons donc $y=3z$, notre dénominateur deviendra $=162z^3-18$, ce qui étant diviſé par 9 & devenant $18z^3-2$, doit encore être un quarré; or c'eſt ce qui a lieu évidemment dans le cas de $z=1$. Ainſi nous ferons $z=1+v$, & il faudra que $16+54v+54vv+18v^3=\square$; que la racine en ſoit $4+\frac{27}{4}v$, dont le quarré eſt $16+54v+\frac{729}{16}vv$, il faudra que $54+18v=\frac{729}{16}$; ou $18v=-\frac{135}{16}$, ou $2v=-\frac{15}{16}$, & par conſéquent $v=-\frac{15}{32}$; ce qui produit $z=1+v=\frac{17}{32}$, & après cela $y=\frac{51}{32}$.

Reprenons à présent le dénominateur $6y^3 - 18 = 162z^3 - 18 = 9(18z^3 - 2)$; puisque la racine quarrée du facteur $18z^3 - 2$ est $4 + \frac{27}{4}v = \frac{107}{128}$, celle du dénominateur total est $\frac{321}{128}$; mais la racine du numérateur est 6; donc $x = \frac{6}{\frac{321}{128}} = \frac{256}{107}$, valeur tout-à-fait différente de celle que nous avons trouvée précédemment. Il s'ensuit que les racines de nos trois cubes cherchés sont I.) $x - 1 = \frac{149}{107}$, II.) $x = \frac{256}{107}$, III.) $x + 1 = \frac{363}{107}$; & la somme des cubes de ces trois nombres sera un cube dont la racine $xy = \frac{256}{107} \cdot \frac{51}{32} = \frac{408}{107}$.

250.

Nous terminerons ici ce traité de l'Analyse indéterminée, ayant eu suffisamment occasion dans les questions que nous avons résolues, d'expliquer les principaux artifices qu'on a imaginés jusqu'à présent dans cette partie de l'Analyse.

Fin des Élémens d'Algebre.

ADDITIONS.

ADDITIONS.

AVERTISSEMENT.

LES Géometres du ſiecle paſſé ſe ſont beaucoup occupés de l'Analyſe indéterminée, qu'on appelle vulgairement *Analyſe de Diophante ;* mais il n'y a proprement que Meſſieurs *Bachet* & *Fermat* qui aient ajouté quelque choſe à ce que *Diophante* lui-même nous a laiſſé ſur cette matiere.

On doit ſur-tout au premier une Méthode complette pour réſoudre en nombres entiers tous les problemes indéterminés du premier degré [*a*];

[*a*] Voyez plus bas le paragraphe III. Au reſte je ne parle point ici de ſon Commentaire ſur *Diophante*, parce que cet Ouvrage, excellent dans ſon genre, ne renferme à proprement parler aucune découverte.

le ſecond eſt l'Auteur de quelques Méthodes pour la réſolution des équations indéterminées qui paſſent le ſecond degré [*b*] ; de la Méthode ſinguliere, par laquelle on démontre qu'il eſt impoſſible que la ſomme ou la différence de deux carrés-carrés, puiſſe jamais être un carré [*c*] ; de la ſolution d'un grand nombre de problemes très-difficiles & de pluſieurs beaux théoremes ſur les nombres entiers, qu'il a laiſſés ſans démonſtration, mais dont la plupart

[*b*] Ce ſont celles qui ſont expoſées dans les chapitres 8, 9 & 10 du Traité précédent. Le P. *Billi* les a recueillies dans différens écrits de M. *Fermat*, & les a publiées à la tête de la nouvelle édition de *Diophante*, donnée par M. *Fermat* le fils.

[*c*] Cette méthode eſt détaillée dans le chapit. 13 du Traité précédent ; on en trouve les principes dans la *Remarque* de M. *Fermat*, qui eſt après la Queſtion XXVI du Livre VI de *Diophante*.

ont été enſuite démontrés par Mr. *Euler* dans les Commentaires de Pétersbourg [*d*].

Cette branche de l'Analyſe a été preſque abandonnée dans ce ſiecle ; & ſi on en excepte Mr. *Euler*, je ne connois perſonne qui s'y ſoit appliqué ; mais les belles & nombreuſes découvertes que ce grand Géometre y a faites, nous ont bien dédommagé de l'eſpece d'indifférence que les autres Géometres paroiſſent avoir eue juſqu'ici pour ces ſortes de recher-

[*d*] Les problemes & les théoremes dont nous parlons, ſont répandus dans les *Remarques* de M. *Fermat* ſur les Queſtions de *Diophante*, & dans ſes Lettres imprimées dans les *Opera Mathematica*, *&c.* & dans le ſecond volume des Œuvres de *Wallis*.

On trouvera auſſi dans les Mémoires de l'Académie de Berlin, pour les années 1770 & ſuiv. les démonſtrations de quelques théoremes de cet Auteur, qui n'avoient pas encore été démontrés.

ches. Les Commentaires de Pétersbourg ſont pleins des travaux de M^r. *Euler* dans ce genre, & l'Ouvrage qu'il vient de donner eſt un nouveau ſervice qu'il rend aux Amateurs de l'Analyſe de *Diophante.* On n'avoit point encore d'Ouvrage où cette ſcience fût traitée d'une maniere méthodique, & qui renfermât & expliquât clairement les principales regles connues juſqu'ici pour la ſolution des problemes indéterminés. Le Traité précédent réunit ce double avantage; mais pour le rendre encore plus complet, j'ai cru devoir y faire pluſieurs additions dont je vais rendre compte en peu de mots.

La théorie des fractions continues eſt une des plus utiles de l'Arithmétique, où elle ſert à réſoudre avec facilité des problemes qui, ſans ſon ſecours, ſeroient preſqu'intraitables; mais elle eſt d'un plus grand uſage encore dans la ſolution des problemes indéterminés, lorſqu'on ne demande que des nombres entiers. Cette raiſon m'a engagé à expoſer cette théorie avec toute l'étendue néceſſaire pour la faire bien entendre; comme elle manque dans les principaux Ouvrages d'Arithmétique & d'Algebre, elle doit être peu connue des Géometres; je ſerai ſatisfait, ſi je puis contribuer à la leur rendre un peu plus familiere. A la ſuite de cette théorie qui occupe le §. 1, viennent différens problemes curieux & entiérement nouveaux, qui dépendent à la vérité de la même théorie, mais que j'ai cru devoir traiter d'une maniere directe, pour en rendre la solution plus intéressante; on y remarquera principalement une méthode très-simple & très-facile pour réduire en fractions continues les racines des équations du second degré, & une démonstration rigoureuse que ces fractions doivent toujours être nécessairement périodiques.

Les autres Additions concernent sur-tout la résolution des équations indéterminées du premier & du second degré; je donne pour celles-ci des méthodes générales & nouvelles, tant pour le cas où l'on ne demande que des nombres rationnels, que pour celui où l'on exige que les nombres cherchés ſoient entiers ; & je traite d'ailleurs quelques autres matieres importantes & relatives au même objet.

Enfin le dernier paragraphe renferme des recherches ſur les fonctions qui ont la propriété, que le produit de deux ou de pluſieurs fonctions ſemblables, eſt auſſi une fonction ſemblable ; j'y donne une méthode générale pour trouver ces ſortes de fonctions, & j'en fais voir l'uſage pour la réſolution de différens problemes indéterminés, ſur leſquels les méthodes connues n'auroient aucune priſe.

Tels ſont les principaux objets de ces Additions, auxquelles j'aurois pu donner beaucoup plus d'étendue, ſi je n'avois craint de paſſer de juſtes bornes ; je ſouhaite que les matieres que j'y ai traitées puiſſent mériter l'attention des Géometres, & réveiller leur goût pour une partie de l'Analyſe, qui me paroît très-digne d'exercer leur ſagacité.

ADDITIONS.

PARAGRAPHE PREMIER.

SUR LES FRACTIONS CONTINUES.

1. COMME la théorie des Fractions continues manque dans les livres ordinaires d'Arithmétique & d'Algebre, & que par cette raiſon elle doit être peu connue des Géometres, nous croyons devoir commencer ces Additions par une expoſition abrégée de cette théorie, dont nous aurons ſouvent lieu de faire l'application dans la ſuite.

On appelle en général *fraction continue* toute expreſſion de cette forme,

$$\alpha+\cfrac{b}{\beta+\cfrac{c}{\gamma+\cfrac{d}{\delta+,\ \&c.}}}$$

où les quantités α, β, γ, δ, *&c.* & b, c, d, *&c.* ſont des nombres entiers poſitifs ou négatifs; mais nous ne conſidérerons ici que les fractions continues, où les numérateurs b, c, d, *&c.* ſont égaux à l'unité, c'eſt-à-dire celles qui ſont de la forme

$$\alpha+\cfrac{1}{\beta+\cfrac{1}{\gamma+\cfrac{1}{\delta+,\ \&c.}}}$$

α, β, γ, *&c.* étant d'ailleurs des nombres quelconques entiers poſitifs ou négatifs; car celles-ci ſont, à proprement parler, les ſeules qui ſoient d'un grand uſage dans l'Analyſe, les autres n'étant preſque que de pure curioſité.

2. Milord Brouncker eſt, je crois, le premier qui ait imaginé les fractions continues; on connoît celle qu'il a trouvée pour exprimer le rapport du carré circonſcrit, à l'aire du cercle, & qui eſt

$$1+\cfrac{1}{2+\cfrac{9}{2+\cfrac{25}{2+,\ \&c.}}}$$

Mais on ignore le chemin qui l'y a conduit. On trouve ſeulement dans l'*Arithmetica infinitorum* quelques recherches ſur ce ſujet, dans leſquelles Wallis démontre d'une maniere aſſez indirecte, quoique fort ingénieuſe, l'identité de l'expreſſion de Brouncker avec la ſienne, qui eſt, comme l'on ſait, $\frac{3.3.5.5.5...}{2.4.4.6.6...}$; il y donne auſſi la méthode de réduire en général toutes ſortes de fractions continues à des fractions ordinaires. Au reſte il ne paroît pas que l'un ou l'autre de ces deux grands Géometres ait connu les principales propriétés & les avantages ſinguliers des fractions continues ; nous verrons ci-après que la découverte en eſt principalement due à Huyghens.

3. Les fractions continues ſe préſentent naturellement toutes les fois qu'il s'agit d'exprimer en nombres des quantités fractionnaires ou irrationnelles. En effet, ſuppoſons qu'on ait à évaluer une quantité quelconque donnée a, qui ne ſoit pas exprimable par un nombre entier ; la voie la plus ſimple eſt de commencer par chercher

le nombre entier qui ſera le plus proche de la valeur de a, & qui n'en différera que par une fraction moindre que l'unité. Soit ce nombre α, & l'on aura $a-\alpha$ égal à une fraction plus petite que l'unité ; de ſorte que $\frac{1}{a-\alpha}$ ſera au contraire un nombre plus grand que l'unité ; ſoit donc $\frac{1}{a-\alpha}=b$, & comme b doit être un nombre plus grand que l'unité, on pourra chercher de même le nombre entier qui approchera le plus de la valeur de b ; & ce nombre étant nommé β, on aura de nouveau $b-\beta$ égal à une fraction plus petite que l'unité, & par conſéquent $\frac{1}{b-\beta}$ ſera égal à une quantité plus grande que l'unité, qu'on pourra déſigner par c ; ainſi, pour évaluer c, il n'y aura qu'à chercher pareillement le nombre entier le plus proche de c, lequel étant déſigné par γ, on aura $c-\gamma$ égal à une quantité plus petite que l'unité, & par conſéquent $\frac{1}{c-\gamma}$ ſera égal à une quantité d plus grande que l'unité, & ainſi de ſuite. Par ce moyen il eſt clair qu'on doit épuiſer peu à peu la valeur de a, & cela de la maniere la plus ſimple & la plus prompte qu'il eſt poſſible, puiſqu'on n'emploie que des nombres entiers dont chacun approche, autant qu'il eſt poſſible, de la valeur cherchée.

Maintenant, puiſque $\frac{1}{a-\alpha}=b$, on aura $a-\alpha=\frac{1}{b}$, & $a=\alpha+\frac{1}{b}$; de même, à cauſe de $\frac{1}{b-\beta}=c$, on aura $b=\beta+\frac{1}{c}$; &, à cauſe de $\frac{1}{c-\gamma}=d$, on aura pareillement $c=\gamma+\frac{1}{d}$, & ainſi de ſuite; de ſorte qu'en ſubſtituant ſucceſſivement ces valeurs, on aura

$$a=\alpha+\frac{1}{b},$$

$$=\alpha+\cfrac{1}{\beta+\cfrac{1}{c}},$$

$$=\alpha+\cfrac{1}{\beta+\cfrac{1}{\gamma+\cfrac{1}{\delta}}},$$

& en général

$$a=\alpha+\cfrac{1}{\beta+\cfrac{1}{\gamma+\cfrac{1}{\delta+,\ \&c.}}}$$

Il eſt bon de remarquer ici que les nombres α, β, γ, &c. qui repréſentent, comme nous venons de le voir, les valeurs entieres approchées des quantités a, b, c, &c. peuvent être pris chacun de deux manieres différéntes, puiſqu'on peut prendre également pour la valeur entiere approchée d'une quantité donnée, l'un ou l'autre des deux nombres entiers, entre leſquels ſe trouve cette quantité; il y a cependant une différence eſſentielle entre ces deux manieres de prendre les valeurs approchées par rapport à la fraction continue qui en réſulte; car ſi on prend toujours les valeurs approchées plus petites que les véritables, les dénominateurs β, γ, δ, &c. ſeront tous poſitifs; au lieu qu'ils ſeront tous négatifs, ſi on prend les valeurs approchées toutes plus grandes que les véritables, & ils ſeront en partie poſitifs & en partie négatifs, ſi les valeurs approchées ſont priſes tantôt trop petites & tantôt trop grandes.

En effet, ſi α eſt plus petit que a, $a - \alpha$ ſera une quantité poſitive; donc b ſera poſitive, & β le ſera auſſi; au contraire $a - \alpha$ ſera négative, ſi α eſt plus grand que a; donc

donc b sera négative, & β le sera aussi. De même si β est plus petit que b, $b-\beta$ sera toujours une quantité positive; donc c le sera aussi, & par conséquent aussi γ; mais si β est plus grand que b, $b-\beta$ sera une quantité négative; de sorte que c, & par conséquent aussi γ, seront négatifs, & ainsi de suite.

Au reste, lorsqu'il s'agit de quantités négatives, j'entends par quantités plus petites celles qui, prises positivement, seroient plus grandes; nous aurons cependant quelquefois dans la suite occasion de comparer entr'elles des quantités purement par rapport à leur grandeur absolue; mais nous aurons soin d'avertir alors qu'il faudra faire abstraction des signes.

Je dois remarquer encore que si, parmi les quantités b, c, d, &c. il s'en trouve une qui soit égale à un nombre entier, alors la fraction continue sera terminée, parce qu'on pourra y conserver cette quantité même; par exemple, si c est un nombre entier, la fraction continue qui donne la valeur de a, sera

$$a = \alpha + \cfrac{1}{\beta + \cfrac{1}{c.}}$$

En effet, il eſt clair qu'il faudroit prendre $\gamma = c$, ce qui donneroit $d = \frac{1}{c-\gamma} = \frac{1}{0} = \infty$, & par conſéquent $\delta = \infty$; de ſorte que l'on auroit

$$a = \alpha + \cfrac{1}{\beta + \cfrac{1}{\gamma + \cfrac{1}{\infty}}},$$

les termes ſuivans évanouiſſant vis-à-vis de la quantité infinie ∞; or $\frac{1}{\infty} = 0$; donc on aura ſimplement

$$a = \alpha + \cfrac{1}{\beta + \cfrac{1}{c.}}$$

Ce cas arrivera toutes les fois que la quantité a ſera commenſurable, c'eſt-à-dire qu'elle ſera exprimée par une fraction rationnelle; mais lorſque a ſera une quantité irrationnelle ou tranſcendante, alors la fraction continue ira néceſſairement à l'infini.

4. Suppoſons que la quantité a ſoit une fraction ordinaire $\frac{A}{B}$, A & B étant des nombres entiers donnés; il eſt d'abord évident

que le nombre entier α qui approchera le plus de $\frac{A}{B}$, sera le quotient de la division de A par B; ainsi supposant la division faite à la maniere ordinaire, & nommant α le quotient & C le reste, on aura $\frac{A}{B}-\alpha=\frac{C}{B}$; donc $b=\frac{B}{C}$; pour avoir de même la valeur entiere approchée β de la fraction $\frac{B}{C}$, il n'y aura qu'à diviser B par C, & prendre pour β le quotient de cette division; alors nommant D le reste, on aura $b-\beta=\frac{D}{C}$, & par conséquent $c=\frac{C}{D}$; on continuera donc à diviser C par D, & le quotient sera la valeur du nombre γ, & ainsi de suite; d'où résulte cette regle fort simple pour réduire les fractions ordinaires en fractions continues.

Divisez d'abord le numérateur de la fraction proposée par son dénominateur, & nommez le quotient α; divisez ensuite le dénominateur par le reste, & nommez le quotient β; divisez après cela le premier reste par le second reste, & soit le quotient γ; continuez ainsi en divisant toujours l'avant-dernier reste *par le dernier, jusqu'à ce qu'on parvienne à une division qui se fasse sans reste, ce qui doit nécessairement arriver, puisque les restes sont tous des nombres entiers qui vont en diminuant; vous aurez la fraction continue*

$$\alpha + \cfrac{1}{\beta + \cfrac{1}{\gamma + \cfrac{1}{\delta + \text{, \&c.}}}}$$

qui sera égale à la fraction donnée.

5. Soit proposé de réduire en fraction continue la fraction $\frac{1103}{887}$; on divisera donc 1103 par 887, on aura le quotient 1 & le reste 216; on divisera 887 par 216, on aura le quotient 4 & le reste 23; on divisera 216 par 23, ce qui donnera le quotient 9 & le reste 9; on divisera encore 23 par 9, on aura le quotient 2 & le reste 5; on divisera 9 par 5, on aura le quotient 1 & le reste 4; on divisera 5 par 4, on aura le quotient 1 & le reste 1; enfin, divisant 4 par 1, on aura le quotient 4 & le reste nul, de sorte que l'opération sera terminée. Rassemblant donc par ordre tous les quotiens trouvés, on aura cette série 1, 4, 9, 2, 1, 1, 4, d'où l'on formera la fraction continue

$$\frac{1103}{887}=1+\cfrac{1}{4+\cfrac{1}{9+\cfrac{1}{2+\cfrac{1}{1+\cfrac{1}{1+\cfrac{1}{4}}}}}}.$$

6. Comme dans la maniere ordinaire de faire les divisions, on prend toujours pour quotient le nombre entier qui est égal ou moindre que la fraction proposée, il s'ensuit que par la méthode précédente on n'aura que des fractions continues, dont tous les dénominateurs seront des nombres positifs.

Or on peut aussi prendre pour quotient le nombre entier, qui est immédiatement plus grand que la valeur de la fraction, lorsque cette fraction n'est pas réductible à un nombre entier, & pour cela il n'y a qu'à augmenter d'une unité la valeur du quotient trouvé à la maniere ordinaire; alors le reste sera négatif, & le quotient suivant sera nécessairement négatif. Ainsi on pourra à volonté rendre les termes de la fraction continue positifs ou négatifs.

Dans l'exemple précédent, au lieu de prendre 1 pour le quotient de 1103 divisé par 887, je puis prendre 2; mais j'aurai le reſte négatif —671, par lequel il faudra maintenant diviſer 887; on diviſera donc 887 par —671, & l'on aura ou le quotient —1 & le reſte 216, ou le quotient —2 & le reſte —455. Prenons le quotient plus grand —1, & alors il faudra diviſer le reſte —671 par le reſte 216, d'où l'on aura ou le quotient —3 & le reſte —23, ou le quotient —4 & le reſte 193. Je continue la diviſion en adoptant le quotient plus grand —3; j'aurai à diviſer le reſte 216 par le reſte —23, ce qui me donnera ou le quotient —9 & le reſte 9, ou le quotient —10 & le reſte —14, & ainſi de ſuite.

De cette maniere on aura

$$\frac{1103}{887}=2+\cfrac{1}{-1+\cfrac{1}{-3+\cfrac{1}{-9+,\ \&c.}}}$$

où l'on voit que tous les dénominateurs ſont négatifs.

7. On peut au reſte rendre poſitif chaque dénominateur négatif, en changeant le

ſigne du numérateur ; mais il faut alors changer auſſi le ſigne du numérateur ſuivant ; car il eſt clair qu'on a

$$\mu+\cfrac{1}{-\nu+\cfrac{1}{\pi+,\ \&c.}}=\mu-\cfrac{1}{\nu-\cfrac{1}{\pi+,\ \&c.}}$$

Enſuite on pourra, ſi l'on veut, faire diſparoître tous les ſignes — de la fraction continue, & la réduire à une autre, où tous les termes ſoient poſitifs ; car on a en général

$$\mu-\cfrac{1}{\nu+,\ \&c.}=\mu-1+\cfrac{1}{1+\cfrac{1}{\nu-1+,\ \&c.}}$$

comme on peut s'en convaincre aiſément, en réduiſant ces deux quantités en fractions ordinaires.

On pourroit auſſi par un moyen ſemblable introduire des termes négatifs à la place des poſitifs, car on a

$$\mu+\cfrac{1}{\nu+,\ \&c.}=\mu+1-\cfrac{1}{1+\cfrac{1}{\nu-1+,\ \&c.}}$$

D'où l'on voit que par ces ſortes de tranſformations on peut quelquefois ſimplifier une fraction continue, & la réduire à un moindre nombre de termes ; ce qui aura lieu toutes les fois qu'il y aura des dénominateurs égaux à l'unité positive ou négative.

En général il est elair que pour avoir la fraction continue la plus convergente qu'il est possible vers la valeur de la quantité donnée, il faut toujours prendre pour α, β, γ, &c. les nombres entiers qui approchent le plus des quantités a, b, c, &c. soit qu'ils soient plus petits ou plus grands que ces quantités; or il est facile de voir que si, par exemple, on ne prend pas pour α le nombre entier qui approche le plus, soit en excès ou en défaut, de a, le nombre suivant β sera nécessairement égal à l'unité; en effet la différence entre a & α sera alors plus grande que $\frac{1}{2}$, par conséquent on aura $b = \frac{1}{a-\alpha}$ plus petit que 2; donc β ne pourra être qu'égal à l'unité.

Ainsi toutes les fois que dans une fraction continue on trouvera des dénominateurs égaux à l'unité, ce sera une marque que l'on n'a pas pris les dénominateurs précédens aussi approchans qu'il est possible,

& que par conséquent la fraction peut se simplifier en augmentant ou en diminuant ces dénominateurs d'une unité, ce qu'on pourra exécuter par les formules précédentes, sans être obligé de refaire en entier le calcul.

8. La méthode de l'art. 4 peut servir aussi à réduire en fraction continue toute quantité irrationnelle ou transcendante, pourvu qu'elle soit auparavant exprimée en décimales; mais comme la valeur en décimales ne peut être qu'approchée, & qu'en augmentant d'une unité le dernier caractere on a deux limites, entre lesquelles doit se trouver la vraie valeur de la quantité proposée, il faudra, pour ne pas sortir de ces limites, faire à la fois le même calcul sur les deux fractions dont il s'agit, & n'admettre ensuite dans la fraction continue que les quotiens qui résulteront également des deux opérations.

Soit, par exemple, proposé d'exprimer par une fraction continue le rapport de la circonférence du cercle au diametre.

Ce rapport exprimé en décimales eſt, par le calcul de Viete, 3,1415926535....; de ſorte qu'on aura la fraction $\frac{31415926535}{10000000000}$ à réduire en fraction continue par la méthode ci-deſſus; or ſi on ne prend que la fraction $\frac{314159}{100000}$, on trouve les quotiens 3, 7, 15, 1, &c. & ſi on prenoit la fraction plus grande $\frac{314160}{100000}$, on trouveroit les quotiens 3, 7, 16, &c. de ſorte que le troiſieme quotient demeureroit incertain; d'où l'on voit que, pour, pouvoir pouſſer ſeulement la fraction continue au-delà de trois termes, il faudra néceſſairement adopter une valeur de la périférie qui ait plus de ſix caracteres.

Or ſi on prend la valeur donnée par Ludolph en trente-cinq caracteres, & qui eſt 3, 14159, 26535, 89793, 23846, 26433, 83279, 50288; & qu'on opere en même temps ſur cette fraction & ſur la même, en y augmentant le dernier caractere 8 d'une unité, on trouvera cette ſuite de quotiens, 3, 7, 15, 1, 292, 1, 1, 1, 2, 1, 3, 1, 14, 2, 1, 1, 2, 2, 2, 2,

1, 84, 2, 1, 1, 15, 3, 13, 1, 4, 2, 6, 6, 1; de sorte que l'on aura

$$\frac{\textit{Périph.}}{\textit{diamètr.}} = 3 + \cfrac{1}{7 + \cfrac{1}{15 + \cfrac{1}{1 + \cfrac{1}{292 + \cfrac{1}{1 + \cfrac{1}{1 + \&c.}}}}}}$$

Comme il y a ici des dénominateurs égaux à l'unité, on pourra simplifier la fraction, en y introduisant des termes négatifs, par les formules de l'art. 7, & l'on trouvera

$$\frac{\textit{Périph.}}{\textit{diamètr.}} = 3 + \cfrac{1}{7 + \cfrac{1}{16 - \cfrac{1}{294 - \cfrac{1}{3 - \cfrac{1}{3 +, \&c.}}}}}$$

ou bien

$$\frac{\textit{Périph.}}{\textit{diamètr.}} = 3 + \cfrac{1}{7 + \cfrac{1}{16 + \cfrac{1}{-294 + \cfrac{1}{3 + \cfrac{1}{-3 + \&c.}}}}}$$

9. Nous avons montré ailleurs comment on peut appliquer la théorie des fractions continues à la résolution numérique des équations, pour laquelle on n'avoit encore que des méthodes imparfaites & insuffi-

ſantes. (*Voyez les Mémoires de l'Académie de Berlin pour les années 1767 & 1768.*) Toute la difficulté conſiſte à pouvoir trouver dans une équation quelconque la valeur entiere la plus approchée, ſoit en excès ou en défaut de la racine cherchée, & c'eſt ſur quoi nous avons donné les premiers des regles ſures & générales, par leſquelles on peut non-ſeulement reconnoître combien de racines réelles poſitives ou négatives, égales ou inégales, contient la propoſée, mais encore trouver facilement les limites de chacune de ces racines, & même les limites des quantités réelles qui compoſent les racines imaginaires. Suppoſant donc que x ſoit l'inconnue de l'équation propoſée, on cherchera d'abord le nombre entier qui approchera le plus de la racine cherchée, & nommant ce nombre α, il n'y aura qu'à faire, comme on l'a vu dans l'art. 3, $x = \alpha + \frac{1}{y}$; (je nomme ici x, y, z, &c. ce que j'ai dénoté dans l'art. cité par a, b, c, &c.) & ſubſtituant cette valeur à la place de x, on aura, après avoir fait évanouir les fractions, une équation du même degré en y, qui devra avoir au moins une racine positive ou négative plus grande que l'unité. On cherchera donc de nouveau la valeur entiere approchée de cette racine, & nommant cette valeur β, on fera ensuite $y = \beta + \frac{1}{z}$, ce qui donnera de même une équation en z, qui aura aussi nécessairement une racine plus grande que l'unité, & dont on cherchera pareillement la valeur entiere approchée γ, & ainsi de suite. De cette maniere la racine cherchée se trouvera exprimée par la fraction continue

$$\alpha + \frac{1}{\beta + \frac{1}{\gamma + \frac{1}{\delta +, \&c.}}}$$

qui sera terminée si la racine est commensurable, mais qui ira nécessairement à l'infini, si elle est incommensurable.

On trouvera dans les Mémoires cités tous les principes & les détails nécessaires pour se mettre au fait de cette méthode & de ses usages, & même différens moyens pour abréger souvent les opérations qu'elle demande ; nous croyons n'y avoir presque rien laissé à désirer sur ce sujet si important.

Au reste, pour ce qui regarde les racines des équations du second degré, nous donnerons plus bas, (art. 33 & suiv.) une méthode particuliere & très-simple pour les convertir en fractions continues.

10. Après avoir expliqué la génération des fractions continues, nous allons en montrer les usages & les principales propriétés.

Il est d'abord évident que plus on prend de termes dans une fraction continue, plus on doit approcher de la vraie valeur de la quantité qu'on a exprimée par cette fraction ; de sorte que si on s'arrête successivement à chaque terme de la fraction, on aura une suite de quantités qui seront nécessairement convergentes vers la quantité proposée.

Ainsi ayant réduit la valeur de a à la fraction continue

$$\alpha + \frac{1}{\beta + \frac{1}{\gamma + \frac{1}{\delta + , \&c.}}}$$

on aura les quantités

$$\alpha,\ \alpha+\frac{1}{\beta},\ \alpha+\frac{1}{\beta+\frac{1}{\gamma}},\ \&c.$$

ou bien, en réduiſant,

$$\alpha,\ \frac{\alpha\beta+1}{\beta},\ \frac{\alpha\beta\gamma+\alpha+\gamma}{\beta\gamma+1},\ \&c.$$

qui approcheront de plus en plus de la valeur de a.

Pour pouvoir mieux juger de la loi & de la convergence de ces quantités, nous remarquerons que par les formules de l'article 3 on a

$$a=\alpha+\frac{1}{b},\ b=\beta+\frac{1}{c},\ c=\gamma+\frac{1}{d},\ \&c.$$

d'où l'on voit d'abord que α eſt la premiere valeur approchée de a; qu'enſuite ſi on prend la valeur exacte de a, qui eſt $\frac{\alpha b+1}{b}$, & qu'on y ſubſtitue pour b ſa valeur approchée β, on aura cette valeur plus approchée $\frac{\alpha\beta+1}{\beta}$; qu'on aura de même une troiſieme valeur plus approchée de a, en mettant d'abord pour b ſa valeur exacte $\frac{\beta c+1}{c}$, ce qui donne $a=\frac{(\alpha\beta+1)c+\alpha}{\beta c+1}$, & prenant enſuite pour c la valeur approchée γ; par ce moyen la nouvelle valeur approchée de a fera

$$\frac{(\alpha\beta+1)\gamma+\alpha}{\beta\gamma+1}$$

continuant le même raisonnement, on pourra approcher davantage, en mettant, dans l'expression de a trouvée ci-dessus, à la place de c sa valeur exacte $\frac{\gamma d+1}{d}$, ce qui donnera

$$a=\frac{((\alpha\beta+1)\gamma+\alpha)d+\alpha\beta+1}{(\beta\gamma+1)d+\beta}$$

& prenant ensuite pour d sa valeur approchée δ; de sorte qu'on aura pour la quatrieme approximation la quantité

$$\frac{((\alpha\beta+1)\gamma+\alpha)\delta+\alpha\beta+1}{(\beta\gamma+1)\delta+\beta}$$

& ainsi de suite.

De-là il est facile de voir que si par le moyen des nombres α, β, γ, δ, &c. on forme les expressions suivantes,

$A=\alpha$	$A'=1$
$B=\beta A+1$	$B'=\beta$
$C=\gamma B+A$	$C'=\gamma B'+A'$
$D=\delta C+B$	$D'=\delta C'+B'$
$E=\epsilon D+C$	$E'=\epsilon D'+C'$
&c.	&c.

on

on aura cette ſuite de fractions convergentes vers la quantité a,

$$\frac{A}{A^1}, \frac{B}{B^1}, \frac{C}{C^1}, \frac{D}{D^1}, \frac{E}{E^1}, \frac{F}{F^1}, \&c.$$

Si la quantité a eſt rationnelle, & repréſentée par une fraction quelconque $\frac{V}{V^1}$, il eſt évident que cette fraction ſera toujours la derniere dans la ſérie précédente; puiſque dans ce cas la fraction continue ſera terminée, & que la derniere fraction de la ſérie ci-deſſus doit toujours équivaloir à toute la fraction continue.

Mais ſi la quantité a eſt irrationnelle ou tranſcendante, alors la fraction continue allant néceſſairement à l'infini, on pourra auſſi pouſſer à l'infini la ſérie des fractions convergentes.

11. Examinons maintenant la nature de ces fractions; & d'abord il eſt viſible que les nombres A, B, C, &c. doivent aller en augmentant, auſſi bien que les nombres A^1, B^1, C^1, &c. car 1°. ſi les nombres α, β, γ, &c. ſont tous poſitifs, les nombres

$A, B, C,$ &c. A', B', C', &c. seront aussi tous positifs, & l'on aura évidemment $B > A$, $C > B$, $D > C$, &c. & $B' =$ ou $> A'$, $C' > B'$, $D' > C'$, &c.

2°. Si les nombres α, β, γ, &c. sont tous ou en partie négatifs, alors parmi les nombres A, B, C, &c. & A', B', C', il y en aura de positifs & de négatifs; mais dans ce cas on considérera que l'on a en général par les formules précédentes

$$\frac{B}{A} = \beta + \frac{1}{\alpha},\ \frac{C}{B} = \gamma + \frac{A}{B},\ \frac{D}{C} = \delta + \frac{B}{C},\ \&c.$$

d'où l'on voit d'abord que si les nombres α, β, γ, &c. sont différens de l'unité, quels que soient d'ailleurs leurs signes, on aura nécessairement, en faisant abstraction des signes, $\frac{B}{A}$ plus grand que l'unité; donc $\frac{A}{B}$ moindre que l'unité, par conséquent $\frac{C}{B}$ plus grand que l'unité, & ainsi de suite; donc B plus grand que A, C plus grand que B, &c.

Il n'y aura d'exception que lorsque parmi les nombres α, β, γ, &c. il s'en trouvera d'égaux à l'unité; supposons, par exemple, que le nombre γ soit le premier qui soit égal à ± 1 ; on aura d'abord B plus grand que A, mais C sera moindre que B, s'il arrive que la fraction $\frac{A}{B}$ soit de signe différent de γ ; ce qui est clair par l'équation $\frac{C}{B} = \gamma + \frac{A}{B}$; parce que dans ce cas $\gamma + \frac{A}{B}$ sera un nombre moindre que l'unité ; or je dis qu'alors on aura nécessairement D plus grand que B ; car puisque $\gamma = \pm 1$, on aura, (art. 10), $c = \pm 1 + \frac{1}{d}$, & $c - \frac{1}{d} = \pm 1$; or comme c & d sont des quantités plus grandes que l'unité, (art. 3), il est clair que cette équation ne pourra subsister, à moins que c & d ne soient de même signe ; donc, puisque γ & δ sont les valeurs entieres approchées de c & d, ces nombres γ & δ devront être aussi de même signe ; mais la fraction $\frac{C}{B} = \gamma + \frac{A}{B}$ doit être de même signe que γ, à cause que γ est un nombre entier, & $\frac{A}{B}$ une fraction moindre que l'unité ; donc $\frac{C}{B}$ & δ seront des quantités de même signe ; par conséquent $\frac{\delta C}{B}$ sera une quantité positive. Or on a $\frac{D}{C}$

$= \delta + \frac{B}{C}$; donc multipliant par $\frac{C}{B}$, on aura $\frac{D}{B} = \delta\frac{C}{B} + 1$; donc $\frac{\delta C}{B}$ étant une quantité positive, il eſt clair que $\frac{D}{B}$ ſera plus grande que l'unité; donc D plus grand que B.

De-là on voit que s'il arrive que dans la ſérie A, B, C, &c. il ſe trouve un terme qui ſoit moindre que le précédent, le terme ſuivant ſera néceſſairement plus grand; de ſorte qu'en mettant à part ces termes plus petits, la ſérie ne laiſſera pas d'aller en augmentant.

Au reſte on pourra toujours éviter, ſi l'on veut, cet inconvénient, ſoit en prenant les nombres α, β, γ, &c. tous poſitifs, ſoit en les prenant tous différens de l'unité, ce qui eſt toujours poſſible.

On fera les mêmes raiſonnemens par rapport à la ſérie A', B', C', &c. dans laquelle on a pareillement

$$\frac{B'}{A'} = \beta,\ \frac{C'}{B'} = \gamma + \frac{A'}{B'},\ \frac{D'}{C'} = \delta + \frac{B'}{C'},\ \&c.$$

d'où l'on déduira des concluſions ſemblables aux précédentes.

12. Maintenant, si on multiplie en croix les termes des fractions voisines dans la série $\frac{A}{A'}$, $\frac{B}{B'}$, $\frac{C}{C'}$, &c. on trouvera $BA' - AB' = 1$, $CB' - BC' = AB' - BA'$, $DC' - CD' = BC' - CB'$, &c. d'où je conclus qu'on aura en général

$$BA' - AB' = 1$$
$$CB' - BC' = -1$$
$$DC' - CD' = 1$$
$$ED' - DE' = -1, \text{ \&c.}$$

Cette propriété est très-remarquable, & donne lieu à plusieurs conséquences importantes.

D'abord on voit que les fractions $\frac{A}{A'}$, $\frac{B}{B'}$, $\frac{C}{C'}$, &c. doivent être déjà réduites à leurs moindres termes; car si, par exemple, C & C' avoient un commun diviseur autre que l'unité, le nombre entier $CB' - BC'$ seroit aussi divisible par ce même diviseur, ce qui ne se peut, à cause de $CB' - BC' = -1$.

Ensuite si on met les équations précédentes sous cette forme

$$\frac{B}{B'}-\frac{A}{A'}=\frac{1}{A'B'}$$

$$\frac{C}{C'}-\frac{B}{B'}=-\frac{1}{C'B'}$$

$$\frac{D}{D'}-\frac{C}{C'}=\frac{1}{C'D'}$$

$$\frac{E}{E'}-\frac{D}{D'}=-\frac{1}{D'E'}, \ \&c.$$

il est aisé de voir que les différences entre les fractions voisines de la série $\frac{A}{A'}$, $\frac{B}{B'}$, $\frac{C}{C'}$ &c. vont continuellement en diminuant, de sorte que cette série est nécessairement convergente.

Or je dis que la différence entre deux fractions consécutives est aussi petite qu'il est possible; en sorte qu'entre ces mêmes fractions il ne sauroit tomber aucune autre fraction quelconque, à moins qu'elle n'ait un dénominateur plus grand que ceux de ces fractions-là.

Car prenons, par exemple, les deux fractions $\frac{C}{C'}$ & $\frac{D}{D'}$, dont la différence eſt $\frac{1}{C'D'}$, & ſuppoſons, s'il eſt poſſible, qu'il exiſte une autre fraction $\frac{m}{n}$, dont la valeur tombe entre celles de ces deux fractions, & dans laquelle le dénominateur n ſoit moindre que C' ou que D'; donc puiſque $\frac{m}{n}$ doit ſe trouver entre $\frac{C}{C'}$ & $\frac{D}{D'}$, il faudra que la différence entre $\frac{m}{n}$ & $\frac{C}{C'}$, qui eſt $\frac{mC'-nC}{nC'}$ ou $\frac{nC-mC'}{nC'}$, ſoit plus petite que $\frac{1}{C'D'}$, différence entre $\frac{D}{D'}$ & $\frac{C}{C'}$; mais il eſt clair que celle-là ne ſauroit être moindre que $\frac{1}{nC'}$; donc, ſi $n<D'$, elle ſera néceſſairement plus grande que $\frac{1}{C'D'}$; de même la différence entre $\frac{m}{n}$ & $\frac{D}{D'}$ ne pouvant être plus petite que $\frac{1}{nD'}$, ſera

nécessairement plus grande que $\frac{1}{C'D'}$, si $n < C_1$, au lieu qu'elle devroit en être plus petite.

13. Voyons présentement de combien chaque fraction de la série $\frac{A}{A'}$, $\frac{B}{B'}$, &c. approchera de la valeur de la quantité a. Pour cela on remarquera que les formules trouvées dans l'art. 10 donnent

$$a = \frac{Ab + 1}{A'b}$$

$$a = \frac{Bc + A}{B'c + A'}$$

$$a = \frac{Cd + B}{C'd + B'}$$

$$a = \frac{De + C}{D'e + C'}$$

& ainsi de suite.

Donc si on veut savoir de combien la fraction $\frac{C}{C'}$, par exemple, approche de la quantité, on cherchera la différence entre $\frac{C}{C'}$ & a; en prenant pour a la quantité

$\frac{Cd+B}{C'd+B'}$, on aura $a-\frac{C}{C'}=\frac{Cd+B}{C'd+B'}-\frac{C}{C'}=\frac{BC'-CB'}{C'(C'd+B')}=\frac{1}{C'(C'd+B')}$, à cause de $BC'-CB'=1$, (art. 12.); or comme on suppose que δ soit la valeur approchée de d, en sorte que la différence entre d & δ soit moindre que l'unité, (art. 3), il est clair que la valeur de d sera renfermée entre les deux nombres δ & $\delta \pm 1$, (le signe supérieur étant pour le cas où la valeur approchée δ est moindre que la véritable d, & le signe inférieur pour le cas où δ est plus grand que d), & que par conséquent la valeur de $C'd+B'$, sera aussi renfermée entre ces deux-ci, $C'\delta+B'$ & $C'(\delta \pm 1)+B'$, c'est-à-dire entre D' & $D' \pm C'$; donc la différence $a-\frac{C}{C'}$ sera renfermée entre ces deux limites $\frac{1}{C'D'}$, $\frac{1}{C'(D' \pm C')}$; d'où l'on pourra juger de la quantité de l'approximation de la fraction $\frac{C}{C'}$.

14. En général on aura

$$a = \frac{A}{A'} + \frac{1}{A'b}$$

$$a = \frac{B}{B'} - \frac{1}{B'(B'c + A')}$$

$$a = \frac{C}{C'} + \frac{1}{C'(C'd + B')}$$

$$a = \frac{D}{D'} - \frac{1}{D'(D'e + C')}$$

& ainſi de ſuite.

Or ſi on ſuppoſe que les valeurs approchées α, β, γ, &c. ſoient toujours priſes moindres que les véritables, ces nombres ſeront tous poſitifs, auſſi bien que les quantités b, c, d, &c. (art. 3); donc les nombres A', B', C', &c. ſeront auſſi tous poſitifs; d'où il s'enſuit que les différences entre la quantité a & les fractions $\frac{A}{A'}$, $\frac{B}{B'}$, $\frac{C}{C'}$, &c. ſeront alternativement poſitives & négatives; c'eſt-à-dire que ces fractions ſeront alternativement plus petites & plus grandes que la quantité a.

De plus, comme $b > \beta$, $c > \gamma$, $d > \delta$, &c. (*hyp.*) on aura $b > B'$, $B'c + A' > B'\gamma + A' > C'$, $C'd + B' > C'\delta + B' > D'$, &c. & comme $b < \beta + 1$, $c < \gamma + 1$, $d < \delta + 1$, on aura $b < B' + 1$, $B'c + A' < B'(\gamma + 1) + A' < C' + B'$, $C'd + B' < C'(\delta + 1) + B' < D' + C'$, &c. de forte que les erreurs qu'on commettroit en prenant les fractions $\frac{A}{A'}$, $\frac{B}{B'}$, $\frac{C}{C'}$, &c. pour la valeur de a, feroient refpectivement moindres que $\frac{1}{A'B'}$, $\frac{1}{B'C'}$, $\frac{1}{C'D'}$, &c. mais plus grandes que $\frac{1}{A'(B'+A')}$, $\frac{1}{B'(C'+B')}$, $\frac{1}{C'(D'+C')}$, &c. d'où l'on voit combien ces erreurs font petites, & combien elles vont en diminuant d'une fraction à l'autre.

Mais il y a plus : puifque les fractions $\frac{A}{A'}$, $\frac{B}{B'}$, $\frac{C}{C'}$, &c. font alternativement plus petites & plus grandes que la quantité a, il eft clair que la valeur de cette quantité ſe trouvera toujours entre deux fractions conſécutives quelconques ; or nous avons vu ci-deſſus, (art. 12), qu'il eſt impoſſible qu'entre deux telles fractions puiſſe ſe trouver une autre fraction quelconque qui ait un dénominateur moindre que l'un de ceux de ces deux fractions ; d'où l'on peut conclure que chacune des fractions dont il s'agit, exprime la quantité a plus exactement que ne pourroit faire toute autre fraction quelconque, dont le dénominateur feroit plus petit que celui de la fraction ſuivante ; c'eſt-à-dire que la fraction $\frac{C}{C^{\prime}}$, par exemple, exprimera la valeur de a plus exactement que toute autre fraction $\frac{m}{n}$, dans laquelle n ſeroit moindre que D.

15. Si les valeurs approchées α, β, γ, &c. ſont toutes ou en partie plus grandes que les véritables, alors parmi ces nombres il y en aura néceſſairement de négatifs, (art. 3), ce qui rendra auſſi négatifs quelques-uns des termes des ſéries A, B, C, &c. $A^{\prime}$, $B^{\prime}$, $C^{\prime}$, &c. par conſéquent les

différences entre les fractions $\frac{A}{A'}$, $\frac{B}{B'}$, $\frac{C}{C'}$, *&c.* & la quantité a, ne feront plus alternativement positives & négatives, comme dans le cas de l'article précédent ; de sorte que ces fractions n'auront plus l'avantage de donner toujours des limites en *plus* & en *moins* de la quantité a, avantage qui me paroît d'une très-grande importance, & qui doit par conséquent faire préférer toujours dans la pratique les fractions continues où les dénominateurs feront tous positifs. Ainsi nous ne considérerons plus dans la suite que des fractions de cette espece.

16. Considérons donc la série $\frac{A}{A'}$, $\frac{B}{B'}$, $\frac{C}{C'}$, $\frac{D}{D'}$, *&c.* dans laquelle les fractions sont alternativement plus petites & plus grandes que la quantité a, & il est clair qu'on pourra partager cette série en ces deux-ci:

$$\frac{A}{A'},\ \frac{C}{C'},\ \frac{E}{E'},\ \&c.$$

$$\frac{B}{B'},\ \frac{D}{D'},\ \frac{F}{F'},\ \&c.$$

donc la premiere ſera compoſée de fractions toutes plus petites que a, & qui iront en augmentant vers la quantité a; donc la ſeconde ſera compoſée de fractions toutes plus grandes que a, mais qui iront en diminuant vers cette même quantité. Examinons maintenant chacune de ces deux ſéries en particulier : dans la premiere on aura, (art. 10 & 12),

$$\frac{C}{C^{1}} - \frac{A}{A^{1}} = \frac{\gamma}{A^{1}C^{1}}$$

$$\frac{E}{E^{1}} - \frac{C}{C^{1}} = \frac{\varepsilon}{C^{1}E^{1}}, \text{ \&c.}$$

& dans la ſeconde on aura

$$\frac{B}{B^{1}} - \frac{D}{D^{1}} = \frac{\delta}{B^{1}D^{1}}$$

$$\frac{D}{D^{1}} - \frac{F}{F^{1}} = \frac{\zeta}{D^{1}F^{1}}, \text{ \&c.}$$

Or ſi les nombres γ, δ, ε, &c. étoient tous égaux à l'unité, on pourroit prouver, comme dans l'art. 12, qu'entre deux fractions conſécutives quelconques de l'une ou de l'autre des ſéries précédentes, il ne pourroit jamais ſe trouver aucune autre fraction dont le dénominateur seroit moindre que ceux de ces deux fractions ; mais il n'en sera pas de même, lorsque les nombres γ, δ, ϵ, *&c.* seront différens de l'unité ; car dans ce cas on pourra insérer entre les fractions dont il s'agit autant de fractions *intermédiaires* qu'il y aura d'unités dans les nombres $\gamma-1$, $\delta-1$, $\epsilon-1$, *&c.* & pour cela il n'y aura qu'à mettre successivement dans les valeurs de C & C', (art. 10), les nombres 1, 2, 3, &c. γ à la place de γ ; & de même dans les valeurs de D & D', les nombres 1, 2, 3, &c. δ à la place de δ, & ainsi de suite.

17. Supposons, par exemple, que γ soit $=4$, on aura $C=4B+A$ & $C'=4B'+A'$, & on pourra insérer entre les fractions $\frac{A}{A'}$ & $\frac{C}{C'}$ trois fractions *intermédiaires*, qui seront $\frac{B+A}{B'+A'}$, $\frac{2B+A}{2B'+A'}$, $\frac{3B+A}{3B'+A'}$.

Or il est clair que les dénominateurs de

ces fractions forment une suite croissante arithmétiquement depuis A' jusqu'à C'; & nous allons voir que les fractions elles-mêmes croissent aussi continuellement depuis $\frac{A}{A'}$ jusqu'à $\frac{C}{C'}$, en sorte qu'il seroit maintenant impossible d'insérer dans la série $\frac{A}{A'}$, $\frac{B+A}{B'+A'}$, $\frac{2B+A}{2B'+A'}$, $\frac{3B+A}{3B'+A'}$, $\frac{4B+A}{4B'+A'}$ ou $\frac{C}{C'}$, aucune fraction dont la valeur tombât entre celles de deux fractions consécutives, & dont le dénominateur se trouvât aussi entre ceux des mêmes fractions. Car si on prend les différences entre les fractions précédentes, on aura, à cause de $BA' - AB' = 1$,

$$\frac{B+A}{B'+A'} - \frac{A}{A'} = \frac{1}{A'(B'+A')}$$

$$\frac{2B+A}{2B'+A'} - \frac{B+A}{B'+A'} = \frac{1}{(B'+A')(2B'+A')}$$

$$\frac{3B+A}{3B'+A'} - \frac{2B+A}{2B'+A'} = \frac{1}{(2B'+A')(3B'+A')}$$

$$\frac{C}{C'} - \frac{3B+A}{3B'+A'} = \frac{1}{(3B'+A')C'};$$

d'où l'on voit d'abord que les fractions

$\frac{A}{A'}$,

$\frac{A}{A'}$, $\frac{B+A}{B'+A'}$, &c. vont en augmentant, puiſque leurs différences ſont toutes poſitives; enſuite, comme ces différences ſont égales à l'unité diviſée par le produit des deux dénominateurs, on pourra prouver par un raiſonnement analogue à celui que nous avons fait dans l'art. 12, qu'il eſt impoſſible qu'entre deux fractions conſécutives de la ſérie précédente, il puiſſe tomber une fraction quelconque $\frac{m}{n}$, ſi le dénominateur n tombe entre les dénominateurs de ces fractions, ou en général s'il eſt plus petit que le plus grand des deux dénominateurs.

De plus, comme les fractions dont nous parlons ſont toutes plus grandes que la vraie valeur de a, & que la fraction $\frac{B}{B'}$ en eſt plus petite, il eſt évident que chacune de ces fractions approchera de la quantité a, en ſorte que la différence en ſera plus petite que celle de la même fraction & de la fraction $\frac{B}{B'}$; or on trouve

$$\frac{A}{A'} - \frac{B}{B'} = \frac{1}{A'B'}$$

$$\frac{B+A}{B'+A'} - \frac{B}{B'} = \frac{1}{(B'+A')B'}$$

$$\frac{2B+A}{2B'+A'} - \frac{B}{B'} = \frac{1}{(2B'+A')B'}$$

$$\frac{3B+A}{3B'+A'} - \frac{B}{B'} = \frac{1}{(3B'+A')B'}$$

$$\frac{C}{C'} - \frac{B}{B'} = \frac{1}{C'B'}.$$

Donc, puiſque ces différences ſont auſſi égales à l'unité, diviſée par le produit des dénominateurs, on y pourra appliquer le même raiſonnement de l'article 12, pour prouver qu'aucune fraction $\frac{m}{n}$ ne ſauroit tomber entre une quelconque des fractions $\frac{A}{A'}$, $\frac{B+A}{B'+A'}$, $\frac{2B+A}{2B'+A'}$, &c. & la fraction $\frac{B}{B'}$, ſi le dénominateur n eſt plus petit que celui de la même fraction; d'où il ſuit que chacune de ces fractions approche plus de la quantité a que ne pourroit faire toute autre fraction plus petite que a, & qui auroit un dénominateur plus petit, c'eſt-à-dire, qui feroit conçue en termes plus ſimples.

18. Nous n'avons conſidéré dans l'article précédent que les fractions *intermédiaires* entre $\frac{A}{A'}$ & $\frac{C}{C'}$, il en ſera de même des fractions *intermédiaires* entre $\frac{C}{C'}$ & $\frac{E}{E'}$, entre $\frac{E}{E'}$ & $\frac{G}{G'}$, &c. ſi ϵ, η, &c. ſont des nombres plus grands que l'unité.

On peut auſſi appliquer à l'autre ſérie $\frac{B}{B'}$, $\frac{D}{D'}$, $\frac{F}{F'}$, &c. tout ce que nous venons de dire relativement à la premiere ſérie $\frac{A}{A'}$, $\frac{C}{C'}$, &c. de ſorte que ſi les nombres δ, ζ, &c. ſont plus grands que l'unité, on pourra inſérer entre les fractions $\frac{B}{B'}$ & $\frac{D}{D'}$, entre $\frac{D}{D'}$ & $\frac{F}{F'}$, &c. différentes fractions *intermédiaires* toutes plus grandes que a, mais qui iront continuellement en diminuant, & qui ſeront telles qu'elles exprimeront la quantité a plus exactement que ne pourroit faire aucune autre fraction plus grande que a, & qui seroit conçue en termes plus simples.

De plus, si β est aussi un nombre plus grand que l'unité, on pourra pareillement placer avant la fraction $\frac{B}{B^{1}}$ les fractions $\frac{A+1}{1}$, $\frac{2A+1}{2}$, $\frac{3A+1}{3}$, &c. jusqu'à $\frac{\beta A+1}{\beta}$, savoir $\frac{B}{B^{1}}$, & ces fractions auront les mêmes propriétés que les autres fractions *intermédiaires*.

De cette maniere on aura donc ces deux suites complettes de fractions convergentes vers la quantité a.

Fractions croissantes & plus petites que a.

$$\frac{A}{A^{1}},\ \frac{B+A}{B^{1}+A^{1}},\ \frac{2B+A}{2B^{1}+A^{1}},\ \frac{3B+A}{3B^{1}+A^{1}}\ \&c.$$

$$\frac{\gamma B+A}{\gamma B^{1}+A^{1}},\ \frac{C}{C^{1}},\ \frac{D+C}{D^{1}+C^{1}},\ \frac{2D+C^{1}}{2D^{1}+C^{1}},\ \frac{3D+C}{3D^{1}+C^{1}}\ \&c.$$

$$\frac{\varepsilon D+C}{\varepsilon D^{1}+C^{1}},\ \frac{E}{E^{1}},\ \frac{F+E}{F^{1}+E^{1}},\ \&c.\ \&c.\ \&c.$$

Fractions décroissantes & plus grandes que a.

$$\frac{A+1}{1},\ \frac{2A+1}{2},\ \frac{3A+1}{3},\ \&c.$$

$$\frac{\beta A+1}{\beta},\ \frac{B}{B^1},\ \frac{C+B}{C^1+B^1},\ \frac{2C+B}{2C^1+B^1},\ \&c.$$

$$\frac{\delta C+B}{\delta C^1+B^1},\ \frac{D}{D^1},\ \frac{E+D}{E^1+D^1},\ \&c.\ \&c.\ \&c.$$

Si la quantité a eſt irrationnelle ou tranſcendante, les deux ſéries précédentes iront à l'infini, puiſque la ſérie des fractions $\frac{A}{A^1}$, $\frac{B}{B^1}$, $\frac{C}{C^1}$, &c. que nous nommerons dans la ſuite fractions *principales*, pour les diſtinguer des fractions *intermédiaires*, va d'elle-même à l'infini (art. 10).

Mais ſi la quantité a eſt rationnelle & égale à une fraction quelconque $\frac{V}{V^1}$, nous avons vu dans l'article cité, que la ſérie dont il s'agit ſera terminée, & que la derniere fraction de cette ſérie ſera la fraction même $\frac{V}{V^1}$, donc cette fraction terminera auſſi néceſſairement une des deux ſéries ci-deſſus, mais l'autre ſérie pourra toujours aller à l'infini.

En effet, ſuppoſons que δ ſoit le dernier dénominateur de la fraction continue, alors $\frac{D}{D'}$ ſera la derniere des fractions *principales*, & la ſérie des fractions plus grandes que a ſera terminée par cette même fraction $\frac{D}{D'}$; or l'autre ſérie des fractions plus petites que a, ſe trouvera naturellement arrêtée à la fraction $\frac{C}{C'}$, qui précede $\frac{D}{D'}$; mais pour la continuer, il n'y a qu'à conſidérer que le dénominateur ε, qui devroit ſuivre le dernier dénominateur δ ſera $= \infty$, (art. 3); de ſorte que la fraction $\frac{E}{E'}$, qui ſuivroit $\frac{D}{D'}$ dans la ſuite des fractions *principales*, ſeroit $\frac{\infty D + C}{\infty D' + C'} = \frac{D}{D'}$; or par la loi des fractions *intermédiaires*, il eſt clair qu'à cauſe de $\varepsilon = \infty$, on pourra inſérer entre les fractions $\frac{C}{C^{\mathrm{I}}}$ & $\frac{E}{E^{\mathrm{I}}}$ une infinité de fractions *intermédiaires*, qui ſeront

$$\frac{D+C}{D^{\mathrm{I}}+C^{\mathrm{I}}},\ \frac{2D+C}{2D^{\mathrm{I}}+C^{\mathrm{I}}},\ \frac{3D+C}{3D^{\mathrm{I}}+C^{\mathrm{I}}},\ \&c.$$

Ainſi dans ce cas on pourra, après la fraction $\frac{C}{C^{\mathrm{I}}}$ dans la premiere ſuite de fractions, placer encore les fractions *intermédiaires* dont nous parlons, & les contiuuer à l'infini.

PROBLEME.

19. *Une fraction exprimée par un grand nombre de chiffres étant donnée, trouver toutes les fractions en moindres termes qui approchent ſi près de la vérité, qu'il ſoit impoſſible d'en approcher davantage ſans en employer de plus grandes.*

Ce probleme ſe réſoudra facilement par la théorie que nous venons d'expliquer.

On commencera par réduire la fraction propoſée en fraction continue par la méthode de l'art. 4, en ayant ſoin de prendre toutes les valeurs approchées plus petites que les véritables, pour que les nombres β, γ, δ, &c. soient tous positifs; ensuite, à l'aide des nombres trouvés α, β, γ, &c. on formera, d'après les formules de l'art. 10, les fractions $\frac{A}{A'}$, $\frac{B}{B'}$, $\frac{C}{C'}$, &c. dont la derniere sera nécessairement la même que la fraction proposée, parce que dans ce cas la fraction continue est terminée. Ces fractions seront alternativement plus petites & plus grandes que la fraction donnée, & seront successivement conçues en termes plus grands; & de plus elles seront telles que chacune de ces fractions approchera plus de la fraction donnée, que ne pourroit faire toute autre fraction quelconque qui seroit conçue en termes moins simples. Ainsi on aura par ce moyen toutes les fractions conçues en moindres termes que la proposée, qui pourront satisfaire au probleme.

Que si on veut considérer en particulier les fractions plus petites & les fractions plus grandes que la proposée, on inférera entre les fractions précédentes autant de fractions *intermédiaires* que l'on pourra, & on en formera deux ſuites de fractions convergentes, les unes toutes plus petites & les autres toutes plus grandes que la fraction donnée, (art. 16, 17 & 18); chacune de ces ſuites aura en particulier les mêmes propriétés que la ſuite des fractions principales $\frac{A}{A'}$, $\frac{B}{B'}$, $\frac{C}{C'}$, *&c.* car les fractions dans chaque ſuite ſeront ſucceſſivement conçues en plus grands termes, & chacune d'elles approchera plus de la fraction propoſée, que ne pourroit faire aucune autre fraction qui ſeroit pareillement plus petite ou plus grande que la propoſée, mais qui ſeroit conçue en termes plus ſimples.

Au reſte il peut arriver qu'une des fractions *intermédiaires* d'une ſérie n'approche pas ſi près de la fraction donnée, qu'une des fractions de l'autre ſérie, quoique conçue en termes moins ſimples que celle-ci; c'eſt pourquoi il ne convient d'employer les fractions *intermédiaires*, que lorſqu'on veut que les fractions cherchées ſoient toutes plus petites ou toutes plus grandes que la fraction donnée.

EXEMPLE I.

20. Suivant M. de la Caille, l'année ſolaire eſt de $365^j\ 5^h\ 48'\ 49''$, & par conſéquent plus longue de $5^h\ 48'\ 49''$ que l'année commune de 365^j; ſi cette différence étoit exactement de 6 heures, elle donneroit un jour au bout de quatre années communes; mais ſi on veut ſavoir au juſte au bout de combien d'années communes cette différence peut produire un certain nombre de jours, il faut chercher le rapport qu'il y a entre 24^h & $5^h\ 48'\ 49''$, & on trouve ce rapport $= \frac{86400}{20929}$; de ſorte qu'on peut dire qu'au bout de 86400 années communes, il faudroit intercaler 20929 jours pour les réduire à des années tropiques.

Or comme le rapport de 86400 à 20929 eſt exprimé en termes fort grands, on propoſe de trouver en de termes plus petits des rapports auſſi approchés de celui-ci qu'il eſt poſſible.

On réduira donc la fraction $\frac{86400}{20929}$ en fraction continue par la regle donnée dans l'art. 4, qui est la même que celle qui sert à trouver le plus grand commun diviseur de deux nombres donnés : on aura

```
20929|86400|4=α
     |83716|
      2684|20929|7=β
          |18788|
           2141|2684|1=γ
                |2141|
                  543|2141|3=δ
                      |1629|
                        512|543|1=ε
                           |512|
                             31|512|16=ζ
                               |496|
                                 16|31|1=η
                                   |16|
                                    15|16|1=θ
                                      |15|
                                        1|15|15=ι
                                         |15|
                                           0.
```

Connoissant ainsi tous les quotiens α, β, γ, &c. on en formera aisément la série $\frac{A}{A^{\prime}}$, $\frac{B}{B^{\prime}}$, &c. de la maniere suivante :

$$4,\ 7,\ 1,\ 3,\ 1,\ 16,\ 1,\ 1,\ 15.$$

$$\frac{4}{1},\ \frac{29}{7},\ \frac{33}{8},\ \frac{128}{31},\ \frac{161}{39},\ \frac{2704}{655},\ \frac{2865}{694},\ \frac{5569}{1349},\ \frac{86400}{20929},$$

où l'on voit que la derniere fraction est la même que la proposée.

Pour faciliter la formation de ces fractions, on écrira d'abord, comme je viens de le faire, la suite des quotiens 4, 7, 1, &c. & on placera au-dessous de ces coefficiens les fractions $\frac{4}{1}$, $\frac{29}{7}$, $\frac{33}{8}$, &c. qui en résultent.

La premiere fraction aura toujours pour numérateur le nombre qui est au-dessus, & pour dénominateur l'unité.

La seconde aura pour numérateur le produit du nombre qui y est au-dessus par le numérateur de la premiere, plus l'unité, & pour dénominateur le nombre même qui est au-dessus.

La troisieme aura pour numérateur le produit du nombre qui y est au-dessus par le numérateur de la seconde, plus celui de la premiere; & de même pour dénominateur, le produit du nombre qui est au-dessus par le dénominateur de la seconde, plus celui de la premiere.

Et en général chaque fraction aura pour

numérateur le produit du nombre qui y est au-dessus par le numérateur de la fraction précédente, plus celui de l'avant-précédente ; & pour dénominateur le produit du même nombre par le dénominateur de la fraction précédente, plus celui de l'avant-précédente.

Ainsi $29=7.4+1$, $7=7$, $33=1.29+4$, $8=1.7+1$, $128=3.33+29$, $31=3.8+7$, & ainsi de suite ; ce qui s'accorde avec les formules de l'art. 10.

Maintenant on voit par les fractions $\frac{4}{1}$, $\frac{29}{7}$, $\frac{33}{8}$, *&c.* que l'intercalation la plus simple est celle d'un jour dans quatre années communes, ce qui est le fondement du calendrier Julien ; mais qu'on approcheroit plus de l'exactitude en n'intercalant que sept jours dans l'espace de vingt-neuf années communes, ou huit dans l'espace de trente-trois ans, & ainsi de suite.

On voit de plus que comme les fractions $\frac{4}{1}$, $\frac{29}{7}$, $\frac{33}{8}$ sont alternativement plus petites & plus grandes que la fraction $\frac{86400}{20929}$ ou

$\frac{24^h}{5^h 48' 49''}$, l'intercalation d'un jour ſur quatre ans ſera trop forte, celle de ſept jours ſur vingt-neuf ans trop foible, celle de huit jours ſur trente-trois ans trop forte, & ainſi de ſuite; mais chacune de ces intercalations ſera toujours la plus exacte qu'il eſt poſſible dans le même eſpace de temps.

Or, ſi on range dans deux ſéries particulieres les fractions plus petites & les fractions plus grandes que la fraction donnée, on y pourra encore inſérer différentes fractions ſecondaires pour compléter les ſéries; & pour cela on ſuivra le même procédé que ci-deſſus, mais en prenant ſucceſſivement à la place de chaque nombre de la ſérie ſupérieure tous les nombres entiers moindres que ce nombre, (lorſqu'il y en a).

Ainſi, conſidérant d'abord les fractions croiſſantes

$$\begin{matrix} & 1, & 1, & 1, & 15. \\ \frac{4}{1}, & \frac{33}{8}, & \frac{161}{39}, & \frac{2865}{694}, & \frac{86400}{20929}, \end{matrix}$$

on voit qu'à cauſe que l'unité eſt au-deſſus

de la ſeconde, de la troiſieme & de la quatrieme, on ne pourra placer aucune fraction *intermédiaire*, ni entre la premiere & la ſeconde, ni entre la ſeconde & la troiſieme, ni entre la troiſieme & la quatrieme; mais comme la derniere fraction a au-deſſus d'elle le nombre 15, on pourra entre cette fraction & la précédente, placer quatorze fractions *intermédiaires*, dont les numérateurs formeront la progreſſion arithmétique $2865+5569$, $2865+2.5569$, $2865+3.5569$ *&c.* & dont les dénominateurs formeront auſſi la progreſſion arithmétique $694+1349$, $694+2.1349$, $694+3.1349$, *&c.*

Par ce moyen la ſuite complette des fractions croiſſantes ſera

$$\frac{4}{1},\ \frac{33}{8},\ \frac{161}{39},\ \frac{2865}{694},\ \frac{8434}{2043},\ \frac{14003}{3392},\ \frac{19572}{4741},\ \frac{25141}{6090},$$
$$\frac{30710}{7439},\ \frac{36279}{8788},\ \frac{41848}{10137},\ \frac{47417}{11486},\ \frac{52986}{12835},\ \frac{58555}{14184},\ \frac{64124}{15533},$$
$$\frac{69693}{16882},\ \frac{75262}{18231},\ \frac{80831}{19580},\ \frac{86400}{20929}.$$

Et comme la derniere fraction eſt la même que la fraction donnée, il eſt clair que cette ſérie ne peut pas être pouſſée plus loin.

De-là on voit que si on ne veut admettre que des intercalations qui pechent par excès, les plus simples & les plus exactes seront celles d'un jour sur quatre années, ou de huit jours sur trente-trois ans, ou de trente-neuf sur cent soixante-un ans, & ainsi de suite.

Considérons maintenant les fractions décroissantes

$$\begin{array}{cccc} 7, & 3, & 16, & 1. \\ \frac{29}{7}, & \frac{128}{31}, & \frac{2704}{655}, & \frac{5569}{1349}, \end{array}$$

& d'abord, à cause du nombre 7 qui est au-dessus de la premiere fraction, on pourra en placer six autres avant celle-ci, dont les numérateurs formeront la progression arithmétique $4+1$, $2.4+1$, $3.4+1$, &c. & dont les dénominateurs formeront la progression 1, 2, 3, &c. de même, à cause du nombre 7, on pourra placer entre la premiere & la seconde fraction deux fractions *intermédiaires*; & entre la seconde & la troisieme on en pourra placer 15, à cause du nombre 16 qui est au-dessus de la troisieme;

troisieme ; mais entre celle-ci & la derniere on n'en pourra insérer aucune, à cause que le nombre qui y est au-dessus est l'unité.

De plus, il faut remarquer que comme la série précédente n'est pas terminée par la fraction donnée, on peut encore la continuer aussi loin que l'on veut, comme nous l'avons fait voir dans l'art. 18. Ainsi on aura cette série de fractions croissantes

$$\frac{5}{1},\ \frac{9}{2},\ \frac{13}{3},\ \frac{17}{4},\ \frac{21}{5},\ \frac{25}{6},\ \frac{29}{7},\ \frac{62}{15},\ \frac{95}{23},\ \frac{128}{31},$$
$$\frac{289}{70},\ \frac{450}{109},\ \frac{611}{148},\ \frac{772}{187},\ \frac{933}{226},\ \frac{1094}{265},\ \frac{1255}{304},\ \frac{1416}{343},$$
$$\frac{1577}{382},\ \frac{1738}{421},\ \frac{1899}{460},\ \frac{2060}{499},\ \frac{2221}{538},\ \frac{2382}{577},\ \frac{2543}{616},$$
$$\frac{2704}{655},\ \frac{5569}{1349},\ \frac{91969}{22278},\ \frac{178369}{43207},\ \frac{264769}{64136},\ \frac{351169}{85065},$$
$$\frac{437569}{105994},\ \&c.$$

lesquelles sont toutes plus petites que la fraction proposée, & en approchent plus que toutes autres fractions qui seroient conçues en termes moins simples.

On peut conclure de-là, que si on ne vouloit avoir égard qu'aux intercalations qui pécheroient par défaut, les plus simples & les plus exactes seroient celles d'un jour ſur cinq ans, ou de deux jours ſur neuf ans, ou de trois jours ſur treize ans, &c.

Dans le calendrier grégorien on intercale ſeulement quatre-vingt dix-ſept jours dans quatre cents années; on voit par la table précédente qu'on approcheroit beaucoup plus de l'exactitude, en intercalant cent neuf jours en quatre cents cinquante années.

Mais il faut remarquer que dans la réformation grégorienne on s'eſt ſervi de la détermination de l'année donnée par Copernic, laquelle eſt de $365^j\ 5^h\ 49'\ 20''$. En employant cet élément on auroit, au lieu de la fraction $\frac{86400}{20929}$, celle-ci $\frac{86400}{20960}$, ou bien $\frac{540}{131}$; d'où l'on trouveroit par la méthode précédente les quotiens 4, 8, 5, 3, & de-là ces fractions *principales*

$$\begin{array}{cccc} 4, & 8, & 5, & 3. \\ \frac{4}{1}, & \frac{33}{8}, & \frac{169}{41}, & \frac{540}{131}, \end{array}$$

qui ſont, à l'exception des deux premieres, aſſez différentes de celles que nous avons trouvées ci-deſſus. Cependant on ne trouve pas parmi ces fractions la fraction $\frac{400}{97}$ adoptée dans le calendrier grégorien ; & cette fraction ne peut pas même se trouver parmi les fractions *intermédiaires* qu'on pourroit insérer dans les deux séries $\frac{4}{1}$, $\frac{169}{41}$, & $\frac{33}{8}$, $\frac{540}{131}$; car il est clair qu'elle ne pourroit tomber qu'entre ces deux dernieres fractions, entre lesquelles, à cause du nombre 3 qui est au-dessus de la fraction $\frac{540}{131}$, il peut tomber deux fractions *intermédiaires*, qui seront $\frac{202}{49}$ & $\frac{371}{90}$; d'où l'on voit qu'on auroit approché plus de l'exactitude, si dans la réformation grégorienne on avoit prescrit de n'intercaler que quatre-vingt-dix jours dans l'espace de trois cents soixante & onze ans.

Si on réduit la fraction $\frac{400}{97}$ à avoir pour numérateur le nombre 86400, elle deviendra $\frac{86400}{20952}$, ce qui supposeroit l'année tropique de $365^j\ 5^h\ 49'\ 12''$.

Dans ce cas l'interpolation grégorienne seroit tout-à-fait exacte ; mais comme les observations donnent l'année plus courte de plus de 20″, il est clair qu'il faudra nécessairement, au bout d'un certain espace de temps, introduire une nouvelle intercalation.

Si on vouloit s'en tenir à la détermination de M. de la Caille, comme le dénominateur 97 de la fraction $\frac{400}{97}$ se trouve entre les dénominateurs de la cinquieme & de la sixieme des fractions principales trouvées ci-devant, il s'ensuit de ce que nous avons démontré, (art. 14), que la fraction $\frac{161}{39}$ approcheroit plus de la vérité que la fraction $\frac{400}{97}$; au reste, comme les Astronomes sont encore partagés sur la véritable longueur de l'année, nous nous abstiendrons de prononcer sur ce sujet; aussi n'avons-nous eu d'autre objet dans les détails que nous venons de donner, que de faciliter les moyens de se mettre au fait des fractions continues & de leurs usages; dans cette vue nous ajouterons encore l'exemple suivant.

EXEMPLE II.

21. Nous avons déjà donné, (art. 8), la fraction continue qui exprime le rapport de la circonférence du cercle au diametre,

en tant qu'elle résulte de la fraction de Ludolph ; ainsi il n'y aura qu'à calculer, de la maniere enseignée dans l'exemple précédent, la série des fractions convergentes vers ce même rapport, laquelle sera

3, 7, 15, 1, 292, 1, 1, 1,

$\frac{3}{1}$, $\frac{22}{7}$, $\frac{333}{106}$, $\frac{355}{113}$, $\frac{103993}{33102}$, $\frac{104348}{33215}$, $\frac{208341}{66317}$, $\frac{312689}{99532}$,

2, 1, 3, 1, 14,

$\frac{833719}{265381}$, $\frac{1146408}{364913}$, $\frac{4272943}{1360120}$, $\frac{5419351}{1725033}$, $\frac{80143857}{25510582}$,

2, 1, 1, 2,

$\frac{165707065}{52746197}$, $\frac{245850922}{78256779}$, $\frac{411557987}{131002976}$, $\frac{1068966896}{340262731}$,

2, 2, 2, 1,

$\frac{2549491779}{811528438}$, $\frac{6167950454}{1963319607}$, $\frac{14885392687}{4738167652}$, $\frac{21053343141}{6701487259}$,

84, 2, 1,

$\frac{1783366216531}{567663097408}$, $\frac{3587785776203}{1142027682075}$, $\frac{5371151992734}{1709690779483}$,

1, 15, 3,

$\frac{8958937768937}{2851718461558}$, $\frac{139755218526789}{44485467702853}$, $\frac{428224593349304}{136308121570117}$,

13, 1, 4,

$\frac{5706674932067741}{1816491048114374}$, $\frac{6134899525417045}{1952799169684491}$, $\frac{30246273033735921}{9627687726852338}$,

$$\overset{2,}{\frac{66627445592888887}{21208174623389167}}, \quad \overset{6,}{\frac{430010946591069243}{136876735467187340}},$$

$$\overset{6,}{\frac{2646693125139304345}{842468587426513207}}, \quad \overset{1.}{\frac{3076704071730373588}{979345322893700547}}.$$

Ces fractions seront donc alternativement plus petites & plus grandes que la vraie raison de la circonférence au diametre, c'est-à-dire que la premiere $\frac{3}{1}$ sera plus petite, la seconde $\frac{22}{7}$ plus grande, & ainsi de suite ; & chacune d'elles approchera plus de la vérité que ne pourroit faire toute autre fraction qui seroit exprimée en termes plus simples ; ou, en général, qui auroit un dénominateur moindre que le dénominateur de la fraction suivante ; de sorte que l'on peut assurer que la fraction $\frac{3}{1}$ approche plus de la vérité que ne peut faire aucune autre fraction dont le dénominateur seroit moindre que 7 ; de même la fraction $\frac{22}{7}$ approchera plus de la vérité que toute autre fraction dont le dénominateur seroit moindre que 106, & ainsi des autres.

Quant à l'erreur de chaque fraction, elle sera toujours moindre que l'unité divisée par le produit du dénominateur de cette fraction par celui de la fraction suivante. Ainsi l'erreur de la fraction $\frac{3}{1}$ sera moindre que $\frac{1}{7}$, celle de la fraction $\frac{22}{7}$ sera moindre que $\frac{1}{7.106}$, & ainsi de suite. Mais en même temps l'erreur de chaque fraction sera plus grande que l'unité divisée par le produit du dénominateur de cette fraction, par la somme de ce dénominateur, & du dénominateur de la fraction suivante; de sorte que l'erreur de la fraction $\frac{3}{1}$ sera plus grande que $\frac{1}{8}$, celle de la fraction $\frac{22}{7}$ plus grande que $\frac{1}{7.113}$, & ainsi de suite, (art. 14).

Si on vouloit maintenant séparer les fractions plus petites que le rapport de la circonférence au diametre, d'avec les plus grandes, on pourroit, en insérant les fractions *intermédiaires* convenables, former deux suites de fractions, les unes croissantes & les autres décroissantes vers le vrai rapport dont il s'agit ; on auroit de cette maniere

Fractions plus petites que $\frac{périph.}{diam.}$.

$\frac{3}{1}$, $\frac{25}{8}$, $\frac{47}{15}$, $\frac{69}{22}$, $\frac{91}{29}$, $\frac{113}{36}$, $\frac{135}{43}$, $\frac{157}{50}$, $\frac{179}{57}$, $\frac{201}{64}$, $\frac{223}{71}$, $\frac{245}{78}$, $\frac{267}{85}$, $\frac{289}{92}$, $\frac{311}{99}$, $\frac{333}{106}$, $\frac{688}{219}$, $\frac{1043}{332}$, $\frac{1398}{445}$, $\frac{1753}{558}$, $\frac{2108}{671}$, $\frac{2463}{784}$, &c.

Fractions plus grandes que $\frac{périph.}{diam.}$.

$\frac{4}{1}$, $\frac{7}{2}$, $\frac{10}{3}$, $\frac{13}{4}$, $\frac{16}{5}$, $\frac{19}{6}$, $\frac{22}{7}$, $\frac{355}{113}$, $\frac{104348}{33215}$, $\frac{312689}{99532}$, $\frac{1146408}{364913}$, $\frac{5419351}{1725033}$, $\frac{85563208}{27235615}$, $\frac{165707065}{52746197}$, $\frac{411557987}{131002976}$, $\frac{1480524883}{471265707}$, &c.

Chaque fraction de la premiere série approche plus de la vérité que ne peut faire aucune autre fraction exprimée en termes plus simples, & qui pécheroit aussi par défaut ; & chaque fraction de la seconde série approche aussi plus de la vérité que ne peut faire aucune autre fraction exprimée en termes plus simples & péchant par excès.

Au reste ces séries deviendroient fort prolixes, si on vouloit les pousser aussi loin que nous avons fait celle des fractions *principales* donnée ci-dessus. Les bornes de cet Ouvrage ne nous permettent pas de les insérer ici dans toute leur étendue ; mais on peut les trouver au besoin dans le chap. XI de l'Algebre de Wallis, (*Operum Mathemat.* vol. II.)

REMARQUE.

22. La premiere solution de ce probleme a été donnée par Wallis dans un petit Traité qu'il a joint aux Œuvres posthumes d'Horrocius, & on la retrouve dans l'endroit cité de son Algebre ; mais la méthode de cet Auteur est indirecte & fort laborieuse. Celle que nous venons de donner est due à Huyghens, & on doit la regarder comme une des principales découvertes de ce grand Géometre. La construction de son automate planétaire, paroît en avoir été l'occasion. En effet il est clair que pour pouvoir représenter exactement les mouvemens & les périodes des planetes, il faudroit employer des roues où les nombres des dents

fuſſent préciſément dans les mêmes rapports que les périodes dont il s'agit; mais comme on ne peut pas multiplier les dents au-delà d'une certaine limite dépendante de la grandeur de la roue, & que d'ailleurs les périodes des planetes ſont incommenſurables, ou du moins ne peuvent être repréſentées avec une certaine exactitude que par de très-grands nombres, on eſt obligé de ſe contenter d'un *à-peu-près*, & la difficulté ſe réduit à trouver des rapports exprimés en plus petits nombres, qui approchent autant qu'il eſt poſſible de la vérité, & plus que ne pourroient faire d'autres rapports quelconques qui ne ſeroient pas conçus en termes plus grands.

M. Huyghens réſout cette queſtion par le moyen des fractions continues, comme nous l'avons fait ci-deſſus; il donne la maniere de former ces fractions par des diviſions continuelles, & il démontre enſuite les principales propriétés des fractions convergentes qui en réſultent, ſans oublier même les fractions *intermédiaires.* Voyez dans ses *Opera posthuma* le Traité intitulé *Descriptio automati planetarii.*

D'autres grands Géometres ont ensuite considéré les fractions continues d'une maniere plus générale. On trouve sur-tout dans les Commentaires de Pétersbourg, (tom. IX & XI des anciens, & tom. IX & XI des nouveaux), des Mémoires de M^r. Euler remplis des recherches les plus savantes & les plus ingénieuses sur ce sujet; mais la théorie de ces fractions, envisagée du côté arithmétique qui en est le plus intéressant, n'avoit pas encore été, ce me semble, autant cultivée qu'elle le méritoit; c'est ce qui m'a engagé à en composer ce petit Traité pour la rendre plus familiere aux Géometres. Voyez aussi les Mémoires de Berlin pour les années 1767 & 1768.

Au reste cette théorie est d'un usage très-étendu dans toute l'Arithmétique, & il y a peu de problemes de cette science, au moins parmi ceux pour lesquels les regles ordinaires ne suffisent pas, qui n'en dépendent directement ou indirectement. M^r. Jean Bernoulli vient d'en faire une application heureuse & utile dans une nouvelle espece de calcul qu'il a imaginé pour faciliter la construction des tables de parties proportionnelles. Voyez le tome I de son *Recueil pour les Astronomes*.

PARAGRAPHE II.

Solutions de quelques Problemes curieux & nouveaux d'Arithmétique.

QUOIQUE les problemes dont nous allons nous occuper aient un rapport immédiat avec le précédent, & dépendent des mêmes principes, nous croyons cependant devoir les traiter d'une maniere directe, & sans rien supposer de ce qui a été démontré jusqu'ici.

On aura par ce moyen la satisfaction de voir comment dans ces sortes de matieres on est nécessairement conduit à la théorie des fractions continues; d'ailleurs cette théorie en deviendra beaucoup plus lumineuse, & recevra par-là de nouveaux degrés de perfection.

PROBLEME I.

23. *Etant donnée une quantité positive* a, *rationnelle ou non, & supposant que* p *&* q *ne puissent être que des nombres entiers po-*

sitifs & premiers entr'eux, on demande de trouver des valeurs de p & q, *telles que la valeur de* p—aq, *(abstraction faite du signe), soit plus petite qu'elle ne seroit, si on donnoit à* p & q *des valeurs moindres quelconques.*

Pour pouvoir résoudre ce probleme directement, nous commencerons par supposer que l'on ait en effet déjà trouvé des valeurs de p & q qui aient les conditions requises; donc prenant pour r & s des nombres quelconques entiers positifs moindres que p & q, il faudra que la valeur de $p - aq$ soit moindre que celle de $r - as$, abstraction faite des signes de ces deux quantités, c'est-à-dire en les prenant toutes deux positivement. Or je remarque d'abord que si les nombres r & s sont tels que $ps - qr = \pm 1$, le signe supérieur ayant lieu lorsque $p - aq$ est un nombre positif, & l'inférieur, lorsque $p - aq$ est un nombre négatif, on en peut conclure en général que la valeur de toute expression $y - az$ sera toujours plus grande, (abstraction faite du signe), que celle de $p - aq$, tant qu'on ne donnera à z & à y que des valeurs entieres, moindres que celles de p & q.

En effet, il eſt clair qu'on peut ſuppoſer en général

$$y = pt + ru, \ \& \ z = qt + ru,$$

t & u étant deux inconnues; or par la réſolution de ces équations on a

$$t = \frac{sy - rz}{ps - qr}, \ u = \frac{qy - pz}{qr - ps};$$

donc, à cauſe de $ps - qr = \pm 1$, $t = \pm (sy - rz)$, & $u = \pm (qy - pz)$; d'où l'on voit que t & u ſeront toujours des nombres entiers, puiſque p, q, r, s & y, z ſont ſuppoſés entiers.

Donc, t & u étant des nombres entiers, & p, q, r, s des nombres entiers poſitifs, il eſt clair que pour que les valeurs de y & z ſoient moindres que celles de p & q, il faudra néceſſairement que les nombres t & u ſoient de ſignes différens.

Maintenant je remarque que la valeur de $r - as$ ſera auſſi de différent ſigne que celle de $p - aq$; car faiſant $p - aq = P$, & $r - as = R$, on aura $\frac{p}{q} = a + \frac{P}{q}$, $\frac{r}{s} = a$

$+\frac{R}{s}$; mais l'équation $ps - qr = \pm 1$, donne $\frac{p}{q} - \frac{r}{s} = \pm \frac{1}{qs}$; donc $\frac{P}{q} - \frac{R}{s} = \pm \frac{1}{qs}$; donc, puiſqu'on ſuppoſe que le ſigne ambigu ſoit pris conformément à celui de la quantité $p - aq$ ou P, il faudra que la quantité $\frac{P}{q} - \frac{R}{s}$ ſoit poſitive, ſi P eſt poſitif, & négative, ſi P eſt négatif; or comme s eſt $< q$, & que R eſt plus grand que P, (*hyp.*), il eſt clair que $\frac{R}{s}$ ſera à plus forte raiſon plus grand que $\frac{P}{q}$, (abſtraction faite du ſigne); donc la quantité $\frac{P}{q} - \frac{R}{s}$ ſera toujours de ſigne différent de $\frac{R}{s}$, c'eſt-à-dire de R, puiſque s eſt poſitif; donc P & R ſeront néceſſairement de ſignes différens.

Cela poſé, on aura, en ſubſtituant les valeurs ci-deſſus de y & z, $y - az = (p - aq)t + (r - as)u = Pt + Ru$; or t & u étant de ſignes différens, auſſi bien que P & R, il eſt clair que Pt & Ru ſeront des quantités de mêmes ſignes; donc puiſque t & u ſont d'ailleurs des nombres entiers, il eſt viſible que la valeur de $y - az$ ſera toujours plus grande que P, c'eſt-à-dire

que

que la valeur de $p-aq$, abſtraction faite des ſignes.

Mais il reſte maintenant à ſavoir ſi, les nombres p & q étant donnés, on peut toujours trouver des nombres r & $ſ$ moindres que ceux-là, & tels que $pſ-qr=\pm 1$, les ſignes ambigus étant à volonté ; or cela ſuit évidemment de la théorie des fractions continues ; mais on peut auſſi le démontrer directement & indépendamment de cette théorie. Car la difficulté ſe réduit à prouver qu'il exiſte néceſſairement un nombre entier poſitif & moindre que p, lequel étant pris pour r, rendra $qr\pm 1$ diviſible par p; or ſuppoſons qu'on ſubſtitue ſucceſſivement à la place de r les nombres naturels 1, 2, 3, &c. juſqu'à p, & qu'on diviſe les nombres $q\pm 1$, $2q\pm 1$, $3q\pm 1$, &c. $pq\pm 1$ par p, on aura p, reſtes moindres que p, qui ſeront néceſſairement tous différens les uns des autres ; car ſi, par exemple, $mq\pm 1$ & $nq\pm 1$, (m & n étant des nombres entiers différens qui ne ſurpaſſent pas p), étant diviſés par p, donnoient un même reſte, il eſt clair que leur différence, $(m-n)q$, devroit être diviſible par p; or c'eſt ce qui ne ſe peut, à cauſe que q eſt premier à p, & que $m-n$ eſt un nombre moindre que p. Donc, puiſque tous les reſtes dont il s'agit, ſont des nombres entiers poſitifs moindres que p & différens entr'eux, & que ces reſtes ſont au nombre de p, il eſt clair qu'il faudra néceſſairement que le zéro ſe trouve parmi ces reſtes, & conſéquemment qu'il y ait un des nombres $q \pm 1$, $2q \pm 1$, $3q \pm 1$, &c. $pq \pm 1$, qui ſoit diviſible par p; or il eſt clair que ce ne peut être le dernier; ainſi il y aura ſurement une valeur de r moindre que p, laquelle rendra $rq \pm 1$ diviſible par p; & il eſt clair en même temps que le quotient ſera moindre que q; donc il y aura toujours une valeur entiere & poſitive de r moindre que p, & une autre valeur pareille de s & moindre que q, leſquelles ſatisferont à l'équation $s = \frac{qr \pm 1}{p}$, ou $ps - qr = \pm 1$.

24. La queſtion eſt donc réduite maintenant à trouver quatre nombres entiers & poſitifs, p, q, r, s, dont les deux derniers

ſoient moindres que les premiers, c'eſt-à-dire $r < p$ & $s < q$, & qui ſoient tels que $ps - qr = \pm 1$, que de plus les quantités $p - aq$ & $r - as$ ſoient de ſignes différens, & qu'en même temps $r - as$ ſoit une quantité plus grande que $p - aq$, abſtraction faite des ſignes.

Déſignons, pour plus de ſimplicité, r par p' & s par q', en ſorte que l'on ait $pq' - qp' = \pm 1$; & comme $q > q'$, (*hyp.*), ſoit μ le quotient qui proviendroit de la diviſion de q par q', & ſoit le reſte q'', qui ſera par conſéquent $< q'$; ſoit de même μ' le quotient de la diviſion de q' par q'', & q''' le reſte, qui ſera $< q''$; pareillement ſoit μ'' le quotient de la diviſion de q'' par q''', & q^{IV} le reſte $< q'''$, & ainſi de ſuite, juſqu'à ce qu'on parvienne à un reſte nul; on aura de cette maniere

$$q = \mu q' + q''$$
$$q' = \mu' q'' + q'''$$
$$q'' = \mu'' q''' + q^{\text{IV}}$$
$$q''' = \mu''' q^{\text{IV}} + q^{\text{V}}, \text{ \&c.}$$

où les nombres μ, μ', μ'', &c. ſeront tous entiers & poſitifs, & où les nombres q, q',

q'', q''', &c. seront aussi entiers positifs, & formeront une suite décroissante jusqu'à zéro.

Supposons pareillement

$$p = \mu p' + p''$$
$$p' = \mu' p'' + p'''$$
$$p'' = \mu'' p''' + p^{\text{IV}}$$
$$p''' = \mu''' p^{\text{IV}} + p^{\text{V}}, \text{ \&c.}$$

Et comme les nombres p & p' sont regardés ici comme donnés, aussi bien que les nombres μ, μ', μ'', &c. on pourra déterminer par ces équations les nombres p'', p''', p^{IV}, &c. qui seront évidemment tous entiers.

Maintenant, comme on doit avoir $pq' - qp' = \pm 1$, on aura aussi, en substituant les valeurs précédentes de p & q, & effaçant ce qui se détruit, $p''q' - q''p' = \pm 1$; & substituant de nouveau dans cette équation les valeurs de p' & q', il viendra $p''q''' - q''p''' = \pm 1$, & ainsi de suite; de sorte qu'on aura en général

$$pq' - qp' = \pm 1$$
$$p'q'' - q'p'' = \mp 1$$
$$p''q''' - q''p''' = \pm 1$$
$$p'''q^{\text{IV}} - q'''p^{\text{IV}} = \mp 1, \text{ \&c.}$$

Donc, si q''', par exemple, étoit nul, on auroit $-q''p'''=\pm 1$; donc $q''=1$ & $p'''=\mp 1$; mais si q^{IV} étoit $=0$, on auroit $-q'''p^{IV}=\mp 1$; donc $q'''=1$ & $p^{IV}=\pm 1$; donc en général, si $q^{\rho}=0$, on aura $q^{\rho-1}=1$; & ensuite $p^{\rho}=\pm 1$, si ρ est pair, & $p^{\rho}=\mp 1$, si ρ est impair.

Or, comme on ne sait pas d'avance si c'est le signe supérieur ou l'inférieur qui doit avoir lieu, il faudroit supposer successivement $p^{\rho}=1$ & $=-1$; mais je remarque que l'on peut toujours ramener l'un de ces cas à l'autre; & pour cela il est clair qu'il suffit de prouver qu'on peut toujours faire en sorte que le ρ du terme q^{ρ} qui doit être nul, soit pair ou impair à volonté. En effet, supposons, par exemple, que q^{IV} soit $=0$, on aura donc $q'''=1$ & $q''>1$, c'est-à-dire $q''=2$ ou >2, à cause que les nombres q, q', q'', &c. forment naturellement une série décroissante; donc, puisque $q''=\mu''q'''+q^{IV}$, on aura $q''=\mu''$, de sorte que μ'' sera $=$ ou >2; ainsi on pourra, si l'on veut, diminuer μ'' d'une unité, ſans que ce nombre devienne nul, & alors q^{IV}, qui étoit $=0$, deviendra $=1$, & q^{V} ſera $=0$; car mettant $\mu^{II}-1$ à la place de μ^{II}, on aura $q^{II}=(\mu^{II}-1)q^{III}+q^{IV}$; mais $q^{II}=\mu^{II}$, $q^{III}=1$; donc $q^{IV}=1$; enſuite ayant $q^{III}=\mu^{III}q^{IV}+q^{V}$, c'eſt-à-dire $1=\mu^{III}+q^{V}$, on aura néceſſairement $\mu^{III}=1$ & $q^{V}=0$.

De-là on peut donc conclure en général que, ſi $q^{\rho}=0$, on aura $q^{\rho-1}=1$ & $p^{\rho}=\pm 1$, le ſigne ambigu étant à volonté.

Maintenant, ſi on ſubſtitue les valeurs de p & q données par les formules précédentes dans $p-aq$, celles de p^{I} & q^{I} dans $p^{I}-aq^{I}$, & ainſi des autres, on aura

$$p-aq=\mu(p^{I}-aq^{I})+p^{II}-aq^{II}$$
$$p^{I}-aq^{I}=\mu^{I}(p^{II}-aq^{II})+p^{III}-aq^{III}$$
$$p^{II}-aq^{II}=\mu^{II}(p^{III}-aq^{III})+p^{IV}-aq^{IV}$$
$$p^{III}-aq^{III}=\mu^{III}(p^{IV}-aq^{IV})+p^{V}-aq^{V},$$
&c.

d'où l'on tire

$$\mu=\frac{aq^{II}-p^{II}}{p^{I}-aq^{I}}+\frac{p-aq}{p^{I}-aq^{I}}$$

$$\mu^{\text{I}} = \frac{aq^{\text{III}} - p^{\text{III}}}{p^{\text{II}} - aq^{\text{II}}} + \frac{p^{\text{I}} - aq^{\text{I}}}{p^{\text{II}} - aq^{\text{II}}}$$

$$\mu^{\text{II}} = \frac{aq^{\text{IV}} - p^{\text{IV}}}{p^{\text{III}} - aq^{\text{III}}} + \frac{p^{\text{II}} - aq^{\text{II}}}{p^{\text{III}} - aq^{\text{III}}}$$

$$\mu^{\text{III}} = \frac{aq^{\text{V}} - p^{\text{V}}}{p^{\text{IV}} - aq^{\text{IV}}} + \frac{p^{\text{III}} - aq^{\text{III}}}{p^{\text{IV}} - aq^{\text{IV}}}, \text{ \&c.}$$

Or comme, (*hyp.*), les quantités $p - aq$ & $p^{\text{I}} - aq^{\text{I}}$ ſont de ſignes différens, & que de plus $p^{\text{I}} - aq^{\text{I}}$ doit être, (abſtraction faite des ſignes) $> p - aq$, il s'enſuit que $\frac{p - aq}{p^{\text{I}} - aq^{\text{I}}}$ ſera une quantité négative & plus petite que l'unité. Donc, pour que μ ſoit un nombre entier poſitif, comme il le faut; il eſt clair que $\frac{aq^{\text{II}} - p^{\text{II}}}{p^{\text{I}} - aq^{\text{I}}}$ doit être une quantité poſitive plus grande que l'unité; & il eſt viſible en même temps que μ ne peut être que le nombre entier, qui eſt immédiatement moindre que $\frac{aq^{\text{II}} - p^{\text{II}}}{p^{\text{I}} - aq^{\text{I}}}$, c'eſt-à-dire, qui eſt contenu entre ces limites $\frac{aq^{\text{II}} - p^{\text{II}}}{p^{\text{I}} - aq^{\text{I}}}$ & $\frac{aq^{\text{II}} - p^{\text{II}}}{p^{\text{I}} - aq^{\text{I}}} - 1$; car puiſque $-\frac{p - aq}{p^{\text{I}} - aq^{\text{I}}}$

> 0 & < 1, on aura $\mu < \frac{aq'' - p''}{p' - aq'}$, & $> \frac{aq'' - p''}{p' - aq'} - 1$.

De même, puisque nous venons de voir que $\frac{aq'' - p''}{p' - aq'}$ doit être une quantité positive plus grande que l'unité, il s'ensuit que $\frac{p' - aq'}{p'' - aq''}$ sera une quantité négative plus petite que l'unité, (je dis plus petite que l'unité, en faisant abstraction du signe). Donc, pour que μ' soit un nombre entier positif, il faudra que $\frac{aq''' - p'''}{p'' - aq''}$ soit une quantité positive plus grande que l'unité, & le nombre μ' ne pourra être par conséquent que le nombre entier, qui sera immédiatement au-dessus de la quantité $\frac{aq''' - p'''}{p'' - aq''}$.

On prouvera de la même maniere & par la considération, que μ'' doit être un nombre entier positif, que la quantité $\frac{aq^{IV} - p^{IV}}{p''' - aq'''}$

ſera néceſſairement poſitive & au-deſſus de l'unité, & que μ^{II} ne pourra être que le nombre entier, qui ſera immédiatement au-deſſous de la même quantité, & ainſi de ſuite.

Il s'enſuit de-là, 1°. que les quantités $p-aq$, $p^{I}-aq^{I}$, $p^{II}-aq^{II}$, &c. ſeront ſucceſſivement de ſignes différens, c'eſt-à-d. alternativement poſitives & négatives, & qu'elles formeront une ſuite continuellement croiſſante; 2°. que ſi on déſigne par le ſigne $<$ le nombre entier, qui eſt immédiatement moindre que la valeur de la quantité placée après ce ſigne, on aura pour la détermination des nombres μ, μ^{I}, μ^{II}, &c.

$$\mu < \frac{aq^{II}-p^{II}}{p^{I}-aq^{I}}$$

$$\mu^{I} < \frac{aq^{III}-p^{III}}{p^{II}-aq^{II}}$$

$$\mu^{II} < \frac{aq^{IV}-p^{IV}}{p^{III}-aq^{III}}, \text{ \&c.}$$

Or nous avons vu plus haut que la ſérie q, q^{I}, q^{II}, &c. doit ſe terminer par zéro, & qu'alors le terme précédent ſera $=1$, &

le terme correſpondant à zéro dans l'autre ſérie p, p^{I}, p^{II}, &c. ſera $=\pm 1$ à volonté.

Ainſi ſuppoſons, par exemple, que l'on ait $q^{\text{IV}}=0$, on aura donc $q^{\text{III}}=1$ & $p^{\text{IV}}=1$; donc $p^{\text{III}}-aq^{\text{III}}=p^{\text{III}}-a$, & $p^{\text{IV}}-aq^{\text{IV}}=1$; donc il faudra que $p^{\text{III}}-a$ ſoit une quantité négative & moindre que 1, abſtraction faite du ſigne; c'eſt-à-dire que $a-p^{\text{III}}$ devra être >0 & <1; de ſorte que p^{III} ne pourra être que le nombre entier, qui ſera immédiatement au-deſſous de a; on connoîtra donc les valeurs de ces quatre termes

$$p^{\text{IV}}=1 \qquad q^{\text{IV}}=0$$
$$p^{\text{III}}<a \qquad q^{\text{III}}=1,$$

à l'aide deſquelles on pourra, en remontant par les formules ci-deſſus, trouver tous les termes précédens. En effet on aura d'abord la valeur de μ^{II}, enſuite on aura p^{II} & q^{II} par les formules $p^{\text{II}}=\mu^{\text{II}}p^{\text{III}}+p^{\text{IV}}$ & $q^{\text{II}}=\mu^{\text{III}}q^{\text{III}}+q^{\text{IV}}$; de-là on trouvera μ^{I} & enſuite p^{I} & q^{I}, & ainſi du reſte.

En général ſoit $q^{\rho}=0$, on aura $q^{\rho-1}$ & $p^{\rho}=1$; & on prouvera, comme ci-deſſus, que $p^{\rho-1}$ ne pourra être que le nombre entier qui eſt immédiatement au-deſſous de a; de ſorte qu'on aura ces quatre termes

$$p^{\rho} = 1 \qquad q^{\rho} = 0$$
$$p^{\rho-1} < a \qquad q^{\rho-1} = 1;$$

enſuite on aura

$$\mu^{\rho-2} < \frac{a q^{\rho} - p^{\rho}}{p^{\rho-1} - a q^{\rho-1}} < \frac{1}{a - p^{\rho-1}}$$

$$p^{\rho-2} = \mu^{\rho-2} p^{\rho-1} + p^{\rho}, \quad q^{\rho-2} = \mu^{\rho-2} q^{\rho-1} + q^{\rho}$$

$$\mu^{\rho-3} < \frac{a q^{\rho-1} + p^{\rho-1}}{p^{\rho-2} + a q^{\rho-2}}$$

$$p^{\rho-3} = \mu^{\rho-3} p^{\rho-2} + p^{\rho-1}, \quad q^{\rho-3} = \mu^{\rho-3} q^{\rho-2} + q^{\rho-1},$$

& ainſi de ſuite.

On pourra donc remonter de cette maniere aux premiers termes p & q; mais nous remarquerons que tous les termes ſuivans, p^{I}, q^{I}, p^{II}, q^{II}, &c. jouiſſent des mêmes propriétés que ceux-là, & réſolvent également le probleme propoſé. Car il eſt viſible par les formules précédentes que les nombres p, p^{I}, p^{II}, &c. & q, q^{I}, q^{II}, &c. ſont tous entiers poſitifs, & forment deux ſéries continuellement décroiſſantes, dont la premiere ſe termine par l'unité, & la ſeconde par zéro.

De plus, on a vu que ces nombres ſont tels, que $pq^{I}-qp^{I}=\pm 1$, $p^{I}q^{II}-q^{I}p^{II}=\mp 1$, &c. & que les quantités $p-aq$, $p^{I}-aq^{I}$, $p^{II}-aq^{II}$, &c. ſont alternativement poſitives & négatives, & forment en même temps une ſuite continuellement croiſſante. D'où il ſuit que les mêmes conditions qui ont lieu entre les quatre nombres p, q, r, $ſ$, ou p, q, p^{I}, q^{I}, & d'où dépend la ſolution du probleme, comme on l'a vu plus haut, ont lieu également entre les nombres p^{I}, q^{I}, p^{II}, q^{II}, & entre ceux-ci, p^{II}, q^{II}, p^{III}, q^{III}, & ainſi de ſuite.

Donc, en commençant par les derniers termes p^{ρ} & q^{ρ}, & remontant toujours par les formules qu'on vient de trouver, on aura ſucceſſivement toutes les valeurs de p & q qui peuvent réſoudre la queſtion propoſée.

25. Comme les valeurs des termes p^{ρ}, $p^{\rho-1}$, &c. q^{ρ}, $q^{\rho-1}$, &c. ſont indépendantes de l'expoſant ρ, nous pouvons en faire abſtraction, & déſigner les termes de ces deux ſéries croiſſantes de cette maniere,

$p^{\text{o}}, p^{\text{I}}, p^{\text{II}}, p^{\text{III}}, p^{\text{IV}}$, &c. $q^{\text{o}}, q^{\text{I}}, q^{\text{II}}, q^{\text{III}}, q^{\text{IV}}$, &c. ainſi nous aurons les déterminations ſuivantes,

$$\begin{array}{ll}
p^{\text{o}} = 1 & q^{\text{o}} = 0 \\
p^{\text{I}} = \mu & q^{\text{I}} = 1 \\
p^{\text{II}} = \mu^{\text{I}} p^{\text{I}} + 1 & q^{\text{II}} = \mu^{\text{I}} \\
p^{\text{III}} = \mu^{\text{II}} p^{\text{II}} + p^{\text{I}} & q^{\text{III}} = \mu^{\text{II}} q^{\text{II}} + q^{\text{I}} \\
p^{\text{IV}} = \mu^{\text{III}} p^{\text{III}} + p^{\text{II}} & q^{\text{IV}} = \mu^{\text{III}} q^{\text{III}} + q^{\text{II}} \\
\text{\&c.} & \text{\&c.}
\end{array}$$

Enſuite

$$\mu < a$$

$$\mu^{\text{I}} < \frac{p^{\text{o}} - q^{\text{o}}}{a q^{\text{I}} - p^{\text{I}}} < \frac{1}{a - \mu}$$

$$\mu^{\text{II}} < \frac{a q^{\text{I}} - p^{\text{I}}}{p^{\text{II}} - a q^{\text{II}}}$$

$$\mu^{\text{III}} < \frac{p^{\text{II}} - a q^{\text{II}}}{a q^{\text{III}} - p^{\text{III}}}$$

$$\mu^{\text{IV}} < \frac{a q^{\text{III}} - p^{\text{III}}}{p^{\text{IV}} - a q^{\text{IV}}}, \text{ \&c.}$$

où le ſigne $<$ dénote le nombre entier qui eſt immédiatement moindre que la valeur de la quantité placée après ce ſigne.

On trouvera ainſi ſucceſſivement toutes les valeurs de p & q qui pourront ſatisfaire au probleme, ces valeurs ne pouvant être que les termes correfpondans des deux féries $p^{\circ}, p^{\mathrm{I}}, p^{\mathrm{II}}, p^{\mathrm{III}}$, &c. & $q^{\circ}, q^{\mathrm{I}}, q^{\mathrm{II}}, q^{\mathrm{III}}$, &c.

COROLLAIRE I.

26. Si on fait

$$b=\frac{p^{\circ}-q^{\circ}}{aq^{\mathrm{I}}-p^{\mathrm{I}}}$$

$$c=\frac{aq^{\mathrm{I}}-p^{\mathrm{I}}}{p^{\mathrm{II}}-aq^{\mathrm{II}}}$$

$$d=\frac{p^{\mathrm{II}}-aq^{\mathrm{II}}}{aq^{\mathrm{III}}-p^{\mathrm{III}}}, \text{ \&c.}$$

on aura, comme il eft facile de le voir,

$$b=\frac{1}{a-\mu}$$

$$c=\frac{1}{b-\mu^{\mathrm{I}}}$$

$$d=\frac{1}{c-\mu^{\mathrm{II}}}, \text{ \&c.}$$

& $\mu<a$, $\mu^{\mathrm{I}}<b$, $\mu^{\mathrm{II}}<c$, $\mu^{\mathrm{III}}<d$, &c. donc les nombres μ, μ^{I}, μ^{II}, &c. ne feront autre chofe que ceux que nous avons défignés par α, β, γ, &c. dans l'art. 3, c'eft-à-dire que ces nombres feront les termes de la

fraction continue qui représente la valeur de a, en sorte que l'on aura ici

$$a = \mu + \frac{1}{\mu' + \frac{1}{\mu'' + , \&c.}}$$

Par conséquent les nombres p', p'', p''', &c. seront les numérateurs, & q', q'', q''', &c. les dénominateurs des fractions convergentes vers a, fractions que nous avons désignées ci-devant par $\frac{A}{A'}$, $\frac{B}{B'}$, $\frac{C}{C'}$, &c. (art. 10).

Ainsi tout se réduit à convertir la valeur de a en une fraction continue, dont tous les termes soient positifs, ce qu'on peut exécuter par les méthodes exposées plus haut, pourvu qu'on ait soin de prendre toujours les valeurs approchées en défaut; ensuite il n'y aura plus qu'à former la suite des fractions *principales* convergentes vers a, & les termes de chacune de ces fractions donneront des valeurs de p & q, qui résoudront le probleme proposé; de sorte que $\frac{p}{q}$ ne pourra être qu'une de ces mêmes fractions.

COROLLAIRE II.

27. Il réſulte de-là une nouvelle propriété des fractions dont nous parlons ; c'eſt que nommant $\frac{p}{q}$ une des fractions *principales* convergentes vers a, (pourvu qu'elles ſoient déduites d'une fraction continue, dont tous les termes ſoient poſitifs), la quantité $p-aq$ aura toujours une valeur plus petite, (abſtraction faite du ſigne), qu'elle n'auroit, ſi on y mettoit à la place de p & q d'autres nombres moindres quelconques.

PROBLEME II.

28. *Etant propoſée la quantité*

$$Ap^m + Bp^{m-1}q + Cp^{m-2}q^2 + , \&c. + Vq^m,$$

dans laquelle A, B, C, &c. *ſont des nombres entiers donnés poſitifs ou négatifs, & où* p & q *ſont des nombres indéterminés qu'on ſuppoſe devoir être entiers & poſitifs ; on demande quelles valeurs on doit donner à* p & q, *pour que la quantité propoſée devienne la plus petite qu'il eſt poſſible.*

Soient α, β, γ, *&c.* les racines réelles, &

& $\mu \pm \nu\sqrt{-1}$, $\pi \pm \rho\sqrt{-1}$, &c. les racines imaginaires de l'équation

$$Ax^m + Bx^{m-1} + Cx^{m-2} + , \&c. + V = 0,$$

on aura par la théorie des équations $Ap^m + Bp^{m-1}q + Cp^{m-2}q^2 + , \&c. + Vq^m = A (p-\alpha q)(p-\beta q)(p-\gamma q)\ldots(p-(\mu+\nu\sqrt{-1})q) (p-(\mu-\nu\sqrt{-1})q)(p-(\pi+\rho\sqrt{-1})q) (p-(\pi-\rho\sqrt{-1})q)\ldots = A(p-\alpha q)(p-\beta q) (p-\gamma q)\ldots((p-\mu q)^2+\nu^2 q^2)((p-\pi q)^2+\rho^2 q^2)\ldots$

Donc la question se réduit à faire en sorte que le produit des quantités $p-\alpha q$, $p-\beta q$, $p-\gamma q$, &c. & $(p-\mu q)^2+\nu^2 q^2$, $(p-\pi q)^2+\rho^2 q^2$, &c. soit le plus petit qu'il est possible, tant que p & q sont des nombres entiers positifs.

Supposons qu'on ait trouvé les valeurs de p & q qui répondent au *minimum*; & si l'on met à la place de p & q d'autres nombres moindres, il faudra que le produit dont il s'agit, acquiere une valeur plus grande. Donc il faudra nécessairement que quelqu'un des facteurs augmente de valeur. Or il est visible que si α, par exemp.

étoit négatif, le facteur $p - \alpha q$ diminueroit toujours, lorsque p & q décroîtroient; la même chose arriveroit au facteur $(p - \mu q)^2 + \nu^2 q^2$, si μ étoit négatif, & ainsi des autres; d'où il s'ensuit que parmi les facteurs simples réels il n'y a que ceux où les racines sont positives, qui puissent augmenter de valeur; & parmi les facteurs doubles imaginaires, il n'y aura que ceux où la partie réelle de la racine imaginaire sera positive, qui puissent augmenter aussi; de plus il faut remarquer à l'égard de ces derniers, que pour que $(p - \mu q)^2 + \nu^2 q^2$ augmente tandis que p & q diminuent, il faut nécessairement que la partie $(p - \mu q)^2$ augmente, parce que l'autre terme $\nu^2 q^2$ diminue nécessairement; de sorte que l'augmentation de ce facteur dépendra de la quantité $p - \mu q$, & ainsi des autres.

Donc les valeurs de p & q qui répondent au *minimum*, doivent être telles que la quantité $p - aq$ augmente, en donnant à p & q des valeurs moindres, & prenant pour a une des racines réelles positives de l'équation

$Ax^m + Bx^{m-1} + Cx^{m-2} +$, &c. $+ V = 0$, ou une des parties réellès positives des racines imaginaires de la même équation, s'il y en a.

Soient r & s deux nombres entiers positifs moindres que p & q; il faudra donc que $r - as$ soit $> p - aq$, (abstraction faite du signe de ces deux quantités). Qu'on suppose, comme dans l'article 23, que ces nombres soient tels que $ps - qr = \pm 1$, le signe supérieur ayant lieu, lorsque $p - aq$ est positive; & l'inférieur, lorsque $p - aq$ est négative; en sorte que les deux quantités $p - aq$ & $r - as$ deviennent de différens signes, & l'on aura exactement le cas auquel nous avons réduit le probleme précédent, (art. 24), & dont nous avons déjà donné la solution.

Donc, (art. 26), les valeurs de p & q devront nécessairement se trouver parmi les termes des fractions *principales* convergentes vers a, c'est-à-dire vers quelqu'une des quantités que nous avons dit pouvoir être prises pour a. Ainsi il faudra réduire toutes ces quantités en fractions continues, (ce qu'on pourra exécuter facilement par les méthodes enseignées ailleurs), & en déduire ensuite les fractions convergentes dont il s'agit, après quoi on fera successivement p égal à tous les numérateurs de ces fractions, & q égal aux dénominateurs correspondans, & celle de ces suppositions qui donnera la moindre valeur de la fonction proposée, sera nécessairement aussi celle qui répondra au *minimum* cherché.

REMARQUE I.

29. Nous avons supposé que les nombres p & q devoient être tous deux positifs; il est clair que si on les prenoit tous deux négatifs, il n'en résulteroit aucun changement dans la valeur absolue de la formule proposée; elle ne feroit que changer de signe dans le cas où l'exposant m seroit impair; & elle demeureroit absolument la même, dans le cas où l'exposant m seroit pair; ainsi il n'importe quels signes on donne aux nombres p & q, lorsqu'on les suppose tous deux de mêmes signes.

Mais il n'en ſera pas de même, ſi on donne à p & q des ſignes différens ; car alors les termes alternatifs de l'équation propoſée changeront de ſigne, ce qui en fera changer auſſi aux racines α, β, γ, &c. $\mu \pm \nu\sqrt{-1}$, $\pi \pm \rho\sqrt{-1}$, &c. de ſorte que celles des quantités α, β, γ, &c. μ, π, &c. qui étoient négatives, & par conſéquent inutiles dans le premier cas, deviendront poſitives dans celui-ci, & devront être employées à la place des autres.

De-là je conclus en général que lorſqu'on recherche le *minimum* de la formule propoſée ſans autre reſtriction, ſinon que p & q ſoient des nombres entiers, il faut prendre ſucceſſivement pour a toutes les racines réelles α, β, γ, &c. & toutes les parties réelles μ, π, &c. des racines imaginaires de l'équation

$$Ax^m + Bx^{m-1} + Cx^{m-2} + , \text{ \&c. } + V = 0,$$

en faiſant abſtraction des ſignes de ces quantités ; mais enſuite il faudra donner à p & q les mêmes ſignes, ou des ſignes différens, ſuivant que la quantité qu'on aura prise pour a, aura eu originairement le signe positif ou le signe négatif.

REMARQUE II.

30. Lorsque parmi les racines réelles α, β, γ, &c. il y en a de commensurables, alors il est clair que la quantité proposée deviendra nulle, en faisant $\frac{p}{q}$ égal à une de ces racines ; de sorte que dans ce cas il n'y aura pas, à proprement parler, de *minimum* ; dans tous les autres cas il sera impossible que la quantité dont il s'agit devienne zéro, tant que p & q seront des nombres entiers ; or comme les coefficiens A, B, C, &c. sont aussi des nombres entiers, (*hyp.*) cette quantité sera toujours égale à un nombre entier, & par conséquent elle ne pourra jamais être moindre que l'unité.

Donc si on avoit à résoudre en nombres entiers l'équation

$$Ap^m + Bp^{m-1}q + Cp^{m-2}q^2 + \&c. + Vq^m = \pm 1,$$

il faudroit chercher les valeurs de p & q par la méthode du probleme précédent,

excepté dans les cas où l'équation
$$Ax^m + Bx^{m-1} + Cx^{m-2} +, \&c. + V = 0,$$
auroit des racines ou des diviſeurs quelconques commenſurables ; car alors il eſt viſible que la quantité
$$Ap^m + Bp^{m-1}q + Cp^{m-2}q^2 +, \&c.$$
pourroit ſe décompoſer en deux ou pluſieurs quantités ſemblables de degrés moindres ; de ſorte qu'il faudroit que chacune de ces formules partielles fût égale à l'unité en particulier, ce qui donneroit pour le moins deux équations qui ſerviroient à déterminer p & q.

Nous avons déjà donné ailleurs, (*Mémoires de l'Académie de Berlin pour l'année 1768*), une ſolution de ce dernier probleme ; mais celle que nous venons d'indiquer eſt beaucoup plus ſimple & plus directe, quoique toutes les deux dépendent de la même théorie des fractions continues.

PROBLEME III.

31. *On demande les valeurs de* p *&* *de* q, *qui rendront la quantité*

$$Ap^2+Bpq+Cq^2$$

la plus petite qu'il est possible, dans l'hypothese qu'on n'admette pour p *&* q *que des nombres entiers.*

Ce probleme n'est, comme l'on voit, qu'un cas particulier du précédent; mais nous avons cru devoir le traiter en particulier, parce qu'il est susceptible d'une solution très-simple & très-élégante, & que d'ailleurs nous aurons dans la suite occasion d'en faire usage dans la résolution des équations du second degré à deux inconnues, en nombres entiers.

Suivant la méthode générale il faudra donc commencer par chercher les racines de l'équation

$$Ax^2+Bx+C=0,$$

lesquelles sont, comme l'on sait,

$$\frac{-B\pm\sqrt{(B^2-4AC)}}{2A}.$$

Or, 1°. si $B^2 - 4AC$ est égal à un nombre carré, les deux racines seront commensurables, & il n'y aura point de *minimum* proprement dit, parce que la quantité $Ap^2 + Bpq + Cq^2$ pourra devenir nulle.

2°. Si $B^2 - 4AC$ n'est pas carré, alors les deux racines seront irrationnelles ou imaginaires, suivant que $B^2 - 4AC$ sera $>$ ou <0, ce qui fait deux cas qu'il faut considérer séparément; nous commencerons par le dernier, qui est le plus facile à résoudre.

Premier Cas lorsque $B^2 - 4AC < 0$.

32. Les deux racines étant dans ce cas imaginaires, on aura $\frac{-B}{2A}$ pour la partie toute réelle de ces racines, laquelle devra par conséquent être prise pour a. Ainsi il n'y aura qu'à réduire la fraction $\frac{-B}{2A}$, (en faisant abstraction du signe qu'elle peut avoir), en fraction continue par la méthode de l'art. 4, & en déduire ensuite la série des fractions convergentes, (art. 10), laquelle sera nécessairement terminée; cela fait,

on essayera successivement pour p les numérateurs de ces fractions, & pour q les dénominateurs correspondans, en ayant soin de donner à p & q les mêmes signes ou des signes différens, suivant que $\frac{-B}{2A}$ sera un nombre positif ou négatif. On trouvera de cette maniere les valeurs de p & q, qui peuvent rendre la formule proposée un *moindre*.

EXEMPLE.

Soit proposée, par exemple, la quantité

$$49p^2 - 238pq + 290q^2.$$

On aura donc ici $A = 49$, $B = -238$, $C = 290$; donc $B^2 - 4AC = -196$, & $\frac{-B}{2A} = \frac{238}{98} = \frac{17}{7}$. Opérant donc sur cette fraction de la maniere enseignée dans l'art. 4, on trouvera les quotiens 2, 2, 3, à l'aide desquels on formera ces fractions, (voyez l'art. 20),

$$2,\ 2,\ 3.$$

$$\frac{1}{0},\ \frac{2}{1},\ \frac{5}{2},\ \frac{17}{7}.$$

De sorte que les nombres à essayer seront 1, 2, 5, 17 pour p, & 0, 1, 2, 7 pour q;

or désignant par P la quantité proposée, on trouvera

p	q	P
1	0	49
2	1	10
5	2	5
17	7	49;

d'où l'on voit que la plus petite valeur de P est 5, laquelle résulte de ces suppositions $p=5$ & $q=2$; ainsi on peut conclure en général que la formule proposée ne pourra jamais devenir plus petite que 5, tant que p & q seront des nombres entiers; de sorte que le *minimum* aura lieu, lorsque $p=5$ & $q=2$.

Second Cas lorsque $B^2-4AC>0$.

33. Comme dans le cas présent l'équation $Au^2+Bu+C=0$ a deux racines réelles irrationnelles, il faudra les réduire l'une & l'autre en fractions continues. Cette opération peut se faire avec la plus grande facilité par une méthode particuliere que nous avons exposée ailleurs, & que nous

croyons devoir rapeler ici, d'autant qu'elle ſe déduit naturellement des formules de l'article 25, & qu'elle renferme d'ailleurs tous les principes néceſſaires pour la ſolution complette & générale du probleme propoſé.

Dénotons donc par a la racine qu'on a deſſein de convertir en fraction continue, & que nous ſuppoſerons toujours poſitive, & ſoit en même temps b l'autre racine, on aura, comme l'on ſait, $a+b=-\frac{B}{A}$, & $ab=\frac{C}{A}$; d'où $a-b=\frac{\sqrt{(B^2-4AC)}}{A}$, ou bien en faiſant, pour abréger,

$$B^2-4AC=E,$$

$a-b=\frac{\sqrt{E}}{A}$, où le radical $\sqrt{E}$ peut être poſitif ou négatif; il ſera poſitif, lorſque la racine a ſera la plus grande des deux, & négatif, lorſque cette racine ſera la plus petite; donc

$$a=\frac{-B+\sqrt{E}}{2A},\ b=\frac{-B-\sqrt{E}}{2A}.$$

Maintenant, ſi on conſerve les mêmes dénominations de l'art. 25, il n'y aura qu'à substituer à la place de a la valeur précédente, & la difficulté ne consistera qu'à pouvoir déterminer facilement les valeurs entieres approchées μ', μ'', μ''', &c.

Pour faciliter ces déterminations, je multiplie le haut & le bas des fractions $\frac{p^0-q^0}{aq'-p'}$, $\frac{aq'-p'}{p''-aq''}$, $\frac{p''-aq''}{aq'''-p'''}$, &c. respectivement par $A(bq'-p')$, $A(p''-bq'')$, $A(bq'''-p''')$, &c. & comme on a

$$A(p^0-aq^0)(p^0-bq^0)=A$$

$$A(aq'-p')(bq'-p')=Ap'^2-A(a+b)p'q'-Aabq'^2=Ap'^2+Bp'q'+Cq'^2,$$

$$A(p''-aq'')(p''-bq'')=Ap''^2-A(a+b)p''q''-Aabq''^2=Ap''^2+Bp''q''+Cq''^2,\text{ \&c.}$$

$$A(p^0-aq^0)(bq'-p')=-\mu A-\tfrac{1}{2}B-\tfrac{1}{2}\sqrt{E},$$

$$A(aq'-p')(p''-bq'')=-Ap'p''+Aap''q'+Abp'q''-Aabq'q''=-Ap'p''-Cq'q''-\tfrac{1}{2}B(p'q''+q'p'')+\tfrac{1}{2}\sqrt{E}(p''q'-q''p'),$$

$$A(p''-aq'')(bq'''-p''')=-Ap''p'''+Aap'''p''+Abp''q'''-Aabq''q'''=-Ap''p'''-Cq''q'''-\tfrac{1}{2}B(p''q'''+q''p''')+\tfrac{1}{2}\sqrt{E}(p'''q''-q'''p''),$$

& ainsi de suite, je fais, pour abréger,

$$
\begin{aligned}
P^{0} &= A \\
P^{\mathrm{I}} &= A\overset{\mathrm{I}}{p}{}^{2} + Bp^{\mathrm{I}}q^{\mathrm{I}} + C\overset{\mathrm{I}}{q}{}^{2} \\
P^{\mathrm{II}} &= A\overset{\mathrm{II}}{p}{}^{2} + Bp^{\mathrm{II}}q^{\mathrm{II}} + C\overset{\mathrm{I}}{q}{}^{2} \\
P^{\mathrm{III}} &= A\overset{\mathrm{III}}{p}{}^{2} + Bp^{\mathrm{III}}q^{\mathrm{III}} + C\overset{\mathrm{III}}{q}{}^{2}, \text{ \&c.}
\end{aligned}
$$

$$
\begin{aligned}
Q^{0} &= \tfrac{1}{2}B \\
Q^{\mathrm{I}} &= A\mu \quad + \tfrac{1}{2}B \\
Q^{\mathrm{II}} &= Ap^{\mathrm{I}}p^{\mathrm{II}} + \tfrac{1}{2}B(p^{\mathrm{I}}q^{\mathrm{II}} + q^{\mathrm{I}}p^{\mathrm{II}}) + Cq^{\mathrm{I}}q^{\mathrm{II}} \\
Q^{\mathrm{III}} &= Ap^{\mathrm{II}}p^{\mathrm{III}} + \tfrac{1}{2}B(p^{\mathrm{II}}q^{\mathrm{III}} + q^{\mathrm{II}}p^{\mathrm{III}}) + Cq^{\mathrm{II}}q^{\mathrm{III}}, \\
&\text{\&c.}
\end{aligned}
$$

J'aurai, à cauſe de $p^{\mathrm{II}}q^{\mathrm{I}} - q^{\mathrm{II}}p^{\mathrm{I}} = 1$, $p^{\mathrm{III}}q^{\mathrm{II}} - q^{\mathrm{III}}p^{\mathrm{II}} = -1$, $p^{\mathrm{IV}}q^{\mathrm{III}} - q^{\mathrm{IV}}p^{\mathrm{III}} = 1$, &c. les formules ſuivantes,

$$
\begin{aligned}
\mu &< \frac{-Q^{0} + \frac{1}{2}\sqrt{E}}{P^{0}} \\
\mu^{\mathrm{I}} &< \frac{-Q^{\mathrm{I}} - \frac{1}{2}\sqrt{E}}{P^{\mathrm{I}}} \\
\mu^{\mathrm{II}} &< \frac{-Q^{\mathrm{II}} + \frac{1}{2}\sqrt{E}}{P^{\mathrm{II}}} \\
\mu^{\mathrm{III}} &< \frac{-Q^{\mathrm{III}} - \frac{1}{2}\sqrt{E}}{P^{\mathrm{III}}}, \text{ \&c.}
\end{aligned}
$$

Or ſi dans l'expreſſion de Q^{II} on met pour p^{II} & q^{II} leurs valeurs $\mu^{\mathrm{I}}p^{\mathrm{I}} + 1$ & μ^{II}, elle deviendra $\mu^{\mathrm{I}}P^{\mathrm{I}} + Q^{\mathrm{I}}$; de même ſi on ſubſtitue dans l'expreſſion de Q^{III} pour p^{III}

& q^{III} leurs valeurs $\mu^{II}p^{II}+p^{I}$, & $\mu^{II}q^{II}+q^{I}$, elle se changera en $\mu^{II}P^{II}+Q^{II}$, & ainsi du reste; de sorte que l'on aura

$$\begin{aligned} Q^{I} &= \mu P^{0} + Q^{0} \\ Q^{II} &= \mu^{I} P^{I} + Q^{I} \\ Q^{III} &= \mu^{II} P^{II} + Q^{II} \\ Q^{IV} &= \mu^{III} P^{III} + Q^{III}, \ \&c. \end{aligned}$$

Pareillement si on substitue dans l'expression de P^{II} les valeurs de p^{II} & q^{II}, elle deviendra $\overset{I}{\mu}{}^{2}P^{I}+2\mu^{I}Q^{I}+A$; & si on substitue les valeurs de p^{III} & q^{III} dans l'expression de P^{III}, elle deviendra $\overset{II}{\mu}{}^{2}P^{II}+2\mu^{II}Q^{II}+P^{I}$, & ainsi de suite; de sorte que l'on aura

$$\begin{aligned} P^{I} &= \mu^{2} P^{0} + 2\mu Q^{0} + C \\ P^{II} &= \overset{I}{\mu}{}^{2} P^{I} + 2\mu^{I} Q^{I} + P^{0} \\ P^{III} &= \overset{II}{\mu}{}^{2} P^{II} + 2\mu^{II} Q^{II} + P^{I} \\ P^{IV} &= \overset{III}{\mu}{}^{2} P^{III} + 2\mu^{III} Q^{III} + P^{II}, \ \&c. \end{aligned}$$

Ainsi on pourra, à l'aide de ces formules, continuer aussi loin qu'on voudra les suites des nombres μ, μ^{I}, μ^{II}, Q^{0}, Q^{I}, Q^{II}, & P^{0}, P^{I}, P^{II}, &c. qui dépendent, comme l'on voit, mutuellement les uns des autres, sans qu'il soit nécessaire de calculer en même temps les nombres p°, p^{I}, p^{II}, &c. & q°, q^{I}, q^{II}, &c.

On peut encore trouver les valeurs de P^{I}, P^{II}, P^{III}, &c. par des formules plus simples que les précédentes, en remarquant que l'on a $\overset{\text{I}}{Q}{}^2 - \overset{\text{I}}{P} = (\mu^{\text{I}} A + \frac{1}{2} B)^2 - A(\overset{\text{I}}{\mu}{}^2 A + \mu^{\text{I}} B + C) = \frac{1}{4} B^2 - AC$, $\overset{\text{II}}{Q}{}^2 - P^{\text{I}} P^{\text{II}} = (\mu^{\text{I}} P^{\text{I}} + Q^{\text{I}})^2 - P^{\text{I}}(\overset{\text{I}}{\mu}{}^2 P^{\text{I}} + 2\mu^{\text{I}} Q^{\text{I}} + A) = \overset{\text{I}}{Q}{}^2 - A P^{\text{I}}$, & ainsi de suite; c'est-à-dire

$$\overset{\text{I}}{Q}{}^2 - P^{\circ} P^{\text{I}} = \tfrac{1}{4} E$$
$$\overset{\text{II}}{Q}{}^2 - P^{\text{I}} P^{\text{II}} = \tfrac{1}{4} E$$
$$\overset{\text{III}}{Q}{}^2 - P^{\text{II}} P^{\text{I}} = \tfrac{1}{4} E, \ \&c.$$

d'où l'on tire

$$P^{\text{I}} = \frac{\overset{\text{I}}{Q}{}^2 - \frac{1}{4} E}{P^{\circ}}$$

$$P^{\text{II}} = \frac{\overset{\text{II}}{Q}{}^2 - \frac{1}{4} E}{P^{\text{I}}}$$

$$P^{\text{III}} = \frac{\overset{\text{III}}{Q}{}^2 - \frac{1}{4} E}{P^{\text{II}}}, \ \&c.$$

Les nombres μ, μ^{I}, μ^{II}, &c. étant donc trouvés

trouvés ainſi, on aura, (art. 26), la fraction continue

$$a=\mu+\frac{1}{\mu^{\mathrm{I}}+\frac{1}{\mu^{\mathrm{II}}+, \&c.}}$$

& pour trouver le *minimum* de la formule $Ap^2+Bpq+Cq^2$, il n'y aura qu'à calculer les nombres p^0, p^{I}, p^{II}, p^{III}, &c. & q^0, q^{I}, q^{II}, q^{III}, &c. (art. 25), & les eſſayer enſuite à la place de p & q; mais on peut encore ſe diſpenſer de cette opération, en remarquant que les quantités P^0, P^{I}, P^{II} &c. ne ſont autre choſe que les valeurs de la formule dont il s'agit, lorſqu'on y fait ſucceſſivement $p=p^0$, p^{I}, p^{II}, &c. & $q=q^0$, q^{I}, q^{II}, &c. Ainſi il n'y aura qu'à voir quel eſt le plus petit terme de la ſuite P^0, P^{I}, P^{II}, &c. qu'on aura calculée en même temps que la ſuite μ, μ^{I}, μ^{II}, &c. & ce ſera le *minimum* cherché; on trouvera enſuite les valeurs correſpondantes de p & q par les formules citées.

34. Maintenant je dis qu'en continuant la ſérie P^0, P^{I}, P^{II}, &c. on doit néceſſairement parvenir à deux termes conſécu-

tifs de ſignes différens, & qu'alors tous les termes ſuivans ſeront auſſi deux à deux de différens ſignes. Car on a, (art. précéd.), $P^{\circ}=A(p^{\circ}-aq^{\circ})(p^{\circ}-bq^{\circ})$, $P^{\prime}=A(p^{\prime}-aq^{\prime})(p^{\prime}-bq^{\prime})$, &c. or de ce qu'on a démontré dans le probleme II, il s'enſuit que les quantités $p^{\circ}-aq^{\circ}$, $p^{\prime}-aq^{\prime}$, $p^{\prime\prime}-aq^{\prime\prime}$, &c. doivent être de ſignes alternatifs, & aller toujours en diminuant; donc, 1°. ſi b eſt une quantité négative, les quantités $p^{\circ}-bq^{\circ}$, $p^{\prime}-bq^{\prime}$, &c. ſeront toutes poſitives; par conſéquent les nombres P°, $P^{\prime}$, $P^{\prime\prime}$ ſeront tous de ſignes alternatifs; 2°. ſi b eſt une quantité poſitive, comme les quantités $p^{\prime}-aq^{\prime}$, $p^{\prime\prime}-aq^{\prime\prime}$, &c. & à plus forte raiſon les quantités $\frac{p^{\prime}}{q^{\prime}}-a$, $\frac{p^{\prime\prime}}{q^{\prime\prime}}-a$, forment une ſuite décroiſſante à l'infini, on arrivera néceſſairement à une de ces dernieres quantités, comme $\frac{p^{\prime\prime\prime}}{q^{\prime\prime\prime}}-a$, qui ſera $< a-b$, (abſtraction faite du ſigne), & alors toutes les ſuivantes, $\frac{p^{\text{IV}}}{q^{\text{IV}}}-a$, $\frac{p^{\text{V}}}{q^{\text{V}}}-a$, le feront auffi ; de forte que toutes les quantités $a-b+\frac{p'''}{q'''}-a$, $a-b+\frac{p^{\text{IV}}}{q^{\text{IV}}}-a$ *&c.* feront néceffairement de même figne que la quantité $a-b$; par conféquent les quantités $\frac{p'''}{q'''}-b$, $\frac{p^{\text{IV}}}{q^{\text{IV}}}-b$, *&c.* & celles-ci, $p'''-bq'''$, $p^{\text{IV}}-bq^{\text{IV}}$, *&c.* à l'infini, feront toutes de même figne ; donc les nombres P''', P^{IV}, *&c.* feront tous de fignes alternatifs.

Suppofons donc en général que l'on foit parvenu à des termes de fignes alternatifs dans la férie P', P'', P''', *&c.* & que P^{λ} foit le premier de ces termes, en forte que tous les termes, P^{λ}, $P^{\lambda+1}$, $P^{\lambda+2}$, *&c.* à l'infini, foient alternativement pofitifs & négatifs, je dis qu'aucun de ces termes ne pourra être plus grand que E. Car fi, par exemple, P''', P^{IV}, P^{V}, *&c.* font tous de fignes alternatifs, il eft clair que les produits deux à deux, $P'''P^{\text{IV}}$, $P^{\text{IV}}P^{\text{V}}$, *&c.* feront néceffairement tous négatifs ; mais on a, (article précéd.) $\overset{\text{IV}}{Q}{}^2-P'''P^{\text{IV}}=E$,

$Q^2 - P^{IV}P^{V} = E$, &c. donc les nombres positifs, $-P^{III}P^{IV}$, $-P^{IV}P^{V}$, seront tous moindres que E, ou au moins pas plus grands que E ; de sorte que, comme les nombres P^{I}, P^{II}, P^{III}, &c. sont d'ailleurs tous entiers par leur nature, les nombres P^{III}, P^{IV}, &c. & en général les nombres P^{λ}, $P^{\lambda+1}$, &c. (abstraction faite de leurs signes), ne pourront jamais surpasser le nombre E.

Il s'ensuit aussi de-là que les termes Q^{IV}, Q^{V}, &c. & en général $Q^{\lambda+1}$, $Q^{\lambda+2}$, &c. ne pourront jamais être plus grands que $\sqrt{E}$.

D'où il est facile de conclure que les deux séries P^{λ}, $P^{\lambda+1}$, $P^{\lambda+2}$, &c. & $Q^{\lambda+1}$, $Q^{\lambda+2}$, &c. quoique poussées à l'infini, ne pourront être composées que d'un certain nombre de termes différens, ces termes ne pouvant être pour la premiere que les nombres naturels jusqu'à E pris positivement ou négativement, & pour la seconde, les nombres naturels jusqu'à $\sqrt{E}$ avec les fractions intermédiaires $\frac{1}{2}$, $\frac{3}{2}$, $\frac{5}{2}$, &c. pris aussi positivement ou négativement; car il est visible par les formules de l'article précédent que les nombres Q', Q'', Q''', &c. seront toujours entiers, lorsque B sera pair, mais qu'ils contiendront chacun la fraction $\frac{1}{2}$, lorsque B sera impair.

Donc, en continuant les deux séries P', P'', P''', &c. & Q', Q'', Q''', &c. il arrivera nécessairement que deux termes correspondans, comme P^{π} & Q^{π}, reviendront après un certain intervalle de termes, dont le nombre pourra toujours être supposé pair; car, comme il faut que les mêmes termes P^{π} & Q^{π} reviennent en même temps une infinité de fois, à cause que le nombre des termes différens dans l'une & dans l'autre série est limité, & par conséquent aussi le nombre de leurs combinaisons différentes, il est clair que si ces deux termes revenoient toujours après un intervalle d'un nombre impair de termes, il n'y auroit qu'à considérer leurs retours alternativement, & alors les intervalles seroient tous composés d'un nombre pair de termes.

On aura donc, en dénotant par 2ρ, le nombre des termes intermédiaires

$$P^{\pi+2\rho}=P^{\pi}, \ \& \ Q^{\pi+2\rho}=Q^{\pi},$$

& alors tous les termes P^{π}, $P^{\pi+1}$, $P^{\pi+2}$ &c. Q^{π}, $Q^{\pi+1}$, $Q^{\pi+2}$, & μ^{π}, $\mu^{\pi+1}$, $\mu^{\pi+2}$, &c. reviendront auſſi au bout de chaque intervalle de 2ρ termes. Car il eſt facile de voir par les formules données dans l'article précédent pour la détermination des nombres μ^{I}, μ^{II}, μ^{III}, &c. Q^{I}, Q^{II}, Q^{III}, &c. & P^{I}, P^{II}, P^{III}, &c. que dès qu'on aura $P^{\pi+2\rho}=P^{\pi}$, & $Q^{\pi-2\rho}=Q^{\pi}$, on aura auſſi $\mu^{\pi+2\rho}=\mu^{\pi}$, enſuite $Q^{\pi+2\rho+1}=Q^{\pi+1}$ & $P^{\pi+2\rho+1}=P^{\pi+1}$; donc auſſi $\mu^{\pi+2\rho+1}=\mu^{\pi+2\rho}$, & ainſi de ſuite.

Donc, ſi Π eſt un nombre quelconque égal ou plus grand que π, & que m dénote un nombre quelconque entier poſitif, on aura en général

$$P^{\Pi+2m\rho}=H^{\Pi}, \ Q^{\Pi+2m\rho}=Q^{\Pi}, \ \mu^{\Pi+2m\rho}=\mu^{\Pi};$$

de ſorte qu'en connoiſſant les $\pi+2\rho$ premiers termes de chacune de ces trois ſuites, on connoîtra auſſi tous les ſuivans, qui ne seront autre chose que les 2ρ derniers termes répétés à l'infini dans le même ordre.

De tout cela il s'ensuit que pour trouver la plus petite valeur de $P=Ap^2+Bpq+Cq^2$, il suffit de pousser les séries P°, P^{I}, P^{II}, &c. & Q°, Q^{I}, Q^{II}, &c. jusqu'à ce que deux termes correspondans, comme P^{π} & Q^{π} reparoissent ensemble après un nombre pair de termes intermédiaires, en sorte que l'on ait $P^{\pi+2\rho}=P^{\pi}$, & $Q^{\pi+2\rho}=Q^{\pi}$; alors le plus petit terme de la série P°, P^{I}, P^{II}, &c. $P^{\pi+2\rho}$ sera le *minimum* cherché.

Corollaire I.

35. Si le plus petit terme de la série P°, P^{I}, P^{II}, &c.- $P^{\pi+2\rho}$ ne se trouve pas avant le terme P^{π}, alors ce terme reparoîtra une infinité de fois dans la même suite prolongée à l'infini; ainsi il y aura alors une infinité de valeurs de p & de q qui répondront au *minimum*, & qu'on pourra trouver toutes par les formules de l'art. 25, en continuant la série des nombres μ^{I}, μ^{II}, μ^{III}, &c. au-delà du terme $\mu^{2\rho+\pi}$ par la répétition des

mêmes termes $\mu^{\pi+1}$, $\mu^{\pi+2}$, *&c.* comme on l'a dit plus haut.

On peut aussi dans ce cas avoir des formules générales qui représentent toutes les valeurs de p & de q dont il s'agit ; mais le détail de la méthode qu'il faut employer pour y parvenir, nous meneroit trop loin ; quant à présent, nous nous contenterons de renvoyer pour cet objet aux *Mémoires de Berlin* déjà cités, *an. 1768*, *pag. 123 & suiv.* où l'on trouvera une théorie générale & nouvelle des fractions continues périodiques.

COROLLAIRE II.

36. Nous avons démontré dans l'art. 34, qu'en continuant la série P^{I}, P^{II}, P^{III} *&c.* on doit trouver des termes consécutifs de signes différens. Supposons donc, par ex. que P^{III} & P^{IV} soient les deux premiers termes de cette qualité, on aura nécessairement les deux quantités $p^{III}-bq^{III}$ & $p^{IV}-bq^{IV}$ de mêmes signes, à cause que les quantités $p^{III}-aq^{III}$ & $p^{IV}-aq^{IV}$ sont de leur

nature de différens ſignes. Or en mettant dans les quantités $p^{v}-bq^{v}$, $p^{vi}-bq^{vi}$, &c. les valeurs de p^{v}, p^{vi}, &c. q^{v}, q^{vi}, &c. (art. 25), on aura

$$p^{v}-bq^{v}=\mu^{iv}(p^{iv}-bq^{iv})+p^{iii}-bq^{iii}$$
$$p^{vi}-bq^{vi}=\mu^{v}(p^{v}-bq^{v})+p^{iv}-bq^{iv} \text{ \&c.}$$

D'où, à cauſe que μ^{iv}, μ^{v}, &c. ſont des nombres poſitifs, il eſt clair que toutes les quantités $p^{v}-bq^{v}$, $p^{vi}-bq^{vi}$, &c. à l'infini, ſeront de mêmes ſignes que les quantités $p^{iii}-bq^{iii}$ & $p^{iv}-bq^{iv}$; par conſéquent tous les termes P^{iii}, P^{iv}, P^{v}, &c. à l'infini, auront alternativement les ſignes *plus* & *moins*.

Maintenant on aura par les équations précédentes

$$\mu^{iv}=\frac{p^{v}-bq^{v}}{p^{iv}-bq^{iv}}-\frac{p^{iii}-bq^{iii}}{p^{iv}-bq^{iv}}$$
$$\mu^{v}=\frac{p^{vi}-bq^{vi}}{p^{v}-bq^{v}}-\frac{p^{iv}-bq^{iv}}{p^{v}-bq^{v}}$$
$$\mu^{vi}=\frac{p^{vii}-bq^{vii}}{p^{vi}-bq^{vi}}-\frac{p^{v}-bq^{v}}{p^{vi}-bq^{vi}}, \text{ \&c.}$$

où les quantités $\frac{p^{iii}-bq^{iii}}{p^{iv}-bq^{iv}}$, $\frac{p^{iv}-bq^{iv}}{p^{v}-bq^{v}}$, &c. ſeront toutes poſitives.

Donc, puisque les nombres μ^{IV}, μ^{V}, μ^{VI}, &c. doivent être tous entiers positifs, (*hyp.*) la quantité $\frac{p^{V}-bq^{V}}{p^{IV}-bq^{IV}}$ devra être positive & >1, de même que les quantités $\frac{p^{VI}-bq^{VI}}{p^{V}-bq^{V}}$, $\frac{p^{VII}-bq^{VII}}{p^{VI}-bq^{VI}}$, &c. donc les quantités $\frac{p^{IV}-bq^{IV}}{p^{V}-bq^{V}}$, $\frac{p^{V}-bq^{V}}{p^{VI}-bq^{VI}}$, &c. seront positives & moindres que l'unité; de sorte que les nombres μ^{V}, μ^{VI}, &c. ne pourront être que les nombres entiers, qui sont immédiatement moindres que les valeurs de $\frac{p^{VI}-bq^{VI}}{p^{V}-bq^{V}}$, $\frac{p^{VII}-bq^{VII}}{p^{VI}-bq^{VI}}$, &c. quant au nombre μ^{IV}, il sera aussi égal au nombre entier, qui est immédiatement moindre que la valeur de $\frac{p^{V}-bq^{V}}{p^{IV}-bq^{IV}}$, toutes les fois qu'on aura $\frac{p^{III}-bq^{III}}{p^{IV}-bq^{IV}}<1$. Ainsi on aura

$$\mu^{IV}<\frac{p^{V}-bq^{V}}{p^{IV}-bq^{IV}}, \text{ si } \frac{p^{III}-bq^{III}}{p^{IV}-bq^{IV}}<1,$$

$$\mu^{V}<\frac{p^{VI}-bq^{VI}}{p^{V}-bq^{V}},$$

$$\mu^{VI}<\frac{p^{VII}-bq^{VII}}{p^{VI}-bq^{VI}}, \text{ \&c.}$$

le signe $<$ placé après les nombres μ''', μ^{IV}, μ^{V}, &c. dénotant, comme plus haut, les nombres entiers qui sont immédiatement au-dessous des quantités qui suivent ce même signe.

Or il est facile de transformer, par des réductions semblables à celles de l'art. 33, les quantités $\frac{p^{\text{V}}-bq^{\text{V}}}{p^{\text{IV}}-bq^{\text{IV}}}$, $\frac{p^{\text{VI}}-bq^{\text{VI}}}{p^{\text{V}}-bq^{\text{V}}}$, &c. en celles-ci, $\frac{Q^{\text{V}}+\frac{1}{2}\sqrt{E}}{P^{\text{IV}}}$, $\frac{Q^{\text{VI}}-\frac{1}{2}\sqrt{E}}{P^{\text{V}}}$ &c. de plus la condition de $\frac{p'''-bq'''}{p^{\text{IV}}-bq^{\text{IV}}}<1$ peut se réduire à celle-ci $\frac{-P'''}{P^{\text{IV}}}<\frac{aq'''-p'''}{p^{\text{IV}}-aq^{\text{IV}}}$; laquelle, à cause de $\frac{aq'''-p'''}{p^{\text{IV}}-aq^{\text{IV}}}>1$, aura surement lieu lorsqu'on aura $\frac{-P'''}{P^{\text{IV}}}=$ ou <1; donc on aura

$$\mu^{\text{IV}}<\frac{Q^{\text{V}}+\frac{1}{2}\sqrt{E}}{P^{\text{IV}}}, \text{ si } \frac{-P'''}{P^{\text{IV}}}= \text{ ou } <1,$$

$$\mu^{\text{V}}<\frac{Q^{\text{VI}}-\frac{1}{2}\sqrt{E}}{P^{\text{V}}},$$

$$\mu^{\text{VI}}<\frac{Q^{\text{VII}}+\frac{1}{2}\sqrt{E}}{P^{\text{VI}}}, \text{ \&c.}$$

En combinant ces formules avec celles de l'art. 33, qui renferment la loi des séries P^{I}, P^{II}, P^{III}, *&c.* & Q^{I}, Q^{II}, Q^{III}, *&c.* on verra aisément que si on suppose donnés deux termes correspondans de ces deux séries, dont le numéro soit plus grand que 3, on pourra remonter aux termes précédens jusqu'à P^{IV} & Q^{V}, & même jusqu'aux termes P^{III} & Q^{IV}, si la condition de $\frac{-P^{\mathrm{III}}}{P^{\mathrm{IV}}} =$ ou < 1 a lieu; en sorte que tous ces termes seront absolument déterminés par ceux qu'on a supposé donnés.

En effet connoissant, par exemple, P^{VI} & Q^{VI}, on connoîtra d'abord P^{V} par l'équation $\overset{\mathrm{VI}}{Q}{}^2 - P^{\mathrm{V}} P^{\mathrm{VI}} = \frac{1}{4} E$; ensuite ayant Q^{VI} & P^{V}, on trouvera la valeur de μ^{V}, à l'aide de laquelle on trouvera ensuite la valeur de Q^{V} par l'équation $Q^{\mathrm{VI}} = \mu^{\mathrm{V}} P^{\mathrm{V}} + Q^{\mathrm{V}}$; or l'équation $\overset{\mathrm{V}}{Q}{}^2 - P^{\mathrm{IV}} P^{\mathrm{V}} = \frac{1}{4} E$ donnera P^{IV}; & si on sait d'avance que $\frac{-P^{\mathrm{III}}}{P^{\mathrm{IV}}}$ doit être $=$ ou < 1, on trouvera μ^{IV}, après quoi on aura Q^{IV} par l'équation $Q^{V}=\mu^{IV}P^{IV}+Q^{IV}$, & ensuite P^{III} par celle-ci, $\overset{IV}{Q^2}-P^{III}P^{IV}=\frac{1}{4}E$.

De-là il est facile de tirer cette conclusion générale, que si P^{λ} & $P^{\lambda+1}$ sont les premiers termes de la série P^{I}, P^{II}, P^{III}, &c. qui se trouvent consécutivement de différens signes, le terme $P^{\lambda+1}$ & les suivans reviendront toujours après un certain nombre de termes intermédiaires, & qu'il en sera de même du terme P^{λ}, si l'on a $\frac{\pm P^{\lambda}}{P^{\lambda+1}}$ $=$ ou <1.

Car imaginons, comme dans l'art. 34, que l'on ait trouvé $P^{\pi+2\rho}=P^{\pi}$, & $Q^{\pi+2\rho}=Q^{\pi}$, & supposons que π soit $>\lambda$, c'est-à-dire $\pi=\lambda+\nu$; donc on pourra d'un côté remonter du terme P^{π} au terme $P^{\lambda+1}$ ou P^{λ}, & de l'autre, du terme $P^{\pi+2\rho}$ au terme $P^{\lambda+2\rho+1}$ ou $P^{\lambda+2\rho}$; & comme les termes d'où l'on part, de part & d'autre sont égaux, tous les dérivés seront aussi respectivement égaux; de sorte qu'on aura $P^{\lambda+2\rho+1}=P^{\lambda+1}$, ou même $P^{\lambda+2\rho}=P^{\lambda}$, si $\frac{\pm P^{\lambda}}{P^{\lambda+1}}=$ ou <1.

Par-là on pourra donc juger d'avance du commencement des périodes dans la série P°, P^{I}, P^{II}, P^{III}, *&c.* & par conséquent aussi dans les deux autres séries, Q°, Q^{I}, Q^{II}, Q^{III}, *&c.* & μ, μ^{I}, μ^{II}, μ^{III}, *&c.* mais quant à la longueur des périodes, cela dépend de la nature du nombre E, & même uniquement de la valeur de ce nombre, comme je pourrois le démontrer, si je ne craignois que ce détail ne me menât trop loin.

COROLLAIRE III.

37. Ce qu'on vient de démontrer dans le corol. préc. peut servir encore à prouver ce beau théoreme: *Que toute équation de la forme* $p^2 - Kq^2 = 1$, *où* K *est un nombre entier positif non carré, &* p *&* q *deux indéterminées, est toujours résoluble en nombres entiers.*

Car, en comparant la formule $p^2 - Kq^2$ avec la formule générale $Ap^2 + Bpq + Cq^2$, on a $A = 1$, $B = 0$, $C = -K$; donc $E = B^2 - 4AC = 4K$, & $\frac{1}{2}\sqrt{E} = \sqrt{K}$, (art. 33). Donc $P^{o}=1$, $Q^{o}=0$; donc $\mu < \sqrt{K}$, $Q^{I}=\mu$, & $P^{I}=\mu^{2}-K$; d'où l'on voit 1°. que P^{I} eſt négatif, & par conſéquent de ſigne différent de P^{o}; 2°. que $-P^{I}$ eſt $=$ ou >1, parce que K & μ ſont des nombres entiers; de ſorte qu'on aura $\frac{P^{o}}{-P^{I}}=$ ou <1; donc on aura, (art. préc.) $\lambda=0$, & $P^{2\rho}=P^{o}=1$; de ſorte qu'en continuant la ſérie P^{o}, P^{I}, P^{II}, &c. le terme $P^{o}=1$ reviendra néceſſairement après un certain intervalle de termes; par conſéquent on pourra toujours trouver une infinité de valeurs de p & de q qui rendent la formule $p^{2}-Kq^{2}$ égale à l'unité.

COROLLAIRE IV.

38. On peut auſſi démontrer cet autre théoreme : *Que ſi l'équation* $p^{2}-Kq^{2}=\pm H$ *eſt réſoluble en nombres entiers, en ſuppoſant* K *un nombre poſitif non-carré, &* H *un nombre poſitif & moindre que* $\sqrt{K}$, *les nombres* p *&* q *doivent être tels que* $\frac{p}{q}$ *ſoit une des fractions* principales *convergentes vers la valeur de* $\sqrt{K}$.

Supposons que le signe supérieur doive avoir lieu, en sorte que $p^2 - Kq^2 = H$; donc on aura $p - q\sqrt{K} = \frac{H}{p+q\sqrt{K}}$ & $\frac{p}{q} - \sqrt{K} = \frac{H}{q^2(\frac{p}{q} + \sqrt{K})}$; qu'on cherche deux nombres entiers positifs, r & s, moindres que p & q, & tels que $ps - qr = 1$, ce qui est toujours possible, comme on l'a démontré dans l'art. 23, & l'on aura $\frac{p}{q} - \frac{r}{s} = \frac{1}{qs}$; donc retranchant cette équation de la précédente, il viendra $\frac{r}{s} - \sqrt{K}$

$$= \frac{H}{q^2(\frac{p}{q} + \sqrt{K})} - \frac{1}{qs};$$

de sorte qu'on aura

$$p - q\sqrt{K} = \frac{H}{q(\frac{p}{q} + \sqrt{K})}$$

$$r - s\sqrt{K} = \frac{1}{q}\left(\frac{sH}{q(\frac{p}{q} + \sqrt{K})} - 1\right).$$

Or comme $\frac{p}{q} > \sqrt{K}$ & $H < \sqrt{K}$, il est clair que $\frac{H}{\frac{p}{q} + \sqrt{K}}$ sera $< \frac{1}{2}$; donc $p - q\sqrt{K}$ sera $< \frac{1}{2q}$; donc $\frac{sH}{q(\frac{p}{q} + \sqrt{K})}$ sera à

plus

plus forte raison $<\frac{1}{2}$, puisque $s<q$; de sorte que $r-s\sqrt{K}$ sera une quantité négative, laquelle, prise positivement, sera $>\frac{1}{2q}$, à cause de $1-\frac{sH}{q(\frac{p}{q}+K)}>\frac{1}{2}$.

Ainsi on aura les deux quantités $p-q\sqrt{K}$ & $r-s\sqrt{K}$, ou bien, en faisant $a=\sqrt{K}$, $p-aq$ & $r-as$, lesquelles seront assujetties aux mêmes conditions que nous avons supposées dans l'art. 24, & d'où l'on tirera des conclusions semblables; donc &c. (art. 26), si l'on avoit $p^2-Kq^2=-H$, alors il faudroit chercher les nombres r & s, tels que $ps-qr=-1$, & l'on auroit ces deux équations

$$q\sqrt{K}-p=\frac{H}{q(\sqrt{K}+\frac{p}{q})}$$

$$s\sqrt{K}-r=\frac{1}{q}\left(\frac{sH}{q(\sqrt{K}+\frac{p}{q})}-1\right).$$

Comme $H<\sqrt{K}$ & $s<q$, il est clair que $\frac{sH}{q(\sqrt{K}+\frac{p}{q})}$ sera <1; de sorte que la quantité $s\sqrt{K}-r$ sera négative; or je dis que cette quantité, prise positivement, sera plus grande que $q\sqrt{K}-p$; pour cela il faut démontrer que $\frac{1}{q}\left(1-\frac{fH}{q(\sqrt{K}+\frac{p}{q})}\right) > \frac{H}{q(\sqrt{K}+\frac{p}{q})}$, ou bien que $1 > \frac{H(1+\frac{f}{q})}{\sqrt{K}+\frac{p}{q}}$, savoir $\sqrt{K}+\frac{p}{q} > H+\frac{fH}{q}$; mais $H<\sqrt{K}$, (*hyp.*); donc il suffit de prouver que $\frac{p}{q} > \frac{f\sqrt{K}}{q}$, ou bien que $p>f\sqrt{K}$; c'est ce qui est évident, à cause que la quantité $f\sqrt{K}-r$ étant négative, il faut que $r > f\sqrt{K}$, & à plus forte raison $p>f\sqrt{K}$, puisque $p>r$.

Ainsi les deux quantités, $p-q\sqrt{K}$ & $r-f\sqrt{K}$, seront de différens signes, & la seconde sera plus grande que la premiere, (abstraction faite des signes), comme dans le cas précédent; donc, &c.

Donc, lorsqu'on aura à résoudre en nombres entiers une équation de la forme $p^2-Kq^2=\pm H$, ou $H<\sqrt{K}$, il n'y aura qu'à suivre les mêmes procédés de l'art. 33, en faisant $A=1$, $B=0$ & $C=-K$; &

ſi dans la ſérie P^{0}, P^{I}, P^{II}, P^{III} &c. $P^{\pi+2\rho}$, on rencontre un terme $= \pm H$, on aura la réſolution cherchée, ſinon on ſera aſſuré que l'équation propoſée n'admet abſolument aucune ſolution en nombres entiers.

REMARQUE.

39. Nous n'avons conſidéré dans l'art. 33 qu'une des racines de l'équation $Ax^2 + Bx + C = 0$, que nous avons ſuppoſé poſitive; ſi cette équation a ſes deux racines poſitives, il faudra les prendre ſucceſſivement pour a, & faire la même opération ſur l'une que ſur l'autre; mais ſi l'une des deux racines ou toutes deux étoient négatives, alors on les changeroit d'abord en poſitives, en changeant ſeulement le ſigne de B, & on opéreroit comme ci-deſſus; mais enſuite il faudroit prendre les valeurs de p & de q avec des ſignes différens, c'eſt-à-dire l'une poſitivement & l'autre négativement, (art. 29).

Donc en général on donnera à la valeur de B le ſigne ambigu $\pm$, de même qu'à

$\sqrt{E}$, c'eſt-à-dire qu'on fera $Q° = \mp \frac{1}{2} B$, & qu'on mettra $\pm$ à la place de $\sqrt{E}$, & il faudra prendre ces ſignes, en ſorte que la racine

$$a = \frac{\mp \frac{1}{2} B \pm \frac{1}{2} \sqrt{E}}{A}$$

ſoit poſitive, ce qui pourra toujours ſe faire de deux manieres différentes; le ſigne ſupérieur de B indiquera une racine poſitive, auquel cas il faudra prendre p & q tous deux de mêmes ſignes; au contraire le ſigne inférieur de B indiquera une racine négative, auquel cas les valeurs de p & q devront être priſes de ſignes différens.

EXEMPLE.

40. *On demande quels nombres entiers il faudroit prendre pour* p *&* q, *afin que la quantité*

$$9p^2 - 118pq + 378q^2$$

devînt la plus petite qu'il eſt poſſible.

Comparant cette quantité avec la formule générale du probleme III, on aura $A = 9$, $B = -118$, $C = 378$, donc $B^2 - 4AC = 316$; d'où l'on voit que ce cas ſe rapporte à celui de l'art. 33. On fera donc $E=316$ & $\frac{1}{2}\sqrt{E}=\sqrt{79}$, où l'on remarquera d'abord que $\sqrt{79}>8$ & <9; de ſorte que dans les formules dont il ne s'agira que d'avoir la valeur entiere approchée, on pourra prendre ſur le champ à la place du radical $\sqrt{79}$ le nombre 8 ou 9, ſuivant que ce radical ſe trouvera ajouté ou retranché des autres nombres de la même formule.

Maintenant on donnera tant à B qu'à $\sqrt{E}$ le ſigne ambigu ± 1, & on prendra enſuite ces ſignes tels que

$$a=\frac{\pm 59\pm\sqrt{79}}{9}$$

ſoit une quantité poſitive, (art. 39); d'où l'on voit qu'il faut toujours prendre le ſigne ſupérieur pour le nombre 59, & que pour le radical $\sqrt{79}$ on peut prendre également le ſupérieur & l'inférieur. Ainſi on fera toujours $Q°=-\frac{1}{2}B$, & $\sqrt{E}$ pourra être pris ſucceſſivement en plus & en moins.

Soit donc 1°. $\frac{1}{2}\sqrt{E}=\sqrt{79}$ avec le ſigne poſitif, on fera, (art. 33), le calcul ſuivant:

$$Q^{0} = -59, \qquad P^{0} = 9, \qquad \mu < \frac{59+\sqrt{79}}{9} = 7,$$

$$Q^{I} = 9.7 - 59 = 4, \qquad P^{I} = \frac{16-79}{9} = -7, \qquad \mu^{I} < \frac{-4-\sqrt{79}}{-7} = 1,$$

$$Q^{II} = -7.1 + 4 = -3, \qquad P^{II} = \frac{9-79}{-7} = 10, \qquad \mu^{II} < \frac{3+\sqrt{79}}{10} = 1,$$

$$Q^{III} = 10.1 - 3 = 7, \qquad P^{III} = \frac{49-79}{10} = -3, \qquad \mu^{III} < \frac{-7-\sqrt{79}}{-3} = 5,$$

$$Q^{IV} = -3.5 + 7 = -8, \qquad P^{IV} = \frac{64-79}{-3} = 5, \qquad \mu^{IV} < \frac{8+\sqrt{79}}{5} = 3,$$

$$Q^{V} = 5.3 - 8 = 7, \qquad P^{V} = \frac{49-79}{5} = -6, \qquad \mu^{V} < \frac{-7-\sqrt{79}}{-6} = 2,$$

$$Q^{VI} = -6.2 + 7 = -5, \qquad P^{VI} = \frac{25-79}{-6} = 9, \qquad \mu^{VI} < \frac{5+\sqrt{79}}{9} = 1,$$

$$Q^{VII} = 9.1 - 5 = 4, \qquad P^{VII} = \frac{16-79}{9} = -7, \qquad \mu^{VII} < \frac{-4-\sqrt{79}}{-7} = 1,$$

&c. &c. &c.

Je m'arrête ici, parce que je vois que $Q^{VII} = Q^{I}$, & $P^{VII} = P^{I}$, & que la différence entre les deux numéros 1 & 7 est paire; d'où il s'ensuit que tous les termes suivans seront aussi les mêmes que les précédens; ainsi on aura $Q^{VII} = 4$, $Q^{VIII} = -3$, $Q^{IX} = 7$, *&c.* $P^{VII} = -7$, $P^{VIII} = 10$, *&c.* de sorte qu'on pourra, si l'on veut, continuer les séries ci-dessus à l'infini, en ne faisant que répéter les mêmes termes.

2°. Prenons maintenant le radical $\sqrt{79}$ avec un signe négatif, & le calcul sera comme il suit:

$$Q^{\circ} = -59, \quad P^{\circ} = 9, \quad \mu < \frac{59-\sqrt{79}}{9} = 5,$$
$$Q^{\mathrm{I}} = 9.5 - 59 = -14, \quad P^{\mathrm{I}} = \frac{196-79}{9} = 13, \quad \mu^{\mathrm{I}} < \frac{14+\sqrt{79}}{13} = 1,$$
$$Q^{\mathrm{II}} = 13.1 - 14 = -1, \quad P^{\mathrm{II}} = \frac{1-79}{13} = -6, \quad \mu^{\mathrm{II}} < \frac{1-\sqrt{79}}{-6} = 1,$$
$$Q^{\mathrm{III}} = -6.1 - 1 = -7, \quad P^{\mathrm{III}} = \frac{49-79}{-6} = 5, \quad \mu^{\mathrm{III}} < \frac{7+\sqrt{79}}{5} = 3,$$
$$Q^{\mathrm{IV}} = 5.3 - 7 = 8, \quad P^{\mathrm{IV}} = \frac{64-79}{5} = -3, \quad \mu^{\mathrm{IV}} < \frac{-8-\sqrt{79}}{-3} = 5,$$
$$Q^{\mathrm{V}} = -3.5 + 8 = -7, \quad P^{\mathrm{V}} = \frac{49-79}{-3} = 10, \quad \mu^{\mathrm{V}} < \frac{7+\sqrt{79}}{10} = 1,$$
$$Q^{\mathrm{VI}} = 10.1 - 7 = 3, \quad P^{\mathrm{VI}} = \frac{9-79}{10} = -7, \quad \mu^{\mathrm{VI}} < \frac{-3-\sqrt{79}}{-7} = 1,$$
$$Q^{\mathrm{VII}} = -7.1 + 3 = -4, \quad P^{\mathrm{VII}} = \frac{16-79}{-7} = 9, \quad \mu^{\mathrm{VII}} < \frac{4+\sqrt{79}}{9} = 1,$$
$$Q^{\mathrm{VIII}} = 9.1 - 4 = 5, \quad P^{\mathrm{VIII}} = \frac{25-79}{9} = -6, \quad \mu^{\mathrm{VIII}} < \frac{-5-\sqrt{79}}{-6} = 2,$$
$$Q^{\mathrm{IX}} = -6.2 + 5 = -7, \quad P^{\mathrm{IX}} = \frac{49-79}{-6} = 5, \quad \mu^{\mathrm{IX}} < \frac{7+\sqrt{79}}{5} = 3,$$

&c. &c. &c.

On peut s'arrêter ici, puisque l'on a trouvé $Q^{\mathrm{IX}} = Q^{\mathrm{III}}$ & $P^{\mathrm{IX}} = P^{\mathrm{III}}$, & que la différence des numéros 9 & 3 est paire;

car en continuant les séries on ne retrouveroit plus que les mêmes termes qu'on a déjà trouvés.

Or si on considere les valeurs des termes P^{0}, P^{I}, P^{II}, P^{III}, &c. trouvées dans les deux cas, on verra que le plus petit de ces termes est égal à -3; dans le premier cas c'est le terme P^{III} auquel répondent les valeurs p^{III} & q^{III}; & dans le second cas, c'est le terme P^{IV} auquel répondent les valeurs p^{IV} & q^{IV}.

D'où il s'ensuit que la plus petite valeur que puisse recevoir la quantité proposée est -3; & pour avoir les valeurs de p & q qui y répondent, on prendra dans le premier cas les nombres μ, μ^{I}, μ^{II}, savoir 7, 1 & 1, & l'on en formera les fractions *principales* convergentes $\frac{7}{1}$, $\frac{8}{1}$, $\frac{15}{2}$; la troisieme fraction sera donc $\frac{p^{III}}{q^{III}}$, en sorte que l'on aura $p^{III}=15$ & $q^{III}=2$; c'est-à-dire que les valeurs cherchées seront $p=15$ & $q=2$. Dans le second cas on prendra les nombres μ, μ^{I}, μ^{II}, μ^{III}, savoir 5, 1, 1, 3, lesquels donneront ces fractions $\frac{5}{1}$, $\frac{6}{1}$, $\frac{11}{2}$, $\frac{39}{7}$; de sorte qu'on aura $p^{\text{IV}}=39$ & $q^{\text{IV}}=7$; donc $p=39$ & $q=7$.

Les valeurs qu'on vient de trouver pour p & q dans le cas du *minimum*, sont aussi les plus petites qu'il est possible; mais on pourra, si l'on veut, en trouver successivement d'autres plus grandes; car il est clair que le même terme -3 reviendra toujours au bout de chaque intervalle de six termes; de sorte que dans le premier cas on aura $P^{\text{III}}=-3$, $P^{\text{IX}}=-3$, $P^{\text{XV}}=-3$, &c. & dans le second, $P^{\text{IV}}=-3$, $P^{\text{X}}=-3$, $P^{\text{XVI}}=-3$, &c. Donc dans le premier cas on aura pour les valeurs satisfaisantes de p & q celles-ci, p^{III}, q^{III}, p^{IX}, q^{IX}, p^{XV}, q^{XV}, &c. & dans le second cas celles-ci, p^{IV}, q^{IV}, p^{X}, q^{X}, p^{XVI}, q^{XVI}, &c. Or les valeurs de μ, μ^{I}, μ^{II}, &c. sont dans le premier cas 7, 1, 1, 5, 3, 2, 1, 1, 1, 5, 3, 2, 1, 1, 1, 5, 3, &c. à l'infini, parce que $\mu^{\text{VII}}=\mu^{\text{I}}$ & $\mu^{\text{VIII}}=\mu^{\text{II}}$, &c. ainsi il n'y aura qu'à former par la méthode de l'art. 20 les fractions

$$7,\ 1,\ 1,\ 5,\ 3,\ 2,\ 1,\ 1,\ 1,\ 5.$$
$$\frac{7}{1},\ \frac{8}{1},\ \frac{15}{2},\ \frac{83}{11},\ \frac{264}{35},\ \frac{611}{81},\ \frac{875}{116},\ \frac{1486}{197},\ \frac{2361}{313},\ \frac{13291}{1762},\ \&c.$$

& on pourra prendre pour p les numérateurs de la troisieme, de la neuvieme, *&c.* & pour q les dénominateurs correspondans; on aura donc $p=15$, $q=2$, ou $p=2361$, $q=313$ ou, *&c.*

Dans le second cas les valeurs de μ^{I}, μ^{II}, μ^{III}, *&c.* seront 5, 1, 1, 3, 5, 1, 1, 1, 2, 3, 5, 1, 1, 1, 2, *&c.* parce que $\mu^{IX}=\mu^{III}$, $\mu^{X}=\mu^{IV}$, *&c.* On formera donc ces fractions-ci,

$$5,\ 1,\ 1,\ 3,\ 5,\ 1,\ 1,\ 1,\ 2,\ 3,\ 5.$$
$$\frac{5}{1},\ \frac{6}{1},\ \frac{11}{2},\ \frac{39}{7},\ \frac{206}{37},\ \frac{245}{44},\ \frac{451}{81},\ \frac{696}{125},\ \frac{1843}{331},\ \frac{6225}{1118},\ \frac{32968}{5921},\ \&c.$$

& les fractions quatrieme, dixieme, *&c.* donneront les valeurs de p & q, lesquelles seront donc $p=39$, $q=7$, ou $p=6225$, $q=1118$, *&c.*

De cette maniere on pourra donc trouver par ordre toutes les valeurs de p & q, qui rendront la formule propoſée $= -3$, valeur qui eſt la plus petite qu'elle puiſſe recevoir. On pourroit même avoir une formule générale qui renfermât toutes ces valeurs de p & de q; on la trouvera, ſi l'on en eſt curieux, par la méthode que nous avons expoſée ailleurs, & dont nous avons parlé plus haut, (art. 35).

Nous venons de trouver que le *minimum* de la quantité propoſée eſt -3, & par conſéquent négatif; or on pourroit propoſer de trouver la plus petite valeur poſitive que la même quantité puiſſe recevoir, alors il n'y auroit qu'à examiner les ſéries P^{0}, P^{I}, P^{II}, P^{III}, &c. dans les deux cas, & on verroit que le plus petit terme poſitif eſt 5 dans les deux cas; & comme dans le premier cas c'eſt P^{IV}, & dans le ſecond P^{III} qui eſt $=5$, les valeurs de p & de q, qui donneront la plus petite valeur poſitive de la quantité propoſée, ſeront p^{IV}, q^{IV}, ou p^{X}, q^{X}, ou &c. dans le premier cas, & p^{III}, q^{III}, ou p^{IX}, q^{IX} &c. dans le ſecond; de ſorte que l'on aura par les fractions ci-dessus $p=83$, $q=11$, ou $p=13291$, $q=1762$ &c. ou $p=11$, $q=2$, $p=1843$, $q=331$ &c.

Au reste on ne doit pas oublier de remarquer que les nombres μ, μ', μ'', &c. trouvés dans les deux cas ci-dessus, ne sont autre chose que les termes des fractions continues, qui représentent les deux racines de l'équation

$$9x^2-118x+378=0.$$

De sorte que ces racines seront

$$7+\frac{1}{1}+\frac{1}{1}+\frac{1}{5}+\frac{1}{3}+, \&c.$$

$$5+\frac{1}{1}+\frac{1}{1}+\frac{1}{3}+\frac{1}{5}+, \&c.$$

expressions qu'on pourra continuer à l'infini par la simple répétition des mêmes nombres.

Ainsi on voit par-là comment on doit s'y prendre pour réduire en fractions continues les racines de toute équation du second degré.

SCOLIE.

41. M. *Euler* a donné dans le tome XI des nouveaux Commentaires de Péterſbourg une méthode analogue à la précédente, quoique déduite de principes un peu différens, pour réduire en fraction continue la racine d'un nombre quelconque entier non-carré, & il y a joint une table où les fractions continues ſont calculées pour tous les nombres naturels non-carrés juſqu'à 120. Comme cette table peut être utile en différentes occaſions, & ſur-tout pour la ſolution des problemes indéterminés du ſecond degré, comme on le verra plus bas, (§. VII.), nous croyons faire plaiſir à nos Lecteurs de la leur préſenter ici; on remarquera qu'à chaque nombre radical il répond deux ſuites de nombres entiers; la ſupérieure eſt celle des nombres P°, $-P'$, P'', $-P'''$, &c. & l'inférieure eſt celle des nombres μ, μ', μ'', μ''', &c.

$\sqrt{2}$	1 1 1 1 &c. 1 2 2 2 &c.
$\sqrt{3}$	1 2 1 2 1 2 1 &c. 1 1 2 1 2 1 2 &c.
$\sqrt{5}$	1 1 1 1 &c. 2 4 4 4 &c.
$\sqrt{6}$	1 2 1 2 1 2 1 &c. 2 2 4 2 4 2 4 &c.
$\sqrt{7}$	1 3 2 3 1 3 2 3 1 &c. 2 1 1 1 4 1 1 1 4 &c.
$\sqrt{8}$	1 4 1 4 1 4 1 &c. 2 1 4 1 4 1 4 &c.
$\sqrt{10}$	1 1 1 1 &c. 3 6 6 6 &c.
$\sqrt{11}$	1 2 1 2 1 2 1 &c. 3 3 6 3 6 3 6 &c.
$\sqrt{12}$	1 3 1 3 1 3 1 &c. 3 2 6 2 6 2 6 &c.
$\sqrt{13}$	1 4 3 3 4 1 4 3 3 4 1 &c. 3 1 1 1 1 6 1 1 1 1 6 &c.
$\sqrt{14}$	1 5 2 5 1 5 2 5 1 &c. 3 1 2 1 6 1 2 1 6 &c.
$\sqrt{15}$	1 6 1 6 1 6 1 &c. 3 1 6 1 6 1 6 &c.
$\sqrt{17}$	1 1 1 1 1 &c. 4 8 8 8 8 &c.
$\sqrt{18}$	1 2 1 2 1 2 1 2 1 &c. 4 4 8 4 8 4 8 4 8 &c.
$\sqrt{19}$	1 3 5 2 5 3 1 3 5 2 5 3 1 &c. 4 2 1 3 1 2 8 2 1 3 1 2 8 &c.
$\sqrt{20}$	1 4 1 4 1 4 1 4 1 &c. 4 2 8 2 8 2 8 2 8 &c.
$\sqrt{21}$	1 5 4 3 4 5 1 5 4 3 4 5 1 &c. 4 1 1 2 1 1 8 1 1 2 1 1 8 &c.
$\sqrt{22}$	1 6 3 2 3 6 1 6 3 2 3 6 1 &c. 4 1 2 4 2 1 8 1 2 4 2 1 8 &c.

√23	1 7 2 7 1 7 2 7 1 &c.
	4 1 3 1 8 1 3 1 8 &c.
√24	1 8 1 8 1 8 1 &c.
	4 1 8 1 8 1 8 &c.
√26	1 1 1 1 &c.
	5 10 10 10 &c.
√27	1 2 1 2 1 2 1 &c.
	5 5 10 5 10 5 10 &c.
√28	1 3 4 3 1 3 4 3 1 &c.
	5 3 2 3 10 3 2 3 10 &c.
√29	1 4 5 5 4 1 4 5 5 4 1 &c.
	5 2 1 1 2 10 2 1 1 2 10 &c.
√30	1 5 1 5 1 5 1 5 1 &c.
	5 2 10 2 10 2 10 2 10 &c.
√31	1 6 5 3 2 3 5 6 1 6 5 &c.
	5 1 1 3 5 3 1 1 10 1 1 &c.
√32	1 7 4 7 1 7 4 7 1 &c.
	5 1 1 1 10 1 1 1 10 &c.
√33	1 8 3 8 1 8 3 8 1 &c.
	5 1 2 1 10 1 2 1 10 &c.
√34	1 9 2 9 1 9 2 9 1 &c.
	5 1 4 1 10 1 4 1 10 &c.
√35	1 10 1 10 1 10 1 10 &c.
	5 1 10 1 10 1 10 1 &c.
√37	1 1 1 1 1 &c.
	6 12 12 12 12 &c.
√38	1 2 1 2 1 2 1 &c.
	6 6 12 16 12 6 12 &c.
√39	1 3 1 3 1 3 1 &c.
	6 4 12 4 12 4 12 &c.
√40	1 4 1 4 1 4 1 &c.
	6 3 12 3 12 3 12 &c.
√41	1 5 5 1 5 5 1 &c.
	6 2 2 12 2 2 12 &c.
√42	1 6 1 6 1 6 1 &c.
	6 2 12 2 12 2 12 &c.

√43

√43	1 7 6 3 9 2 9 3 6 7 1 7 6 &c. 6 1 1 3 1 5 1 3 1 1 12 1 1 &c.
√44	1 8 5 7 4 7 5 8 1 8 5 &c. 6 1 1 1 2 1 1 1 12 1 1 &c.
√45	1 9 4 5 4 9 1 9 4 5 4 9 1 9 4 &c. 6 1 2 2 2 1 12 1 2 2 2 1 12 1 2 &c.
√46	1 10 3 7 6 5 2 5 6 7 3 10 1 10 3 &c. 6 1 3 1 1 2 6 2 1 1 3 1 12 1 3 &c.
√47	1 11 2 11 1 11 2 11 1 &c. 6 1 5 1 12 1 5 1 12 &c.
√48	1 12 1 12 1 12 &c. 6 1 12 1 12 1 &c.
√50	1 1 1 1 &c. 7 14 14 14 &c.
√51	1 2 1 2 1 2 &c. 7 7 14 7 14 7 &c.
√52	1 3 9 4 9 3 1 3 9 4 9 3 1 3 &c. 7 4 1 2 1 4 14 4 1 2 1 4 14 4 &c.
√53	1 4 7 7 4 1 4 7 7 4 1 4 7 &c. 7 3 1 1 3 14 3 1 1 3 14 3 1 &c.
√54	1 5 9 2 9 5 1 5 9 2 9 5 1 5 &c. 7 2 1 6 1 2 14 2 1 6 1 2 14 2 &c.
√55	1 6 5 6 1 1 6 5 6 1 &c. 7 2 2 2 14 2 2 2 14 2 &c.
√56	1 7 1 7 1 7 1 &c. 7 2 14 2 14 2 14 &c.
√57	1 8 7 3 7 8 1 8 7 &c. 7 1 1 4 1 1 14 1 1 &c.
√58	1 9 6 7 7 6 9 1 9 6 &c. 7 1 1 1 1 1 1 14 1 1 &c.
√59	1 10 5 2 5 10 1 10 5 &c. 7 1 2 7 2 1 14 1 2 &c.
√60	1 11 4 11 1 11 4 &c. 7 1 2 1 14 1 2 &c.
√61	1 12 3 4 9 5 5 9 4 3 12 1 12 3 &c. 7 1 4 3 1 2 2 1 3 4 1 14 1 4 &c.

$\sqrt{62}$	1 13 2 13 1 13 2 &c.
	7 1 6 1 14 1 6 &c.
$\sqrt{63}$	1 14 1 14 1 14 &c.
	7 1 14 1 14 1 &c.
$\sqrt{65}$	1 1 1 1 &c.
	9 16 16 16 &c.
$\sqrt{66}$	1 2 1 2 1 &c.
	8 8 16 8 16 &c.
$\sqrt{67}$	1 3 6 7 9 2 9 7 6 3 1 3 6 &c.
	8 5 2 1 1 7 1 1 2 5 16 5 2 &c.
$\sqrt{68}$	1 4 1 4 1 4 &c.
	8 4 16 4 16 4 &c.
$\sqrt{69}$	1 5 4 11 3 11 4 5 1 5 4 &c.
	8 3 3 1 4 1 3 3 16 3 3 &c.
$\sqrt{70}$	1 6 9 5 9 6 1 6 9 &c.
	8 2 , 2 1 2 16 2 1 &c.
$\sqrt{71}$	1 7 5 11 2 11 5 7 1 7 5 &c.
	8 2 2 1 7 1 2 2 16 2 2 &c.
$\sqrt{72}$	1 8 1 8 1 8 &c.
	8 2 16 2 16 2 &c.
$\sqrt{73}$	1 9 8 3 3 8 9 1 9 8 &c.
	8 1 1 5 5 1 1 16 1 1 &c.
$\sqrt{74}$	1 10 7 7 10 1 10 7 &c.
	8 1 1 1 1 16 1 1 &c.
$\sqrt{75}$	1 11 6 11 1 11 6 &c.
	8 1 1 1 16 1 1 &c.
$\sqrt{76}$	1 12 5 8 9 3 4 3 9 8 5 12 1 12 5 &c.
	8 1 2 1 1 5 4 5 1 1 2 1 16 1 2 &c.
$\sqrt{77}$	1 13 4 7 4 13 1 13 4 &c.
	8 1 3 2 3 1 16 1 3 &c.
$\sqrt{78}$	1 14 3 14 1 14 3 &c.
	8 1-4 1 16 1 4 &c.
$\sqrt{79}$	1 15 2 15 1 15 2 &c.
	8 1 7 1 16 1 7 &c.
$\sqrt{80}$	1 16 1 16 1 16 &c.
	8 1 16 1 16 1 &c.

$\sqrt{82}$	1 1 1 1 &c. 9 18 18 18 &c.
$\sqrt{83}$	1 2 1 2 1 2 &c. 9 9 18 9 18 9 &c.
$\sqrt{84}$	3 3 1 3 1 3 &c. 9 6 18 6 18 6 &c.
$\sqrt{85}$	1 4 9 9 4 1 4 9 &c. 9 4 1 1 4 18 4 1 &c.
$\sqrt{86}$	1 5 10 7 11 2 11 7 10 5 1 5 10 &c. 9 3 1 1 1 8 1 1 1 3 18 3 1 &c.
$\sqrt{87}$	1 6 1 6 1 6 &c. 9 3 18 3 18 3 &c.
$\sqrt{88}$	1 7 9 8 9 7 1 7 9 &c. 9 2 1 1 1 2 18 2 1 &c.
$\sqrt{89}$	1 8 5 5 8 1 8 5 &c. 9 2 3 3 2 18 2 3 &c.
$\sqrt{90}$	1 9 1 9 1 &c. 9 2 18 2 18 &c.
$\sqrt{91}$	1 10 9 3 14 3 9 10 1 10 9 &c. 9 1 1 5 1 5 1 1 18 1 1 &c.
$\sqrt{92}$	1 11 8 7 4 7 8 11 1 11 8 &c. 9 1 1 2 4 2 1 1 18 1 1 &c.
$\sqrt{93}$	1 12 7 11 4 3 4 11 7 12 1 12 7 &c. 9 1 1 1 4 6 4 1 1 1 18 1 1 &c.
$\sqrt{94}$	1 13 6 5 9 10 3 15 2 15 3 10 9 5 6 13 1 &c. 9 1 2 3 1 1 5 1 8 1 5 1 1 3 2 1 18 &c.
$\sqrt{95}$	1 14 5 14 1 14 &c. 9 1 2 1 18 1 &c.
$\sqrt{96}$	1 15 4 15 1 15 &c. 9 1 3 1 18 1 &c.
$\sqrt{97}$	1 16 3 11 8 9 9 8 11 3 16 1 16 &c. 9 1 5 1 1 1 1 1 1 5 1 18 1 &c.
$\sqrt{98}$	1 17 2 17 1 17 &c. 9 1 8 1 18 1 &c.
$\sqrt{99}$	1 18 1 18 1 &c. 9 1 18 1 18 &c.

Ainsi on aura, par exemple,

$$\sqrt{2}=1+\cfrac{1}{2+\cfrac{1}{2+,\ \&c.}}$$

$$\sqrt{3}=1+\cfrac{1}{1+\cfrac{1}{2+,\ \&c.}}$$

& ainsi des autres.

Et si on forme les fractions convergentes $\frac{p^{\circ}}{q^{\circ}}$, $\frac{p^{\text{I}}}{q^{\text{I}}}$, $\frac{p^{\text{II}}}{q^{\text{II}}}$, $\frac{p^{\text{III}}}{q^{\text{III}}}$, &c. d'après chacune de ces fractions continues on aura

$$(p^{\circ})^2-2(q^{\circ})^2=1\,,\ \overset{\text{I}}{p}{}^2-2\overset{\text{I}}{q}{}^2=-1\,,$$
$$\overset{\text{II}}{p}{}^2-2\overset{\text{II}}{q}{}^2=1\,,\ \&c.$$

& de même,

$$(p^{\circ})^2-3(q^{\circ})^2=1\,,\ \overset{\text{I}}{p}{}^2-3\overset{\text{I}}{q}{}^2=-2\,,$$
$$\overset{\text{II}}{p}{}^2-3\overset{\text{II}}{q}{}^2=1\,,\ \&c.\ \&c.$$

PARAGRAPHE III.

Sur la résolution des Equations du premier degré à deux inconnues en nombres entiers.

Addition pour le Chapitre I.

42. LORSQU'ON a à résoudre une équation de cette forme

$$ax - by = c,$$

où a, b, c sont des nombres entiers donnés positifs ou négatifs, & où les deux inconnues x & y doivent être aussi des nombres entiers, il suffit de connoître une seule solution, pour pouvoir en déduire facilement toutes les autres solutions possibles.

En effet, supposons que l'on sache que ces valeurs, $x = \alpha$ & $y = \beta$, satisfont à l'équation proposée, α & β étant des nombres entiers quelconques, on aura donc $a\alpha - b\beta = c$, & par conséquent $ax - by = a\alpha - b\beta$, ou bien $a(x - \alpha) - b(y - \beta) = 0$; d'où l'on tire

$$\frac{x - \alpha}{y - \beta} = \frac{b}{a}.$$

Qu'on réduise la fraction $\frac{b}{a}$ à ses moindres termes, & supposant qu'elle se change par-là en celle-ci, $\frac{b'}{a'}$, où b' & a' seront premiers entr'eux, il est visible que l'équation $\frac{x-\alpha}{y-\beta}=\frac{b'}{a'}$ ne sauroit subsister, dans la supposition que $x-\alpha$ & $y-\beta$ soient des nombres entiers, à moins que l'on ait $x-\alpha=mb'$, & $y-\beta=ma'$, m étant un nombre quelconque entier; de sorte que l'on aura en général $x=\alpha+mb'$, & $y=\beta+ma'$, m étant un nombre entier indéterminé.

Comme on peut prendre m positif ou négatif à volonté, il est facile de voir qu'on pourra toujours déterminer ce nombre m, en sorte que la valeur de x ne soit pas plus grande que $\frac{b'}{2}$, ou que celle de y ne soit pas plus grande que $\frac{a'}{2}$, (abstraction faite des signes de ces quantités); d'où il s'ensuit que si l'équation proposée, $ax-by=c$, eſt réſoluble en nombres entiers, & qu'on y ſubſtitue ſucceſſivement à la place de x tous les nombres entiers tant poſitifs que négatifs, renfermés entre ces deux limites $\frac{b'}{2}$ & $\frac{-b'}{2}$, on en trouvera néceſſairement un qui ſatisfera à cette équation; & on trouvera de même une valeur ſatisfaiſante de y parmi les nombres entiers poſitifs ou négatifs, contenus entre les limites $\frac{a'}{2}$ & $\frac{-a'}{2}$.

Ainſi on pourra par ce moyen trouver une premiere ſolution de la propoſée, après quoi on aura toutes les autres par les formules ci-deſſus.

43. Mais ſi on ne veut pas employer la méthode de tâtonnement que nous venons de propoſer, & qui ſeroit ſouvent très-laborieuſe, on pourra faire uſage de celle qui eſt expoſée dans le chap. 1 du traité précédent, & qui eſt très-ſimple & très-directe, ou bien on pourra s'y prendre de la maniere ſuivante.

On remarquera 1°. que ſi les nombres

a & b ne ſont pas premiers entr'eux, l'équation ne pourra ſubſiſter en nombres entiers, à moins que le nombre donné c ne ſoit diviſible par la plus grande commune meſure de a & b. De ſorte qu'en ſuppoſant la diviſion faite lorſqu'elle a lieu, & déſignant les quotiens par a', b', c', on aura à réſoudre l'équation

$$a'x - b'y = c',$$

où a' & b' ſeront premiers entr'eux.

2°. Que ſi l'on peut trouver des valeurs de p & de q qui ſatisfaſſent à l'équation

$$a'p - b'q = \pm 1,$$

on pourra réſoudre l'équation précédente; car il eſt viſible qu'en multipliant ces valeurs par $\pm c'$, on aura des valeurs qui ſatisferont à l'équation $a'x - b'y = c'$; c'eſt-à-dire qu'on aura $x = \pm pc'$ & $y = \pm qc'$.

Or l'équation $a'p - b'q = \pm 1$ eſt toujours réſoluble en nombres entiers, comme nous l'avons démontré dans l'art. 23; & pour trouver les plus petites valeurs de p & de q qui y peuvent ſatisfaire, il n'y aura qu'à convertir la fraction $\frac{b'}{a'}$ en fraction continue par la méthode de l'art. 4, & en déduire ensuite la série des fractions *principales* convergentes vers la même fraction $\frac{b'}{a'}$ par les formules de l'art. 10; la derniere de ces fractions sera la fraction même $\frac{b'}{a'}$, & si on désigne l'avant-derniere par $\frac{p}{q}$, on aura par la loi de ces fractions, (art. 12), $a'p-b'q = \pm 1$, le signe supérieur étant pour le cas où le quantieme de la fraction $\frac{p}{q}$ est pair, & l'inférieur pour celui où ce quantieme est pair.

Ces valeurs de p & de q étant ainsi connues, on aura donc d'abord $x = \pm pc'$ & $y = \pm qc'$, & prenant ensuite ces valeurs pour α & β, on aura en général (art. 42),

$$x = \pm pc' + mb', \quad y = \pm qc' + ma',$$

expressions qui renfermeront nécessairement toutes les solutions possibles en nombres entiers de l'équation proposée.

Au reste, pour ne laisser aucun embarras

dans la pratique de cette méthode, nous remarquerons que quoique les nombres a & b puissent être positifs ou négatifs, on peut néanmoins les prendre toujours positivement, pourvu qu'on donne des signes contraires à x, si a est négatif, & à y, si b est négatif.

EXEMPLE.

44. Pour donner un exemple de la méthode précédente, nous prendrons celui de l'art. 14 du chap. 1 du traité précéd. où il s'agit de résoudre l'équation $39p = 56q + 11$; changeant p en x & q en y, on aura donc

$$39x - 56y = 11.$$

Ainsi on fera $a = 39$, $b = 56$ & $c = 11$; & comme 56 & 39 sont déjà premiers entre eux, on aura $a' = 39$, $b' = 56$, $c' = 11$. On réduira donc en fraction continue la fraction $\frac{b'}{a'} = \frac{56}{39}$, & pour cela on fera, (comme on l'a déjà pratiqué dans l'art. 20), le calcul suivant,

$$\begin{array}{l}
39 \mid 56 \mid 1 \\
\quad\ \ \underline{39} \\
\quad\ \ 17 \mid 39 \mid 2 \\
\qquad\quad\ \ \underline{34} \\
\qquad\qquad 5 \mid 17 \mid 3 \\
\qquad\qquad\quad \underline{15} \\
\qquad\qquad\quad\ 2 \mid 5 \mid 2 \\
\qquad\qquad\qquad\ \ \underline{4} \\
\qquad\qquad\qquad\ \ 1 \mid 2 \mid 2 \\
\qquad\qquad\qquad\qquad \underline{2} \\
\qquad\qquad\qquad\qquad 0.
\end{array}$$

Enſuite, à l'aide des quotiens 1, 2, 3, &c. on formera les fractions

$$\begin{array}{ccccc} 1, & 2, & 3, & 2, & 2. \\ \frac{1}{1}, & \frac{3}{2}, & \frac{10}{7}, & \frac{23}{16}, & \frac{56}{39}, \end{array}$$

& la pénultieme fraction $\frac{23}{16}$ ſera celle que nous avons déſignée en général par $\frac{p}{q}$; de ſorte qu'on aura $p=23$, $q=16$; & comme cette fraction eſt la quatrieme, & par conſéquent d'un quantieme pair, il faudra prendre le ſigne ſupérieur; ainſi l'on aura en général

$x=23.11+56m$, & $y=16.11+39m$, m pouvant être un nombre quelconque entier poſitif ou négatif.

REMARQUE.

45. On doit la premiere ſolution de ce probleme à M. *Bachet de Meziriac*, qui l'a donnée dans la ſeconde édition de ſes Récréations mathématiques, intitulées *Problemes plaiſans & délectables*, &c. La premiere édition de cet Ouvrage a paru en 1612, mais la ſolution dont il s'agit, n'y eſt qu'annoncée, & ce n'eſt que dans l'édition de 1624 qu'on la trouve complette. La méthode de M. *Bachet* eſt très-directe & très-ingénieuſe, & ne laiſſe rien à déſirer du côté de l'élégance & de la généralité.

Nous ſaiſiſſons avec plaiſir cette occaſion de rendre à ce ſavant Auteur la juſtice qui lui eſt due ſur ce ſujet, parce que nous avons remarqué que les Géometres qui ont traité le même probleme après lui, n'ont jamais fait aucune mention de ſon travail.

Voici en peu de mots à quoi ſe réduit la méthode de M. *Bachet*. Après avoir fait voir comment la ſolution des équations de la forme $ax-by=c$, (a & b étant premiers entr'eux), ſe réduit à celle de $ax-by=\pm1$, il s'attache à réſoudre cette derniere équation, & pour cela il preſcrit de faire entre les nombres a & b la même opération que ſi on vouloit chercher leur plus grand commun diviſeur, (c'eſt auſſi la même que nous avons pratiquée ci-devant); enſuite nommant c, d, e, f, &c. les reſtes provenant des différentes diviſions, & ſuppoſant, par exemple, que f ſoit le dernier reſte qui ſera néceſſairement égal à l'unité, (à cauſe que a & b ſont premiers entr'eux, *hyp.*), il fait, lorſque le nombre des reſtes eſt pair, comme dans ce cas,

$$e\mp1=\varepsilon,\ \frac{\varepsilon d\pm1}{e}=\delta,\ \frac{\delta c\mp1}{d}=\gamma,\ \frac{\gamma b\pm1}{c}=\beta,$$
$$\frac{\beta a\mp1}{b}=\alpha;$$

ces derniers nombres β & α feront les plus petites valeurs de x & y.

Si le nombre des reſtes étoit impair, comme ſi g étoit le dernier reſte $=1$, alors il faudroit faire

$$f\pm1=\zeta,\ \frac{\zeta e\mp1}{f}=\varepsilon,\ \frac{\varepsilon d\pm1}{e}=\delta,\ \&c.$$

Il eſt facile de voir que cette méthode revient au même dans le fond que celle du chapitre premier; mais elle en eſt moins commode, parce qu'elle demande des diviſions; au reſte, les Géometres qui ſont curieux de ces matieres, verront avec plaiſir dans l'Ouvrage de M. *Bachet* les artifices qu'il a employés pour parvenir à la regle précédente, & pour en déduire la ſolution complette des équations de la forme $ax - by = c$.

PARAGRAPHE IV.

Méthode générale pour résoudre en nombres entiers les Equations à deux inconnues, dont l'une ne passe pas le premier degré.

Addition pour le Chapitre III.

46. SOIT proposée l'équation générale, $a+bx+cy+dx^2+exy+fx^3+gx^2y+hx^4+kx^3y+$ &c. $=0$, dans laquelle les coefficiens a, b, c &c. soient des nombres entiers donnés, & où x & y soient deux nombres indéterminés, qui doivent aussi être entiers.

Tirant la valeur de y de cette équation, on aura

$$y=-\frac{a+bx+dx^2+fx^3+hx^4+, \&c.}{c+ex+gx^2+kx^3+, \&c.}$$

ainsi la question sera réduite à trouver un nombre entier qui, étant pris pour x, rende le numérateur de cette fraction divisible par son dénominateur.

Soit ſuppoſé

$$p = a + bx + dx^2 + fx^3 + hx^4 +, \&c.$$
$$q = c + ex + gx^2 + kx^3 +, \&c.$$

& qu'on retranche x de ces deux équations par les regles ordinaires de l'Algebre, on aura une équation finale de cette forme,

$$A + Bp + Cq + Dp^2 + Epq + Fq^2 + Gp^3 + \&c. = 0,$$

où les coefficiens A, B, C &c. ſeront des fonctions rationnelles & entieres des nombres a, b, c, &c.

Maintenant, puiſque $y = -\frac{p}{q}$, on aura auſſi $p = -qy$; de ſorte qu'en ſubſtituant cette valeur de p, il viendra

$$A - Byq + Cq + Dy^2q^2 - Epq^2y^2 + Fq^2 + \&c. = 0,$$

où l'on voit que tous les termes ſont multipliés par q, à l'exception du premier terme A; donc il faudra que le nombre A ſoit diviſible par le nombre q, autrement il ſeroit impoſſible que les nombres q & y puſſent être entiers à la fois.

On cherchera donc tous les diviſeurs du nombre entier connu A, & on prendra ſucceſſivement

ſucceſſivement chacun de ces diviſeurs pour q; on aura par chacune de ces ſuppoſitions une équation déterminée en x, dont on cherchera, par les méthodes connues, les racines rationnelles & entieres, s'il y en a; on ſubſtituera enſuite ces racines à la place de x, & on verra ſi les valeurs réſultantes de p & de q ſeront telles que $\frac{p}{q}$ ſoit un nombre entier. On ſera sûr de trouver par ce moyen toutes les valeurs entieres de x, qui peuvent donner auſſi des valeurs entieres pour y dans l'équation propoſée.

De-là on voit que le nombre des ſolutions en entiers de ces ſortes d'équations eſt toujours néceſſairement limité; mais il y a un cas qui doit être excepté, & qui échappe à la méthode précédente.

47. Ce cas eſt celui où les coefficiens e, g, k, &c. ſont nuls, en ſorte que l'on ait ſimplement

$$y = \frac{a + bx + dx^2 + fx^3 + hx^4 + \&c.}{c};$$

or voici comment il faudra s'y prendre

pour trouver toutes les valeurs de x qui pourront rendre la quantité

$$a+bx+dx^2+fx^3+hx^4+, \&c.$$

divisible par le nombre donné c: je suppose d'abord qu'on ait trouvé un nombre entier n qui satisfasse à cette condition, il est facile de voir que tout nombre de la forme $n\pm\mu c$ y satisfera aussi, μ étant un nombre quelconque entier; de plus si n est $>\frac{c}{2}$, (abstraction faite des signes de n & de c), on pourra toujours déterminer le nombre μ & le signe qui le précede, en sorte que le nombre $n\pm\mu c$ devienne $<\frac{c}{2}$; & il est aisé de voir que cela ne sauroit se faire que d'une seule maniere, les valeurs de n & de c étant données; donc si on désigne par n' cette valeur de $n\pm\mu c$, laquelle est $<\frac{c}{2}$, & qui satisfait à la condition dont il s'agit, on aura en général $n=n'\mp\mu c$, μ étant un nombre quelconque.

D'où je conclus que si on substitue successivement, dans la formule $a+bx+dx^2+fx^3+$, &c. à la place de x tous les nombres entiers positifs ou négatifs qui ne passent pas $\frac{c}{2}$, & qu'on dénote par n', n'', n''' &c. ceux de ces nombres qui rendront la quantité $a+bx+dx^2+$ &c. divisible par c, tous les autres nombres qui pourront faire le même effet, seront nécessairement renfermés dans ces formules

$$n'\pm\mu' c,\ n''\pm\mu'' c,\ n'''\pm\mu''' c,\ \&c.$$

μ', μ'', μ''', &c. étant des nombres quelconques entiers.

On pourroit faire ici différentes remarques pour faciliter la recherche des nombres n', n'', n''', &c. mais nous ne croyons pas devoir nous arrêter davantage sur ce sujet, d'autant que nous avons déjà eu occasion de le traiter dans un Mémoire imprimé parmi ceux de l'Académie de Berlin pour l'année 1768, & qui a pour titre *nouvelle Méthode pour résoudre les Problemes indéterminés.*

48. Je dirai cependant encore un mot de la maniere de déterminer deux nombres x & y, en sorte que la fraction

$$\frac{ay^m+by^{m-1}x+dy^{m-2}x^2+fy^{m-3}x^3+\&c.}{c}$$

devienne un nombre entier; c'est une recherche qui nous sera fort utile dans la suite.

Je suppose que y & x doivent être premiers entr'eux, & que de plus y doive être premier à c, je dis qu'on pourra toujours faire $x = ny - cz$, n & z étant des nombres indéterminés; car en regardant x, y & c comme des nombres donnés, on aura une équation qui sera toujours résoluble en entiers par la méthode du §. III, à cause que y & c n'ont d'autre commune mesure que l'unité, par l'hypothese. Or si on substitue cette expression de x dans la quantité $ay^m + by^{m-1}x + dy^{m-2}x^2 +$ &c. elle deviendra

$$(a + bn + dn^2 + fn^3 + \text{\&c.})y^m$$
$$-(b + 2dn + 3fn^2 + \text{\&c.})cy^{m-1}z$$
$$+(d + 3fn + \text{\&c.})c^2y^{m-2}z^2$$
$$-, \text{\&c.}$$

& il est clair que cette quantité ne sauroit être divisible par c, à moins que le premier terme

$$(a + bn + dn^2 + fn^3 + \text{\&c.})y^m$$

ne le soit, puisque tous les autres termes

ſont des multiples de c. Donc, comme c & y ſont ſuppoſés premiers entr'eux, il faudra que la quantité

$$a+bn+dn^2+fn^3+, \&c.$$

ſoit elle-même diviſible par c; ainſi il n'y aura qu'à chercher par la méthode de l'art. préc. toutes les valeurs de n qui pourront ſatisfaire à cette condition, & alors on aura en général

$$x=ny-az,$$

z étant un nombre quelconque entier.

Il eſt bon d'obſerver que quoique nous ayons ſuppoſé que les nombres x & y doivent être premiers entr'eux, ainſi que les nombres y & c, notre ſolution n'en eſt cependant pas moins générale; car ſi on vouloit que x & y euſſent une commune meſure α, il n'y auroit qu'à mettre $\alpha x'$ & $\alpha y'$ à la place de x & y, & on regarderoit enſuite x' & y' comme premiers entr'eux; de même ſi y' & c devoient avoir une commune meſure β, on pourroit mettre $\beta y''$ à la place de y', & il ſeroit permis de regarder y'' & c comme premiers entr'eux.

PARAGRAPHE V.

Méthode directe & générale pour trouver les valeurs de x, *qui peuvent rendre rationnelles les quantités de la forme*

$$\sqrt{(a+bx+cx^2)},$$

& pour résoudre en nombres rationnels les équations indéterminées du second degré à deux inconnues, lorsqu'elles admettent des solutions de cette espece.

Addition pour le Chapitre IV.

49. JE suppose d'abord que les nombres connus a, b, c soient entiers; s'ils étoient fractionnaires, il n'y auroit qu'à les réduire à un même dénominateur carré, & alors il est clair qu'on pourroit toujours faire abstraction de leur dénominateur; quant au nombre x, on supposera ici qu'il puisse être entier ou fractionnaire, & on verra par la suite comment il faudra résoudre la question, lorsqu'on ne veut admettre que des nombres entiers.

Soit donc

$$\sqrt{(a+bx+cx^2)}=y,$$

& l'on en tirera

$$2cx+b=\sqrt{(4cy^2+b^2-4ac)};$$

de ſorte que la difficulté ſera réduite à rendre rationnelle la quantité

$$\sqrt{(4cy^2+b^2-4ac)}.$$

50. Suppoſons donc en général qu'on ait à rendre rationnelle la quantité $\sqrt{(Ay^2+B)}$, c'eſt-à-dire, à rendre Ay^2+B égal à un carré, A & B étant des nombres entiers donnés poſitifs ou négatifs, & y un nombre indéterminé qui doit être rationnel.

Il eſt d'abord clair que ſi l'un des nombres A ou B étoit $=1$, ou égal à un carré quelconque, le probleme ſeroit réſoluble par les méthodes connues de *Diophante*, qui ſont détaillées dans le chap. IV ; ainſi nous ferons ici abſtraction de ces cas, ou plutôt nous tâcherons d'y ramener tous les autres.

De plus, ſi les nombres A & B étoient diviſibles par des nombres carrés quelconques, on pourroit auſſi faire abſtraction de ces diviſeurs, c'eſt-à-dire, les ſupprimer, en ne prenant pour A & B que les quotiens qu'on auroit après avoir diviſé les valeurs données par les plus grands carrés poſſibles; en effet, ſuppoſant $A = \alpha^2 A'$, & $B = \beta^2 B'$, on aura à rendre carré le nombre $A' \alpha^2 y^2 + B' \beta^2$; donc diviſant par β^2, & faiſant $\frac{\alpha y}{\beta} = y'$, il s'agira de déterminer l'inconnue y'; en ſorte que $A' y'^2 + B'$ ſoit un carré.

D'où il s'enſuit que dès qu'on aura trouvé une valeur de y propre à rendre $Ay^2 + B$ égal à un carré, en rejetant dans les valeurs données de A & de B les facteurs carrés α^2 & β^2 qu'elles pourroient renfermer, il n'y aura qu'à multiplier la valeur trouvée de y par $\frac{\beta}{\alpha}$, pour avoir celle qui convient à la quantité propoſée.

51. Conſidérons donc la formule $Ay^2 + B$, dans laquelle A & B ſoient des nombres entiers donnés qui ne ſoient diviſibles par aucun carré; & comme on ſuppoſe que y puiſſe être une fraction, faiſons $y = \frac{p}{q}$, p & q étant des nombres entiers & premiers

entr'eux, pour que la fraction ſoit réduite à ſes moindres termes ; on aura donc la quantité $\frac{Ap^2}{q^2}+B$ qui devra être un carré ; donc Ap^2+Bq^2 devra en être un auſſi ; de ſorte qu'on aura à réſoudre l'équation $Ap^2+Bq^2=z^2$, en ſuppoſant p, q & z des nombres entiers.

Or je dis qu'il faudra que q ſoit premier à A, & que p le ſoit à B ; car ſi q & A avoient un commun diviſeur, il eſt clair que le terme Bq^2 ſeroit diviſible par le carré de ce diviſeur ; & que le terme Ap^2 ne ſeroit diviſible que par la premiere puiſſance du même diviſeur, à cauſe que q & p ſont premiers entr'eux, & que A eſt ſuppoſé ne contenir aucun facteur carré ; donc le nombre Ap^2+Bq^2 ne ſeroit diviſible qu'une ſeule fois par le diviſeur commun de q & de A, par conſéquent il ſeroit impoſſible que ce nombre fût un carré. On prouvera de même que p & B ne ſauroient avoir aucun diviſeur commun.

Résolution de l'équation $Ap^2+Bq^2=z^2$ *en nombres entiers.*

52. Supposons A plus grand que B, on écrira cette équation ainsi,

$$Ap^2=z^2-Bq^2,$$

& on remarquera que comme les nombres p, q & z doivent être entiers, il faudra que z^2-Bq^2 soit divisible par A.

Donc, puisque A & q sont premiers entr'eux, (art. préc.), on fera, suivant la méthode du §. IV, art. 48, ci-dessus,

$$z=nq-Aq',$$

n & q' étant deux nombres entiers indéterminés; ce qui changera la formule z^2-Bq^2 en celle-ci,

$$(n^2-B)q^2-2nAqq'+A^2q'^2,$$

dans laquelle il faudra que n^2-B soit divisible par A, en prenant pour n un nombre entier non $>\frac{A}{2}$.

On essayera donc pour n tous les nombres entiers qui ne surpassent pas $\frac{A}{2}$, & si on n'en trouve aucun qui rende n^2-B divisible par A, on en conclura sur le champ que l'équation $Ap^2 = z^2 - Bq^2$ n'eſt pas réſoluble en nombres entiers, & qu'ainſi la quantité $Ay^2 + B$ ne ſauroit jamais devenir un carré.

Mais ſi on trouve une ou pluſieurs valeurs ſatisfaiſantes de n, on les mettra l'une après l'autre à la place de n, & on pourſuivra le calcul comme on va le voir.

Je remarquerai ſeulement encore qu'il ſeroit inutile de donner auſſi à n des valeurs plus grandes que $\frac{A}{2}$; car nommant n', n'', n''' &c. les valeurs de n moindres que $\frac{A}{2}$, qui rendront $n^2 - B$ diviſible par A, toutes les autres valeurs de n qui pourront faire le même effet ſeront renfermées dans ces formules, $n' \pm \mu' A$, $n'' \pm \mu'' A$, $n''' \pm \mu''' A$ &c. (article 47 du §. IV); or ſubſtituant ces valeurs à la place de n dans la formule $(n^2 - B)q^2 - 2nAqq' + A^2 q'^2$, c'eſt-à-dire $(nq - Aq')^2 - Bq^2$, il eſt clair qu'on aura les mêmes réſultats que ſi on mettoit ſeulement n', n'', n''' &c. à la place de n, & qu'on ajoutât à q' les quantités $\mp \mu' q$,

$\mp\mu''q$, $\mp\mu'''q$ &c. de ſorte que, comme q' eſt un nombre indéterminé, ces ſubſtitutions ne donneroient pas des formules différentes de celles qu'on aura par la ſimple ſubſtitution des valeurs n', n'', n''', &c.

53. Puis donc que n^2-B doit être diviſible par A, ſoit A' le quotient de cette diviſion, en ſorte que $AA'=n^2-B$; & l'équation $Ap^2=z^2-Bq^2=(n^2-B)q^2-2nAqq'+A^2q'^2$, étant diviſée par A, deviendra celle-ci,

$$p^2=A'q^2-2nqq'+Aq'^2,$$

où A' ſera néceſſairement moindre que A, à cauſe que $A'=\frac{n^2-B}{A}$ & que $B<A$, & n non $>\frac{A}{2}$.

Or 1°. ſi A' eſt un nombre carré, il eſt clair que cette équation ſera réſoluble par les méthodes connues, & l'on en aura la ſolution la plus ſimple qu'il eſt poſſible, en faiſant $q'=0$, $q=1$ & $p=\sqrt{A'}$.

2°. Si A' n'eſt pas égal à un carré, on verra ſi ce nombre eſt moindre que B, ou au moins s'il eſt diviſible par un nombre quelconque carré, en ſorte que le quotient ſoit moindre que B, abſtraction faite des ſignes; alors on multipliera toute l'équation par A^{I}, & l'on aura, à cauſe de $AA^{\text{I}}-n^2=-B$,

$$A^{\text{I}}p^2=(A^{\text{I}}q-nq^{\text{I}})^2-B\overset{\text{I}}{q}{}^2;$$

de ſorte qu'il faudra que $B\overset{\text{I}}{q}{}^2+A^{\text{I}}p^2$ ſoit un carré; donc diviſant par p^2 & faiſant $\frac{q^{\text{I}}}{p}=y^{\text{I}}$ & $A^{\text{I}}=C$, on aura à rendre carrée la formule $B\overset{\text{I}}{y}{}^2+C$, laquelle eſt, comme l'on voit, analogue à celle de l'art. 2. Ainſi, ſi C contient un facteur carré γ^2, on pourra le ſupprimer, en ayant attention de multiplier enſuite par γ la valeur qu'on trouvera pour y^{I}, pour avoir ſa véritable valeur; & l'on aura une formule qui ſera dans le cas de celle de l'art. 51, mais avec cette différence que les coefficiens B & C de celle-ci ſeront moindres que les coefficiens A & B de celle-là.

54. Mais ſi A^{I} n'eſt pas moindre que B, ni ne peut le devenir en le diviſant par le

plus grand carré qui le mesure, alors on fera $q = \nu q^{\mathrm{I}} + q^{\mathrm{II}}$, & substituant cette valeur dans l'équation, elle deviendra

$$p^2 = A^{\mathrm{I}} \overset{\mathrm{II}}{q}{}^2 - 2n^{\mathrm{I}} q^{\mathrm{II}} q^{\mathrm{I}} + A^{\mathrm{II}} \overset{\mathrm{I}}{q}{}^2,$$

où $n^{\mathrm{I}} = n - \nu A^{\mathrm{I}}$,

$$\& \; A^{\mathrm{II}} = A^{\mathrm{I}} \nu^2 - 2n\nu + A = \frac{\overset{\mathrm{I}}{n}{}^2 - B}{A^{\mathrm{I}}}.$$

On déterminera, ce qui est toujours possible, le nombre entier ν, en sorte que n^{I} ne soit pas $> \frac{A^{\mathrm{I}}}{2}$, abstraction faite des signes, & alors il est clair que A^{II} deviendra $< A^{\mathrm{I}}$, à cause de $A^{\mathrm{II}} = \frac{\overset{\mathrm{I}}{n}{}^2 - B}{A^{\mathrm{I}}}$ & de B $=$ ou $< A^{\mathrm{I}}$, & $\overset{\mathrm{I}}{n} =$ ou $< \frac{A^{\mathrm{I}}}{2}$.

On fera donc ici le même raisonnement que nous avons fait dans l'article précédent, & si A^{II} est carré, on aura la résolution de l'équation; si A^{II} n'est pas carré, mais qu'il soit $< B$ ou qu'il le devienne, étant divisé par un carré, on multipliera l'équation par A^{II} & on aura, en faisant $\frac{p}{q^{\mathrm{II}}} = \overset{\mathrm{I}}{y}$ & A^{II}

$=C$, la formule By^2+C, qui devra être un carré, & dans laquelle les coefficiens B & C, (après avoir supprimé dans C les diviseurs carrés, s'il y en a), seront moindres que ceux de la formule Ay^2+B de l'art. 51.

Mais si ces cas n'ont pas lieu, on fera, comme ci-dessus, $q' = \nu' q'' + q'''$, & l'équation se changera en celle-ci,

$$p^2 = A''' q''^2 - 2n'' q'' q''' + A'' q'''^2,$$

où $n'' = n' - \nu' A''$,

& $A''' = A'' \nu'^2 - 2n'\nu' + A' = \dfrac{n''^2 - B}{A''}$.

On prendra donc pour ν' un nombre entier, tel que n'' ne soit pas $> \dfrac{A''}{2}$, abstraction faite des signes; & comme B n'est pas $> A''$, (*hyp.*), il s'ensuit de l'équation $A''' = \dfrac{n''^2 - B}{A''}$ que A''' sera $< A''$; ainsi on pourra faire derechef les mêmes raisonnemens que ci-dessus, & on en tirera des conclusions semblables, & ainsi de suite.

Maintenant, comme les nombres A, A', A'', A''' &c. forment une suite décroissante de nombres entiers, il est visible qu'en continuant cette suite on parviendra nécessairement à un terme moindre que le nombre donné B; & alors nommant ce terme C, on aura, comme nous l'avons vu ci-dessus, la formule By'^2+C à rendre égale à un carré. De sorte que par les opérations que nous venons d'exposer, on sera toujours assuré de pouvoir ramener la formule Ay^2+B à une autre plus simple, telle que By'^2+C, au moins si le probleme est résoluble.

55. Or, de même qu'on a réduit la formule Ay^2+B à celle-ci By'^2+C, on pourra réduire cette derniere à cette autre-ci, Cy''^2+D, où D sera moindre que C, & ainsi de suite; & comme les nombres A, B, C, D &c. forment une série décroissante de nombres entiers, il est clair que cette série ne pourra pas aller à l'infini, & qu'ainsi l'opération sera toujours nécessairement

rement terminée. Si la queſtion n'admet point de ſolution en nombres rationnels, on parviendra à une condition impoſſible ; mais ſi la queſtion eſt réſoluble, on arrivera toujours à une équation ſemblable à celle de l'art. 53, & où l'un des coefficiens, comme A', ſera carré ; en ſorte qu'elle ſera ſuſceptible des méthodes connues ; or cette équation étant réſolue, on pourra, en rétrogradant, réſoudre ſucceſſivement toutes les équations précédentes, juſqu'à la premiere $Ap^2+Bq^2=z^2$.

Eclairciſſons cette méthode par quelques exemples.

EXEMPLE I.

56. Soit propoſé de trouver une valeur rationnelle de x, telle que la formule

$$7+15x+13x^2$$

devienne un carré. (Voy. chap. IV. art. 57 du traité précédent).

On aura donc ici $a=7$, $b=15$, $c=13$; donc $4c=4.13$, & $b^2-4ac=-139$; de ſorte qu'en nommant y la racine du carré dont il s'agit, on aura la formule $4.13y^2 - 139$ qui devra être un carré ; ainsi on aura $A = 4.13$ & $B = -139$, où l'on remarquera d'abord que A est divisible par le carré 4 ; de sorte qu'il faudra rejeter ce diviseur carré & supposer simplement $A = 13$; mais on se souviendra ensuite de diviser par 2 la valeur qu'on trouvera pour y, (art. 50).

On aura donc, en faisant $y = \frac{p}{q}$, l'équation $13p^2 - 139q^2 = z^2$, ou bien, à cause que 139 est > 13, on fera $y = \frac{q}{p}$, pour avoir $-139p^2 + 13q^2 = z^2$, équation qu'on écrira ainsi,

$$-139p^2 = z^2 - 13q^2.$$

On fera, (art. 52), $z = nq - 139q'$, & il faudra prendre pour n un nombre entier non $> \frac{139}{2}$, c'est-à-dire < 70, tel que $n^2 - 13$ soit divisible par 139 ; je trouve $n = 41$, ce qui donne $n^2 - 13 = 1668 = 139.12$; de sorte qu'en faisant la substitution & divisant ensuite par -139, on aura l'équation

$$p^2 = -12q^2 + 2.41qq' - 139q'^2.$$

Or, comme -12 n'eſt pas un carré, cette équation n'a pas encore les conditions requiſes; ainſi, puiſque 12 eſt déjà moindre que 13, on multipliera toute l'équation par -12, & elle deviendra $-12p^2=(-12q+41\overset{1}{q})^2-13\overset{1}{q}{}^2$, de ſorte qu'il faudra que $13\overset{1}{q}{}^2-12p^2$ ſoit un carré, ou bien, en faiſant $\frac{q^1}{p}=\overset{1}{y}$, que $13\overset{1}{y}{}^2-12$, en ſoit un auſſi.

On voit ici qu'il n'y auroit qu'à faire $\overset{1}{y}=1$, mais comme ce n'eſt que le haſard qui nous donne cette valeur, nous allons pourſuivre le calcul ſelon notre méthode, juſqu'à ce que l'on arrive à une formule qui ſoit ſuſceptible des méthodes ordinaires. Comme 12 eſt diviſible par 4, je rejete ce diviſeur carré, en me ſouvenant que je dois enſuite multiplier la valeur de y^1 par 2; j'aurai donc à rendre carrée la formule $13\overset{1}{y}{}^2-3$, ou bien, en faiſant $\overset{1}{y}=\frac{r}{ſ}$, (on ſuppoſe que r & $ſ$ ſont des nombres entiers premiers entr'eux, en ſorte que la fraction

$\frac{r}{s}$ ſoit déjà réduite à ſes moindres termes, comme la fraction $\frac{q}{p}$), celle-ci $13r^2-3s^2$; ſoit la racine z', j'aurai

$$13r^2=\overset{\text{I}}{z}^2+3s^2,$$

& je ferai $z'=ms-13s'$, m étant un nombre entier non $>\frac{13}{2}$, c'eſt-à-d. <7, & tel que m^2+3 ſoit diviſible par 13; or je trouve $m=6$, ce qui donne $m^2+3=39=13.3$; donc ſubſtituant la valeur de z' & diviſant toute l'équation par 13, on aura

$$r^2=3s^2-2.6ss'+13\overset{\text{I}}{s}^2.$$

Comme le coefficient 3 de s^2 n'eſt ni carré ni moindre que celui de s^2 dans l'équation précédente, on fera, (art. 54), $s=\mu s'+s''$, & ſubſtituant l'on aura la transformée

$$r^2=3\overset{\text{II}}{s}^2-2(6-3\mu)s''s'+(3\mu^2-2.6\mu+13)\overset{\text{I}}{s}^2;$$

on déterminera μ, en ſorte que $6-3\mu$ ne ſoit pas $>\frac{3}{2}$, & il eſt clair qu'il faudra faire $\mu=2$, ce qui donne $6-3\mu=0$; & l'équation deviendra

$$r^2=3\overset{\text{II}}{s}^2+\overset{\text{I}}{s}^2,$$

laquelle eſt, comme l'on voit, réduite à

l'état demandé, puiſque le coefficient du carré de l'une des deux indéterminées du ſecond membre eſt auſſi carré.

On fera donc, pour avoir la ſolution la plus ſimple qu'il eſt poſſible, $s''=0$, $s'=1$ & $r=1$; donc $s=\mu=2$, & de-là $y'=\frac{r}{s}=\frac{1}{2}$; mais nous avons vu qu'il faut multiplier la valeur de y' par 2; ainſi on aura $y'=1$; donc, en rétrogradant toujours, on aura $\frac{q'}{p}=1$; donc $q'=p$; donc l'équation $-12p^2=(-12q+41q')^2-13q'^2$, donnera $(-12q+41p)^2=p^2$; donc $-12q+41p=p$, c'eſt-à-dire $12q=40p$; donc $y=\frac{q}{p}=\frac{40}{12}=\frac{10}{3}$; mais comme il faut diviſer la valeur de y par 2, on aura $y=\frac{5}{3}$; ce ſera le côté de la racine de la formule propoſée $7+15x+13x^2$; ainſi faiſant cette quantité $=\frac{25}{9}$, on trouvera par la réſolution de l'équation, $26x+15=\pm\frac{7}{3}$, d'où $x=-\frac{19}{39}$, ou $=-\frac{2}{3}$.

On auroit pu prendre auſſi $-12q+41p=-p$, & l'on auroit eu $y=\frac{q}{p}=\frac{21}{6}$, &

divisant par 2, $y=\frac{21}{12}$; faisant donc $7+15x+13x^2=\left(\frac{21}{12}\right)^2$, on trouvera $26x+15=\pm\frac{9}{2}$; donc $x=-\frac{21}{52}$, ou $=-\frac{3}{4}$.

Si on vouloit avoir d'autres valeurs de x, il n'y auroit qu'à chercher d'autres solutions de l'équation $r^2=3\overset{''}{s}{}^2+\overset{'}{s}{}^2$, laquelle est résoluble en général par les méthodes connues; mais on peut aussi, dès qu'on connoît une seule valeur de x, en déduire immédiatement toutes les autres valeurs satisfaisantes de x par la méthode expliquée dans le chap. IV du traité précédent.

REMARQUE.

57. Supposons en général que la quantité $a+bx+cx^2$ devienne égale à un carré g^2, lorsque $x=f$, en sorte que l'on ait $a+bf+cf^2=g^2$; donc $a=g^2-bf-cf^2$; de sorte qu'en substituant cette valeur dans la formule proposée, elle deviendra

$$g^2+b(x-f)+c(x^2-f^2).$$

Qu'on prenne $g+m(x-f)$ pour la racine de cette quantité, m étant un nombre indéterminé, & l'on aura l'équation

$g^2+b(x-f)+c(x^2-f^2)=g^2+2mg(x-f)$ $+m^2(x-f)^2$, c'eſt-à-dire en effaçant g^2 de part & d'autre, & diviſant enſuite par $x-f$, $b+c(x+f)=2mg+m^2(x-f)$; d'où l'on tire

$$x=\frac{fm^2-2gm+b+cf}{m^2-c}.$$

Et il eſt clair qu'à cauſe du nombre indéterminé m, cette expreſſion de x doit renfermer toutes les valeurs qu'on peut donner à x, pour que la formule propoſée devienne un carré ; car quel que ſoit le nombre carré auquel cette formule peut être égale, il eſt viſible que la racine de ce nombre pourra toujours être repréſentée par $g+m(x-f)$, en donnant à m une valeur convenable. Ainſi quand on aura trouvé par la méthode expliquée ci-deſſus une ſeule valeur ſatisfaiſante de x, il n'y aura qu'à la prendre pour f, & la racine du carré qui en réſultera pour g; l'on aura, par la formule précédente, toutes les autres valeurs poſſibles de x.

Dans l'exemple précédent on a trouvé

$y=\frac{5}{3}$ & $x=-\frac{2}{3}$; ainſi on fera $g=\frac{5}{3}$, & $f=-\frac{2}{3}$, & l'on aura

$$x=\frac{19-10m-2m^2}{3(m^2-13)},$$

c'eſt l'expreſſion générale des valeurs rationnelles de x, qui peuvent rendre carrée la quantité $7+15x+13x^2$.

EXEMPLE II.

58. Soit encore propoſé de trouver une valeur rationnelle de y, telle que $23y^2-5$ ſoit un carré.

Comme 23 & 5 ne ſont diviſibles par aucun nombre carré, il n'y aura aucune réduction à y faire. Ainſi en faiſant $y=\frac{p}{q}$, il faudra que la formule $23p^2-5q^2$ devienne un carré z^2; de ſorte qu'on aura l'équation $23p^2=z^2+5q^2$.

On fera donc $z=nq-23q'$, & il faudra prendre pour n un nombre entier non $>\frac{23}{2}$, tel que n^2+5 ſoit diviſible par 23. Je trouve $n=8$, ce qui donne $n^2+5=23.3$, & cette valeur de n eſt la ſeule qui ait les conditions requises. Substituant donc $8q - 23q'$ à la place de z, & divisant toute l'équation par 23, j'aurai celle-ci,

$$p^2 = 3q^2 - 2.8qq' + 23q'^2,$$

dans laquelle on voit que le coefficient 3 est déjà moindre que la valeur de B qui est 5, abstraction faite du signe.

Ainsi on multipliera toute l'équation par 3, & l'on aura $3p^2 = (3q - 8q')^2 + 5q'^2$; de sorte qu'en faisant $\frac{q'}{p} = y'$, il faudra que la formule $-5y'^2 + 3$ soit un carré, où les coefficiens 5 & 3 n'admettent aucune réduction.

Soit donc $y' = \frac{r}{s}$, (r & s sont supposés premiers entr'eux, au lieu que q' & p peuvent ne pas l'être), & l'on aura à rendre carrée la quantité $-5r^2 + 3s^2$; de sorte qu'en nommant la racine z', on aura $-5r^2 + 3s^2 = z'^2$, & de-là $-5r^2 = z'^2 - 3s^2$.

On prendra donc $z' = ms + 5s'$, & il faudra que m soit un nombre entier non $> \frac{5}{2}$, & tel que $m^2 - 3$ soit divisible par 5; or c'est ce qui est impossible, car on ne pourroit prendre que $m=1$ ou $=2$, ce qui donne $m^2-3=-2$ ou $=1$. Ainsi on en doit conclure que le probleme n'est pas résoluble, c'est-à-dire qu'il est impossible que la formule $23y^2-5$ puisse jamais devenir égale à un nombre carré, quelque nombre que l'on substitue à la place de y.

COROLLAIRE.

59. Si on avoit une équation quelconque du second degré à deux inconnues, telle que $a+bx+cy+dx^2+exy+fy^2=0$, & que l'on proposât de trouver des valeurs rationnelles de x & y qui satisfissent à cette équation, on y pourroit parvenir, lorsque cela est possible, par la méthode que nous venons d'exposer.

En effet, si on tire la valeur de y en x, on aura

$$2fy+ex+c=\sqrt{((c+ex)^2-4f(a+bx+dx^2))},$$

ou bien en faisant

$$\alpha=c^2-4af,\ \beta=2ce-4bf,\ \gamma=e^2-4df,$$

$$2fy+ex+c=\sqrt{(\alpha+\beta x+\gamma x^2)};$$

de sorte que la question sera réduite à trouver des valeurs de x qui rendent rationnel le radical $\sqrt{(\alpha+\beta x+\gamma x^2)}$.

REMARQUE.

60. Nous avons déjà traité ce même ſujet, mais d'une maniere un peu différente, dans les Mémoires de l'Académie des Sciences de Berlin pour l'année 1767, & nous croyons être les premiers qui ayons donné une méthode directe & exempte de tâtonnement pour la ſolution des problemes indéterminés du ſecond degré. Le Lecteur qui ſera curieux d'approfondir cette matiere, pourra conſulter les Mémoires cités, où il trouvera ſur-tout des remarques nouvelles & importantes ſur la recherche des nombres entiers qui, étant pris pour n, peuvent rendre n^2-B diviſible par A, A & B étant des nombres donnés.

On trouvera auſſi dans les Mémoires pour les années 1770 & ſuivantes, des recherches ſur la forme des diviſeurs des nombres repréſentés par z^2-Bq^2; de ſorte que par la forme même du nombre A, on pourra juger ſouvent de l'impoſſibilité de l'équation $Ap^2=z^2-Bq^2$, où $Ay^2+B=$ *à un carré*, (art. 52).

PARAGRAPHE VI.

Sur les doubles & triples Egalités.

61. Nous traiterons ici en peu de mots des doubles & triples égalités, qui ſont d'un uſage très-fréquent dans l'analyſe de *Diophante*, & pour la ſolution deſquelles ce grand Géometre & ſes Commentateurs ont cru devoir donner des regles particulieres.

Lorſqu'on a une formule contenant une ou pluſieurs inconnues à égaler à une puiſſance parfaite, comme à un carré ou à un cube &c. cela s'appelle dans l'analyſe de *Diophante* une égalité ſimple ; & lorſqu'on a deux formules contenant la même ou les mêmes inconnues à égaler chacune à des puiſſances parfaites, cela s'appelle une égalité double, & ainſi de ſuite.

Juſqu'ici on a vu comment il faut réſoudre les égalités ſimples où l'inconnue ne paſſe pas le ſecond degré, & où la puiſſance propoſée eſt la ſeconde, c'eſt-à-dire le carré.

Voyons donc comment on doit traiter les égalités doubles & triples de la même eſpece.

62. Soit d'abord propoſée cette égalité doublée,

$$a + bx = \text{à un carré}$$
$$c + dx = \text{à un carré},$$

où l'inconnue x ne ſe trouve qu'au premier degré.

Faiſant $a + bx = t^2$ & $c + dx = u^2$, & chaſſant x de ces deux équations, on aura $ad - bc = dt^2 - bu^2$; donc $dt^2 = bu^2 + ad - bc$, & $(dt)^2 = dbu^2 + (ad - bc)d$; de ſorte que la difficulté ſera réduite à trouver une valeur rationnelle de u, telle que $dbu^2 + ad^2 - bcd$ devienne un carré. On réſoudra cette égalité ſimple par la méthode expoſée ci-deſſus, & connoiſſant ainſi u on aura $x = \frac{u^2 - c}{d}$.

Si l'égalité doublée étoit

$$ax^2 + bx = \text{à un carré}$$
$$cx^2 + dx = \text{à un carré},$$

il n'y auroit qu'à faire $x = \frac{1}{x'}$, & multiplier ensuite l'une & l'autre formule par le carré x^2, on auroit ces deux autres égalités $a + bx =$ *à un carré* & $c + dx =$ *à un carré*, qui sont semblables aux précédentes.

Ainsi on peut résoudre en général toutes les égalités doubles où l'inconnue ne passe pas le premier degré, & celles où l'inconnue se trouve dans tous les termes, pourvu qu'elle ne passe pas le second degré ; mais il n'en est pas de même lorsque l'on a des égalités de cette forme,

$$a + bx + cx^2 = \text{à un carré}$$
$$\alpha + \beta x + \gamma x^2 = \text{à un carré.}$$

Si on résoud la premiere de ces égalités par notre méthode, & qu'on nomme f la valeur de x qui rend $a + bx + cx^2 =$ au carré g^2, on aura en général, (art. 57),

$$x = \frac{fm^2 - 2gm + b + cf}{m^2 - c};$$

donc substituant cette expression de x dans l'autre formule $\alpha + \beta x + \gamma x^2$, & la multipliant ensuite par $(m^2 - c)^2$, on aura à résoudre l'égalité,

$$\alpha(m^2 - c)^2 + \beta(m^2 - c)(fm^2 - 2gm + b + cf)$$

$+\gamma(fm^2-2gm+b+cf)^2=$ *à un carré*, dans laquelle l'inconnue *m* monte au quatrieme degré.

Or on n'a jusqu'à présent aucune regle générale pour résoudre ces sortes d'égalités, & tout ce qu'on peut faire, c'est de trouver successivement différentes solutions, lorsqu'on en connoît une seule. (Voyez le chapitre IX).

63. Si on avoit la triple égalité

$$\left.\begin{array}{l} ax+by \\ cx+dy \\ hx+ky \end{array}\right\} = \text{à un carré},$$

on feroit $ax+by=t^2$, $cx+dy=u^2$, & $hx+ky=s^2$, & chassant x de ces trois équations, on auroit celle-ci,

$$(ak-bh)u^2-(ck-dh)t^2=(ad-cb)s^2;$$

de sorte qu'en faisant $\frac{u}{t}=z$, la difficulté se réduiroit à résoudre l'égalité simple,

$$\frac{ak-bh}{ad-cb}z^2-\frac{ck-dh}{ad-cb}=\text{à un carré},$$

laquelle est, comme l'on voit, dans le cas de notre méthode générale.

Ayant trouvé la valeur de z, on aura $u=tz$, & les deux premieres équations donneront

$$x=\frac{d-bz^2}{ad-cb}t^2,\ y=\frac{az^2-c}{ad-cb}t^2.$$

Mais si la triple égalité proposée ne contenoit qu'une seule variable, on retomberoit alors dans une égalité où l'inconnue monteroit au quatrieme degré.

En effet, il est clair que ce cas peut se déduire du précédent, en faisant $y=1$; de sorte qu'il faudra que l'on ait $\frac{az^2-c}{ad-cb}t^2=1$, & par conséquent $\frac{az^2-c}{ad-cb}=$ *à un carré.*

Or nommant f une des valeurs de z qui peuvent satisfaire à l'égalité ci-dessus, & faisant, pour abréger, $\frac{ak-bh}{ad-cb}=e$, on aura en général, (art. 57),

$$z=\frac{fm^2-2gm+ef}{m^2-e}.$$

Donc, substituant cette valeur de z dans la derniere égalité, & la multipliant toute par le carré de m^2-e, on aura celle-ci,

$a(fm^2$

$$\frac{a(fm^2-2gm+ef)^2-c(m^2-e)^2}{ad-cb}$$

$=$ *à un carré*, où l'inconnue m monte, comme l'on voit, au quatrieme degré.

PARAGRAPHE VII.

Méthode directe & générale pour trouver toutes les valeurs de y *exprimées en nombres entiers, par lesquelles on peut rendre rationnelles les quantités de la forme*

$$\sqrt{(Ay^2+B)},$$

A & B *étant des nombres entiers donnés; & pour trouver aussi toutes les solutions possibles en nombres entiers des Equations indéterminées du second degré à deux inconnues.*

Addition pour le Chapitre VI.

64. QUOIQUE par la méthode du §. V on puisse trouver des formules générales qui renferment toutes les valeurs rationnelles de y, propres à rendre Ay^2+B égal à un carré, cependant ces formules ne sont

d'aucun uſage, lorſqu'on demande pour y des valeurs exprimées en nombres entiers; c'eſt pourquoi nous ſommes obligés de donner ici une méthode particuliere pour réſoudre la queſtion dans le cas des nombres entiers.

Soit donc $Ay^2+B=x^2$; & comme A & B ſont ſuppoſés des nombres entiers, & que y doit être auſſi un nombre entier, il eſt clair que x devra être pareillement entier; de ſorte qu'on aura à réſoudre en entiers l'équation

$$x^2-Ay^2=B.$$

Je commence par remarquer ici que ſi B n'eſt diviſible par aucun nombre carré, il faudra néceſſairement que y ſoit premier à B; car ſuppoſons, s'il eſt poſſible, que y & B aient une commune meſure α, en ſorte que $y=\alpha \overset{1}{y}$, & $B=\alpha B^1$; donc on aura $x^2=A\alpha^2 \overset{1}{y}{}^2=\alpha B^1$, d'où il s'enſuit qu'il faudra que x^2 ſoit diviſible par α; & comme α n'eſt ni carré ni diviſible par aucun carré, (*hyp.*), à cauſe que α eſt facteur de B, il faudra que x soit divisible par α; faisant donc $x = \alpha \overset{\text{I}}{x}$, on aura $\alpha^2 \overset{\text{I}}{x}{}^2 = \alpha^2 A y^2 + \alpha B^{\text{I}}$, ou bien en divisant par α, $\alpha \overset{\text{I}}{x}{}^2 = \alpha A y^2 + B^{\text{I}}$; d'où l'on voit que B^{I} devroit encore être divisible par α, ce qui est contre l'hypothese.

Ce n'est donc que lorsque B contient des facteurs carrés que y peut avoir une commune mesure avec B; & il est facile de voir par la démonstration précédente que cette commune mesure de y & de B ne peut être que la racine d'un des facteurs carrés de B, & que le nombre x devra avoir la même commune mesure; en sorte que toute l'équation sera divisible par le carré de ce commun diviseur de x, y & B.

De-là je conclus, 1°. que si B n'est divisible par aucun carré, y & B seront premiers entr'eux.

2°. Que si B est divisible par un seul carré α^2, y pourra être premier à B ou divisible par α, ce qui fait deux cas qu'il faudra examiner séparément; dans le premier cas on résoudra l'équation $x^2 - Ay^2 = B$, en supposant y & B premiers entr'eux; dans le second on aura à résoudre l'équation $x^2 - Ay^2 = B'$, B' étant $= \frac{B}{\alpha^2}$, en supposant aussi y & B' premiers entr'eux; mais il faudra ensuite multiplier par α les valeurs qu'on aura trouvées pour y & x, pour avoir les valeurs convenables à l'équation proposée.

3°. Que si B est divisible par deux différens carrés, α^2 & β^2, on aura trois cas à considérer; dans le premier on résoudra l'équation $x^2 - Ay^2 = B$, en regardant y & B comme premiers entr'eux; dans le second on résoudra de même l'équation $x^2 - Ay^2 = B'$, B' étant $= \frac{B}{\alpha^2}$, dans l'hypothese de y & B' premiers entr'eux, & on multipliera ensuite les valeurs de x & y par α; dans le troisieme on résoudra l'équation $x^2 - Ay^2 = B''$, B'' étant $= \frac{B}{\beta^2}$, dans l'hypothese de y & B'' premiers entr'eux, & on multipliera ensuite les valeurs de x & de y par β.

4°. &c. Ainſi on aura autant d'équations différentes à réſoudre, qu'il y aura de différens diviſeurs carrés de B; mais ces équations ſeront toutes de la même forme $x^2 - Ay^2 = B$, & y ſera auſſi toujours premier à B.

65. Conſidérons donc en général l'équation $x^2 - Ay^2 = B$, où y eſt premier à B; & comme x & y doivent être des nombres entiers, il faudra que $x^2 - Ay^2$ ſoit diviſible par B.

On fera donc, ſuivant la méthode du §. IV, art. 48, $x = ny - Bz$, & l'on aura l'équation

$$(n^2 - A)y^2 - 2nByz + B^2z^2 = B,$$

par laquelle on voit que le terme $(n^2 - A)y^2$ doit être diviſible par B, puiſque tous les autres le ſont d'eux-mêmes; donc, comme y eſt premier à B, (*hyp.*), il faudra que $n^2 - A$ ſoit diviſible par B; de ſorte qu'en faiſant $\frac{n^2 - A}{B} = C$, on aura, après avoir diviſé par B,

$$Cy^2 - 2nyz + Bz^2 = 1;$$

or cette équation eſt plus ſimple que la propoſée, en ce que le ſecond membre eſt égal à l'unité.

On cherchera donc les valeurs de n qui peuvent rendre $n^2 - A$ diviſible par B; pour cela il ſuffira, (art. 47), d'eſſayer pour n tous les nombres entiers poſitifs ou négatifs non $> \frac{B}{2}$; & ſi parmi ceux-ci on n'en trouve aucun qui ſatisfaſſe, on en conclura d'abord qu'il eſt impoſſible que $n^2 - A$ puiſſe être diviſible par B, & qu'ainſi l'équation propoſée n'eſt pas réſoluble en nombres entiers.

Mais ſi on trouve de cette maniere un ou pluſieurs nombres ſatisfaiſans, on les prendra l'un après l'autre pour n, ce qui donnera autant de différentes équations qu'il faudra traiter ſéparément, & dont chacune pourra fournir une ou pluſieurs ſolutions de la queſtion propoſée.

Quant aux valeurs de n qui ſurpaſſeroient celle de $\frac{B}{2}$, on en pourra faire abſtraction, parce qu'elles ne donneroient point d'équations différentes de celles qui réſulteront des valeurs de n qui ne ſont pas $> \frac{B}{2}$, comme nous l'avons déjà montré dans l'art. 52.

Au reſte, comme la condition par laquelle on doit déterminer n eſt que $n^2 - A$ ſoit diviſible par B, il eſt clair que chaque valeur de n pourra être également poſitive ou négative; de ſorte qu'il ſuffira d'eſſayer ſucceſſivement pour n tous les nombres naturels qui ne ſont pas plus grands que $\frac{B}{2}$, & de prendre enſuite les valeurs ſatisfaiſantes de n tant en *plus* qu'en *moins.*

Nous avons donné ailleurs des regles pour faciliter la recherche des valeurs de n qui peuvent avoir la propriété requiſe, & même pour trouver ces valeurs *à priori* dans un grand nombre de cas. *Voyez les Mémoires de Berlin pour l'année 1767, pages 194 & 274.*

Résolution de l'équation $Cy^2 - 2nyz + Bz^2 = 1$ *en nombres entiers.*

On peut résoudre cette équation par deux méthodes différentes que nous allons expliquer.

PREMIERE MÉTHODE.

66. Comme les quantités C, n, B sont supposées des nombres entiers, de même que les indéterminées y & z, il est visible que la quantité $Cy^2 - 2nyz + Bz^2$ sera toujours nécessairement égale à des nombres entiers ; par conséquent l'unité sera la plus petite valeur qu'elle puisse recevoir, à moins qu'elle ne puisse devenir nulle, ce qui ne peut arriver que lorsque cette quantité peut se décomposer en deux facteurs rationnels ; comme ce cas n'a aucune difficulté, nous en ferons d'abord abstraction, & la question se réduira à trouver les valeurs de y & z, qui rendront la quantité dont il s'agit la plus petite qu'il est possible ; si le *minimum* est égal à l'unité, on aura la résolution de l'équation proposée, sinon

on ſera aſſuré qu'elle n'admet aucune ſolution en nombres entiers. Ainſi le probleme préſent rentre dans le probleme III du §. II, & eſt ſuſceptible d'une ſolution ſemblable. Or comme l'on a ici $(2n)^2 - 4BC = 4A$, (art. 65), il faudra diſtinguer deux cas, ſuivant que A ſera poſitif ou négatif.

Premier Cas lorſque $n^2 - BC = A < 0$.

67. Suivant la méthode de l'art. 32 il faudra réduire en fraction continue la fraction $\frac{n}{C}$, priſe poſitivement ; c'eſt ce qu'on exécutera par la regle de l'art. 4 ; enſuite on formera par les formules de l'art. 10 la ſérie des fractions convergentes vers $\frac{n}{C}$, & il n'y aura plus qu'à eſſayer ſucceſſivement les numérateurs de ces fractions pour le nombre y, & les dénominateurs correſpondans pour le nombre z ; ſi la propoſée eſt réſoluble en nombres entiers, on trouvera de cette maniere les valeurs ſatisfaiſantes de y & z ; & réciproquement on ſera aſſuré que la propoſée n'admet aucune ſolution en nombres entiers, ſi parmi les nombres qu'on

aura essayés il ne s'en trouve point de satisfaisans.

Second Cas lorsque $n^2 - BC = A > 0$.

68. On fera usage ici de la méthode de l'art. 33 & suiv. ainsi, à cause de $E = 4A$, on considérera d'abord la quantité, (article 39),

$$a = \frac{n \pm \sqrt{A}}{C},$$

dans laquelle il faudra déterminer les signes tant de la valeur de n, que nous avons vu pouvoir être également positive & négative, que de $\sqrt{A}$, en sorte qu'elle devienne positive; ensuite on fera le calcul suivant:

$$Q^{\circ} = -n, \qquad P^{\circ} = C, \qquad \mu < \frac{-Q^{\circ} \pm \sqrt{A}}{P^{\circ}}$$

$$Q^{\mathrm{I}} = \mu P^{\circ} + Q^{\circ}, \quad P^{\mathrm{I}} = \frac{\overset{\mathrm{I}}{Q^2} - A}{P^{\circ}}, \mu^{\mathrm{I}} < \frac{-Q^{\mathrm{I}} \mp \sqrt{A}}{P^{\mathrm{I}}}$$

$$Q^{\mathrm{II}} = \mu^{\mathrm{I}} P^{\mathrm{I}} + Q^{\mathrm{I}}, \quad P^{\mathrm{II}} = \frac{\overset{\mathrm{II}}{Q^2} - A}{P^{\mathrm{I}}}, \mu^{\mathrm{II}} < \frac{-Q^{\mathrm{II}} \pm \sqrt{A}}{P^{\mathrm{II}}}$$

$$Q^{\mathrm{III}} = \mu^{\mathrm{II}} P^{\mathrm{II}} + Q^{\mathrm{II}}, \quad P^{\mathrm{III}} = \frac{\overset{\mathrm{III}}{Q^2} - A}{P^{\mathrm{II}}}, \mu^{\mathrm{III}} < \frac{-Q^{\mathrm{III}} \mp \sqrt{A}}{P^{\mathrm{III}}}$$

&c. &c. &c.

& on continuera seulement ces séries jusqu'à ce que deux termes correspondans de la premiere & de la ſeconde ſérie reparoiſſent enſemble ; alors, ſi parmi les termes de la ſeconde ſérie P°, P^{I}, P^{II} &c. il s'en trouve un égal à l'unité poſitive, ce terme donnera une ſolution de l'équation propoſée, & les valeurs de y & z ſeront les termes correſpondans des deux ſéries p°, p^{I}, p^{II}, &c. & q°, q^{I}, q^{II}, calculées par les formules de l'art. 25 ; ſinon on en conclura ſur le champ que la propoſée n'eſt pas réſoluble en nombres entiers. (*Voyez l'exemple de l'art. 40.*)

Troiſieme Cas lorſque A = à un carré.

69. Dans ce cas le nombre $\sqrt{A}$ deviendra rationnel, & la quantité $Cy^2 - 2nyz + Bz^2$ pourra ſe décompoſer en deux facteurs rationnels. En effet cette quantité n'eſt autre choſe que celle-ci, $\frac{(Cy - nz)^2 - Az^2}{C}$, laquelle, en ſuppoſant $A = a^2$, peut ſe mettre ſous cette forme,

$$\frac{(Cy \pm (n + a)z)(Cy \pm (n - a)z)}{C}.$$

Or comme $n^2 - a^2 = AC = (n+a)(n-a)$, il faudra que le produit de $n + a$ par $n - a$

ſoit diviſible par C, & par conſéquent que l'un de ces deux nombres $n+a$ & $n-a$ ſoit diviſible par un des facteurs de C, & l'autre par le facteur réciproque ; ſuppoſons donc $C=bc$ & que $n+a=fb$, & $n-a=gc$, f & b étant des nombres entiers, & la quantité précédente deviendra le produit de ces deux facteurs linéaires, $cy\pm fz$ & $by\pm gz$; donc, puiſque ces deux facteurs ſont égaux à des nombres entiers, il eſt clair que leur produit ne ſauroit être $=1$, comme l'équation propoſée le demande, à moins que chacun d'eux ne ſoit en particulier $=\pm 1$; on fera donc $cy\pm fz=\pm 1$ & $by\pm gz=\pm 1$, & on déterminera par-là les nombres y & z ; ſi ces nombres ſe trouvent entiers, on aura la ſolution de l'équation propoſée, ſinon elle ſera inſoluble au moins en nombres entiers.

SECONDE MÉTHODE.

70. Qu'on pratique ſur la formule $Cy^2 - 2nyz + Bz^2$ des transformations ſemblables à celles dont nous avons fait uſage plus

haut, (art. 54), & je dis qu'on pourra toujours parvenir à une transformée, telle que

$$L\xi^2 - 2M\xi\psi + N\psi^2,$$

les nombres L, M, N étant des nombres entiers dépendans des nombres donnés C, B, n, en sorte que l'on ait $M^2 - LN = n^2 - CB = A$, & que de plus $2M$ ne soit pas plus grand, (abstraction faite des signes), que le nombre L, ni que le nombre N, les nombres ξ & ψ seront aussi des nombres entiers, mais dépendans des nombres indéterminés y & z.

En effet soit, par exemple, C moindre que B, & qu'on mette la formule dont il s'agit sous cette forme

$$B^{I}y^2 - 2nyy^{I} + By^{I\,2},$$

en faisant $C = B^{I}$ & $z = y^{I}$; si $2n$ n'est pas plus grand que B^{I}, il est clair que cette formule aura déjà d'elle-même les conditions requises; mais si $2n$ est plus grand que B^{I}, alors on supposera $y = my^{I} + y^{II}$, & substituant on aura la transformée

$$B'y''^2 - 2n'y''y' + B''y'^2,$$

où $\quad n' = n - mB',$

$$B'' = m^2B' - 2mn + B = \frac{n'^2 - A}{B'}.$$

Or comme le nombre m eſt indéterminé, on pourra, en le ſuppoſant entier, le prendre tel que le nombre $n - mB'$ ne ſoit pas plus grand que $\frac{1}{2}B'$; alors $2n'$ ne ſurpaſſera pas B'. Ainſi, ſi $2n'$ ne ſurpaſſe pas non plus B'', la transformée précédente ſera déjà dans le cas qu'on a en vue; mais ſi $2n'$ eſt plus grand que B'', on continuera alors à ſuppoſer $y' = m'y'' + y'''$, ce qui donnera la nouvelle transformée

$$B'''y''^2 - 2n''y''y''' + B''y'''^2,$$

où $\quad n'' = +n' - m'B'',$

$$B''' = m'^2B'' - 2m'n' + B' = \frac{n''^2 - A}{B''}.$$

On déterminera le nombre entier m', en ſorte que $n' - m'B''$ ne ſoit pas plus grand que $\frac{B''}{2}$, moyennant quoi $2n''$ ne ſurpaſſera pas B''; de ſorte que l'on aura la transformée cherchée, ſi $2n''$ ne ſurpaſſe pas non plus B''', mais ſi $2n''$ ſurpaſſe B''', on ſuppoſera de nouveau $y''=m''y'''+y^{\text{IV}}$ &c. &c.

Or il eſt viſible que ces opérations ne peuvent pas aller à l'infini; car puiſque $2n$ eſt plus grand que B' & que $2n'$ ne l'eſt pas, il eſt clair que n' ſera moindre que n; de même $2n'$ eſt plus grand que B'', & $2n''$ ne l'eſt pas; donc n'' ſera moindre que n', & ainſi de ſuite; de ſorte que les nombres n, n', n'' &c. formeront une ſuite décroiſſante de nombres entiers, laquelle ne pourra par conſéquent pas aller à l'infini. On parviendra donc néceſſairement à une formule où le coefficient du terme moyen ne ſera pas plus grand que ceux des deux termes extrêmes, & qui aura d'ailleurs les autres propriétés que nous avons énoncées ci-deſſus; ce qui eſt évident par la nature même des transformations pratiquées.

Pour faciliter la transformation de la formule

$$Cy^2 - 2nyz + Bz^2$$

en celle-ci,

$$L\xi^{2} - 2M\xi\psi + N\psi^{2},$$

je déſigne par D le plus grand des deux coefficiens extrêmes C & B, & par D^{I} l'autre coefficient; &, *vice verſâ*, je déſigne par θ la variable dont le carré ſe trouvera multiplié par D^{I} & par θ^{I} l'autre variable; en ſorte que la formule propoſée prenne cette forme

$$D^{I}\theta^{2} - 2n\theta\theta^{I} + D\theta^{I2},$$

où D^{I} ſoit moindre que D; enſuite je n'aurai qu'à faire le calcul ſuivant:

$$m = \frac{n}{D^{I}},\quad n^{I} = n - mD^{I}\quad D^{II} = \frac{n^{I2} - A}{D^{I}},\quad \theta = m\theta^{I} + \theta^{II}$$

$$m^{I} = \frac{n^{I}}{D^{II}},\quad n^{II} = n^{I} - m^{I}D^{II}\quad D^{III} = \frac{n^{II2} - A}{D^{II}},\quad \theta^{I} = m^{I}\theta^{II} + \theta^{III}$$

$$m^{II} = \frac{n^{II}}{D^{III}},\quad n^{III} = n^{II} - m^{II}D^{III}\quad D^{IV} = \frac{n^{III2} - A}{D^{III}},\quad \theta^{II} = m^{II}\theta^{III} + \theta^{IV}$$

&c. &c. &c.

où il faut bien remarquer que le ſigne $=$, qui eſt mis après les lettres m, m^{I}, m^{II} *&c.* n'indique pas une égalité parfaite, mais ſeulement une égalité auſſi approchée qu'il eſt poſſible,

possible, en tant qu'on n'entend par m, m', m'' &c. que des nombres entiers. Je n'ai employé ce signe $=$ que faute d'un autre signe convenable.

Ces opérations doivent être continuées jusqu'à ce que dans la série n, n', n'' &c. on trouve un terme comme n^ρ, qui, (abstraction faite du signe), ne surpasse pas la moitié du terme correspondant D^ρ de la série D', D'', D''' &c. non plus que la moitié du terme suivant $D^{\rho+1}$. Alors on pourra faire $D^\rho = L$, $n^\rho = N$, $D^{\rho+1} = M$, & $\theta^\rho = \psi$, $\theta^{\rho+1} = \xi$, ou bien $D^\rho = M$, $D^{\rho+1} = L$ & $\theta^\rho = \xi$, $\theta^{\rho+1} = \psi$. Nous supposerons toujours dans la suite qu'on ait pris pour M le plus petit des deux nombres D^ρ, $D^{\rho+1}$.

71. L'équation $Cy^2 - 2nyz + Dz^2 = 1$ sera donc réduite à celle-ci,

$$L\xi^2 - 2N\xi\psi + M\psi^2 = 1,$$

où $N^2 - LM = A$, & où $2N$ n'est ni $> L$ ni $> M$, (abstraction faite des signes). Or, M étant le plus petit des deux coefficiens L & M, qu'on multiplie toute l'équation par ce coefficient M, & faisant

$$\upsilon = M\psi - N\xi,$$

il eſt clair qu'elle ſe changera en celle-ci,

$$\upsilon^2 - A\xi^2 = M,$$

dans laquelle il faudra maintenant diſtinguer les deux cas de A poſitif & de A négatif.

Soit 1°. A négatif & $= -a$, a étant un nombre poſitif, l'équation ſera donc $\upsilon^2 + a\xi^2 = M$. Or, comme $N^2 - LM = A$, on aura $a = LM - N^2$; d'où l'on voit d'abord que les nombres L & M doivent être de mêmes ſignes; d'ailleurs $2N$ ne doit être ni $> L$ ni $> M$; donc N^2 ne ſera pas $> \frac{LM}{4}$; donc $a =$ ou $> \frac{3}{4} LM$; & puiſque M eſt ſuppoſé moindre que L, ou au moins pas plus grand que L, on aura à plus forte raiſon $a =$ ou $> \frac{3}{4} M^2$; donc $M =$ ou $< \sqrt{\frac{4a}{3}}$; donc $M < \frac{4}{3}\sqrt{a}$.

On voit par-là que l'équation $\upsilon^2 + a\xi^2 = M$ ne ſauroit ſubſiſter dans l'hypotheſe que υ & ξ ſoient des nombres entiers, à moins que l'on ne faſſe $\xi = 0$ & $\upsilon^2 = M$, ce qui demande que M ſoit un nombre carré.

Supposons donc $M = \mu^2$, & l'on aura $\xi = 0$, $\upsilon = \pm \mu$; donc par l'équation $\upsilon = M\Psi - N\xi$, on aura $\mu^2 \Psi = \pm \mu$, & par conséquent $\Psi = \pm \frac{1}{\mu}$; de sorte que Ψ ne sauroit être un nombre entier, comme il le doit, (*hyp.*) à moins que μ ne soit égal à l'unité, soit $= \pm 1$, & par conséquent $M = 1$.

De-là je tire donc cette conséquence, que l'équation proposée ne sauroit être résoluble en nombres entiers, à moins que M ne se trouve égal à l'unité positive. Si cette condition a lieu, alors on fera $\xi = 0$, $\Psi = \pm 1$, & on remontera de ces valeurs à celles de y & z.

Cette méthode revient pour le fond au même que celle de l'art. 67, mais elle a sur celle-là l'avantage de n'exiger aucun tâtonnement.

2°. Soit maintenant A un nombre positif, on aura $A = N^2 - LM$; or comme N^2 ne peut pas être plus grand que $\frac{LM}{4}$, il est clair que l'équation ne pourra subsister, à moins que $-LM$ ne soit un nombre positif, c'est-à-dire que L & M ne soient de fignes différens. Ainsi A sera nécessairement $< -LM$, ou tout au plus $= -LM$, si $N=0$; de sorte qu'on aura $-LM =$ ou $< A$, & par conséquent $M^2 =$ ou $< A$, ou $M =$ ou $< \sqrt{A}$.

Le cas de $M = \sqrt{A}$ ne peut avoir lieu que lorsque A est un carré ; par conséquent ce cas est très-facile à résoudre par la méthode donnée plus haut, (art. 69).

Reste donc le cas où A n'est pas carré, & dans lequel on aura nécessairement $M < \sqrt{A}$, (abstraction faite du signe de M); alors l'équation $v^2 - A\xi^2 = M$ sera dans le cas du théoreme de l'art. 38, & se résoudra par conséquent par la méthode que nous y avons indiquée.

Ainsi il n'y aura qu'à faire le calcul suivant,

$$Q^0 = 0, \qquad P^0 = 1, \qquad \mu < \sqrt{A}$$

$$Q^{I} = \mu, \qquad P^{I} = Q^{I2} - A, \; \mu^{I} < \frac{-Q^{I} - \sqrt{A}}{P^{I}}$$

$$Q^{II} = \mu^{I} P^{I} + Q^{I}, \; P^{II} = \frac{Q^{II2} - A}{P^{I}}, \; \mu^{II} < \frac{-Q^{II} + \sqrt{A}}{P^{II}}$$

$$Q^{III} = \mu^{II} P^{II} + Q^{II}, \; P^{III} = \frac{Q^{III2} - A}{P^{II}}, \; \mu^{III} < \frac{-Q^{III} - \sqrt{A}}{P^{III}}$$

&c. &c. &c.

qu'on continuera juſqu'à ce que deux termes correſpondans de la premiere & de la ſeconde ſérie reparoiſſent enſemble, ou bien juſqu'à ce que dans la ſérie P^{I}, P^{II}, P^{III} &c. il ſe trouve un terme égal à l'unité poſitive, c'eſt-à-dire $= P^{\circ}$; car alors tous les termes ſuivans reviendront dans le même ordre dans chacune des trois ſéries, (article 37). Si dans la ſérie P^{I}, P^{II}, P^{III} &c. il ſe trouve un terme égal à M, on aura la réſolution de l'équation propoſée; car il n'y aura qu'à prendre pour υ & ξ les termes correſpondans des ſéries p^{I}, p^{II}, p^{III} &c. q^{I}, q^{II}, q^{III} &c. calculées d'après les formules de l'art. 25; & même on pourra trouver une infinité de valeurs ſatisfaiſantes de υ & ξ, en continuant à l'infini les mêmes ſéries.

Or dès qu'on connoîtra deux valeurs de υ & ξ, on aura, par l'équation $\upsilon = M\psi - N\xi$, celle de ψ, laquelle ſera auſſi toujours égale à un nombre entier; enſuite on pourra remonter de ces valeurs de ξ & ψ, c'eſt-à-dire de $\theta^{\rho+1}$ & θ^{ρ}, à celles de θ & θ^{I}, ou bien de y & z, (art. 70).

Mais ſi dans la ſérie P^{I}, P^{II}, P^{III} &c. il n'y a aucun terme qui ſoit $=M$, on en conclura hardiment que l'équation propoſée n'admet aucune ſolution en nombres entiers.

Il eſt bon de remarquer que comme la ſérie P^{o}, P^{I}, P^{II} &c. ainſi que les deux autres, Q^{o}, Q^{I}, Q^{II} &c. & μ, μ^{I}, μ^{II}, &c. ne dépendent que du nombre A; le calcul une fois fait pour une valeur donnée de A ſervira pour toutes les équations où A, c'eſt-à-dire $n^{2}-CB$, aura la même valeur; & c'eſt en quoi la méthode précédente eſt préférable à celle de l'art. 68, qui exige un nouveau calcul pour chaque équation.

Au reſte tant que A ne paſſera pas 100, on pourra faire uſage de la table que nous avons donnée à l'art. 41, laquelle contient pour chaque radical $\sqrt{A}$, les valeurs des termes des deux ſéries P^{o}, $-P^{I}$, P^{II}, $-P^{III}$ &c. & μ, μ^{I}, μ^{II}, μ^{III} &c. continues, juſqu'à ce que l'un des termes P^{I}, P^{II}, P^{III} &c. devienne $=1$, après quoi tous les termes ſuivans de l'une & de l'autre ſérie reviennent dans le même ordre. De ſorte qu'on pourra juger ſur le champ, par le moyen de cette table, de la réſolubilité de l'équation $v^2 - A\xi^2 = M$.

De la maniere de trouver toutes les ſolutions poſſibles de l'Equation

$$Cy^2 - 2nyz + Bz^2 = 1,$$

lorſqu'on n'en connoît qu'une ſeule.

72. Quoique par les méthodes que nous venons de donner on puiſſe trouver ſucceſſivement toutes les ſolutions de cette équation, lorſqu'elle eſt réſoluble en nombres entiers, cependant on peut parvenir à cet objet d'une maniere encore plus ſimple que voici:

Qu'on nomme p & q les valeurs trouvées de y & z, en ſorte que l'on ait

$$Cp^2 - 2npq + Bq^2 = 1,$$

& qu'on prenne deux autres nombres entiers r & s, tels que $ps - qr = 1$, (ce qui eſt toujours poſſible, à cauſe que p & q ſont néceſſairement premiers entr'eux), qu'on ſuppoſe enſuite

$$y = pt + ru, \ \& \ z = qt + su,$$

t & u étant deux nouvelles indéterminées ; ſubſtituant ces expreſſions dans l'équation

$$Cy^2 - 2nyz + Bz^2 = 1,$$

& faiſant pour abréger

$$P = Cp^2 - 2npq + Bq^2,$$
$$Q = Cpr - n(ps + qr) + Bqs,$$
$$R = Cr^2 - 2nrs + Bs^2,$$

on aura cette transformée,

$$Pt^2 + 2Qtu + Ru^2 = 1.$$

Or on a, (*hyp.*), $P = 1$; de plus ſi on nomme ρ & σ deux valeurs de r & s qui ſatisfaſſent à l'équation $ps - qr = 1$, on aura en général, (art. 42),

$$r = \rho + mp, \ s = \sigma + mq,$$

m étant un nombre quelconque entier ; donc mettant ces valeurs dans l'expreſſion de Q, elle deviendra

$$Q = Cp\rho - n(p\sigma + q\rho) + Bq\sigma + mP;$$

de ſorte que comme $P = 1$, on pourra rendre $Q = 0$, en prenant

$$m = -Cp\rho + n(p\sigma + q\rho) - Bq\sigma.$$

Maintenant je remarque que la valeur de $Q^2 - PR$ ſe réduit, (après les ſubſtitutions & les réductions), à celle-ci, $(n^2-CB)(ps-qr)^2$; de sorte que comme $ps-qr=1$, on aura $Q^2-PR=n^2-CB=A$; donc faisant $P=1$ & $Q=0$, il viendra $-R=A$, savoir $R=-A$; ainsi l'équation transformée ci-dessus se changera en celle-ci, $t^2-Au^2=1$; or comme y, z, p, q, r & s sont par l'hypothese des nombres entiers, il est facile de voir que t & u seront aussi des nombres entiers; car, en tirant leurs valeurs des équations $y=pt+ru$ & $z=qt+su$, on a $t=\frac{sy-rz}{ps-qr}$, & $u=\frac{qy-pz}{qr-ps}$, c'est-à-dire, à cause de $ps-qr=1$, $t=sy-rs$, $u=pz-qy$.

Il n'y aura donc qu'à résoudre en nombres entiers l'équation

$$t^2-Au^2=1,$$

& chaque valeur de t & de u donnera de nouvelles valeurs de y & z.

En effet, substituant dans les valeurs générales de r & s la valeur du nombre m trouvée ci-dessus, on aura

$$r=\rho(1-Cp^2)-Bpq\sigma+np(p\sigma+q\rho),$$
$$s=\sigma(1-Bq^2)-Cpq\rho+nq(p\sigma+q\rho),$$

ou bien, à cauſe de $Cp^2 - 2npq + Bq^2 = 1$;

$r = (Bq - np)(q\rho - p\sigma) = -Bq + np$,

$ſ = (Cp - nq)(p\sigma - q\rho) = Cp - nq$.

Donc mettant ces valeurs de r & $ſ$ dans les expreſſions ci-deſſus de y & z, on aura en général

$$y = pt - (Bq - np)u,$$
$$z = qt + (Cp - nq)u.$$

73. Tout ſe réduit donc à réſoudre l'équation $t^2 - Au^2 = 1$.

Or, 1°. ſi A eſt un nombre négatif, il eſt viſible que cette équation ne ſauroit ſubſiſter en nombres entiers, qu'en faiſant $u = 0$ & $t = 1$, ce qui donneroit $y = p$ & $z = q$. D'où l'on peut conclure que dans le cas où A eſt un nombre poſitif, l'équation propoſée, $Cy^2 - 2nyz + Bz^2 = 1$, ne peut jamais admettre qu'une ſeule ſolution en nombres entiers.

Il en ſeroit de même, ſi A étoit un nombre poſitif carré; car faiſant $A = a^2$, on auroit $(t + au)(t - au) = 1$; donc $t + au = \pm 1$, & $t - au = \pm 1$; donc $2au = 0$; donc $u = 0$, & par conſéquent $t = \pm 1$.

2°. Mais ſi A eſt un nombre poſitif non-carré, alors l'équation $t^2 - Au^2 = 1$ eſt toujours ſuſceptible d'une infinité de ſolutions en nombres entiers, (art. 37), qu'on peut trouver toutes par les formules données ci-deſſus, (art. 71, n°. 2); mais il ſuffira de trouver les plus petites valeurs de t & u, & pour cela, dès que l'on ſera parvenu, dans la ſérie P^{I}, P^{II}, P^{III} &c. à un terme égal à l'unité, il n'y aura qu'à calculer par les formules de l'art. 25 les termes correſpondans des deux ſéries p^{I}, p^{II}, p^{III} &c. & q^{I}, q^{II}, q^{III} &c. ce ſeront les valeurs cherchées de t & u. D'où l'on voit que le même calcul qu'on aura fait pour la réſolution de l'équation $v^2 - A\xi^2 = M$, ſervira auſſi pour celle de l'équation $t^2 - Au^2 = 1$.

Au reſte, tant que A ne paſſe pas 100, on a les plus petites valeurs de t & u toutes calculées dans la table qui eſt à la fin du chap. VII du traité préc. & dans laquelle les nombres a, m, n ſont les mêmes que ceux que nous appellons ici A, t & u.

74. Déſignons par t^{I}, u^{I} les plus petites

valeurs de t, u dans l'équation $t^2 - Au^2 = 1$; & de même que ces valeurs peuvent servir à trouver de nouvelles valeurs de y & z dans l'équation $Cy^2 - 2yz + Bz^2 = 1$, de même aussi elles pourront servir à trouver de nouvelles valeurs de t & u dans l'équation $t^2 - Au^2 = 1$, qui n'est qu'un cas particulier de celle-là. Pour cela il n'y aura qu'à supposer $C = 1$ & $n = 0$, ce qui donne $-B = A$, & prendre ensuite t, u à la place de y, z, & t', u' à la place de p, q. Faisant donc ces substitutions dans les expressions générales de y & z de l'art. 72, & mettant de plus T, V à la place de t, u, on aura en général

$$t = Tt' + AVu',$$
$$u = Tu' + Vt',$$

& pour la détermination de T & V l'équation $T^2 - AV^2 = 1$, qui est semblable à la proposée.

Ainsi on pourra supposer $T = t'$, & $V = u'$, ce qui donnera

$$t = t'^2 + Au'^2, \quad u = t'u' + t'u'.$$

Nommant donc t'', u'' les secondes valeurs de t & u, on aura

$$t'' = t'^2 + Au'^2, \quad u'' = 2t'u'.$$

Maintenant il est clair qu'on peut prendre ces nouvelles valeurs t'', u'' à la place des premieres t', u'; ainsi l'on aura

$$t = Tt'' + AVu'',$$
$$u = Tu'' + Vt'',$$

où l'on peut supposer de nouveau $T = t'$, $V = u'$, ce qui donnera

$$t = t't'' + Au'u'', \quad u = t'u'' + u't''.$$

Ainsi on aura de nouvelles valeurs de t & u, lesquelles seront

$$t''' = t't'' + Au'u'' = t'(t'^2 + 3Au'^2),$$
$$u''' = t'u'' + u't'' = u'(3t'^2 + Au'^2),$$

& ainsi de suite.

75. La méthode précédente ne fait trouver que successivement les valeurs t'', t''' &c. u'', u''' &c. voyons maintenant comment on peut généraliser cette recherche. On a d'abord

$$t = Tt' + AVu', \quad u = Tu' + Vt';$$

d'où je tire cette combinaison,

$$t \pm u\sqrt{A} = (t' \pm u'\sqrt{A})(T \pm V\sqrt{A});$$

donc ſuppoſant $T = t'$ & $V = u'$, on aura

$$t'' \pm u''\sqrt{A} = (t' \pm u'\sqrt{A})^2.$$

Qu'on mette à préſent ces valeurs de t'' & u'' à la place de celles de t' & u', l'on aura

$$t \pm u\sqrt{A} = (t' \pm u'\sqrt{A})^2 (T \pm V\sqrt{A}),$$

où faiſant de nouveau $T = t'$ & $u = u'$, & nommant t''', u''' les valeurs réſultantes de t & u, il viendra

$$t''' \pm u'''\sqrt{A} = (t' \pm u'\sqrt{A})^3.$$

On trouvera de même

$$t^{\text{IV}} \pm u^{\text{IV}}\sqrt{A} = (t' \pm u'\sqrt{A})^4,$$

& ainſi de ſuite.

Donc, ſi pour plus de ſimplicité on nomme maintenant T & V les premieres & plus petites valeurs de t, u, que nous avons nommées ci-deſſus t', u', on aura en général

$$t \pm u\sqrt{A} = (T \pm V\sqrt{A})^m,$$

m étant un nombre quelconque entier poſitif; d'où l'on tire à cauſe de l'ambiguité des ſignes

$$t=\frac{(T+V\sqrt{A})^m+(T-V\sqrt{A})^m}{2}$$

$$u=\frac{(T+V\sqrt{A})^m-(T-V\sqrt{A})^m}{2\sqrt{A}}.$$

Quoique ces expressions paroissent sous une forme irrationnelle, cependant il est aisé de voir qu'elles deviendront rationnelles, en développant les puissances de $T\pm V\sqrt{A}$; car on a, comme l'on sait, $(T\pm V\sqrt{A})^m=T^m\pm mT^{m-1}V\sqrt{A}$ $+\frac{m(m-1)}{2}T^{m-2}V^2A\pm\frac{m(m-1)(m-2)}{2.3}T^{m-3}V^3$ $A\sqrt{A}+$, &c.

Donc

$$t=T^m+\frac{m(m-1)}{2}AT^{m-2}V^2$$
$$+\frac{m(m-1)(m-2)(m-3)}{2.3.4}A^2T^{m-4}V^4+, \&c.$$
$$u=mT^{m-1}V+\frac{m(m-1)(m-2)}{2.3}AT^{m-3}V^3$$
$$+\frac{m(m-1)(m-2)(m-3)(m-4)}{2.3.4.5}A^2T^{m-5}V^5+, \&c.$$

où l'on pourra prendre pour m des nombres quelconques entiers positifs.

Il est clair qu'en faisant successivement $m=1, 2, 3, 4$ &c. on aura des valeurs de t & u, qui iront en augmentant.

Or je vais prouver que l'on aura de cette

maniere toutes les valeurs possibles de t & u, pourvu que T & V en soient les plus petites. Pour cela il suffit de prouver qu'entre les valeurs de t & u qui répondent à un nombre quelconque m, & celles qui répondroient au nombre suivant $m+1$, il est impossible qu'il se trouve des valeurs intermédiaires qui puissent satisfaire à l'équation $t^2 - Au^2 = 1$.

Prenons, par exemple, les valeurs t^{III}, u^{III}, qui résultent de la supposition de $m=3$, & les valeurs t^{IV}, u^{IV}, qui résultent de la supposition $m=4$, & soient, s'il est possible, d'autres valeurs intermédiaires θ & υ, qui satisfassent aussi à l'équation $t^2 - Au^2 = 1$.

Puisque l'on a ${t^{III}}^2 - A{u^{III}}^2 = 1$, ${t^{IV}}^2 - A{u^{IV}}^2 = 1$ & $\theta^2 - A\upsilon^2 = 1$, on aura $\theta^2 - {t^{III}}^2 = A(\upsilon^2 - {u^{III}}^2)$ & ${t^{IV}}^2 - \theta^2 = A({u^{IV}}^2 - \upsilon^2)$, d'où l'on voit que si $\theta > t^{III}$ & $< t^{IV}$, on aura aussi $\upsilon > u^{III}$ & $< u^{IV}$. De plus on aura aussi ces autres valeurs de t & u, savoir $t = \theta t^{IV} - A\upsilon u^{IV}$, $u = \theta u^{IV} - \upsilon t^{IV}$, qui satisferont à la même équation $t^2 - Au^2 = 1$; car en les y substituant,

tuant, on auroit $(\theta t^{IV} - A\upsilon u^{IV})^2 - A(\upsilon t^{IV} - \theta u^{IV})^2 = (\theta^2 - A\upsilon^2)(\overset{IV}{t}{}^2 - A\overset{IV}{u}{}^2) = 1$, équation identique, à cause de $\theta^2 - A\upsilon^2 = 1$, & $\overset{IV}{t}{}^2 - A\overset{IV}{u}{}^2 = 1$, (*hyp.*). Or ces deux dernieres équations donnent $\theta - \upsilon\sqrt{A} = \frac{1}{\theta+\upsilon\sqrt{A}}$ & $t^{IV} - u^{IV}\sqrt{A} = \frac{1}{t^{IV}+u^{IV}\sqrt{A}}$; donc mettant, dans l'expression de $u = \theta u^{IV} - \upsilon t^{IV}$, à la place de θ, $\upsilon\sqrt{A} + \frac{1}{\theta+\upsilon\sqrt{A}}$, & à la place de t^{IV}, $u^{IV}\sqrt{A} + \frac{1}{t^{IV}+u^{IV}\sqrt{A}}$, on aura

$$u = \frac{u^{IV}}{\theta+\upsilon\sqrt{A}} - \frac{\upsilon}{t^{IV}+u^{IV}\sqrt{A}};$$

de même, si on considere la quantité $t^{III} u^{IV} - u^{III} t^{IV}$, elle pourra aussi, à cause de $\overset{III}{t}{}^2 - A\overset{III}{u}{}^2 = 1$, se mettre sous la forme

$$\frac{u^{IV}}{t^{III}+u^{III}\sqrt{A}} - \frac{u^{III}}{t^{IV}+u^{IV}\sqrt{A}}.$$

Or il est facile de voir que la quantité précédente doit être plus petite que celle-ci, à cause de $\theta > t^{III}$ & $\upsilon > u^{III}$; donc on aura une valeur de u, qui sera moindre que la quantité $t^{III}u^{IV} - u^{III}t^{IV}$; mais cette quantité est égale à V; car

$$t^{III} = \frac{(T+V\sqrt{A})^3 + (T-V\sqrt{A})^3}{2},$$

$$t^{IV} = \frac{(T+V\sqrt{A})^4 + (T-V\sqrt{A})^4}{2},$$

$$u^{III} = \frac{(T+V\sqrt{A})^3 - (T-V\sqrt{A})^3}{2\sqrt{A}},$$

$$u^{IV} = \frac{(T+V\sqrt{A})^4 - (T-V\sqrt{A})^4}{2\sqrt{A}};$$

d'où $t^{III}u^{IV} - t^{IV}u^{III} =$

$$\frac{(T-V\sqrt{A})^3(T+V\sqrt{A})^4 - (T-V\sqrt{A})^4(T+V\sqrt{A})^3}{2\sqrt{A}}$$

de plus

$(T-V\sqrt{A})^3(T+V\sqrt{A})^3 = (T^2 - AV^2)^3$ $= 1$, puisque $T^2 - AV^2 = 1$, (*hypoth.*); donc $(T-V\sqrt{A})^3 \times (T+V\sqrt{A})^4 = T+V\sqrt{A}$, & $(T-V\sqrt{A})^4(T+V\sqrt{A})^3 = T-V\sqrt{A}$; de sorte que la valeur de $t^{III}u^{IV} - u^{III}t^{IV}$ se réduira à $\frac{2V\sqrt{A}}{2\sqrt{A}} = V$.

Il s'ensuivroit donc de-là qu'on auroit une valeur de $u < V$, ce qui est contre l'hypothese, puisque V est supposé la plus petite valeur possible de u. Donc il ne ſauroit y avoir de valeurs de t & u intermédiaires entre celles-ci, t''', t^{IV} & u''', u^{IV}. Et comme ce raiſonnement peut s'appliquer en général à toutes valeurs de t & u qui réſulteroient des formules ci deſſus, en y faiſant m égal à un nombre entier quelconque, on en peut conclure que ces formules renferment effectivement toutes les valeurs poſſibles de t & u.

Au reſte il eſt inutile de remarquer que les valeurs de t & de u peuvent être également poſitives ou négatives; car cela eſt viſible par l'équation même $t^2 - Au^2 = 1$.

De la maniere de trouver toutes les ſolutions poſſibles, en nombres entiers, des Equations indéterminées du ſecond degré à deux inconnues.

76. Les méthodes que nous venons d'expoſer ſuffiſent pour la réſolution complette des équations de la forme $Ay^2 + B = x^2$; mais il peut arriver qu'on ait à réſoudre des équations du ſecond degré d'une forme plus compoſée; c'eſt pourquoi nous croyons

devoir montrer comment il faudra s'y prendre.

Soit propoſée l'équation

$$ar^2+brs+cs^2+dr+es+f=0,$$

où a, b, c, d, e, f ſoient des nombres entiers donnés, & où r & s ſoient deux inconnues qui doivent être auſſi des nombres entiers.

J'aurai d'abord, par la réſolution ordinaire,

$$2ar+bs+d$$
$$=\sqrt{((bs+d)^2-4a(cs^2+es+d))},$$

d'où l'on voit que la difficulté ſe réduit à faire en ſorte que

$$(bs+d)^2-4a(cs^2+es+d)$$

ſoit un carré.

Suppoſons pour plus de ſimplicité

$$b^2-4ac=A,$$
$$bd-2ae=g,$$
$$d^2-4af=h,$$

& il faudra que $As^2+2gs+h$ ſoit un carré ; ſuppoſons ce carré $=y^2$, en ſorte que l'on ait l'équation

$$As^2+2gs+h=y^2,$$

& tirant la valeur de s, on aura

$$As+g=\sqrt{(Ay^2+g^2-Ah)}\,;$$

de sorte qu'il ne s'agira plus que de rendre carrée la formule Ay^2+g^2-Ah.

Donc si on fait encore

$$g^2-Ah=B\,,$$

on aura à rendre rationnel le radical

$$\sqrt{(Ay^2+B)}\,;$$

c'est à quoi on parviendra par les méthodes données.

Soit $\sqrt{(Ay^2+B)}=x$, en sorte que l'équation à résoudre soit

$$Ay^2+B=x^2\,,$$

l'on aura donc $As+g=\pm x$; d'ailleurs on a déjà $2ar+bs+d=\pm y$; ainsi dès qu'on aura trouvé les valeurs de x & y, on aura celles de r & s par les deux équations

$$s=\frac{\pm x-g}{A}\,,$$

$$r=\frac{\pm y-d-bs}{2a}\,.$$

Or comme r & s doivent être des nombres entiers, il est visible qu'il faudra 1°. que x & y soient des nombres entiers aussi; 2°. que $\pm x-g$ soit divisible par A, &

qu'enſuite $\pm y - d - bſ$ le ſoit par $2a$. Ainſi, après avoir trouvé toutes les valeurs poſſibles de x & y en nombres entiers, il reſtera encore à trouver parmi ces valeurs, celles qui pourront rendre r & $ſ$ des nombres entiers.

Si A eſt un nombre négatif ou un nombre poſitif carré, nous avons vu que le nombre des ſolutions poſſibles en nombres entiers eſt toujours limité; de ſorte que dans ces cas il n'y aura qu'à eſſayer ſucceſſivement pour x & y les valeurs trouvées, & ſi l'on n'en rencontre aucune qui donne pour r & $ſ$ des nombres entiers, on en conclura que l'équation propoſée n'admet point de ſolution de cette eſpece.

La difficulté ne tombe donc que ſur le cas où A eſt un nombre poſitif non-carré, dans lequel on a vu que le nombre des ſolutions poſſibles en entiers peut être infini; comme l'on auroit dans ce cas un nombre infini de valeurs à eſſayer, on ne pourroit jamais bien juger de la réſolubilité de l'équation propoſée, à moins d'avoir une regle qui réduiſe le tâtonnement entre certaines limites ; c'eſt ce que nous allons rechercher.

77. Puiſqu'on a, (art. 65), $x = ny - Bz$, &, (art. 72), $y = pt - (Bq - np)u$, & $z = qt + (Cp - nq)u$, il eſt facile de voir que les expreſſions générales de r & s ſeront de cette forme,

$$r = \frac{\alpha t + \beta u + \gamma}{\delta}, \quad s = \frac{\alpha' t + \beta' u + \gamma'}{\delta'},$$

$\alpha, \beta, \gamma, \delta, \alpha', \beta', \gamma', \delta'$ étant des nombres entiers connus, & t, u étant donnés par les formules de l'art. 75, dans leſquelles l'expoſant m peut être un nombre entier poſitif quelconque ; ainſi la queſtion ſe réduit à trouver quelle valeur on doit donner à m, pour que les valeurs de r & s ſoient des nombres entiers.

78. Je remarque d'abord qu'il eſt toujours poſſible de trouver une valeur de u qui ſoit diviſible par un nombre quelconque donné Δ ; car ſuppoſant $u = \Delta\omega$, l'équation $t^2 - Au^2 = 1$ deviendra $t^2 - A\Delta^2\omega^2 = 1$, laquelle eſt toujours réſoluble en nombres

entiers ; & l'on trouvera les plus petites valeurs de t & ω, en faisant le même calcul qu'auparavant, mais en prenant $A\Delta^2$ à la place de A ; or, comme ces valeurs satisfont aussi à l'équation $t^2 - Au^2 = 1$, elles seront nécessairement renfermées dans les formules de l'art. 75. Ainsi il y aura nécessairement une valeur de m qui rendra l'expression de u divisible par Δ.

Qu'on dénote cette valeur de m par μ, & je dis que si dans les expressions générales de t & u de l'article cité on fait $m = 2\mu$, la valeur de u sera divisible par Δ, & celle de t étant divisée par Δ donnera 1 pour reste.

Car si on désigne par $T^{\prime}$ & $V^{\prime}$ les valeurs de t & u, où $m = \mu$, & par $T^{\prime\prime}$ & $V^{\prime\prime}$ celles où $m = 2\mu$, on aura, (art. 75),

$T^{\prime} \pm V^{\prime}\sqrt{A} = (T \pm V\sqrt{A})^{\mu}$, &

$T^{\prime\prime} \pm V^{\prime\prime}\sqrt{A} = (T \pm V\sqrt{A})^{2\mu}$; donc

$(T \pm V^{\prime}\sqrt{A})^2 = (T^{\prime\prime} \pm V^{\prime\prime}\sqrt{A})$,

c'est-à-dire en comparant la partie rationnelle du premier membre avec la rationnelle du second, & l'irrationnelle avec l'irrationnelle

$$T^{\text{II}} = \overset{\text{I}}{T}{}^2 + A\overset{\text{I}}{V}{}^2, \text{ \& } V^{\text{II}} = 2T^{\text{I}}V^{\text{I}};$$

donc, puiſque V^{I} eſt diviſible par Δ, V^{II} le ſera auſſi, & T^{II} laiſſera le même reſte que laiſſeroit $\overset{\text{I}}{T}{}^2$; mais on a $\overset{\text{I}}{T}{}^2 - A\overset{\text{I}}{V}{}^2 = 1$, (*hyp.*) donc $\overset{\text{I}}{T}{}^2 - 1$ doit être diviſible par Δ & même par Δ^2, puiſque $\overset{\text{I}}{V}{}^2$ l'eſt déjà ; donc $\overset{\text{I}}{T}{}^2$ & par conſéquent auſſi T^{II} étant diviſé par Δ, laiſſera le reſte 1.

Maintenant je dis que les valeurs de t & u qui répondent à un expoſant quelconque m, étant diviſées par Δ, laiſſeront les mêmes reſtes que les valeurs de t & u, qui répondroient à l'expoſant $m + 2\mu$. Car déſignant ces dernieres par θ & υ, on aura

$$t \pm u\sqrt{A} = (T \pm V\sqrt{A})^m,$$

& $$\theta \pm \upsilon\sqrt{A} = (T \pm V\sqrt{A})^{m+2\mu};$$

donc

$$\theta \pm \upsilon\sqrt{A} = (t \pm u\sqrt{A})(T \pm V\sqrt{A})^{2\mu};$$

mais nous venons de trouver ci-deſſus

$$T^{\text{II}} \pm V^{\text{II}}\sqrt{A} = (T \pm V\sqrt{A})^{2\mu};$$

donc on aura

$$\theta \pm \upsilon\sqrt{A} = (t \pm u\sqrt{A})(T^{\text{II}} \pm V^{\text{II}}\sqrt{A}),$$

d'où l'on tire, en faiſant la multiplication

& comparant enſuite les parties rationnelles enſemble & les irrationnelles enſemble,

$$\theta = tT'' + AuV'', \quad \upsilon = tV'' + uT''.$$

Or V'' eſt diviſible par Δ, & T'' laiſſe le reſte 1; donc θ laiſſera le même reſte que t, & υ le même reſte que u.

Donc en général les reſtes des valeurs de t & u répondantes aux expoſans $m+2\mu$, $m+4\mu$, $m+6\mu$, &c. ſeront les mêmes que ceux des valeurs qui répondent à l'expoſant quelconque m.

De-là on peut donc conclure que ſi l'on veut avoir les reſtes provenans de la diviſion des termes t', t'', t''' &c. & u', u'', u''' &c. qui répondent à $m=1, 2, 3$ &c. par le nombre Δ, il ſuffira de trouver ces reſtes juſqu'aux termes $t^{2\mu}$ & $u^{2\mu}$ incluſivement; car, après ces termes, les mêmes reſtes reviendront dans le même ordre, & ainſi de ſuite à l'infini.

Quant aux termes $t^{2\mu}$ & $u^{2\mu}$, auxquels on pourra s'arrêter, ce ſeront ceux dont l'un $u^{2\mu}$ ſera exactement diviſible par Δ, & dont l'autre $t^{2\mu}$ laiſſera l'unité pour reſte;

ainſi il n'y aura qu'à pouſſer les diviſions jusqu'à ce qu'on parvienne aux reſtes 1 & 0; alors on ſera aſſuré que les termes ſuivans redonneront toujours les mêmes reſtes que l'on a déjà trouvés.

On pourroit auſſi trouver l'expoſant 2μ *à priori*; car il n'y auroit qu'à faire le calcul indiqué dans l'art. 71, n°. 2, premiérement pour le nombre A, & enſuite pour le nombre $A\Delta^2$; & ſi on nomme π le numéro du terme de la ſérie P^{I}, P^{II}, P^{III} *&c.* qui dans le premier cas ſera $=1$, & ρ le numéro du terme qui ſera $=1$ dans le ſecond cas, on n'aura qu'à chercher le plus petit multiple de π & de ρ, lequel étant diviſé par π, donnera la valeur cherchée de μ.

Ainſi ſi l'on a, par exemple, $A=6$ & $\Delta=3$, on trouvera dans la table de l'article 41 pour le radical $\sqrt{6}$, $P^{0}=1$, $P^{I}=-2$, $P^{II}=1$; donc $\pi=2$; enſuite on trouvera dans la même table pour le radical $\sqrt{(6.9)}=\sqrt{54}$, $P^{0}=1$, $P^{I}=-5$, $P^{II}=9$, $P^{III}=-2$, $P^{IV}=9$, $P^{V}=-5$, $P^{VI}=1$; donc $\rho=6$; or le plus petit multiple de 2 & 6 eſt 6, qui étant diviſé par 2 donne 3 pour quotient, de ſorte qu'on aura ici $\mu = 3$ & $2\mu = 6$.

Donc, pour avoir dans ce cas tous les reſtes de la diviſion des termes t', t'', t''' &c. & u', u'', u''' &c. par 3, il ſuffira de chercher ceux des ſix premiers termes de l'une & de l'autre ſérie; car les termes ſuivans redonneront toujours les mêmes reſtes, c'eſt-à-dire que les ſeptiemes termes donneront les mêmes reſtes que les premiers, les huitiemes les mêmes reſtes que les ſeconds, & ainſi de ſuite à l'infini.

Au reſte il peut arriver quelquefois que les termes t^{μ} & u^{μ} aient les mêmes propriétés que les termes $t^{2\mu}$ & $u^{2\mu}$, c'eſt-à-dire que u^{μ} ſoit diviſible par Δ, & que t^{μ} laiſſe l'unité pour reſte. Dans ces cas on pourra s'arrêter à ces mêmes termes; car les reſtes des termes ſuivans $t^{\mu+1}$, $t^{\mu+2}$ &c. $u^{\mu+1}$, $u^{\mu+2}$ &c. ſeront les mêmes que ceux des termes t', t'', &c. u', u'', &c. & ainſi des autres.

En général nous déſignerons par M la

plus petite valeur de l'exposant m, qui rendra $t-1$ & u divisibles par Δ.

79. Supposons maintenant que l'on ait une expression quelconque composée de t & u & de nombres entiers donnés, de maniere qu'elle représente toujours des nombres entiers, & qu'il s'agisse de trouver les valeurs qu'il faudroit donner à l'exposant m, pour que cette expression devînt divisible par un nombre quelconque donné Δ, il n'y aura qu'à faire successivement $m=1$, 2, 3 *&c.* jusqu'à M; & si aucune de ces suppositions ne rend l'expression proposée divisible par Δ, on en conclura hardiment qu'elle ne peut jamais le devenir, quelques valeurs qu'on donne à m.

Mais si l'on trouve de cette maniere une ou plusieurs valeurs de m qui rendent la proposée divisible par Δ, alors nommant N chacune de ces valeurs, toutes les valeurs possibles de m qui pourront faire le même effet, seront N, $N+M$, $N+2M$, $N+3M$ *&c.* & en général $N+\lambda M$, λ étant un nombre entier quelconque.

De même, si l'on avoit une autre expression composée de même de t, u & de nombres entiers donnés, laquelle dût être en même temps divisible par un autre nombre quelconque donné Δ', on chercheroit pareillement les valeurs convenables de M & de N, que nous désignerons ici par M' & N', & toutes les valeurs de l'exposant m qui pourront satisfaire à la condition proposée, seront renfermées dans la formule $N'+\lambda' M'$, λ' étant un nombre quelconque entier. Ainsi il n'y aura plus qu'à chercher les valeurs qu'on doit donner aux nombres entiers λ & λ', pour que l'on ait $N+\lambda M=N'+\lambda' M$, savoir

$$M\lambda - M\lambda' = N' - N,$$

équation résoluble par la méthode de l'article 42.

Il est maintenant aisé de faire l'application de ce que nous venons de dire au cas de l'art. 77, où les expressions proposées sont de la forme $\alpha t+\beta u+\gamma$, $\alpha' t+\beta' u+\gamma'$, & les diviseurs sont δ & δ'.

Il faudra seulement se souvenir de prendre

les nombres t & u ſucceſſivement en *plus* & en *moins*, pour avoir tous les cas poſſibles.

REMARQUE.

80. Si l'équation propoſée à réſoudre en nombres entiers étoit de la forme

$$ar^2+2brs+cs^2=f,$$

on y pourroit appliquer immédiatement la méthode de l'art. 65; car 1°. il eſt viſible que r & s ne pourroient avoir un commun diviſeur, à moins que le nombre f ne fût en même temps diviſible par le carré de ce diviſeur; de ſorte qu'on pourra toujours réduire la queſtion au cas où r & s ſeront premiers entr'eux. 2°. On voit auſſi que s & f ne pourroient avoir un commun diviſeur, à moins que ce diviſeur n'en fût un auſſi du nombre a, en ſuppoſant r premier à s; ainſi on pourra réduire encore la queſtion au cas où s & f ſeront premiers entr'eux. (Voyez l'art. 64).

Or s étant ſuppoſé premier à f & à r, on pourra faire $r=ns-fz$, & il faudra, pour que l'équation ſoit réſoluble en nombres entiers, qu'il y ait une valeur de n poſitive ou négative pas plus grande que $\frac{f}{2}$, laquelle rende la quantité $an^2+2bn+c$ diviſible par f. Cette valeur étant miſe à la place de n, toute l'équation deviendra diviſible par f, & ſe trouvera réduite au cas de celle de l'art. 66 & ſuiv.

Il eſt facile de voir que la même méthode peut ſervir à réduire toute équation de la forme

$$ar^m+br^m s+cr^{m-1}s^2+\text{\&c.}+ks^m=h,$$

a, b, c &c. étant des nombres entiers donnés, & r & s deux indéterminées qui doivent être auſſi des nombres entiers, en une autre équation ſemblable, mais dans laquelle le terme tout connu ſoit l'unité, & alors on y pourra appliquer la méthode générale du §. II. Voy. la *remarque* de l'art. 30.

EXEMPLE I.

81. Soit propoſé de rendre rationnelle cette quantité,

$$\sqrt{(30+62s-7s^2)},$$

en

en ne prenant pour s que des nombres entiers ; on aura donc à résoudre cette équation

$$30 + 62s - 7s^2 = y^2,$$

laquelle étant multipliée par 7, peut se mettre sous cette forme,

$$7.30 + (31)^2 - (7s - 31)^2 = 7y^2,$$

ou bien en faisant $7s - 31 = x$, & transposant

$$x^2 = 1171 - 7y^2, \text{ ou } x^2 + 7y^2 = 1171.$$

Cette équation est donc maintenant dans le cas de l'article 64 ; de sorte qu'on aura $A = -7$ & $B = 1171$; d'où l'on voit d'abord que y & B doivent être premiers entr'eux, puisque ce dernier nombre ne renferme aucun facteur carré.

On fera, suivant la méthode de l'art. 65, $x = ny - 1171z$, & il faudra, pour que l'équation soit résoluble, que l'on puisse trouver pour n un nombre entier positif ou négatif non $> \frac{B}{2}$, c'est-à-dire non > 580, tel que $n^2 - A$ ou $n^2 + 7$ soit divisible par B ou par 1171.

Je trouve $n = \pm 321$, ce qui donne $n^2 + 7$

$=1171\times88$; ainſi je ſubſtitue dans l'équation précédente $\pm321y-1171z$ à la place de x, moyennant quoi elle ſe trouve toute diviſible par 1171, & la diviſion faite, elle devient $88y^2\mp642yz+1171z^2=1$.

Pour réſoudre cette équation je vais faire uſage de la ſeconde méthode expoſée dans l'art. 70, parce qu'elle eſt en effet plus ſimple & plus commode que la premiere. Or comme le coefficient de y^2 eſt plus petit que celui de z^2, j'aurai ici $D=1171$, $D'=88$ & $n=\pm321$; donc retenant pour plus de ſimplicité la lettre y à la place de θ, & mettant y' à la place de z, je ferai le calcul ſuivant, où je ſuppoſerai d'abord $n=321$:

$$m=\frac{321}{88}=4,\quad n'=321-4.88=-31,$$

$$m'=\frac{-31}{11}=-3,\quad n''=-31+3.11=2,$$

$$m''=\frac{2}{1}=2,\quad n'''=2-2.1=0,$$

$$D''=\frac{31^2+7}{88}=11,\quad y=4y'+y'',$$

$$D'''=\frac{4+7}{11}=1,\quad y'=-3y''+y''',$$

$$D^{IV}=\frac{7}{1}=7,\quad y''=2y'''+y^{IV}.$$

Puiſque $n''' = 0$ & par conſéquent $< \frac{D'''}{2}$ & $< \frac{D^{iv}}{2}$, on s'arrêtera ici & on fera $D''' = M = 1$, $D^{iv} = L = 7$, $n''' = 0 = N$, & $y''' = \xi$, $y^{iv} = \Psi$, à cauſe que D''' eſt $< D^{iv}$.

Maintenant je remarque que A étant $= -7$, & par conſéquent négatif, il faut, pour la réſolubilité de l'équation, que l'on ait $M = 1$; c'eſt ce que l'on vient de trouver; de ſorte qu'on en peut conclure d'abord que la réſolution eſt poſſible. On ſuppoſera donc $\xi = y''' = 0$, $\Psi = y^{iv} = \pm 1$; & l'on aura, par les formules ci-deſſus, $y'' = \pm 1$, $y' = \mp 3 = z$, $y = \mp 12 \pm 1 = \mp 11$, les ſignes ambigus étant à volonté. Donc $x = 321y - 1171z = \mp 18$, & conſéquemment $s = \frac{x+31}{7} = \frac{31 \mp 18}{7} = \frac{13}{7}$, ou $= \frac{49}{7} = 7$. Or comme on exige que la valeur de s ſoit égale à un nombre entier, on ne pourra prendre que $s = 7$.

Il eſt remarquable que l'autre valeur de s, ſavoir $\frac{13}{7}$, quoique fractionnaire, donne néanmoins un nombre entier pour la valeur du radical $\sqrt{(30+62s-7s^2)}$, & le même nombre 11 que donne la valeur $s=7$; de sorte que ces deux valeurs de s seront les racines de l'équation $30+62s-7s^2=121$.

Nous avons supposé ci-dessus $n=321$; or on peut faire également $n=-321$; mais il est facile de voir d'avance que tout le changement qui en résultera dans les formules précédentes, c'est que les valeurs de m, m', m'', & de n', n'', changeront de signe, moyennant quoi les valeurs de y' & de y deviendront aussi de différens signes, ce qui ne donnera aucun nouveau résultat, puisque ces valeurs ont déjà d'elles-mêmes le signe ambigu $\pm$.

Il en sera de même dans tous les autres cas; de sorte qu'on pourra toujours se dispenser de prendre successivement la valeur de n en *plus* & en *moins*.

La valeur $s=7$ que nous venons de trouver, résulte de la valeur de $n=\pm 321$; on pourroit trouver d'autres valeurs de s, si on trouvoit d'autres valeurs de n qui eussent la condition requise ; mais comme le diviseur $B=1171$ est un nombre premier, il ne sauroit y avoir d'autres valeurs de n de la même qualité, comme nous l'avons démontré ailleurs, (*Mémoires de Berlin pour l'année 1767, pag. 194*) ; d'où il faut conclure que le nombre 7 est le seul qui puisse satisfaire à la question.

J'avoue au reste qu'on peut résoudre le probleme précédent avec plus de facilité par le simple tâtonnement ; car dès qu'on est parvenu à l'équation $x^2=1171-7y^2$, il n'y aura qu'à essayer pour y tous les nombres entiers dont les carrés multipliés par 7 ne surpasseront pas 1171, c'est-à-dire tous les nombres $<\sqrt{\frac{1171}{7}}<13$.

Il en est de même de toutes les équations où A est un nombre négatif ; car dès qu'on est arrivé à l'équation $x^2=B+Ay^2$, où, (en faisant $A=-a$), $x^2=B-ay^2$, il est clair que les valeurs satisfaisantes de y, s'il y en a, ne pourront se trouver que parmi les nombres $<\sqrt{\frac{B}{a}}$. Aussi n'ai-je donné des méthodes particulieres pour le cas de A

négatif, que parce que ces méthodes ont une liaison intime avec celles qui concernent le cas de A positif, & que toutes ces méthodes étant ainsi rapprochées les unes des autres, peuvent se prêter un jour mutuel & acquérir un plus grand degré d'évidence.

EXEMPLE II.

82. Donnons maintenant quelques exemples pour le cas de A positif, & soit proposé de trouver tous les nombres entiers qu'on pourra prendre pour y, en sorte que la quantité radicale,

$$\sqrt{(13y^2+101)},$$

devienne rationnelle.

On aura ici, (art. 64), $A=13$, $B=101$, & l'équation à résoudre en entiers sera

$$x^2-13y^2=101,$$

dans laquelle, à cause que 101 n'est divisible par aucun carré, y sera nécessairement premier à 101.

On fera donc, (art. 65), $x=ny-101z$, & il faudra que n^2-13 soit divisible par 101, en prenant $n<\frac{101}{2}<51$.

Je trouve $n=35$, ce qui donne $n^2=1225$ & $n^2-13=1212=101\times 12$; ainsi on pourra prendre $n=\pm 35$, & substituant, au lieu de x, $\pm 35y-101z$, on aura une équation toute divisible par 101, qui, la division faite, sera

$$12y^2\mp 70yz+101z^2=1.$$

Employons encore, pour résoudre cette équation, la méthode de l'art. 70; faisons $D'=12$, $D=101$, $n=\pm 35$, mais au lieu de la lettre θ nous conserverons la lettre y, & nous changerons seulement z en y', comme dans l'exemple précédent.

Soit, 1°. $n=35$, on fera le calcul suivant:

$$m=\frac{35}{12}=3,\quad n'=35-3.12=-1,\quad D''=\frac{1-13}{12}=-1,\quad y=3y'+y''$$

$$m'=\frac{-1}{-1}=1,\quad n''=-1+1=0,\quad D'''=\frac{-13}{-1}=13,\quad y'=y''+y'''.$$

Comme $n''=0$ & conséquemment $<\frac{D''}{2}$ & $<\frac{D'''}{2}$, on s'arrêtera ici & l'on aura la transformée

$$D'''y''^2-2n''y''y'''+D''y'''^2=1,$$

ou bien

$$13y''^2 - y'''^2 = 1,$$

laquelle étant réduite à cette forme

$$y'''^2 - 13y''^2 = -1,$$

fera susceptible de la méthode de l'art. 71, n°. 2; & comme $A = 13$ est < 100, on pourra faire usage de la table de l'art. 41.

Ainsi il n'y aura qu'à voir si dans la série supérieure des nombres qui répondent à $\sqrt{13}$ il se trouve le nombre 1 dans une place paire; car il faut, pour que l'équation précédente soit résoluble, que dans la série P°, P^{I}, P^{II} &c. il se trouve un terme $= -1$; mais on a $P^{\circ} = 1$, $-P^{\text{I}} = 4$, $P^{\text{II}} = 3$ &c. donc &c. or dans la série 1, 4, 3, 3, 4, 1 &c. on trouve justement 1 à la sixieme place, en sorte que $P^{\text{v}} = -1$; donc on aura une solution de l'équation proposée, en prenant $y''' = p^{\text{v}}$, & $y'' = q^{\text{v}}$, les nombres p^{v}, q^{v} étant calculés d'après les formules de l'art. 25, en donnant à μ, μ^{I}, μ^{II} &c. les valeurs 3, 1, 1, 1, 1, 6 &c. qui forment la série inférieure des nombres répondans à $\sqrt{13}$ dans la même table.

On aura donc

$p^{\circ} = 1 \qquad q^{\circ} = 0$

$p^{\text{I}} = 3 \qquad q^{\text{I}} = 1$

$p^{\text{II}} = p^{\text{I}} + p^{\circ} = 4 \qquad q^{\text{II}} = 1$

$p^{\text{III}} = p^{\text{II}} + p^{\text{I}} = 7 \qquad q^{\text{III}} = q^{\text{II}} + q^{\text{I}} = 2$

$p^{\text{IV}} = p^{\text{III}} + p^{\text{II}} = 11 \qquad q^{\text{IV}} = q^{\text{III}} + q^{\text{II}} = 3$

$p^{\text{V}} = p^{\text{IV}} + p^{\text{III}} = 18, \qquad q^{\text{V}} = q^{\text{IV}} + q^{\text{III}} = 5.$

Donc $y^{\text{III}} = 18$ & $y^{\text{II}} = 5$; donc $y^{\text{I}} = y^{\text{II}} + y^{\text{III}} = 23$, & $y = 3y^{\text{I}} + y^{\text{II}} = 74$.

Nous avons ſuppoſé ci-deſſus $n = 35$, mais on peut auſſi prendre $n = -35$.

Soit donc, 2°. $n = -35$, on fera

$$m = \frac{-35}{12} = -3,\quad n' = -35 + 3.12 = 1,\quad D'' = \frac{1-13}{12} = -1,\quad y = -3y' + y'',$$

$$m' = \frac{1}{-1} = -1,\quad n'' = 1 - 1 = 0,\qquad D''' = \frac{-13}{-1} = 13,\quad y' = -y'' + y''',$$

ainſi on aura les mêmes valeurs de D^{II}, D^{III} & n^{II} qu'auparavant, de ſorte que la transformée en y^{II} & y^{III} ſera auſſi la même.

On aura donc auſſi $y^{\text{III}} = 18$ & $y^{\text{II}} = 5$; donc $y^{\text{I}} = -y^{\text{II}} + y^{\text{III}} = 13$, & $y = -3y^{\text{I}} + y^{\text{II}} = -34$.

Nous avons donc trouvé deux valeurs de y avec les valeurs correſpondantes de y^{I} ou z ; & ces valeurs réſultent de la ſupposition de $n=\pm 35$; or comme on ne peut trouver aucune autre valeur de n qui ait les conditions requises, il s'ensuit que les valeurs précédentes seront les seules valeurs *primitives* que l'on puisse avoir ; mais on pourra ensuite en trouver une infinité de *dérivées* par la méthode de l'art. 72.

Prenant donc ces valeurs de y & z pour p & q, on aura en général, (art. cité),

$$y=74t-(101.23-35.74)u=74t+267u$$
$$z=23t+(12.74-35.23)u=23t+83u$$

ou

$$y=-34t-(101.13-35.34)u=-34t-123u$$
$$z=13t+(-12.34+35.13)u=13t+47u$$

& il n'y aura plus qu'à tirer les valeurs de t & u de l'équation $t^2-13u^2=1$; or ces valeurs se trouvent déjà toutes calculées dans la table qui est à la fin du chap. VII du traité précédent ; on aura donc sur le champ $t=649$ & $u=180$; de sorte que prenant ces valeurs pour T & V dans les formules de l'art. 75, on aura en général

$$t=\frac{(649+180\sqrt{13})^m+(649-180\sqrt{13})^m}{2}$$

$$u = \frac{(649+180\sqrt{13})^m - (649-180\sqrt{13})^m}{2\sqrt{13}}$$

où l'on pourra donner à m telle valeur qu'on voudra, pourvu qu'on ne prenne que des nombres entiers positifs.

Or comme les valeurs de t & u peuvent être prises tant en *plus* qu'en *moins*, les valeurs de y qui peuvent satisfaire à la question, seront toutes renfermées dans ces deux formules,

$$y = \pm 74t \pm 267u,$$
$$= \pm 34t \pm 123u,$$

les signes ambigus étant à volonté.

Si on fait $m = 0$, on aura $t = 1$ & $u = 0$; donc $y = \pm 74$, ou $= \pm 34$; & cette derniere valeur sera la plus petite qui puisse résoudre le probleme.

Nous avons déjà résolu ce même probleme dans les *Mémoires de Berlin pour l'année 1768, pag. 243;* mais comme nous y avons fait usage d'une méthode un peu différente de la précédente, & qui revient au même pour le fond que la *premiere* méthode de l'art. 66 ci-dessus, nous avons cru devoir le redonner ici, pour que la comparaiſon des réſultats qui ſont les mêmes par l'une & l'autre méthode, puiſſe leur ſervir de confirmation, s'il en eſt beſoin.

EXEMPLE III.

83. Soit propoſé encore de trouver des nombres entiers qui, étant pris pour y, rendent rationnelle la quantité

$$\sqrt{(79y^2+101)}.$$

On aura donc à réſoudre en entiers l'équation

$$x^2-79y^2=101,$$

dans laquelle y ſera premier à 101, puiſque ce nombre ne renferme aucun facteur carré.

Qu'on ſuppoſe donc $x=ny-101z$, & il faudra que n^2-79 ſoit diviſible par 101, en prenant $n<\frac{101}{2}<51$; on trouve $n=33$, ce qui donne $n^2-13=1010=101\times 10$; ainſi on pourra prendre $n=\pm 33$, & ces valeurs ſeront les ſeules qui aient la condition requiſe.

Subſtituant donc $\pm 33y-101z$ à la place

de x, & divisant toute l'équation par 101, on aura cette transformée

$$10y^2 \mp 66yz + 101z^2 = 1.$$

On fera donc $D' = 10$, $D = 101$, $n = \pm 33$, & prenant d'abord n en *plus*, on opérera comme dans l'exemple précédent ; on aura ainsi

$$m = \frac{33}{10} = 3,\ n' = 33 - 3.10 = 3,\ D'' = \frac{9 - 79}{10} = -7,\ y = 3y' + y''.$$

Or comme $n' = 3$ est déjà $< \frac{D'}{2}$ & $< \frac{D''}{2}$, il ne sera pas nécessaire d'aller plus loin ; ainsi on aura la transformée

$$-7y'^2 - 6y'y'' + 10y''^2 = 1,$$

laquelle étant multipliée par -7, pourra se mettre sous cette forme,

$$(7y' + 3y'')^2 - 79y''^2 = -7.$$

Puisque donc 7 est $< \sqrt{79}$, si cette équation est résoluble, il faudra que le nombre 7 se trouve parmi les termes de la série supérieure des nombres qui répondent à $\sqrt{79}$ dans la table de l'art. 41, & même que ce nombre 7 y occupe une place paire, puisqu'il a le signe $-$. Mais la série dont il s'agit ne renferme que les nombres 1, 15, 2, qui reviennent toujours; donc on doit conclure ſur le champ que la derniere équation n'eſt pas réſoluble, & qu'ainſi la propoſée ne l'eſt pas, au moins d'après la valeur de $n = 33$.

Il ne reſte donc qu'à eſſayer l'autre valeur $n = -33$, laquelle donnera

$$m = \frac{-33}{10} = -3,\ n' = -33 + 3 \cdot 10 = -3,\ D'' = \frac{9-79}{10} = -7,\ y = -3y' + y''.$$

de ſorte qu'on aura cette autre transformée,

$$-7y'^2 + 6y'y'' + 10y''^2 = 1,$$

laquelle ſe réduit à la forme

$$(7y' - 3y'')^2 - 79y''^2 = -7,$$

qui eſt ſemblable à la précédente. D'où je conclus que l'équation propoſée n'admet abſolument aucune ſolution en nombres entiers.

REMARQUE.

84. M. *Euler*, dans un excellent Mémoire imprimé dans le tome IX des *nouveaux Commentaires de Pétersbourg*, trouve par induction cette regle, pour juger de la réſolubilité de toute équation de la forme

$x^2 - Ay^2 = B$, lorſque B eſt un nombre premier; c'eſt que l'équation doit être poſſible toutes les fois que B ſera de la forme $4An + r^2$, ou $4An + r^2 - A$; mais l'exemple précédent met cette regle en défaut; car 101 eſt un nombre premier de la forme $4An + r^2 - A$, en faiſant $A = 79$, $n = -4$ & $r = 38$; cependant l'équation $x^2 - 79y^2 = 101$ n'admet aucune ſolution en nombres entiers.

Si la regle précédente étoit vraie, il s'enſuivroit que ſi l'équation $x^2 - Ay^2 = B$ eſt poſſible lorſque B a une valeur quelconque b, elle le ſeroit auſſi en prenant $B = 4An + b$, pourvu que B fût un nombre premier. On pourroit limiter cette derniere regle, en exigeant que b fût auſſi un nombre premier; mais avec cette limitation même elle ſe trouveroit démentie par l'exemple précédent; car on a $101 = 4An + b$, en prenant $A = 79$, $n = -2$ & $b = 733$; or 733 eſt un nombre premier de la forme $x^2 - 79y^2$, en faiſant $x = 38$ & $y = 3$; cependant 101 n'eſt pas de la même forme $x^2 - 79y^2$.

PARAGRAPHE VIII.

Remarques sur les Equations de la forme

$$p^2 = Aq^2 + 1,$$

& sur la maniere ordinaire de les résoudre en nombres entiers.

85. LA méthode du chap. VII du traité précédent, pour résoudre les équations de cette espece, est la même que celle que M. *Wallis* donne dans son Algebre, (chap. XCVIII), & qu'il attribue à Milord *Brounker;* on la trouve aussi dans l'Algebre de M. *Ozanam*, qui en fait honneur à M. de *Fermat.* Quoi qu'il en soit de l'Inventeur de cette méthode, il est au moins certain que M. de *Fermat* est l'Auteur du probleme qui en fait l'objet; il l'avoit proposé comme un défi à tous les Géometres Anglois, ainsi qu'on le voit par le *commercium epistolicum* de M. *Wallis;* c'est ce qui donna occasion à Milord *Brounker* d'inventer la méthode dont nous parlons; mais il ne paroît pas que

cet

cet Auteur ait connu toute l'importance du probleme qu'il avoit résolu; on ne trouve même rien sur ce sujet dans les écrits qui nous sont restés de M. *Fermat*, ni dans aucun des Ouvrages du siecle passé, où l'on traite de l'Analyse indéterminée. Il est bien naturel de croire que M. *Fermat*, qui s'étoit principalement occupé de la théorie des nombres entiers, sur lesquels il nous a d'ailleurs laissé de très-beaux théoremes, avoit été conduit au probleme dont il s'agit par les recherches qu'il avoit faites sur la résolution générale des équations de la forme $x^2 = Ay^2 + B$, auxquelles se réduisent toutes les équations du second degré à deux inconnues; cependant ce n'est qu'à M^r. *Euler* que nous devons la remarque que ce probleme est nécessaire pour trouver toutes les solutions possibles de ces sortes d'équations. (Voyez le chap. VI ci-dessus, le tome VI des *anciens Commentaires de Pétersbourg*, & le tome IX des *nouveaux*).

La méthode que nous avons suivie pour démontrer cette proposition est un peu différente de celle de M. *Euler*, mais auſſi eſt-elle, ſi je ne me trompe, plus directe & plus générale. Car d'un côté la méthode de M. *Euler* conduit naturellement à des expreſſions fractionnaires lorſqu'il s'agit de les éviter, & de l'autre on ne voit pas clairement que les ſuppoſitions qu'on y fait pour faire diſparoître les fractions, ſoient les ſeules qui puiſſent avoir lieu. En effet nous avons fait voir ailleurs qu'il ne ſuffit pas toujours de trouver une ſeule ſolution de l'équation $x^2 = Ay^2 + B$, pour pouvoir en déduire toutes les autres, à l'aide de l'équation $p^2 = Aq^2 + 1$; & qu'il peut y avoir ſouvent, au moins lorſque B n'eſt pas un nombre premier, des valeurs de x & y qui ne ſauroient être renfermées dans les expreſſions générales de M. *Euler*. (Voy. l'art. 45 de mon *Mémoire ſur les problemes indéterminés*, dans les Mémoires de Berlin, année 1767).

Quant à la méthode de réſoudre les équations de la forme $p^2 = Aq^2 + 1$, il nous ſemble que celle du chap. VII, quelque ingénieuse qu'elle soit, est encore assez imparfaite. Car, 1°. elle ne fait pas voir que toute équation de ce genre est toujours résoluble en nombres entiers, lorsque *a* est un nombre positif non-carré. 2°. Il n'est pas démontré qu'elle doive faire parvenir toujours à la résolution cherchée. M. *Wallis* a, à la vérité, prétendu prouver la premiere de ces deux propositions; mais sa démonstration n'est, si j'ose le dire, qu'une simple pétition de principe. (Voy. le chap. XCIX de son Algebre). Je crois donc être le premier qui en ait donné une tout-à-fait rigoureuse; elle se trouve dans les *Mélanges de Turin*, tome IV; mais elle est très-longue & très-indirecte; celle de l'art. 37 ci-dessus, est tirée des vrais principes de la chose, & ne laisse, ce me semble, rien à désirer. Cette méthode nous met aussi en état d'apprécier celle du chap. VII, & de reconnoître les inconvéniens où l'on pourroit tomber, si on la suivoit sans aucune précaution; c'est ce que nous allons discuter.

86. De ce que nous avons démontré dans le §. II, il s'ensuit que les valeurs de p & q qui satisfont à l'équation $p^2 - Aq^2 = 1$, ne peuvent être que les termes de quelqu'une des fractions *principales* déduites de la fraction continue qui exprimeroit la valeur de $\sqrt{A}$; de sorte que supposant cette fraction continue représentée ainsi,

$$\mu + \cfrac{1}{\mu^{\text{I}} + \cfrac{1}{\mu^{\text{II}} + \cfrac{1}{\mu^{\text{III}} + \&c.}}}$$

on aura nécessairement

$$\frac{p}{q} = \mu + \cfrac{1}{\mu^{\text{I}} + \cfrac{1}{\mu^{\text{II}} + \&c. \cfrac{}{+ \cfrac{1}{\mu^{\rho}}}}},$$

μ^{ρ} étant un terme quelconque de la série infinie μ^{I}, μ^{II} &c. dont le quantieme ρ ne peut se déterminer qu'*à posteriori*.

Il faut remarquer que dans cette fraction continue les nombres μ, μ^{I}, μ^{II} &c. doivent être tous positifs, quoique nous ayons vu dans l'art. 3 qu'on peut en général, dans les fractions continues, rendre les dénominateurs positifs ou négatifs, suivant que l'on prend les valeurs approchées plus petites ou plus grandes que les véritables ; mais la méthode du probleme I, (art. 23 & suiv.) exige absolument que les valeurs approchées μ, μ', μ'' &c. soient toutes prises en défaut.

87. Maintenant, puisque la fraction $\frac{p}{q}$. est égale à une fraction continue dont les termes sont μ, μ', μ'' &c. μ^{ρ}, il est clair, par l'art. 4, que μ sera le quotient de p divisé par q, que μ' sera celui de q divisé par le reste, μ'' celui de ce reste divisé par le second reste, & ainsi de suite ; de sorte que nommant r, s, t &c. les restes dont il s'agit, on aura, par la nature de la division, $p=\mu q+r$, $q=\mu' r+s$, $r=\mu'' s+t$, &c. où le dernier reste sera nécessairement $=0$, & l'avant-dernier $=1$, à cause que p & q sont des nombres premiers entr'eux. Ainsi μ sera la valeur entiere approchée de $\frac{p}{q}$, μ' celle de $\frac{q}{r}$, μ'' celle de $\frac{r}{s}$ &c. ces valeurs étant toutes prises moindres que les véritables, à l'exception de la derniere μ^{ρ}, qui sera exactement égale à la fraction corres-

pondante, à cauſe que le reſte ſuivant eſt ſuppoſé nul.

Or comme les nombres μ, μ', μ'' &c. μ^{ρ}, ſont les mêmes pour la fraction continue qui exprime la valeur de $\frac{p}{q}$, & pour celle qui exprime la valeur de $\sqrt{A}$, on peut prendre, juſqu'au terme μ^{ρ}, $\frac{p}{q}=\sqrt{A}$, c'eſt-à-dire $p^2-Aq^2=0$. Ainſi on cherchera d'abord la valeur approchée en défaut de $\frac{p}{q}$, c'eſt-à-dire de $\sqrt{A}$, & ce ſera la valeur de μ; enſuite on ſubſtituera dans $p^2-Aq^2=0$, à la place de p ſa valeur $\mu q+r$, ce qui donnera $(\mu^2-A)q^2+2\mu qr+r^2=0$, & on cherchera de nouveau la valeur approchée en défaut de $\frac{q}{r}$, c'eſt-à-dire de la racine poſitive de l'équation

$$(\mu^2-A)\left(\frac{q}{r}\right)^2+2\mu\frac{q}{r}+1=0,$$

& l'on aura la valeur de μ'.

On continuera à ſubſtituer dans la transformée $(\mu^2-A)q^2+2\mu qr+r^2=0$, à la place de q, $\mu' r+s$; on aura une équation dont la racine ſera $\frac{r}{s}$; on prendra la valeur approchée en défaut de cette racine, & l'on aura la valeur de μ''. On ſubſtituera $\mu''r+ſ$ à la place de r, &c.

Suppoſons maintenant que t ſoit, par ex. le dernier reſte qui doit être nul, $ſ$ ſera l'avant-dernier qui doit être $=1$; donc ſi la transformée en $ſ$ & t de la formule $p^2 - Aq^2$ eſt $Pſ^2 + Qſt + Rt^2$, il faudra qu'en y faiſant $t=0$ & $ſ=1$ elle devienne $=1$, pour que l'équation propoſée $p^2 - Aq^2 = 1$ ait lieu; donc P devra être $=1$. Ainſi il n'y aura qu'à continuer les opérations & les transformations ci-deſſus, juſqu'à ce que l'on parvienne à une transformée où le coefficient du premier terme ſoit égal à l'unité; alors on fera dans cette formule la premiere des deux indéterminées, comme r, égale à 1, & la ſeconde, comme $ſ$, égale à zéro; & en remontant on aura les valeurs convenables de p & q.

On pourroit auſſi opérer ſur l'équation même $p^2 - Aq^2 = 1$, en ayant ſeulement ſoin de faire abſtraction du terme tout connu 1, & par conſéquent auſſi des autres termes tout connus qui peuvent réſulter de celui-ci, dans la détermination des valeurs approchées μ, μ^{I}, μ^{II} *&c.* de $\frac{p}{q}$, $\frac{q}{r}$, $\frac{r}{s}$ *&c.* dans ce cas on essayera à chaque nouvelle transformation, si l'équation transformée peut subsister en y faisant l'une des deux indéterminées $=1$ & l'autre $=0$; quand on sera parvenu à une pareille transformée, l'opération sera achevée, & il n'y aura plus qu'à revenir sur ses pas pour avoir les valeurs cherchées de p & de q.

Nous voilà donc conduits à la méthode du chapitre VII. A examiner cette méthode en elle-même & indépendamment des principes d'où nous venons de la déduire, il doit paroître assez indifférent de prendre les valeurs approchées de μ, μ^{I}, μ^{II} *&c.* plus petites ou plus grandes que les véritables, d'autant que, de quelque maniere qu'on prenne ces valeurs, celles de r, s, t *&c.* doivent aller également en diminuant jusqu'à zéro, (art. 6).

Aussi M. *Wallis* remarque-t-il expressément qu'on peut employer à volonté les limites en *plus* ou en *moins* pour les nombres

μ, μ', μ'' &c. & il propoſe même ce moyen comme propre à abréger ſouvent le calcul; c'eſt auſſi ce que M. *Euler* fait obſerver dans l'art. 102 & ſuiv. du chap. cité; cependant je vais faire voir par un exemple, qu'en s'y prenant de cette maniere on peut riſquer de ne jamais parvenir à la ſolution de l'équation propoſée.

Prenons l'exemple de l'art. 101 du même chap. où il s'agit de réſoudre une équation de cette forme, $p^2 = 6q^2 + 1$, ou bien $p^2 - 6q^2 = 1$. On aura donc $p = \sqrt{(6q^2+1)}$, & négligeant le terme conſtant 1, $p = q\sqrt{6}$; donc $\frac{p}{q} = \sqrt{6} > 2 < 3$; prenons la limite en moins & faiſons $\mu = 2$, & enſuite $p = 2q + r$; ſubſtituant donc cette valeur, on aura $-2q^2 + 4qr + r^2 = 1$; donc $q = \frac{2r + \sqrt{(6r^2 - 2)}}{2}$, ou bien, en rejettant le terme conſtant -2, $q = \frac{2r + r\sqrt{6}}{2}$, d'où $\frac{q}{r} = \frac{2+\sqrt{6}}{2} > 2 < 3$; prenons de nouveau la limite en *moins*, & faiſons $q = 2r + ſ$, la derniere équation deviendra $r^2 - 4rſ - 2ſ^2 = 1$, où l'on voit d'abord qu'on peut ſuppoſer $ſ=0$ & $r=1$; ainſi on aura $q=2$, $p=5$.

Maintenant reprenons la premiere tranſformée $-2q^2+4qr+r^2=1$, où nous avons vu que $\frac{q}{r}>2$ & <3, & au lieu de prendre la limite en *moins*, prenons-la en *plus*, c'eſt-à-dire, ſuppoſons $q=3r+ſ$, ou bien, puiſque $ſ$ doit être alors une quantité négative, $q=3r-ſ$, on aura la tranſformée ſuivante, $-5r^2+8rſ-2ſ^2=1$, laquelle donnera $r=\frac{4ſ+\sqrt{(6ſ^2-5)}}{5}$; donc négligeant le terme conſtant 5, $r=\frac{4ſ+ſ\sqrt{6}}{5}$, & $\frac{r}{ſ}=\frac{4+\sqrt{6}}{5}>1<2$.

Prenons de nouveau la limite en *plus*, & faiſons $r=2ſ-t$, on aura $-6ſ^2+12ſt-5t^2=1$; donc $ſ=\frac{6t+\sqrt{(6t^2-6)}}{6}$; donc, rejetant le terme -6, $ſ=\frac{6t+t\sqrt{6}}{6}$, & $\frac{ſ}{t}=1+\frac{\sqrt{6}}{6}>1<2$.

Qu'on continue à prendre les limites en *plus* & qu'on faſſe $ſ=2t-u$, il viendra $-5t^2+12tu-6u^2=1$; donc $t=\frac{6u+\sqrt{(6u^2-5)}}{5}$;

donc $\frac{t}{u} = \frac{6+\sqrt{6}}{5} > 1 < 2$. Faiſons donc de même $t = 2u - x$, on aura $-2u^2 + 8ux - 5x^2 = 1$; donc &c.

Continuant de cette maniere à prendre toujours les limites en *plus*, on ne trouvera jamais de transformée où le coefficient du premier terme ſoit égal à l'unité, comme il le faut, pour qu'on puiſſe trouver une ſolution de la propoſée.

La même choſe arrivera néceſſairement toutes les fois qu'on prendra la premiere limite en *moins*, & les ſuivantes toutes en *plus*; je pourrois en donner la raiſon *à priori*; mais comme le Lecteur peut la trouver aiſément par les principes de notre théorie, je ne m'y arrêterai pas. Quant à préſent il me ſuffit d'avoir montré la néceſſité de traiter ces ſortes de problemes d'une maniere plus rigoureuſe & plus profonde qu'on ne l'avoit encore fait.

PARAGRAPHE IX.

De la maniere de trouver des Fonctions algébriques de tous les degrés, qui étant multipliées enſemble produiſent toujours des fonctions ſemblables.

Addition pour les Chapitres XI & XII.

88. JE crois avoir eu en même temps que M. *Euler* l'idée de faire ſervir les facteurs irrationnels & même imaginaires des formules du ſecond degré, à trouver les conditions qui rendent ces formules égales à des carrés ou à des puiſſances quelconques; j'ai lu ſur ce ſujet à l'Académie en 1768, un Mémoire qui n'a pas été imprimé, mais dont j'ai donné un précis à la fin de mes recherches *ſur les Problemes indéterminés*, qui ſe trouvent dans le volume pour l'année 1767, lequel a paru en 1769, avant même la traduction Allemande de l'Algebre de M. *Euler*.

J'ai fait voir dans l'endroit que je viens

de citer, comment on peut étendre la même méthode à des formules de degrés plus élevés que le second; & j'ai par ce moyen donné la solution de quelques équations dont il auroit peut-être été fort difficile de venir à bout par d'autres voies. Je vais maintenant généraliser encore davantage cette méthode, qui me paroît mériter particuliérement l'attention des Géometres par sa nouveauté & par sa singularité.

89. Soient α & β les deux racines de l'équation du second degré

$$s^2 - as + b = 0,$$

& considérons le produit de ces deux facteurs

$$(x + \alpha y)(x + \beta y),$$

qui sera nécessairement réel; ce produit sera $x^2 + (\alpha + \beta)xy + \alpha\beta y^2$; or on a $\alpha + \beta = a$, & $\alpha\beta = b$, par la nature de l'équation $s^2 - as + b = 0$; donc on aura cette formule du second degré

$$x^2 + axy + by^2,$$

laquelle est composée des deux facteurs

$$x + \alpha y \text{ \& } x + \beta y.$$

Maintenant il eſt viſible que ſi l'on a une formule ſemblable

$$x'^2 + a x' y' + b y'^2,$$

& qu'on veuille les multiplier l'une par l'autre, il ſuffira de multiplier enſemble les deux facteurs $x + \alpha y$, $x' + \alpha y'$, & les deux $x + \beta y$, $x' + \beta y'$, enſuite les deux produits l'un par l'autre. Or le produit de $x + \alpha y$ par $x' + \alpha y'$ eſt $xx' + \alpha(xy' + yx') + \alpha^2 yy'$; mais puiſque α eſt une des racines de l'équation $s^2 - as + b = 0$, on aura $\alpha^2 - a\alpha + b = 0$; donc $\alpha^2 = a\alpha - b$; donc ſubſtituant cette valeur de α^2 dans la formule précédente, elle deviendra $xx' - byy' + \alpha(xy' + yx' + ayy')$; de ſorte qu'en faiſant, pour plus de ſimplicité,

$$X = xx' - byy',$$
$$Y = xy' + yx' + ayy',$$

le produit des deux facteurs $x + \alpha y$, $x' + \alpha y'$, ſera $X + \alpha Y$, & par conſéquent de la même forme que chacun d'eux. On trouvera de même que le produit des deux autres facteurs, $x + \beta y$ & $x' + \beta y'$, ſera $X + \beta Y$;

de ſorte que le produit total ſera $(X+\alpha Y)$ $(X+\beta Y)$, ſavoir

$$X^2+aXY+bY^2.$$

C'eſt le produit des deux formules ſemblables,

$$x^2+axy+by^2, \text{ \& } x'^2+ax'y'+by'^2.$$

Si on vouloit avoir le produit de ces trois formules ſemblables

$$x^2+axy+by^2,$$
$$x'^2+ax'y'+by'^2,$$
$$x''^2+ax''y''^2+by''^2,$$

il n'y auroit qu'à trouver celui de la formule $X^2+aXY+bY^2$ par la derniere $x''^2+ax''y''+by''^2$, & il eſt viſible, par les formules ci-deſſus, qu'en faiſant

$$X'=Xx''-bYy'',$$
$$Y'=Xy''+Yx''+aYy'',$$

le produit cherché ſeroit

$$X'^2+aX'Y'+bY'^2.$$

On pourra trouver de même le produit de quatre ou d'un plus grand nombre de formules ſemblables à celle-ci,

$$x^2 + axy + by^2,$$

& ces produits feront toujours auffi de la même forme.

90. Si on fait $\overset{\mathrm{I}}{x} = x$ & $\overset{\mathrm{I}}{y} = y$, on aura

$$X = x^2 - by^2, \quad Y = 2xy + ay^2,$$

& par conféquent

$$(x^2 + axy + by^2)^2 = X^2 + aXY + bY^2.$$

Donc, fi l'on veut trouver des valeurs rationnelles de X & Y, telles que la formule $X^2 + aXY + bY^2$ devienne un carré, il n'y aura qu'à donner à X & à Y les valeurs précédentes, & l'on aura pour la racine du carré la formule $x^2 + axy + by^2$, x & y étant deux indéterminées.

Si on fait de plus $x^{\mathrm{II}} = x^{\mathrm{I}} = x$ & $y^{\mathrm{II}} = y^{\mathrm{I}} = y$, on aura $X^{\mathrm{I}} = Xx - bYy$, $Y^{\mathrm{I}} = Xy + Yx + aYy$, c'eft-à-dire en fubftituant les valeurs précédentes de X & Y,

$$X^{\mathrm{I}} = x^3 - 3bxy^2 + aby^3,$$

$$Y^{\mathrm{I}} = 3x^2y + 3axy^2 + (a^2 - b)y^3;$$

donc

$$(x^2 + axy + by^2)^3 = \overset{\mathrm{I}}{X}{}^2 + a\overset{\mathrm{I}}{X}\overset{\mathrm{I}}{Y} + b\overset{\mathrm{I}}{Y}{}^2.$$

Ainfi, fi l'on propofoit de trouver des valeurs

valeurs rationnelles de X' & Y', telles que la formule $\overset{\prime}{X}{}^2 + a\overset{\prime}{X}\overset{\prime}{Y} + b\overset{\prime}{Y}{}^2$ devînt un cube, il n'y auroit qu'à donner à $\overset{\prime}{X}$ & $\overset{\prime}{Y}$ les valeurs précédentes, moyennant quoi on auroit un cube dont la racine feroit $x^2 + axy + by^2$, x & y étant deux indéterminées.

On pourroit résoudre d'une maniere semblable les questions où il s'agiroit de produire des puissances quatriemes, cinquiemes &c. mais on peut aussi trouver immédiatement des formules générales pour une puissance quelconque m, sans passer par les puissances inférieures.

Soit donc proposé de trouver des valeurs rationnelles de X & Y, telles que la formule $X^2 + aXY + bY^2$ devienne une puissance m, c'est-à-dire qu'il s'agisse de résoudre l'équation

$$X^2 + aXY + bY^2 = Z^m.$$

Comme la quantité $X^2 + aXY + bY^2$ est formée du produit des deux facteurs $X + \alpha Y$ & $X + \beta Y$, il faudra, pour que cette quantité devienne une puiſſance du degré m, que chacun de ſes deux facteurs devienne auſſi une ſemblable puiſſance.

Faiſons donc d'abord

$$X + \alpha Y = (x + \alpha y)^m;$$

& développant cette puiſſance par le théoreme de *Newton*, on aura

$$x^m + m x^{m-1} y \alpha + \frac{m(m-1)}{2} x^{m-2} y^2 \alpha^2$$
$$+ \frac{m(m-1)(m-2)}{2} x^{m-3} y^3 \alpha^3 + \&c.$$

Or, puiſque α eſt une des racines de l'équation $ſ^2 - aſ + b = 0$, on aura auſſi $\alpha^2 - a\alpha + b = 0$; donc $\alpha^2 = a\alpha - b$, $\alpha^3 = a\alpha^2 - b\alpha = (a^2 - b)\alpha - ab$, $\alpha^4 = (a^2 - b)\alpha^2 - ab\alpha = (a^3 - 2ab)\alpha - a^2 b + b^2$, & ainſi de ſuite. Ainſi il n'y aura qu'à ſubſtituer ces valeurs dans la formule précédente, & elle ſe trouvera par-là compoſée de deux parties, l'une toute rationnelle qu'on comparera à X, & l'autre toute multipliée par la racine α, qu'on comparera à αY.

Si on fait pour plus de ſimplicité

$A' = 1$ $\qquad$ $B' = 0$

$A'' = a$ $\qquad$ $B'' = b$

$$A^{\text{III}} = aA^{\text{II}} - bA^{\text{I}} \quad B^{\text{III}} = aB^{\text{II}} - bB^{\text{I}}$$
$$A^{\text{IV}} = aA^{\text{III}} - bA^{\text{II}} \quad B^{\text{IV}} = aB^{\text{III}} - bB^{\text{II}}$$
$$A^{\text{V}} = aA^{\text{IV}} - bA^{\text{III}}, \quad B^{\text{V}} = aB^{\text{IV}} - bB^{\text{III}},$$

&c. &c. &c.

on aura

$$\alpha = A^{\text{I}}\alpha - B^{\text{I}}$$
$$\alpha^2 = A^{\text{II}}\alpha - B^{\text{II}}$$
$$\alpha^3 = A^{\text{III}}\alpha - B^{\text{III}}$$
$$\alpha^4 = A^{\text{IV}}\alpha - B^{\text{IV}}, \text{ \&c.}$$

Donc ſubſtituant ces valeurs, & comparant, on aura

$$X = x^m - mx^{m-1}yB^{\text{I}} - \frac{m(m-1)}{2}x^{m-2}y^2B^{\text{II}}$$
$$- \frac{m(m-1)(m-2)}{2}x^{m-3}y^3B^{\text{III}} - \text{\&c.}$$
$$Y = mx^{m-1}yA^{\text{I}} + \frac{m(m-1)}{2}x^{m-2}y^2A^{\text{II}}$$
$$+ \frac{m(m-1)(m-2)}{2}x^{m-3}y^3A^{\text{III}} + \text{\&c.}$$

Or, comme la racine α n'entre point dans les expreſſions de X & Y, il eſt clair qu'ayant $X + \alpha Y = (x + \alpha y)^m$, on aura auſſi $X + \beta Y = (x + \beta y)^m$; donc multipliant ces deux équations l'une par l'autre, on aura

$$X^2 + aXY + bY^2 = (x^2 + axy + by^2)^m,$$

& par conſéquent

$$Z = x^2 + axy + by^2.$$

Ainsi le probleme est résolu.

Si a étoit $= 0$, les formules précédentes deviendroient beaucoup plus simples; car on auroit $A^{I} = 1$, $A^{II} = 0$, $A^{III} = -b$, $A^{IV} = 0$, $A^{V} = b^2$, $A^{VI} = 0$, $A^{VII} = -b^3$ &c. & de même $B^{I} = 0$, $B^{II} = b$, $B^{III} = 0$, $B^{IV} = -b^2$, $B^{V} = 0$, $B^{VI} = b^3$ &c. donc

$$X = x^m - \frac{m(m-1)}{2} x^{m-2} y^2 b + \frac{m(m-1)(m-2)(m-3)}{2 \cdot 3 \cdot 4} x^{m-4} y^4 b^2 - \&c.$$

$$Y = m x^{m-1} y + \frac{m(m-1)(m-2)}{2 \cdot 3} x^{m-3} y^3 b + \frac{m(m-1)(m-2)(m-3)(m-4)}{2 \cdot 3 \cdot 4 \cdot 5} x^{m-5} y^5 b^2 - \&c.$$

& ces valeurs satisferont à l'équation

$$X^2 + bY^2 = (x^2 + by^2)^m.$$

91. Passons maintenant aux formules de trois dimensions; pour cela nous désignerons par α, β, γ les trois racines de l'équation du troisieme degré,

$$s^3 - as^2 + bs - c = 0,$$

& nous considérerons ensuite le produit de ces trois facteurs,

$$(x + \alpha y + \alpha^2 z)(x + \beta y + \beta^2 z)(x + \gamma y + \gamma^2 z),$$

lequel sera nécessairement rationnel, comme on va le voir. La multiplication faite, on aura le produit suivant,

$$x^3+(\alpha+\beta+\gamma)x^2y+(\alpha^2+\beta^2+\gamma^2)x^2z+(\alpha\beta+\alpha\gamma+\beta\gamma)xy^2+(\alpha^2\beta+\alpha^2\gamma+\beta^2\alpha+\beta^2\gamma+\gamma^2\alpha+\gamma^2\beta)xyz+(\alpha^2\beta^2+\alpha^2\gamma^2+\beta^2\gamma^2)xz^2+\alpha\beta\gamma y^3+(\alpha^2\beta\gamma+\beta^2\alpha\gamma+\gamma^2\alpha\beta)y^2z+(\alpha^2\beta^2\gamma+\alpha^2\gamma^2\beta+\beta^2\gamma^2\alpha)yz^2+\alpha^2\beta^2\gamma^2z^3;$$

or par la nature de l'équation on a

$$\alpha+\beta+\gamma=a,\ \alpha\beta+\alpha\gamma+\beta\gamma=b,\ \alpha\beta\gamma=c;$$

de plus on trouvera

$$\alpha^2+\beta^2+\gamma^2=(\alpha+\beta+\gamma)^2-2(\alpha\beta+\alpha\gamma+\beta\gamma)=a^2-2b,$$
$$\alpha^2\beta+\alpha^2\gamma+\beta^2\alpha+\beta^2\gamma+\gamma^2\alpha+\gamma^2\beta=(\alpha+\beta+\gamma)(\alpha\beta+\alpha\gamma+\beta\gamma)-3\alpha\beta\gamma=ab-3c,\ \alpha^2\beta^2+\alpha^2\gamma^2+\beta^2\gamma^2=(\alpha\beta+\alpha\gamma+\beta\gamma)^2-2(\alpha+\beta+\gamma)\alpha\beta\gamma=b^2-2ac,\ \alpha^2\beta\gamma+\beta^2\alpha\gamma+\gamma^2\alpha\beta=(\alpha+\beta+\gamma)\alpha\beta\gamma=ac,\ \alpha^2\beta^2\gamma+\alpha^2\gamma^2\beta+\beta^2\gamma^2\alpha=(\alpha\beta+\alpha\gamma+\beta\gamma)\alpha\beta\gamma=bc;$$

donc faisant ces substitutions, le produit dont il s'agit sera

$$x^3+ax^2y+(a^2-2b)x^2z+bxy^2+(ab-3c)xyz+(b^2-2ac)xz^2+cy^3+acy^2z+bcyz^2+c^2z^3.$$

Et cette formule aura la propriété, que si on multiplie ensemble autant de semblables formules que l'on veut, le produit sera toujours aussi une formule semblable.

En effet supposons qu'on demande le produit de cette formule-là par cette autre-ci, $x'^3+ax'^2y'+(a^2-2b)x'^2z'+bx'y'^2+(ab-3c)$ $x'y'z'+(b^2-2ac)x'z'^2+cy'^3+acy'^2z'+bcy'z'^2$ $+c^2z'^3$; il est clair qu'il n'y aura qu'à chercher celui de ces six facteurs, $x+\alpha y+\alpha^2 z$, $x+\beta y+\beta^2 z$, $x+\gamma y+\gamma^2 z$, $x'+\alpha y'+\alpha^2 z'$, $x'+\beta y'+\beta^2 z'$, $x'+\gamma y'+\gamma^2 z'$; qu'on multiplie d'abord $x+\alpha y+\alpha^2 z$ par $x'+\alpha y'$ $+\alpha^2 z'$, on aura ce produit partiel $xx'+\alpha$ $(xy'+yx')+\alpha^2(xz'+zx'+yy')+\alpha^3(yz'+zy')$ $+\alpha^4 zz'$; or α étant une des racines de l'équation $s^3-as^2+bs-c=0$, on aura α^3 $-a\alpha^2+b\alpha-c=0$, par conséquent $\alpha^3=a\alpha^2$ $-b\alpha+c$; donc $\alpha^4=a\alpha^3-b\alpha^2+c\alpha=(a^2-b)$ $\alpha^2-(ab-c)\alpha+ac$; de sorte qu'en substituant ces valeurs, & faisant pour abréger

$X=xx'-c(yz'+zy')+aczz'$,

$Y=xy'+yx'-b(yz'+zy')-(ab-c)zz'$,

$Z=xz'+zx'+yy'+a(yz'+zy')+(a^2-b)zz'$,

le produit dont il s'agit deviendra de cette forme

$$X+\alpha Y+\alpha^2 Z,$$

c'eſt-à-dire de la même forme que chacun des produiſans. Or comme la racine α n'entre point dans les valeurs de X, Y, Z, il eſt clair que ces quantités ſeront les mêmes en changeant α en β ou en γ; donc puiſque l'on a déjà

$$(x+\alpha y+\alpha^2 z)(x'+\alpha y'+\alpha^2 z')=X+\alpha Y+\alpha^2 Z,$$

on aura auſſi, en changeant α en β,

$$(x+\beta y+\beta^2 z)(x'+\beta y'+\beta^2 z')=X+\beta Y+\beta^2 Z,$$

& en changeant α en γ,

$$(x+\gamma y+\gamma^2 z)(x'+\gamma y'+\gamma^2 z')=X+\gamma Y+\gamma^2 Z;$$

donc multipliant ces trois équations enſemble, on aura d'un côté le produit des deux formules propoſées, & de l'autre la formule

$$X^3+aX^2Y+(a^2-2b)X^2Z+bXY^2+(ab-3c)XYZ+(b^2-2ac)XZ^2+cY^3+acY^2Z+bcYZ^2+c^2Z^3,$$

qui ſera donc égale au produit demandé, & qui eſt, comme l'on voit, de la même forme que chacune des deux formules dont elle eſt compoſée.

Si on avoit une troiſieme formule telle que celle-ci,

$x''^3 + ax''^2y'' + (a-2b)x''^2z'' + bx''y''^2 + (ab$
$-3c)x''y''z'' + (b^2-2ac)x''z''^2 + cy''^3 + acy''^2$
$z'' + bcy''z''^2 + c^2z''^3$,

& qu'on voulût avoir le produit de cette formule & des deux précédentes, il eſt clair qu'il n'y auroit qu'à faire

$X' = Xx'' - c(Yz'' + Zy'') + acZz''$,
$Y' = Xy'' + Yx'' - b(Yz'' + Zy'') - (ab-c)Zz''$
$Z' = Xz'' + Zx'' + Yy'' + a(Yz'' + Zy'')$
$+ (a^2-b)Zz''$,

& l'on auroit pour le produit cherché

$X'^3 + aX'^2Y' + (a^2-2b)X'^2Z' + bX'Y'^2 + (ab$
$-3c)X'Y'Z' + (b^2-2ac)X'Z'^2 + cY'^3 + acY'^2$
$Z' + bcY'Z'^2 + c^2Z'^3$.

92. Faiſons maintenant $x' = x$, $y' = y$, $z' = z$, nous aurons

$X = x^2 - 2cyz + acz^2$,
$Y = 2xy - 2byz - (ab-c)z^2$,
$Z = 2xz + y^2 + 2ayz + (a^2-b)z^2$,

& ces valeurs ſatisferont à l'équation

$X^3 + aX^2Y + bXY^2 + cY^3 + (a^2-2b)X^2Z$
$+ (ab-3c)XYZ + acY^2Z + (b^2-2ac)X$
$Z^2 + bcYZ^2 + c^2Z^3 = V^2$,

en prenant

$$V = x^3 + ax^2y + bxy^2 + cy^3 + (a^2 - 2b)x^2z + (ab - 3c)xyz + acy^2z + (b^2 - 2ac)xz^2 + bcyz^2 + c^2z^3;$$

donc si l'on avoit, par exemple, à résoudre une équation de cette forme,

$$X^3 + aX^2Y + bXY^2 + cY^3 = V^2,$$

a, b, c étant des quantités quelconques données, il n'y auroit qu'à rendre $Z = 0$, en faisant

$$2xz + y^2 + 2ayz + (a^2 - b^2)z^2 = 0,$$

d'où l'on tire

$$x = -\frac{y^2 + 2ayz + (a^2 - b)z^2}{2z},$$

& substituant cette valeur de x dans les expressions précédentes de X, Y & V, on aura des valeurs très-générales de ces quantités, qui satisferont à l'équation proposée.

Cette solution mérite d'être bien remarquée à cause de sa généralité & de la maniere dont nous y sommes parvenus, qui est peut-être l'unique qui puisse y conduire facilement.

On auroit de même la résolution de l'équation

$$\overset{1}{X}{}^3+a\overset{1}{X}{}^2\overset{1}{Y}{}^1+(a^2-2b)\overset{1}{X}{}^2\overset{1}{Z}{}^1+b\overset{1}{X}{}^1\overset{1}{Y}{}^2+(ab-3c)\overset{1}{X}{}^1\overset{1}{Y}{}^1\overset{1}{Z}{}^1+(b^2-2ac)\overset{1}{X}{}^1\overset{1}{Z}{}^2+c\overset{1}{Y}{}^3+ac\overset{1}{Y}{}^2\overset{1}{Z}{}^1+bc\overset{1}{Y}{}^1\overset{1}{Z}{}^2+c^2\overset{1}{Z}{}^3=V^3,$$

en faisant dans les formules ci-dessus

$$x''=x'=x,\ y''=y'=y,\ z''=z'=z,$$

& prenant

$$V=x^3+ax^2y+(a^2-2b)x^2z+bxy^2+(ab-3c)xyz+(b^2-2ac)xz^2+cy^3+acy^2z+bcyz^2+c^2z^3.$$

Et on pourroit résoudre aussi successivement les cas où, au lieu de la troisieme puissance V^3, on auroit V^4, V^5 &c. mais nous allons traiter ces questions d'une maniere tout-à-fait générale, comme nous l'avons fait dans l'art. 90 ci-dessus.

93. Soit donc proposé de résoudre une équation de cette forme,

$$X^3+aX^2Y+(a^2-2b)X^2Z+bXY^2+(ab-3c)XYZ+(b^2-2ac)XZ^2+cY^3+acY^2Z+bcYZ^2+c^2Z^3=V^m.$$

Puisque la quantité qui forme le premier

membre de cette équation n'eſt autre choſe que le produit de ces trois facteurs, $(X+\alpha Y+\alpha^2 Z)(X+\beta Y+\beta^2 Z)(X+\gamma Y+\gamma^2 Z)$, il eſt clair que pour rendre cette quantité égale à une puiſſance du degré m, il ne faudra que rendre chacun de ſes facteurs en particulier égal à une pareille puiſſance. Soit donc

$$X+\alpha Y+\alpha^2 Z=(x+\alpha y+\alpha^2 z)^m,$$

on commencera par développer la puiſſance m de $x+\alpha y+\alpha^2 z$ par le théoreme de *Newton*, ce qui donnera

$$x^m+mx^{m-1}(y+\alpha z)\alpha+\frac{m(m-1)}{2}x^{m-2}(y+\alpha z)^2\alpha^2$$
$$+\frac{m(m-1)(m-2)}{2.3}x^{m-3}(y+\alpha z)^3\alpha^3+, \&c.$$

ou bien, en formant les différentes puiſſances de $y+\alpha z$, & ordonnant enſuite, par rapport aux dimenſions de α,

$$x^m+mx^{m-1}y\alpha+(mx^{m-1}z+\frac{m(m-1)}{2}x^{m-2}y^2)\alpha^2$$
$$+(m(m-1)x^{m-2}yz+\frac{m(m-1)(m-2)}{2.3}x^{m-3}y^3)\alpha^3$$
$$+\&c.$$

Mais comme dans cette formule on ne voit pas aiſément la loi des termes, nous ſuppoſerons en général

$$(x+\alpha y+\alpha^2 z)^m = P + P^{\mathrm{I}}\alpha + P^{\mathrm{II}}\alpha^2 + P^{\mathrm{III}}\alpha^3 + P^{\mathrm{IV}}\alpha^4 + \&c.$$

& l'on trouvera

$$P = x^m,$$

$$P^{\mathrm{I}} = \frac{myP}{x},$$

$$P^{\mathrm{II}} = \frac{(m-1)yP^{\mathrm{I}} + 2mzP}{2x},$$

$$P^{\mathrm{III}} = \frac{(m-2)yP^{\mathrm{II}} + (2m-1)zP^{\mathrm{I}}}{3x},$$

$$P^{\mathrm{IV}} = \frac{(m-3)yP^{\mathrm{III}} + (2m-2)zP^{\mathrm{II}}}{4x} \ \&c.$$

c'est ce qui se démontre facilement par le calcul différentiel.

Maintenant on aura, à cause que α est une des racines de l'équation $s^3 - as^2 + bs - c = 0$, on aura, dis-je, $\alpha^3 - a\alpha^2 + b\alpha - c = 0$; d'où

$\alpha^3 = a\alpha^2 - b\alpha + c$; donc

$\alpha^4 = a\alpha^3 - b\alpha^2 + c\alpha = (a^2-b)\alpha^2 - (ab-c)\alpha + ac,$

$\alpha^5 = (a^2-b)\alpha^3 - (ab-c)\alpha^2 + ac\alpha = (a^3 - 2ab + c)\alpha^2 - (a^2b - b^2 - ac)\alpha + (a^2-b)c,$

& ainsi de suite.

De sorte que si on fait pour plus de simplicité

$$A^{I} = 0$$
$$A^{II} = 1$$
$$A^{III} = a$$
$$A^{IV} = aA^{III} - bA^{II} + cA^{I}$$
$$A^{V} = aA^{IV} - bA^{III} + cA^{II}$$
$$A^{VI} = aA^{V} - bA^{IV} + cA^{III}, \ \&c.$$

$$B^{I} = 1$$
$$B^{II} = 0$$
$$B^{III} = b$$
$$B^{IV} = aB^{III} - bB^{II} + cB^{I}$$
$$B^{V} = aB^{IV} - bB^{III} + cB^{II}$$
$$B^{VI} = aB^{V} - bB^{IV} + cB^{III}, \ \&c.$$

$$C^{I} = 0$$
$$C^{II} = 0$$
$$C^{III} = c$$
$$C^{IV} = aC^{III} - bC^{II} + cC^{I}$$
$$C^{V} = aC^{IV} - bC^{III} + cC^{II}$$
$$C^{VI} = aC^{V} - bC^{IV} + cC^{III}, \ \&c.$$

on aura

$$\alpha = A^{I}\alpha^{2} - B^{I}\alpha + C^{I}$$
$$\alpha^{2} = A^{II}\alpha^{2} - B^{II}\alpha + C^{II}$$
$$\alpha^{3} = A^{III}\alpha^{2} - B^{III}\alpha + C^{III}$$
$$\alpha^{4} = A^{IV}\alpha^{2} - B^{IV}\alpha + C^{IV}, \ \&c.$$

Subſtituant donc ces valeurs dans l'expreſſion de $(x+\alpha y+\alpha^2 z)^m$, elle ſe trouvera compoſée de trois parties, l'une toute rationnelle, l'autre toute multipliée par α, & la troiſieme toute multipliée par α^2; ainſi il n'y aura qu'à comparer la premiere à X, la ſeconde à αY, & la troiſieme à $\alpha^2 Z$, & l'on aura par ce moyen

$$X=P+P^{\text{I}}C^{\text{I}}+P^{\text{II}}C^{\text{II}}+P^{\text{III}}C^{\text{III}}+P^{\text{IV}}C^{\text{IV}}\ \&c.$$

$$Y=-P^{\text{I}}B^{\text{I}}-P^{\text{II}}B^{\text{II}}-P^{\text{III}}B^{\text{III}}-P^{\text{IV}}B^{\text{IV}}\ \&c.$$

$$Z=P^{\text{I}}A^{\text{I}}+P^{\text{II}}A^{\text{II}}+P^{\text{III}}A^{\text{III}}+P^{\text{IV}}A^{\text{IV}}\ \&c.$$

Ces valeurs ſatisferont donc à l'équation

$$X+\alpha Y+\alpha^2 Z=(x+\alpha y+\alpha^2 z)^m;$$

& comme la racine α n'entre point en particulier dans les expreſſions de X, Y & Z, il eſt clair qu'on pourra changer α en β, ou en γ; de ſorte qu'on aura également

$$X+\beta Y+\beta^2 Z=(x+\beta y+\beta^2 z)^m,$$

&

$$X+\gamma Y+\gamma^2 Z=(x+\gamma y+\gamma^2 z)^m.$$

Or multipliant enſemble ces trois équations, il eſt viſible que le premier membre ſera le même que celui de l'équation propoſée, & que le ſecond ſera égal à une puissance m, dont la racine étant nommée V, on aura

$$V = x^3 + a x^2 y + (a^2 - 2b) x^2 z + b x y^2 + (ab - 3c) xyz + (b^2 - 2ac) xz^2 + cy^3 + acy^2 z + bcyz^2 + c^2 z^3.$$

Ainsi on aura les valeurs demandées de X, Y, Z & V, lesquelles renfermeront trois indéterminées x, y, z.

94. Si on vouloit trouver des formules de quatre dimensions qui eussent les mêmes propriétés que celles que nous venons d'examiner, il faudroit considérer le produit de quatre facteurs de cette forme,

$$x + \alpha y + \alpha^2 z + \alpha^3 t$$
$$x + \beta y + \beta^2 z + \beta^3 t$$
$$x + \gamma y + \gamma^2 z + \gamma^3 t$$
$$x + \delta y + \delta^2 z + \delta^3 t,$$

en supposant que α, β, γ, δ fussent les racines d'une équation du quatrieme degré, telle que celle-ci,

$$s^4 - as^3 + bs^2 - cs + d = 0;$$

on aura ainsi

$$\alpha+\beta+\gamma+\delta=a,$$
$$\alpha\beta+\alpha\gamma+\alpha\delta+\beta\gamma+\beta\delta+\gamma\delta=b,$$
$$\alpha\beta\gamma+\alpha\beta\delta+\alpha\gamma\delta+\beta\gamma\delta=c,$$
$$\alpha\beta\gamma\delta=d,$$

moyennant quoi on pourra déterminer tous les coefficiens des différens termes du produit dont il s'agit, ſans connoître les racines α, β, γ, δ en particulier. Mais comme il faudra faire pour cela différentes réductions qui peuvent ne pas ſe préſenter facilement, on pourra s'y prendre, ſi on le juge plus commode, de la maniere que voici.

Qu'on ſuppoſe en général

$$x+fy+f^2z+f^3t=\rho;$$

& comme f eſt déterminé par l'équation

$$f^4-af^3+bf^2-cf+d=0,$$

qu'on chaſſe f de ces deux équations par les regles connues, & l'équation réſultante de l'évanouiſſement de f étant ordonnée par rapport à l'inconnue ρ, montera au quatrieme degré; de ſorte qu'elle pourra ſe mettre ſous cette forme,

$$\rho^4-N\rho^3+P\rho^2-Q\rho+R=0.$$

Or

Or cette équation en ρ ne monte au quatrieme degré que parce que s peut avoir les quatre valeurs α, β, γ, δ, & qu'ainsi ρ peut avoir aussi ces quatre valeurs correspondantes,

$$x + \alpha y + \alpha^2 z + \alpha^3 t$$
$$x + \beta y + \beta^2 z + \beta^3 t$$
$$x + \gamma y + \gamma^2 z + \gamma^3 t$$
$$x + \delta y + \delta^2 z + \delta^3 t,$$

lesquelles ne sont autre chose que les facteurs dont il s'agit d'avoir le produit. Donc, puisque le dernier terme R doit être le produit de toutes les quatre racines, ou valeurs de ρ, il s'ensuit que cette quantité R sera le produit demandé.

Mais en voilà assez sur ce sujet, que nous pourrons peut-être reprendre dans une autre occasion.

Je terminerai ici ces Additions, que les bornes que je me suis prescrites ne me permettent pas d'étendre plus loin; peut-être même les trouvera-t-on déjà trop longues; mais les objets que j'y ai traités étant d'un genre assez nouveau & peu connu, j'ai cru devoir entrer dans plusieurs détails nécessaires pour se mettre bien au fait des méthodes que j'ai exposées, & de leurs différens usages.

FIN.

TABLE DES MATIERES CONTENUES DANS LA SECONDE PARTIE.

DE L'ANALYSE INDÉTERMINÉE.

TABLE DES MATIERES CONTENUES DANS LES ADDITIONS.

APPROBATION.

J'AI lu par ordre de Monseigneur le Chancelier la Traduction Françoise des *Elémens d'Algebre de M. Euler*; les moindres ouvrages des grands hommes sont toujours précieux, les Additions que M. de la Grange a faites à celui-ci le rendent plus précieux encore. A Paris, le 17 Août 1771.

MARIE.

PRIVILEGE DU ROI.

LOUIS, PAR LA GRACE DE DIEU, ROI DE FRANCE ET DE NAVARRE: A nos amés & féaux Conseillers, les Gens tenant nos Cours de Parlement, Maîtres des Requêtes ordinaires de notre Hôtel, Grand-Conseil, Prévôt de Paris, Baillis, Sénéchaux, leurs Lieutenans Civils & autres nos Justiciers qu'il appartiendra: SALUT. Notre amé le Sieur J. M. BRUYSET, Libraire à Lyon, Nous a fait exposer qu'il désireroit faire imprimer & donner au Public *des Elémens d'Algebre par M. Euler, traduits de l'Allemand & enrichis de notes par M. Bernoulli, avec un traité d'Analyse indéterminée par M. de la Grange*; s'il Nous plaisoit lui accorder nos Lettres de Privilege pour ce nécessaires. A CES CAUSES, voulant favorablement traiter l'Exposant, Nous lui avons permis & permettons par ces Présentes, de faire imprimer ledit Ouvrage autant de fois que bon lui semblera, & de le vendre, faire vendre &

débiter par tout notre Royaume pendant le temps de six années consécutives, à compter du jour de la date des Présentes. FAISONS défenses à tous Imprimeurs, Libraires, & autres personnes de quelque qualité & condition qu'elles soient, d'en introduire d'impression étrangere dans aucun lieu de notre obéissance; comme aussi d'imprimer ou faire imprimer, vendre, faire vendre, débiter ni contrefaire ledit Ouvrage, ni d'en faire aucuns extraits, sous quelque prétexte que ce puisse être, sans la permission expresse & par écrit dudit Exposant ou de ceux qui auront droit de lui, à peine de confiscation des Exemplaires contrefaits, de trois mille livres d'amende contre chacun des Contrevenans, dont un tiers à Nous, un tiers à l'Hôtel-Dieu de Paris, & l'autre tiers audit Exposant, ou à celui qui aura droit de lui, & de tous dépens, dommages & intérêts; A LA CHARGE que ces Présentes seront enregistrées tout au long sur le Registre de la Communauté des Imprimeurs & Libraires de Paris, dans trois mois de la date d'icelles; que l'impression dudit Ouvrage sera faite dans notre Royaume & non ailleurs, en beau papier & beaux caracteres, conformément aux Réglemens de la Librairie, & notamment à celui du 10 Avril 1725, à peine de déchéance du présent Privilege; qu'avant de l'exposer en vente, le Manuscrit qui aura servi de copie à l'impression dudit Ouvrage, sera remis dans le même état où l'Approbation y aura été donnée, ès mains de notre très-cher & féal Chevalier Chancelier Garde des Sceaux de France, le Sieur DE MAUPEOU; qu'il en sera ensuite remis deux exemplaires dans notre Bibliotheque publique, un dans celle de notre Château du Louvre, & un dans celle dudit Sieur DE MAUPEOU; le tout à peine de nullité des Présentes: DU CONTENU desquelles vous mandons

& enjoignons de faire jouir ledit Exposant & ses ayans causes, pleinement & paisiblement, sans souffrir qu'il leur soit fait aucun trouble ou empêchement. VOULONS que la copie des Présentes, qui sera imprimée tout au long, au commencement ou à la fin dudit Ouvrage, soit tenue pour dûment signifiée, & qu'aux copies collationnées par l'un de nos amés & féaux Conseillers-Secrétaires, foi soit ajoutée comme à l'original. COMMANDONS au premier notre Huissier ou Sergent sur ce requis, de faire pour l'exécution d'icelles tous Actes requis & nécessaires, sans demander autre permission, & nonobstant clameur de Haro, Charte Normande, & Lettres à ce contraires: CAR tel est notre plaisir. DONNÉ à Paris, le douzieme jour du mois de Septembre, l'an de grace mil sept cent soixante & onze, & de notre Regne le cinquante-septieme.

PAR LE ROI EN SON CONSEIL.

Signé LEBEGUE.

Registré sur le Registre XVIII. de la Chambre Royale & Syndicale des Libraires & Imprimeurs de Paris, N°. 1638, fol. 530, *conformément au Réglement de 1723. A Paris, ce 17 Septembre 1771.*

Signé, J. HERISSANT, *Syndic.*

www.ingramcontent.com/pod-product-compliance
Lightning Source LLC
Chambersburg PA
CBHW031448210326
41599CB00016B/2152
9782012658486